黑龙江省自然科学基金项目成果
黑龙江省精品工程专项资金资助出版

晶格非线性振动中的
局域模行为研究

徐 权 王玉玲 著

哈尔滨工程大学出版社

内 容 简 介

本书是黑龙江省自然科学基金项目成果,主要阐述凝聚态物理研究领域的一个重要理论分支——晶格非线性输运理论。晶格非线性局域模是目前凝聚态物理的一个研究热点,其在各个领域的应用非常广泛。但就目前为止,该领域的研究成果都是零散的单个问题。为推进该领域进一步深入研究,建立系统的理论体系势在必行。所以,本书在连续极限近似、准分立近似和完全分立三种情况下,选择一、二维单、双原子FPU、Klein-Gordon 和非线性分子晶格作为研究对象,分别对三、四次及混合非线性势共82种非线性晶格模型进行了系统研究,构建了系统的晶格非线性局域模理论体系。

本书可作为凝聚态物理及其相关研究领域的学者及科研人员的参考书。

图书在版编目(CIP)数据

晶格非线性振动中的局域模行为研究/徐权,王玉玲著
—哈尔滨:哈尔滨工程大学出版社,2019.8
ISBN 978 – 7 – 5661 – 1297 – 2

Ⅰ.①晶… Ⅱ.①徐…②王… Ⅲ.①局域模 – 研究
Ⅳ.①O733

中国版本图书馆 CIP 数据核字(2016)第 154582 号

选题策划　吴振雷
责任编辑　张忠远　马毓聪
封面设计　博鑫设计

出版发行　哈尔滨工程大学出版社
社　　址　哈尔滨市南岗区东大直街 124 号
邮政编码　150001
发行电话　0451 – 82519328
传　　真　0451 – 82519699
经　　销　新华书店
印　　刷　哈尔滨市石桥印务有限公司
开　　本　787 mm×1 092 mm　1/16
印　　张　15
字　　数　334 千字
版　　次　2019 年 8 月第 1 版
印　　次　2019 年 8 月第 1 次印刷
定　　价　48.00 元
http://www.hrbeupress.com
E-mail:heupress@ hrbeu.edu.cn

前　言

　　晶体在固体物理学中具有非常重要的地位,而晶体的热学、电学和光学等性质又都与晶格的振动密切相关,因此非线性晶格振动中局域模的研究备受学者们的关注。纵观研究历史,非线性晶格振动的研究主要可以分成三大类:第一类是采用连续极限近似研究的最低序、长波情况下的非线性晶格的振动;第二类是采用多重尺度等方法研究的准分立近似下的非线性晶格的振动;第三类是采用数值模拟及泛函分析等数学方法研究的分立的非线性晶格的振动。而按所研究的对象来分,则可分为非线性单原子晶格、非线性双原子晶格,以及考虑电子与声子相互作用的极性分子晶格。

　　非线性晶格振动中各种局域模的存在及其性质的研究受到广大学者的青睐。半个多世纪以来,大量的理论研究结果表明,在各种非线性晶格振动中存在着丰富的局域模,如亮孤子、暗孤子、扭结孤子、分立孤子、封皮孤子和封皮呼吸子、混沌、分立呼吸子、暗呼吸子、准周期分立呼吸子、混沌呼吸子、紧致局域模等。同时,大量的实验结果也充分地证实了这些局域模在非线性晶格振动中存在。本书在前人研究的基础上,选用了非线性FPU晶格、非线性Klein-Gordon晶格和非线性分子晶格作为研究对象,分别在连续极限近似下、准分立近似下和完全分立情况下对三种晶格模型的各种情况中局域模的行为进行了系统的研究。旨在构建比较系统的非线性FPU晶格、非线性Klein-Gordon晶格和非线性分子晶格振动理论体系,为这些模型在各个领域的应用研究打下坚实的理论基础,并对这些模型在各个领域应用的后续研究起到一定的指导作用。

　　由于作者水平有限,加之时间仓促,书中难免存在缺点和不足,敬请读者提出宝贵意见。

著　者

2016 年 4 月

目　　录

第1章 非线性晶格振动及其研究方法

在物理学领域和数学领域,非线性问题的研究已经有 100 多年的历史了,而非线性晶格振动的研究也有 50 多年的历史了。历史上第一个观察到孤波(solitary wave)的人是苏格兰的海军工程师约翰·斯科特·罗素(John Scott Russell)。1834 年 8 月,在运河上他观察到一个奇异的水波,这个轮廓清晰而又光滑的水堆保持其形状和速度沿着运河运动两英里(1 英里约为 1.609 千米)左右以后才逐渐消失。他如此描述观察到的现象:"我看到两匹马拉着一条船沿着运河迅速前进。当船突然停止时,随船一起运动的船头处的水堆并没有停止下来,它激烈地在船头翻动起来,随即离开船头,并以巨大的速度向前推进,一个轮廓清晰而又光滑的水堆,犹如一个巨大鼓包,沿着运河一直向前推进,在行进过程中其形状与速度没有明显变化。我骑马跟踪注视,发现它保持着其始时约 30 英尺(1 英尺约为 25.4 厘米)长,1~1.5 英尺高的浪头,以每小时 8~9 英里的速度前进,后来它的高度逐渐降低,经过 1~2 英里的追逐后,在运河的拐弯处消失了。这样,1834 年 8 月,我第一次有机会观察到被我称作行波的奇异而又美丽的现象……"

他观察到的这些现象被大量的水槽实验证实。

然而,罗素没有从流体力学的角度出发给孤波以合理的理论解释,因此没能引起人们的充分重视,只有 Joseph Boussinesq 和 Lord Rayleigh 等从散射角度对其进行了解释。直到半个多世纪之后,也就是 1895 年,两位荷兰科学家 Kortweg 与 de Vries 才对浅水槽中单向运动的奇异波动现象用波动方程理论进行分析,得到了比较令人满意的解释。他们认为,这种现象是波动过程中非线性效应与色散现象相互平衡的结果。他们建立了以他们姓氏首写字母命名的方程,即 KdV 方程。KdV 方程的形式如下:

$$u_t + uu_x + u_{xxx} = 0 \tag{1-1}$$

式中,u 为相对静止水面的高度,即波幅;下角标 x 和 t 分别表示对空间坐标和时间的导数。

KdV 方程是一个非线性偏微分方程,很难求解。为了求解 KdV 方程的孤波解,可以找与 $\xi = x - vt$ 相关的行波解,这里 v 是波速。于是偏微分方程就演化为关于 ξ 的一个常微分方程,得到如下解:

$$u(x,t) = 3v\mathrm{sech}^2 \frac{1}{\sqrt{v}}(x - vt) \tag{1-2}$$

这就是 KdV 方程的钟形单孤子解,其图象形状与观察到的孤波形状相同。在很长一段时间里,孤波现象被认为是一个非线性孤波理论的数学结构中的很不重要的奇事。所以孤波现象的研究与 KdV 方程又被遗忘了几十年的时间。这一领域研究热潮的兴起应归功于 Fermi、Pasta 和 Ulam 对热量传输问题的研究。他们的实验结果中,能量回归现象吸引了众多学者的注意力,在之后的 50 多年中,非线性激发理论取得了很大的进展,并在一些领域得到了广泛的应用。非线性晶格振动中,局域模是一个非常重要的分支,在非线性激发中起着非常重要的作用。

1.1　非线性晶格振动与局域模

1.1.1　线性晶格与非线性晶格

在凝聚态物理学里,原子周期性排列的晶体是主要的研究对象,晶格则是晶体原子周期性排列的理想化的表征。同时,依据对称学观点,晶格又体现了晶体原子结构的平移对称性。晶格振动对晶体的许多性质有重要的影响。

1. 线性晶格与非线性晶格

晶体内的原子并不是在晶格格点的平衡位置上固定不动的,而是围绕其平衡位置振动,由于晶体内原子之间存在着相互作用力,各个原子的振动也并不是孤立的,而是相互联系着的,因此在晶体中形成了各种模式的波。为简单又不失一般化,以一维单原子链晶格为例,且只考虑原子间的最近邻相互作用,晶体内原子振动行为可由以下哈密顿函数来描述:

$$H = \sum_n \left[\frac{1}{2} p_n^2 + V(x_n) + W(x_n - x_{n-1}) \right] \tag{1-3}$$

式中,n 为整数,表示晶格格点位置;x_n 和 p_n 分别为原子离开平衡位置的位移和动量;$V(x_n)$ 为原子的在位势;$W(x_n - x_{n-1})$ 为原子之间的相互作用势。

晶格的振动方程为

$$\dot{x}_n = p_n, \dot{p}_n = -V'(x_n) - W'(x_n - x_{n-1}) + W'(x_{n+1} - x_n) \tag{1-4}$$

式中,V' 和 W' 分别为对 x_n 的一阶偏导。对于式(1-3)中的在位势和相互作用势可以在平衡位置进行级数展开,有

$$V(x_n) = \frac{1}{2} k_2 x_n^2 + \frac{1}{3} k_3 x_n^3 + \frac{1}{4} k_4 x_n^4 + \cdots \tag{1-5}$$

$$W(x_n - x_{n-1}) = \frac{1}{2} \lambda (x_n - x_{n-1})^2 + \frac{1}{3} \alpha (x_n - x_{n-1})^3 + \frac{1}{4} \beta (x_n - x_{n-1})^4 + \cdots \tag{1-6}$$

式(1-5)中的 k_2, k_3, k_4,式(1-6)中的 λ, α, β 为参数。

由式(1-5)和式(1-6)可以定义线性晶格和非线性晶格。

(1)线性晶格

在式(1-5)和式(1-6)展开项中都不含有三次以上(含三次)的展开项的晶格为线性晶格,也称简谐晶格。

(2)非线性晶格

在式(1-5)和式(1-6)中任意一个式子的展开项中含有三次以上(含三次)的展开项的晶格为非线性晶格,也称非谐晶格。

2.几类典型的非线性晶格

非线性晶格的分类主要是根据其哈密顿函数或运动方程中势能函数的不同进行的。对于一个非线性晶格,其哈密顿函数一般可写成式(1-3)的形式,其振动方程可写成式(1-4)的形式。

(1)FPU 晶格

式(1-3)和式(1-4)中的在位势能函数为零时晶格即为 FPU 晶格,即 FPU 晶格只包含相互作用势。其哈密顿函数和运动方程为

$$H = \sum_n \left[\frac{1}{2} p_n^2 + W(x_n - x_{n-1}) \right] \tag{1-7}$$

$$\dot{x} = p_n, \dot{p}_n = -W'(x_n - x_{n-1}) + W'(x_{n+1} - x_n) \tag{1-8}$$

(2)Klein-Gordon 晶格

晶格的哈密顿函数和运动方程如果可写成式(1-3)和式(1-4)的形式即为 Klein-Gordon 晶格。

(3)Sine-Gordon 晶格

Sine-Gordon 晶格是 Klein-Gordo 晶格的一种特殊形式,Klein-Gordon 晶格的哈密顿函数和振动方程中的在位势写成 $V(x_n) = 1 - \cos x_n$ 时即为 Sine-Gordon 晶格,其哈密顿函数和振动方程为

$$H = \sum_n \left[\frac{1}{2} p_n^2 + (1 - \cos x_n) + W(x_n - x_{n-1}) \right] \tag{1-9}$$

$$\dot{x}_n = p_n, \dot{p}_n = -\sin x_n - W'(x_n - x_{n-1}) + W'(x_{n+1} - x_n) \tag{1-10}$$

(4)Toda 晶格

Toda 晶格是 FPU 晶格的一种特殊形式,即 FPU 晶格的哈密顿函数和运动方程中的相互作用势可写成 $W(r_n) = \frac{a}{b} \mathrm{e}^{-br_n} + ar_n, (ab > 0)$ 形式,其中 $r_n = x_n - x_{n-1}$,FPU 晶格就变为 Toda 晶格了。其哈密顿函数和运动方程为

$$H = \sum_n \left[\frac{1}{2} p_n^2 + \frac{a}{b} \mathrm{e}^{-br_n} + ar_n \right] \tag{1-11}$$

$$\ddot{r}_n = a(2\mathrm{e}^{-br_n} - \mathrm{e}^{-br_{n-1}} - \mathrm{e}^{br_{n+1}}) \tag{1-12}$$

1.1.2 FPU 问题与非线性晶格振动中的局域模

自 FPU 问题提出,其本身的奇特性吸引了众多学者致力于解释能量回归现象的真正原因。这也引发了物理系统中非线性效应的数值和解析研究的热潮。其中,源于 FPU 问题的各种非线性晶格振动中的局域模的研究是一个非常重要的组成部分。

1.FPU 问题

一个常规模式的激发,其能量是不能传递到其他常规模式的,即是独立的。因此,一个做简谐振动的晶格永远也不能达到热平衡。1914 年,Debye 提出假设,如果非线性存

在,常规模式将相互作用并抑制热能的传播,导致一个有限的热传导。这个问题 Peierls 也验证过,他假定非线性相互作用将导致能量流入相互模式,进而达到能量平衡和热平衡。

1955 年,Fermi、Pasta 和 Ulam 试图通过计算机模拟验证这个假设。他们检测了原子之间非线性相互作用链的动力学行为,具体模型如图 1-1 所示。

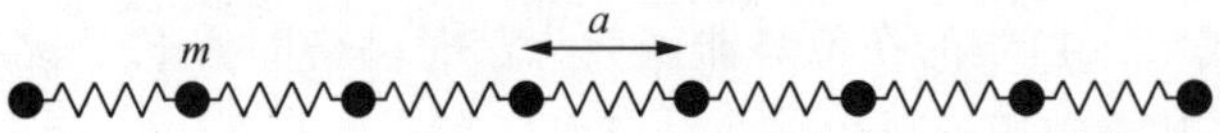

图 1-1　FPU 模型

这是 $N-1$ 个具有固定边界条件的一维弱非线性耦合振子。其哈密顿函数为

$$H = \sum_{n=1}^{N-1} \frac{1}{2} P_n^2 + \frac{1}{2} \sum_{n=0}^{N-1} (x_{n+1} - x_n)^2 + \frac{\alpha}{3} \sum_{n=0}^{N-1} (x_{n+1} - x_n)^3 \qquad (1-13)$$

$$H = \sum_{n=1}^{N-1} \frac{1}{2} P_n^2 + \frac{1}{2} \sum_{n=0}^{N-1} (x_{n+1} - x_n)^2 + \frac{\beta}{4} \sum_{n=0}^{N-1} (x_{n+1} - x_n)^4 \qquad (1-14)$$

式中,$x_0 = x_n = 0$,x_n 和 P_n 为第 n 个粒子的坐标和动量;α 和 β 为小的非线性耦合参数。式(1-13)和式(1-14)分别表示 α 模型和 β 模型。

这样的系统不能达到能量的平衡,即能量不能通过所有的常规模式传播,长时间以后能量几乎全部回到了其初始的少数几个模式上,没有出现预计的那种初始能量能够逐渐被平分到晶格的所有自由度的现象。这就是今天我们熟知的 FPU 问题。Ford 和 Jackson 分别在 1961 年和 1963 年做了进一步验证,结果证明非线性项不能保证系统趋于热平衡。

2. 孤子与 FPU 问题

(1)孤子的定义

通过实验发现的孤波是只沿着一个空间方向传播的局域波,而且形状不变。由 N. Zabusky 和 M. Kruskal 从实验中发现的孤子,是大振幅的相干脉冲波或非常稳定的孤波,是波动方程精确的解,在相互碰撞后其形状和速度都不发生改变。

Lather 指出,非孤立的和扰动的效应,如摩擦损失、外驱动力、缺陷等都是不可避免的,因此孤波或孤子尽管寿命很长,却只是一个亚稳态。当然,这是准孤子的特性,而不是严格孤子的特性。孤子概念对于特殊类型的能量的传播有着非常重要的意义。基础的非线性物体的局域、有限的能量状态是不能用任何线性状态的微扰理论解释的。同时,孤波和孤子可以被理解为色散和非线性效应均衡的结果。

(2)孤子的研究进展

值得注意的是,在 Zabusky 和 Kruskal 的研究之前,1962 年 J. K. Perring 和 T. H. R. Skyrme 就研究了用正弦戈登方程的孤波解作为基本粒子的简单模型,通过数值计算,他们发现,两个孤波在碰撞前后保持其扭结形状,速度不变。

1967 年,歌德(Gardner)等对理论的发展作出了重要的贡献,他们指出,如果波初始形状足够局域化,能够得到 KdV 方程的解析解。即通过所谓的逆散射方法获得的结果显示,在足够长的时间里初始波包演化成一个或多个孤子和一个色散的小振幅尾巴。全部孤子依赖于初始的形状。这个理论结果与罗素 150 多年前获得的实验结果大多数都相符合。

这些进展几乎是同时发生的,1965 年 Lightill 用 Whitham 发展的理论,从理论上发现冲击波对于微小的调幅扰动是不稳定的。这一惊人的结果被 Benjamin 和 Feir 于 1967 年在理论和实验上做了进一步的证明。他们解释,这种由菲利普在 1960 年最先建立的谐波相互作用原理中的不稳定性,可以应用于各种现象。

这些发现在深水波拖曳和波包的不稳定时间演化的问题上产生了巨大的作用。而后 Zakharov 在 1968 年指出弱非线性深水波拖曳封皮的时间演化由一个非线性薛定谔方程来描述。此外,这个方程由 Zakharov 和 Shabat 在 1972 年用新发现的逆散射方法精确地求解了。他们指出,这个精确的解是深水波的封皮孤子,而且初始的波包逐渐演化成一定数量的封皮孤子和一个色散的尾巴。这些解由 Yuen 和 Lake 在 1975 年通过实验验证了。

与这些研究并行的还有在非线性色散的介质中传播的电磁波的不稳定性被预言(Ostrovskii 在 1963 年,Bespalov 和 Talanov 在 1966 年,Karpman 在 1967 年,1973 年 Hasegawa 和 Tappert 在理论上指出,在光纤中传播的光波的封皮也可由非线性薛定谔方程来描述。作为一个结果,光封皮孤子的发生,现在习惯称为光孤子,被预言)。这个预言 1980 年由 Mollenauer 等观察光孤子在单个纤维中传播时证明。从物理角度,这些光孤子来源于一种对折射指数强烈依赖的明显的、简单的非线性。现今,从技术应用的立场来看,这种光纤孤子是一种非常重要的孤子类型。2008 年,Lederder 等人的《光学中的分立孤子》详细地论述了光学分立孤子领域的实验和理论的研究进展。文中指出,分立的孤子表示的是非线性周期结构中的自陷波包,是晶格的散射(或色散)与物质非线性相互作用的结果,而这些自局域状态已经成功地在一维、二维非线性波导列中被观察到。同时,这样的声子晶格也被应用到包括液晶非线性等各种物质系统之中。大量的研究也显示分立孤子家族存在丰富的局域模,例如孪生孤子、矢量孤子、洞穴孤子、涡旋子、随机相位孤子,以及综合带孤子等。而且采用孤子碰撞的方法在二维、三维周期环境下还可以得到旋转的光学分立孤子。这一切都大力地推动了非线性光学技术以及非线性波导技术的发展。而 Sen 等人的《粒子链中的孤波》研究了由诸如玻璃珠等弹性粒子构成的链中孤波的行为。其研究结果揭示了在连续介质和分立介质中孤波的差异:当这些粒子相互交叉时,孤波的行为与连续介质中的大大不同,在分立介质中由孤波碰撞产生的寄生模——第二孤波群系将产生一个类平衡相,而这个类平衡相不满足能均分原理。也就是说孤波群系和有界性问题与已建立的 FPU 问题之间存在潜在的相似之处。这使人们对于孤波的本质有了更清晰的认识。

（3）孤子的类型

由上面的讨论可以知道，目前在理论上和实验上已经对孤子和孤波进行了大量的研究，并已有了明确的定义。至于孤子的形状，像水面上的鼓包的形状只是其中一种，除此之外，还有几种另外的形状。图 1 - 2 给出了孤子的四种基本类型。前两种在 $x \to \pm \infty$ 时 $u(x) \to 0$，后两种在 $x \to \pm \infty$ 时 $u(x)$ 趋近于不同的数值。

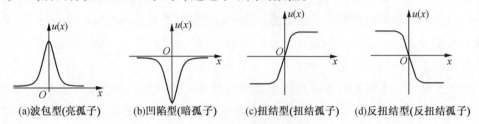

(a)波包型(亮孤子)　　(b)凹陷型(暗孤子)　　(c)扭结型(扭结孤子)　　(d)反扭结型(反扭结孤子)

图 1 - 2　孤子的四种基本类型

3. 呼吸子与 FPU 问题

对于连续系统与分立系统来说，单个呼吸子是由多个中心重合的孤子组成的多孤子的局域模。由于明暗孤子的相互周期作用，呼吸子的振幅（能量）具有周期性的变化。当呼吸子从最初的最大振幅（能量）完成一个周期的变化，FPU 的"回归"现象就实现了。周期性呼吸子对应周期性的 FPU 问题；准周期性呼吸子对应准周期性的 FPU 问题。对于多位呼吸子来说其 FPU 现象的解释同孤子。

（1）呼吸子的定义

呼吸子是一种在空间上具有局域特征，在时间上具有周期性的局域模。连续呼吸子只出现在连续极限的情况下；分立呼吸子则只出现在分立的系统之中。准周期性呼吸子是一种在空间上具有局域特征，在时间上具有准周期性的局域模。分立呼吸子是由晶格内部的非线性效应引起的，所以分立呼吸子在固体物理中又被称为内部局域模。

（2）呼吸子研究的进展

最先报道耦合非简谐一维振子链中局域激发的是 Ovchinnikov，在 1969 年。Kosevich 和 Kovalev 在 1974 年也报道了类似的结果。很长一段时间以后，在 1988 年，Sievers 和 Takeno 再次捡起这个论题，研究了著名的 FPU 链，也获得了局域激发。而最先研究各种模式稳定性的是 Page 和 Sandusky，始于 1990 年。

从 20 世纪 90 年代开始，大量的研究团体开始利用数学手段详细地研究这些局域激发的性质。在 1996 年到 1998 年之间，Flach 和 Willis 完成了关于分立呼吸子的一篇综述性论文《分立的呼吸子》。从那时起，大量更为完善的数学方法由 Aubry 等学者应用到局域激发的理论研究之中。最重要的是，从 1998 年开始，对于各种系统的实验研究启动了，由分立性和非线性引起的局域化概念得到了充分的证实。进入 21 世纪，Flach 等学者又回到原始的 FPU 问题的环境研究内部局域激发的问题，即在简正模空间研究其能量的局域性，利用数值计算和数学方法得到了 q 呼吸子，即在简正模 q 空间按指数局域化，在时间上具有周期性的新的内部局域激发,更加准确地解释了 FPU 问题最初能量只集中在少数几个模式上的原因。

对于自然界中大多数系统来说,非线性和分立性是其内在的特性,所以分立呼吸子在物理学、化学、生物学等众多领域得到了广泛应用。2008 年,Flach 和 Gorbach 发表了《分立呼吸子——理论进展及应用》,文中详细介绍了呼吸子理论的进展及在各个领域应用的情况,揭示了分立呼吸子理论在各个领域得到了广泛应用,也见证了分立呼吸子理论的重要性。

4. 混沌与 FPU 问题

FPU 问题最初的目的是要观察在一维非线性耦合晶格中能量按自由度平均分配的统计力学性质。然而实验的结果没有出现预期的现象。这种现象在前文中已经解释清楚了,但是不是该统计力学原理就不正确了? 这一问题可用 Chirikov 关于动力学混沌的理论来解释。动力学系统混沌行为的机械观认为在很大范围初始条件内的运动是按指数不稳定的,引起这种不稳定的重要因素是相互作用的非线性共振,而产生这种非线性共振的条件是非线性相互作用要超过一个临界值——动力学混沌阈值。FPU 模型在其数值激发中选用的初始条件低于这个动力学混沌阈值,正好位于相应的稳定的准周期区域。如果高于这个阈值,FPU 模型便会出现最初预期的行为,显示出很强的统计力学特性,如能量在线性模式中平均分配,即达到平衡。

(1)混沌的定义

人们把在某些确定性非线性系统中,不需要附加任何随机因素,由于其系统内部存在着非线性的相互作用所产生的类随机现象称为"混沌""自发混沌""动力学随机性""内在随机性"等。混沌是关于过程的科学而不是关于状态的科学,是关于演化的科学而不是关于存在的科学。实际上,现实的世界是一个有序与无序相伴,确定性和随机性统一,简单与复杂一致的世界。关于混沌还有很多种在数学意义上的定义,这里就不一一介绍了。

(2)混沌的应用

现代科学意义上的混沌的发现,事实上可以追溯到 19 世纪末 20 世纪初,庞加莱在研究三体问题时遇到了混沌问题,发现三体问题,如太阳、月亮和地球三者的相对运动与单体问题、二体问题不同,它是无法求出精确解的。多年来这成了牛顿力学遗留的难题,于是 1903 年庞加莱在他的《科学与方法》一书中提出了庞加莱猜想。他把动力学系统和拓扑学有机地结合起来,并指出三体问题中,在一定范围内,其解是随机的。实际上这是一种保守系统中的混沌,因此他成了世界上了解混沌存在可能性的第一人。随后关于混沌问题的研究受到了众多学者的青睐,并在理论和应用上取得了重大进展。特别是在 20 世纪 90 年代初,美国科学家 Qu、Grebogi、Yorke 和 Pecora、Carroll 分别在混沌控制和混沌同步方面取得了突破性的进展,从而在全世界掀起了"混沌控制热",使其应用范围扩展到工程技术领域以及其他领域。进入 20 世纪 90 年代,由于混沌运动是存在于自然界中的一种普遍运动形式,因此对混沌的研究推动了其他学科的发展,而其他学科的发展又促进了对混沌的深入研究。因此,混沌与其他学科相互交错、渗透、促进,综合发展,使得混沌不仅在生物学、数学、物理学、化学、电子学、信息科学、气象学、宇宙学、地质学,还在经济学、人脑科学,甚至在音乐、美术、体育等多个领域中得到广泛的应用。

1.2　非线性晶格振动的研究方法

非线性晶格振动的研究方法有很多,这里只介绍本书在讨论非线性晶格振动时涉及的一些研究方法。

1.2.1　连续极限方法

下面以准一维晶格为例介绍如何利用连续极限的方法将晶格的振动方程化为可求解的非线性微分方程。

二维单原子晶格如图 1 - 3 所示,在最近邻相互作用近似下,考虑三次非线性势的作用时,忽略更高次方的较弱非线性势的作用,系统的哈密顿函数为

$$H = \sum_{l,m} \left[\frac{p_{l,m}^2}{2M} + \frac{1}{2} k_x (u_{l+1,m} - u_{l,m})^2 + \frac{1}{3} \alpha k_x (u_{l+1,m} - u_{l,m})^3 \right] +$$

$$\sum_{l,m} \left[\frac{1}{2} k_y (u_{l,m+1} - u_{l,m})^2 + \frac{1}{3} \beta k_y (u_{l,m+1} - u_{l,m})^3 \right] \tag{1-15}$$

式中,M 为原子的质量;$p_{l,m}$ 和 $u_{l,m}$ 分别为第 l 列第 m 行原子的动量和位移;k_x 和 k_y 为 x 方向和 y 方向的力常数。

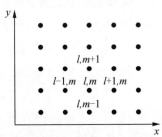

图 1 - 3　二维单原子晶格

由 $\dot{p}_{l,m} = M\ddot{u}_{l,m} = -\partial H / \partial u_{l,m}$ 可得该系统的振动方程为

$$M\ddot{u}_{l,m} = k_x (u_{l+1,m} + u_{l-1,m} - 2u_{l,m}) [1 + \alpha(u_{l+1,m} - u_{l-1,m})] +$$

$$k_y (u_{l,m+1} + u_{l,m-1} - 2u_{l,m}) [1 + \beta(u_{l,m+1} - u_{l,m-1})] \tag{1-16}$$

考虑长波($\lambda \gg a$)情况,在长波的近似下,离散晶格可以看作连续介质,利用连续极限方法有

$$u_{l,m}(t) \rightarrow u(x, y, t) \tag{1-17}$$

$$
\begin{cases}
u_{l\pm1,m} = u \pm a\dfrac{\partial u}{\partial x} + \dfrac{a^2}{2}\dfrac{\partial^2 u}{\partial x^2} \pm \dfrac{a^3}{3!}\dfrac{\partial^3 u}{\partial x^3} + \dfrac{a^4}{4!}\dfrac{\partial^4 u}{\partial x^4} \\[3mm]
u_{l,m\pm1} = u \pm a\dfrac{\partial u}{\partial y} + \dfrac{a^2}{2}\dfrac{\partial^2 u}{\partial y^2} \pm \dfrac{a^3}{3!}\dfrac{\partial^3 u}{\partial y^3} + \dfrac{a^4}{4!}\dfrac{\partial^4 u}{\partial y^4}
\end{cases}
\tag{1-18}
$$

式中，a 为晶格常数。

设 $e>a$，且 e 与 a 和 x 具有相同的量纲，作代换 $X=\dfrac{x}{e}$，$Y=\dfrac{y}{e}$，$\varepsilon=\dfrac{a}{e}$，则 X,Y,ε 均为无量纲的量，式(1-18)变为

$$
\begin{cases}
u_{l\pm1,m} = u \pm \varepsilon\dfrac{\partial u}{\partial X} + \dfrac{\varepsilon^2}{2}\dfrac{\partial^2 u}{\partial X^2} \pm \dfrac{\varepsilon^3}{3!}\dfrac{\partial^3 u}{\partial X^3} + \dfrac{\varepsilon^4}{4!}\dfrac{\partial^4 u}{\partial X^4} \\[3mm]
u_{l,m\pm1} = u \pm \varepsilon\dfrac{\partial u}{\partial Y} + \dfrac{\varepsilon^2}{2}\dfrac{\partial^2 u}{\partial Y^2} \pm \dfrac{\varepsilon^3}{3!}\dfrac{\partial^3 u}{\partial Y^3} + \dfrac{\varepsilon^4}{4!}\dfrac{\partial^4 u}{\partial Y^4}
\end{cases}
\tag{1-19}
$$

则式(1-16)变为

$$
\ddot{u} = \frac{k_x\varepsilon^2}{M}u_{XX} + 2\alpha\varepsilon\frac{k_x\varepsilon^2}{M}u_X u_{XX} + \frac{k_x\varepsilon^4}{12M}u_{XXXX} + \frac{k_y\varepsilon^2}{M}u_{YY} +
$$
$$
2\beta\varepsilon\frac{k_y\varepsilon^2}{M}u_Y u_{YY} + \frac{k_y\varepsilon^4}{12M}u_{YYYY} + O(\varepsilon^5)
\tag{1-20}
$$

式中，$O(\varepsilon^5)$ 是小量。

下面讨论准一维晶格振动的情况。设 x 方向是强相互作用，而 y 方向是弱相互作用，力常数满足 $k_y<\varepsilon^2 k_x$，二维晶格退化为准一维晶格，则式(1-20)可化为

$$
\ddot{u} = \frac{k_x\varepsilon^2}{M}\left(u_{XX} + 2\alpha\varepsilon u_X u_{XX} + \frac{\varepsilon^2}{12}u_{XXXX}\right) + \frac{k_y\varepsilon^2}{M}u_{YY} + O(\varepsilon^5)
\tag{1-21}
$$

令 $c=\dfrac{k_x\varepsilon^2}{M}$，$\xi=X-ct$，$\tau=\dfrac{1}{6}\varepsilon\alpha ct$，$u(X,Y,t)=\phi(\xi,Y,\tau)$，则式(1-21)变为

$$
\phi_{\tau\xi} + 6\phi_\xi\phi_{\xi\xi} + \frac{\varepsilon}{4\alpha}\phi_{\xi\xi\xi\xi} + \frac{6k_y}{2\varepsilon\alpha k_x}\phi_{YY} + O(\alpha^2\varepsilon^2,\varepsilon^3) = 0
\tag{1-22}
$$

忽略小量 $O(\alpha^2\varepsilon^2,\varepsilon^3)$，有

$$
\phi_{\tau\xi} + 6\phi_\xi\phi_{\xi\xi} + \frac{\varepsilon}{4\alpha}\phi_{\xi\xi\xi\xi} + 3\frac{k_y}{\alpha\varepsilon k_x}\phi_{YY} = 0
\tag{1-23}
$$

令 $A=\dfrac{4\alpha}{\varepsilon}$，$B=\dfrac{16\alpha^2}{\varepsilon}\sqrt{\dfrac{\alpha k_x}{\varepsilon k_y}}$，作代换 $\eta=A\xi$，$\zeta=BY$，$T=A^2\tau$ 和 $\phi(\xi,Y,\tau)=\Phi(\eta,\zeta,T)$，式(1-23)变为

$$
\Phi_{T\eta} + 6\Phi_\eta\Phi_{\eta\eta} + \Phi_{\eta\eta\eta\eta} + 3\Phi_{\zeta\zeta} = 0
\tag{1-24}
$$

令 $\dfrac{\partial\Phi}{\partial\eta}=\varphi$，则式(1-24)为标准的 KP II 方程，即

$$
(\varphi_T + 6\varphi\varphi_\eta + \varphi_{\eta\eta\eta})_\eta + 3\varphi_{\zeta\zeta} = 0
\tag{1-25}
$$

这样就将式(1-16)化成了可求解的 KP II 方程式(1-25)。

1.2.2 多重尺度方法

接下来以一维非线性单原子链为例,考虑三次非线性势,在最近邻相互作用近似下,介绍多重尺度方法在非线性晶格振动研究中的应用。该系统的哈密顿函数为

$$H = \sum_n \left[\frac{p_n^2}{2M} + \frac{1}{2}K_2(u_{n+1}-u_n)^2 + \frac{1}{3}K_3(u_{n+1}-u_n)^3 \right] \quad (1-26)$$

式中,M,p_n,u_n 分别为第 n 个原子的质量、动量和离开平衡位置的位移;K_2 和 K_3 分别为简谐和立方力常数,$K_2>0,K_3\neq0$。

由 $\dot{p}_n = M\ddot{u}_n = -\partial H/\partial u_n$ 可得该系统的振动方程为

$$\frac{\mathrm{d}^2 u_n}{\mathrm{d}t^2} = J_2(u_{n+1}+u_{n-1}-2u_n) + J_3\left[(u_{n+1}-u_n)^3+(u_{n-1}-u_n)^3\right] \quad (1-27)$$

式中,$J_i=K_i/M, i=2,3,4$。

采用多重尺度方法和准分立近似方法,设

$$u_n(t) = \varepsilon u^{(1)}(\xi_n,\tau,\phi_n) + \varepsilon^2 u^{(2)}(\xi_n,\tau,\phi_n) + \varepsilon^3 u^{(3)}(\xi_n,\tau,\phi_n) + \cdots$$
$$= \sum_{\gamma=1}^{\infty}\varepsilon^\gamma u^{(\gamma)}(\xi_n,\tau,\phi_n) = \sum_{\gamma=1}^{\infty}\varepsilon^\gamma u_{n,n}^{(\gamma)} \quad (1-28)$$

式中,ε 为有限的小参数;$u_{i,j}^{(\gamma)}=u^{(\gamma)}(\xi_i,\tau,\phi_j)$;多重尺度的慢变量 $\xi_n=\varepsilon(na-\lambda t)$,$\tau=\varepsilon^2 t$,而快变量 $\phi_n=nka-\omega t$ 表示波的相位;k 和 ω 分别为行波的波数和频率;a 为晶格常数;λ 为待定参数。

由 Taylor 公式有

$$u_{n\pm1}^{(\gamma)} = u_{n,n\pm1}^{(\gamma)} \pm \varepsilon a\frac{\partial u_{n,n\pm1}^{(\gamma)}}{\partial\xi_n} + \frac{\varepsilon^2 a^2}{2!}\frac{\partial^2 u_{n,n\pm1}^{(\gamma)}}{\partial\xi_n^2} \pm \frac{\varepsilon^3 a^3}{3!}\frac{\partial^3 u_{n,n\pm1}^{(\gamma)}}{\partial\xi_n^3} + \cdots$$
$$u_{n\pm1} = \sum_{\gamma=1}^{\infty}\varepsilon^\gamma\left[\sum_{\mu=0}^{\infty}\frac{1}{\mu!}\left(\pm\varepsilon a\frac{\partial}{\partial\xi_n}\right)^\mu u_{n,n\pm1}^{(\gamma)}\right] \quad (1-29)$$

将式(1-28)、式(1-29)代入式(1-27),比较 ε 的系数,得到

$$\frac{\partial^2}{\partial t^2}u_{n,n}^{(\gamma)} - J_2\left[u_{n,n+1}^{(\gamma)}+u_{n,n-1}^{(\gamma)}-2u_{n,n}^{(\gamma)}\right] = \alpha_{n,n}^{(\gamma)} \quad (1-30)$$

式中,$\gamma=1,2,3,\cdots$,且 $\alpha_{n,n}^{(\gamma)}$ 有如下的形式:

$$\alpha_{n,n}^{(1)}=0 \quad (1-31)$$

$$\alpha_{n,n}^{(2)}=2\lambda\frac{\partial^2}{\partial t\partial\xi_n}u_{n,n}^{(1)} + J_2 a\frac{\partial}{\partial\xi_n}(u_{n,n+1}^{(1)}-u_{n,n-1}^{(1)})J_3\left[(u_{n,n+1}^{(1)}-u_{n,n}^{(1)})^2-(u_{n,n-1}^{(1)}-u_{n,n}^{(1)})^2\right]$$
$$(1-32)$$

$$\alpha_{n,n}^{(3)}=\cdots \quad (1-33)$$

在 ε 最低次项($\gamma=1$)有线性波动方程,为

$$\frac{\partial^2}{\partial t^2}u_{n,n}^{(1)} - J_2\left[u_{n,n+1}^{(1)}+u_{n,n-1}^{(1)}-2u_{n,n}^{(1)}\right]=0 \quad (1-34)$$

10

由前面的讨论可知,式(1-34)具有如下形式的解:

$$u_{n,n}^{(1)} = A_0(\xi_n, \tau) + A(\xi_n, \tau)e^{i\phi_n} + A^*(\xi_n, \tau)e^{-i\phi_n} \qquad (1-35)$$

$$\begin{cases} \omega(k) = 2\sqrt{J_2}\,|\sin(ka/2)| & (1-36a) \\[2mm] v_g = \dfrac{d\omega}{dt} = \dfrac{J_2 a}{\omega}\sin(ka) & (1-36b) \end{cases}$$

当 $\gamma = 2$ 时有第二个近似方程,为

$$\frac{\partial^2}{\partial t^2}u_{n,n}^{(2)} - J_2[u_{n,n+1}^{(2)} + u_{n,n-1}^{(2)} - 2u_{n,n}^{(2)}] = -2i\omega(\lambda - v_g)\frac{\partial A}{\partial \xi_n}e^{i\phi_n} - 8iJ_3\sin ka\sin^2\frac{ka}{2}A^2 e^{2i\phi_n} + cc$$

$$(1-37)$$

为消去久期项需有 $\lambda = v_g$。这时式(1-37)有如下形式的解:

$$u_{n,n}^{(2)} = B_0(\xi_n, \tau) + [B(\xi_n, \tau)e^{i\phi_n} + i(J_3/J_2)\cot(ka/2)A^2 e^{2i\phi_n} + cc] \qquad (1-38)$$

式中,B_0 和 B 分别为由高次近似决定的实函数和复函数。

当只考虑振幅最低阶 A 的关系时,可令 $B = 0$,有

$$\frac{\partial^2}{\partial t^2}u_{n,n}^{(3)} - J_2[u_{n,n+1}^{(3)} + u_{n,n-1}^{(3)} - 2u_{n,n}^{(3)}] = (J_2 a - v_g)\frac{\partial^2 A_0}{\partial \xi_n^2} + 8J_3 a\sin^2\frac{ka}{2}\frac{\partial|A|^2}{\partial \xi_n} +$$

$$\left[2i\omega\frac{\partial A}{\partial \tau} - \frac{1}{4}\omega^2 a^2\frac{\partial^2 A}{\partial \xi_n^2} - 2\frac{J_3}{J_2}\omega^2 a A\frac{\partial A_0}{\partial \xi_n} - N|A|^2 A\right]e^{i\phi_n} + cc$$

$$(1-39)$$

且

$$N = 8\omega^4/J_2^2 \qquad (1-40)$$

式(1-39)具有两种类型的久期项,第一类就是显含在 $u_{n,n}^{(3)}$ 中 t 将上升的慢变量函数,消去它有

$$(J_2 a^2 - v_g^2)\frac{\partial^2 A_0}{\partial \xi_n^2} + 8J_3 a\sin^2\frac{ka}{2}\frac{\partial|A|^2}{\partial \xi_n} = 0 \qquad (1-41)$$

消去久期项 $e^{i\phi_n}$ 有

$$2i\omega\frac{\partial A}{\partial \tau} - \frac{1}{4}\omega^2 a^2\frac{\partial^2 A}{\partial \xi_n^2} - 2\frac{J_3}{J_2}\omega^2 a A\frac{\partial A_0}{\partial \xi_n} - N|A|^2 A = 0 \qquad (1-42)$$

式(1-41)和式(1-42)在整个布里渊区是有效的,由式(1-41)得

$$\frac{\partial A_0}{\partial \xi_n} = -\frac{8J_3}{J_2 a}|A|^2 \qquad (1-43)$$

从物理的角度考虑,令积分常数为零,则式(1-42)变成

$$i\frac{\partial A}{\partial \tau} + P\frac{\partial^2 A}{\partial \xi_n^2} + Q|A|^2 A = 0 \qquad (1-44)$$

式(1-43)式(1-44)中

$$P = \frac{1}{2}\frac{d^2\omega}{dk^2} = -\frac{1}{4}\sqrt{J_2}\sin\frac{ka}{2}$$

$$Q = \omega \left[4 \left(\frac{J_3}{J_2} \right)^2 + \left(\frac{J_3^2}{J_2^3} \right) \omega^2 \right]$$

作变换 $A_0 = u_0/\varepsilon$ 和 $A = u/\varepsilon$，且 $X_n = na - v_g t$，则式（1-43）和式（1-44）变为

$$\frac{\partial u_0}{\partial X_n} = -\frac{8J_3}{J_2 a} |u|^2 \tag{1-45}$$

$$\mathrm{i}\frac{\partial u}{\partial t} + P\frac{\partial^2 u}{\partial X_n^2} + Q|u|^2 u = 0 \tag{1-46}$$

式（1-46）是非线性薛定谔方程，是一个完全可积的系统，由逆散射方法可精确地求出其解，其解是一个单个孤子解，为

$$u = \left(\frac{2P}{Q} \right)^{1/2} k_0 \operatorname{sech} k_0 \left[(n - n_0)a - v_g t \right] \mathrm{e}^{(\mathrm{i}k_0^2 Pt - \mathrm{i}\varphi_0)} \tag{1-47}$$

式中，k_0 和 φ_0 为积分常数，n_0 为任意常数。

对式（1-45）积分有

$$u_0 = -\frac{8J_3 k_0}{J_2 a} \frac{2P}{Q} \tanh k_0 \left[(n - n_0)a - v_g t \right] \tag{1-48}$$

因此晶格的位移为

$$u_n(t) = -\frac{8J_3 k_0}{J_2 a} \frac{2P}{Q} \tanh\left[(n - n_0)a - v_g t \right] + 2\left(\frac{2P}{Q} \right)^{1/2} k_0 \operatorname{sech} k_0 \left[(n - n_0)a - v_g t \right] \times$$

$$\cos\left[kna - (\omega - k_0^2 P)t - \varphi_0 \right] \tag{1-49}$$

1.2.3 反可积极限方法与反连续极限方法

反可积极限的概念最初是为标准映射引入的，而后就成了在非线性系统中寻找无限多解的一个简单而有效的方法。寻找非线性动力学系统解的自然方法是通过这个极限建立一个微扰理论，在这个极限处模型的解具有简单的形式。

1. 反可积极限方法

利用反可积极限方法证明系统存在呼吸子解，主要分成两步：首先证明反可积极限处的周期解可以唯一地被延拓到反可积极限处的邻域，然后证明其在空间中是指数衰减的。

首先定义一个分立时间的隐含动力学系统，由于这个系统的初始条件不足以决定整个轨道，我们称这个系统是非确定性的。

定义 1.1 关于光滑流形 U 的一个隐含动力学系统可以被定义为对于所有的 $i \geq 0$ 满足隐含条件 $G(X_{i+1}, X_i) = 0$ 的一系列轨道 $\{X_i\} \in U^N$，这里 G 是一个映射 $G(X,Y): U \times U \rightarrow R^N$。

当对于所有的 $X \in U$，方程 $G(Y, X) = 0$ 始终有唯一的解 $Y = F(X)$，这个隐含动力学系统就是确定性的动力学系统。当方程 $G(X_{i+1}, X_i) = 0$ 有几个解 $F_\sigma(X_i)$ 的时候，这里 σ 是一个描述确定性的指标，确定性 σ 的个数 p 是有限的且大于等于 2。因此，轨道不但由

初始状态 X_0 决定,而且由 X_{i+1} 对 X_i 的决定性序列 σ_i 决定。

大多数分立时间的确定性系统 $X_{i+1} = F_\lambda(X_i)$(连续地依赖于参数 λ)有一个奇特的极限,在此极限处它们不能再被定义为确定性的动力学系统,因为 $F_0(X)$ 是不明确的,而它们可以被定义为一个非确定性的隐含动力学系统 $G_\lambda(X_{i+1}, X_i) = 0$。当 $\lambda \neq 0$ 时,这个方程等价于 $X_{i+1} = F_\lambda(X_i)$(确定性系统);而当 $\lambda = 0$ 时,极限 $G_0(Y, X)$ 保持确定。这个极限使方程 $G_0(Y, X) = 0$ 产生几个解 $Y_\sigma(X)$,使系统成为一个隐含动力学系统。

最简单的情况是隐含动力学系统的轨道 $\{X_i(\{\sigma_j\})\}$ 即映射 $H_0(\{X_i\}) = \{G_0(X_{i+1}, X_i)\}$ 的零点完全由分立的编码 $\{\sigma_i\}$ 来决定,而在 $i > i_0$(i_0 是有限的)时不依赖于初始状态。因此映射 $H_0(\{X_i\})$ 的每个零点都不退化,而且在 $|\lambda| < \lambda_c(\{\sigma_i\})$ 隐函数定理可以应用于方程 $H_\lambda(\{X_i\}) = \{G_\lambda(X_{i+1}, X_i)\} = 0$,这里 $\lambda_c(\{\sigma_i\})$ 是依赖于 $\{\sigma_i\}$ 的选择的常数。

设有一个参数(λ)连续的(确定性的)动力学系统 $X_{i+1} = F_\lambda(X_i)$。

定义 1.2　若以下两条件成立,极限 $\lambda = 0$ 被称为反可积极限。

(1)系统可以被定义为隐含动力学系统,即存在一个连续依赖于参数 λ 的函数 $G_\lambda(X, Y)$,在 $\lambda \neq 0$ 时,隐含方程 $G_\lambda(X_{i+1}, X_i)$ 等价于 $Y = F_\lambda(X)$,其极限 $G_0(Y, X)$ 是确定的。

(2)隐含方程 $G_\lambda(X_{i+1}, X_i) = 0$ 的解 $\{X_i\}$(对于所有的 i)构成一个分立集,这个分立集可以由一个无限序列 $\{\sigma_i\} \in E^Z$ 来描述,这个序列叫作编码序列 $\{\sigma_i\} \leftrightarrow \{X_i\}$,这里 σ_i 属于分立的编码集 E。

实际上,反可积极限方法就是隐函数定理在极限点(隐函数方程零点)邻域的应用。

定理 1.1　对于一个给定的反可积极限轨道 $\{X_i^0\}$(它是 $G_0(X_{i+1}^0, X_i^0) = 0$ 对于所有 i 的解)存在一个 λ_1 和一个 $\{X_i^0\}$ 的邻近轨道 $\{X_i\}$ 的邻域 $B(\delta)$(对于所有的 i,$\|X_i - X_i^0\| < \delta$),对于 $\lambda < \lambda_1$ 和对于在 $B(\delta)$ 中所有的 $\{X_i\}$ 及所有的 i,有

(1)$\partial_\lambda G_\lambda(X_{i+1}, X_i)$ 是确定的,对于 λ 是有界连续的;

(2)梯度 $\partial_{X_{i+1}} G_\lambda(X_{i+1}, X_i)$ 和 $\partial_{X_i} G_\lambda(X_{i+1}, X_i)$ 是确定的,而且是 λ 的均匀连续函数。

定义算子 $T_\lambda: U \to R^n$ 为 $T_\lambda(\{X_i\}) = G_\lambda(X_{i+1}, X_i)$(映射序列 $\{X_i\} \in U^Z \in (R)^n$)并假设算子 T_λ 的 Jacobi 矩阵 $\boldsymbol{M}$:

$$M_{i+1,i} = \left.\frac{\partial G_0(X_{i+1}, X_i)}{\partial X_{i+1}}\right|_{\substack{X_{i+1} = X_{i+1}^0 \\ X_i = X_i^0}} \tag{1-50a}$$

$$M_{i,i} = \left.\frac{\partial G_0(X_{i+1}, X_i)}{\partial X_i}\right|_{\substack{X_{i+1} = X_{i+1}^0 \\ X_i = X_i^0}} \tag{1-50b}$$

和

$$M_{j,i} = 0 \quad j \neq i, j \neq i+1 \tag{1-50c}$$

在 $\{X_i\} = \{X_i^0\}$ 时是可逆的。

那么,反可积极限轨道 $\{X_i^0\}$ 能够被延拓为一个 λ 的延拓函数 $\{X_i(\lambda)\}$,而且有

$\{X_i(0)\} = \{X_i^0\}$，对于所有的 i 有 $G_\lambda(X_{i+1}(\lambda), X_i(\lambda)) = 0$。

定理 1.2　设 $z > 1$ 为一实数，则当 $n \to \infty$，$n \in N$，$|X(\lambda)|_n = \sup\limits_n |X^{(n)}(\lambda)z^n| \leqslant K$ 时，$K \in R^+$ 即有界，则 $X(\lambda)$ 必按 $n \to \infty$ 指数衰减。耦合 logistic 映射的反可积极限的证明见附录。

2. 反连续极限方法

在有些情况下，动力学系统的奇异极限被称为半可积极限或反连续极限，这是因为轨道不再构成分立集，而且有一个连续的退化，也就是说这类问题一直是可积的。这些轨道的微扰理论很难建立，耦合非线性振子序列就是这样的一个例子。这也就是说，具有连续时间的动力学系统纯反可积极限的确定性是一个问题，因为轨道相对时间的连续退化是不可能避免的，除非将时间分立化。如何解决这一问题成为反可积极限方法应用到弱耦合振子系列问题的关键，Aubry 等人对此问题进行了一系列的讨论，如采用 Poincare 截面方法将时间分立化；将分立的位置 i 作为分立的时间，而将振动位移函数 $u_i(t)$ 作为在时间 i 时确定动力学系统的坐标集；利用 Banach 空间连续有界函数的延拓性来解决这一问题。

1.2.4　旋转波近似方法

旋转波近似方法是直接寻找分立呼吸子解（作为解在时间上是简谐的）的一种非常有效的方法，在寻找分立呼吸子存在方面被大量运用。这个解是用傅里叶参数控制的：

$$u_n(t) = \sum_{k=-\infty}^{\infty} a_n^{(k)} \mathrm{e}^{ik\omega_b t} \qquad (1-51)$$

要求必须在小振幅情况下，即 $|u_n| \sim \varepsilon$，ε 是一个大于零的小量。式（1-51）中的 ω_b 是接近于一些线性振动的频率，而且傅里叶系数缓慢地依赖于时间，即 $a_n^{(k)}(\varepsilon^2 t)$。将式（1-51）代入原方程，忽略所有 $k \geqslant k_0$ 的项，一般情况 $k_0 = 2$，有

$$\ddot{u}_n + b(2u_n - u_{n+1} - u_{n-1}) - f(u_n) = 0 \qquad (1-52)$$

式（1-52）中的 $f(u_n) = -u_n + \alpha u_n^2 + \beta u_n^3$ 即在位势，对于所有的 n 有 $a_n^{(0)} = 0$，则有

$$-\omega_b^2 a_n^{(1)} + b^2(2a_n^{(1)} - a_{n+1}^{(1)} - a_{n-1}^{(1)}) + a_n^{(1)} - 6\beta a_n^{(1)3} = 0 \qquad (1-53)$$

旋转波近似方法实际上也经常用于非线性非常强的情况。例如，$b = 0$ 的情况，求解式（1-53）可发现，$a_n^{(1)} = 0$ 或 $a_n^{(1)} = \omega_b / \sqrt{6\beta}$。可以在任意晶格位置选择两个解中的任一个，因此产生了一个二进制序列所描绘的无限数量的解。这个序列中元素的位置就是晶格的位置，而且元素的值有 $a_n^{(1)}$ 的两个可能解来编码。用 Aubry 的 anti-integrability 近似可以证明那些解在相互作用系数 $b \neq 0$ 情况下是延拓的。实际上旋转波近似方法忽略了依赖于时间的快变量。

1.2.5　局域非简谐近似方法

由于非线性系统的非线性效应的局域化特点与晶格缺陷非常相似，即系统的非线性

14

效应只对晶格的少数格点的振动起作用,因此可以假定晶格中某些格点具有非线性效应,其他大部分格点的振动都是简谐的,这样在讨论晶格非线性振动时,只考虑少数格点的非线性效应即可,其他按简谐晶格处理,大大简化了计算。此近似的合理性就在于非线性效应的局域性。当然,此种方法的运用精度取决于非线性效应格点的位置及数量的选取。本书利用此种方法配合旋转波近似方法和数值方法对一些非线性二维双原子晶格进行了求解,获得了禁带二维呼吸子存在的证据。

1.2.6　试探解方法

试探解方法就是事先对所求解的非线性振动方程与已知解的方程进行比较,然后预计其试探解的形式,并将其代入方程中,寻找该解存在的条件。如果能找到该解存在的条件,就证明该解是此振动方程的解;如果找不到该解存在的条件,则通过寻找过程中的一些数学关系对试探解进行必要的修正,然后再进行试探。如此往复,最终得到该解存在的条件。需要注意的是,此种方法对那些没有比对的非线性振动方程是很难找到正确的试探解的。本书利用此种方法寻找到了一些非线性晶格的紧致呼吸子和 q 呼吸子。

1.2.7　数值方法

本部分主要介绍用计算机较为精确地计算非线性晶格振动的局域模解的数值方法。从 FPU 问题开始,各种数值方法就一直伴随着非线性系统局域模的研究与讨论。其中应用较为广泛的为牛顿法,其主要原因是该方法精确性较高。现今各种具体的数值方法在多数的计算机语言中已经模块化,人们可以参考有关书籍按照计算的精度要求直接选用某种方法来进行计算,这里就不再做详细介绍了。

接下来着重介绍数值方法应用的几种途径。在非线性晶格振动局域模的研究中,数值方法的应用无外乎有如下三种途径:第一种是直接对非线性振动方程进行求解,这种主要应用在连续的非线性微分方程中,但是到目前为止并不是所有的非线性微分方程都可解,而且这种途径对初始条件的设置要求非常高;第二种是结合其他方法进行数值计算,比如结合反可积极限(反连续极限)方法计算呼吸子的存在等;第三种是对于可分离变量的系统,先将其在时间和空间进行分离,然后再利用数值方法分别求解空间的代数方程组和时间的常微分方程。本书主要应用后面两种途径进行数值计算。

1.2.8　稳定性分析方法

对动力学系统中由于非线性而使能量局域化现象的研究已经持续一个多世纪了,而分立的呼吸子是一个非常重要的局域模。该局域模具有空间上局域化、时间上周期化的特点。关于分立呼吸子的存在及稳定性分析已经有了很大进展。下面主要介绍线性稳定性分析理论和相图稳定性分析理论。

1.线性稳定性分析理论

所谓描述系统运动方程的解是稳定的,是指系统即使在这些不可避免的扰动下偏离此解所表征的状态,也会自动返回此状态。即系统可以长期稳定地处于此状态,至少不会偏离此状态太远。反之,则说解是不稳定的。不稳定的解不能代表实际存在的状态。线性稳定性原理是由 Aubry 等人发展和完善的,如果非线性方程的线性化方程的解是渐进稳定的,则参考态是非线性方程的渐进稳定解;如果线性化方程的解是不稳定的,则参考态是非线性方程的不稳定解。

(1)线性稳定性

可以将非线性晶格看作一个非线性耦合振子系统,如果振子具有单位质量,其哈密顿函数可写为

$$H = \sum \left[\frac{1}{2} \dot{u}_n^2 + V(u_n) + \lambda W(u_{n+1} - u_n) \right]$$

式中,$V(u_n)$ 为在位势;$W(u_{n+1} - u_n)$ 为最近邻耦合势;λ 为耦合参数。

由 $\ddot{u}_n = \dot{p}_n = -\dfrac{\partial H}{\partial u_n}$ 得到系统的动力学方程为

$$\ddot{u}_n = -V'(u_n) + \lambda W'(u_{n+1} - u_n) - \lambda W'(u_n - u_{n-1}) \qquad (1-54)$$

式中,V' 和 W' 为对 u_n 的偏导。

作代换 $u_n(t) \to u_n(t) + \varepsilon_n(t)$,$\varepsilon_n(t)$ 是微扰,u_n 是系统的周期解。再将式(1-54)右边按 Taylor 公式展开,保留 $\varepsilon_n(t)$ 的线性项,得式(1-54)的线性化方程为

$$\ddot{\varepsilon}_n = -V''(u_n)\varepsilon_n + \lambda W''(u_{n+1} - u_n)(\varepsilon_{n+1} - \varepsilon_n) - \lambda W''(u_n - u_{n-1})(\varepsilon_n - \varepsilon_{n-1})$$
$$(1-55)$$

式中,V'' 和 W'' 为对 u_n 的二阶偏导。

当式(1-55)没有随时间指数增大的解时,式(1-54)的周期解 u_n 被认为是线性稳定的。这不是说真实的非线性动力学系统相对于初始条件的微扰在所有时间一直很小,而是说这个微扰不是随时间指数增大的函数。这样的轨道比线性不稳定的有更长的"生命"。

这个方程组相当于耦合谐振子序列(坐标为 $\varepsilon_n(t)$),其周期解 u_n 作为一个驱动参数。这个方程组从物理意义上描述了与式(1-54)的非线性解紧密相关的系统的声子模型。

(2)夫洛开矩阵与夫洛开乘子

式(1-55)的任意解由"位置"和"动量"初始条件的列矩阵 $\Omega(0) = [\varepsilon_1(0), \cdots, \varepsilon_N(0), \dot{\varepsilon}_1(0), \cdots, \dot{\varepsilon}_N(0)]^*$ 来决定。$\Omega(t)$ 是其在坐标和动量空间的时间演化。一组基本解由 $2N$ 个初始条件函数 $\Omega^\gamma(0)$,$\gamma = 1, \cdots, 2N$ 来决定,而 $\Omega_l^\gamma(0) = \delta_{\gamma l}$($\varepsilon_1(0)$ 对应 $l=1$,$\dot{\varepsilon}_1(0)$ 对应 $l = N+1$)。式(1-55)的解的演化可以利用夫洛开算子来研究,这个算子是将 $\varepsilon(t)$ 映射到 $\varepsilon(t + t_b)$,t_b 是呼吸子的周期。在有限的系统中这个算子是与夫洛开矩阵

16

F_0 等价的，F_0 由下式给出：

$$
\begin{pmatrix}
\varepsilon_1(t_b) \\
\vdots \\
\varepsilon_N(t_b) \\
\dot{\varepsilon}_1(t_b) \\
\vdots \\
\dot{\varepsilon}_N(t_b)
\end{pmatrix}
= F_0
\begin{pmatrix}
\varepsilon_1(0) \\
\vdots \\
\varepsilon_N(0) \\
\dot{\varepsilon}_1(0) \\
\vdots \\
\dot{\varepsilon}_N(0)
\end{pmatrix}
\tag{1-56}
$$

这个矩阵可以用数值方法将式 $(1-55)$ 从 $t=0$ 到 $t=t_b$ 积分 $2N$ 次构成，同时还要用到初始条件 $\Omega^\gamma(0)$。那么矩阵 F_0 的 γ 列由 $\Omega^\gamma(t_b)$ 给出。

F_0 的特征值 $\{\eta_\gamma\}_{\gamma=1}^{2N}$ 叫作夫洛开乘子，它决定着解 u_n 的线性稳定性。夫洛开乘子写作 $\{\exp(i\theta_\gamma)\}$，$i\theta_\gamma$ 一般为复数，叫作夫洛开指数，而 θ_γ 则称为夫洛开变量。F_0 的特征值由下式求得：

$$
\begin{pmatrix}
\varepsilon_1(t_b) \\
\vdots \\
\varepsilon_N(t_b) \\
\dot{\varepsilon}_1(t_b) \\
\vdots \\
\dot{\varepsilon}_N(t_b)
\end{pmatrix}
= F_0
\begin{pmatrix}
\varepsilon_1(0) \\
\vdots \\
\varepsilon_N(0) \\
\dot{\varepsilon}_1(0) \\
\vdots \\
\dot{\varepsilon}_N(0)
\end{pmatrix}
= \eta_\gamma I
\begin{pmatrix}
\varepsilon_1(0) \\
\vdots \\
\varepsilon_N(0) \\
\dot{\varepsilon}_1(0) \\
\vdots \\
\dot{\varepsilon}_N(0)
\end{pmatrix}
\tag{1-57}
$$

相当于

$$
\begin{cases}
\varepsilon_i(t_b) = \eta_\gamma \varepsilon_i(0) \\
\dot{\varepsilon}_j(t_b) = \eta_\gamma \dot{\varepsilon}_j(0)
\end{cases}
\tag{1-58}
$$

（3）稳定性与分岔

式 $(1-54)$ 的周期解 $u_n(t)$ 的线性稳定性由夫洛开乘子决定。

①如果有任意的特征值 $|\eta_\gamma|>1$，相当于特征函数 $\varepsilon^\gamma(t)$ 随时间增大，则 $u_n(t)$ 是线性不稳定的。

②如果 $\eta_\gamma=1$，$\varepsilon^\gamma(t)$ 的周期是 T；如果 $\eta_\gamma=-1$，$\varepsilon^\gamma(t)$ 的周期是 $2T$。然而 F_0 是一个 symplectic 矩阵。这是由于它是由式 $(1-55)$ symplectic 系统而来，这表示如果 η_γ 是一个非零的特征值，$1/\eta_\gamma$ 也是。由 F_0 为实，η_γ^* 和 $1/\eta_\gamma^*$ 也是乘子。

$u_n(t)$ 的线性稳定只有 F_0 的所有特征值的模都为 1 时，即它们都在单位圆上时才有可能。因此，$u_n(t)$ 线性稳定的条件可以被描述为夫洛开变量为实数。而且如果 $u_n(t)$ 是线性稳定的，每一个 $|\eta_\gamma|=1$，夫洛开乘子变为 $(\pm\theta_\gamma)$ 的复共轭对，或作为双 1 或 -1（$\theta=0$ 或 $\theta=\pm\pi$）。如果耦合参数 λ 被改变，F_0 的乘子跟着改变。所以，对于不稳定解的分岔只可能发生在以下三种情况。

①简谐不稳定:两个复特征值沿着单位圆移动,在 $\eta_\gamma(\theta=0)$ 处碰撞,或者说一对共轭特征值到达 $1+i_0(\theta=0)$,且沿着实轴离开单位圆。

②亚简谐不稳定:两个复特征值沿着单位圆移动,在 $\eta_\gamma=-1(\theta=\pm\pi)$ 处碰撞,或者说一对共轭特征值到达 $-1+i_0(\theta=\pm\pi)$,且沿着实轴离开单位圆。

③振荡或霍夫不稳定:两个复特征值沿着单位圆移动,在 $\theta\neq0$ 处碰撞且离开单位圆,或者说两对共轭特征值在单位圆的两个共轭点碰撞,且离开单位圆。

即当模型耦合参数改变,周期解 $u_n(t)$ 的线性稳定性在 $\boldsymbol{F}_0$ 的两个特征值在单位圆上碰撞时会消失。

在计算式(1-54)对时间的微分时,得到 $(N(u,\lambda),\dot{u})_n=\ddot{u}_n+V''(u_n(t))\dot{u}_n(t)-\lambda W''(u_{n+1}-u_n)(\dot{u}_{n+1}-\dot{u}_n)+\lambda W''(u_n-u_{n-1})(\dot{u}_n-\dot{u}_{n-1})=0$。与式(1-55)对比 $\dot{u}_n$ 也是 T 周期的。因此,它也是一个 $\boldsymbol{F}_0$ 的乘子为1的特征函数,而且它也成对出现,所以一直有双1乘子。$\dot{u}_n$ 被称为相模,因为如果 $u(t)$ 是式(1-54)的一个解,$u(t+dt)$ 也是一个解。而解 $u(t)$ 存在,对应的双特征值 $u(t+dt)$ 也存在。根据分岔的可能形式,如果除了双1外所有的乘子是孤立的(乘子不碰撞),系统是结构稳定的。

(4)卡恩符号

卡恩符号与 $\boldsymbol{F}_0$ 的特征值对相联系,被定义为

$$K(\theta_\gamma)=\text{sign}\left(i\sum_i\left[\varepsilon_i^\gamma(t)\dot{\varepsilon}_i^{\gamma*}(t)-\varepsilon_i^{\gamma*}(t)\dot{\varepsilon}_i^\gamma(t)\right]\right) \qquad(1-59)$$

式中,$\varepsilon_i^\gamma(t)=\varepsilon_i^{\gamma(1)}(t)+i\varepsilon_i^{\gamma(2)}(t)$ 是与特征值 $\exp(i\theta_\gamma)$ 相对应的特征矢量,因为一个 symplectic 乘积是时间的常量,$K(\theta_\gamma)$ 不依赖于时间。如果 $\theta_\gamma=0$ 或 $\theta_\gamma=\pi$ 相当于特征矢量被选为实的,则相应的卡恩符号为零。

当 λ 改变,$\boldsymbol{F}_0$ 的两对特征值 $\exp(\pm i\theta_\gamma)$ 和 $\exp(\pm i\theta_{\gamma'})$ 可变为相等,且穿出单位圆,那么相应地式(1-54)的时间周期解变为不稳定。由卡恩标准断言,这样的不稳定性只可能发生在两对特征值有不同的卡恩符号 $K(\theta_\gamma)\neq K(\theta_{\gamma'})$ 的情况下。

(5)Aubry 能带理论

线性化方程式(1-55)可以被解释为特征值 $E=0$ 的特征方程,该特征方程由下式给出:

$$\ddot{\varepsilon}_n+V''(u_n)\varepsilon_n-\lambda W''(u_{n+1}-u_n)(\varepsilon_{n+1}-\varepsilon_n)+\lambda W''(u_n-u_{n-1})(\varepsilon_n-\varepsilon_{n-1})=E\varepsilon_n(t)$$
$$(1-60)$$

可以通过研究对于 $E\neq0$ 的夫洛开变量来获得更多的信息,这就是著名的 Aubry 能带理论。点集 (θ,E)(θ 是 $\boldsymbol{F}_E$ 的实夫洛开变量)构成一个带结构。事实上,夫洛开乘子成为复共轭对,如果 (θ,E) 属于一个能带,$(-\theta,E)$ 也属于一个能带,即能带关于 θ 是对称的,且 $dE/d\theta_{\theta=0}=0$。由于 $\dot{u}$ 有特征值 $1(\theta=0)$(也就是说由于 $\dot{u}$ 一定是式(1-60)在特征值 $E=0$ 的解,所以,特征方程在特征值 $E=0$ 时一定有一个解),所以一直有一个能带与 $E=0$ 轴相切在 $\theta=0$ 处。对于给定的 E 值最多有 $2N$ 个点,所以,最多有 $2N$ 个能带与

(θ,E) 坐标空间的任意水平轴相交。$u(t)$ 线性稳定的条件与 $2N$ 个能带和 $E=0$ 轴相交等价(包括它们重复的切点)。如果耦合参数 λ 改变,能带随之演化,它们可能失去与 $E=0$ 轴的交点,产生不稳定。

反连续极限近似下,这些特征方程变为

$$\ddot{\varepsilon}_n + V''(u_n)\varepsilon_n = E\varepsilon(t) \tag{1-61}$$

式(1-60)和式(1-61)的特征函数服从布洛赫条件,即

$$\varepsilon_n(t+t_b) = \varepsilon_n(t)e^{i\theta} \tag{1-62}$$

或

$$\varepsilon_n(\theta,t) = \chi_n(\theta,t)e^{i\theta\frac{t}{t_b}} \tag{1-63}$$

式中,$\chi_n(\theta,t)$ 为以 t_b 为周期的函数,即 $\chi_n(\theta,t+t_b)=\chi_n(\theta,t)$。

(6)改善的卡恩标准和线性稳定性

Aubry 对卡恩符号有了新的几何解释,即

$$K(\theta_\gamma) = -\,\mathrm{sign}\left(\frac{\mathrm{d}E_\gamma(\theta)}{\mathrm{d}\theta}\right),\theta = \theta_\gamma \tag{1-64}$$

该式表述为:特征值的卡恩符号与相应色散曲线的斜率的符号相反。

当模型的参数改变时,时间周期解 $u_i(t)$ 的线性稳定性在 F_0 的两个特征值 $\exp i\theta_1$ 和 $\exp i\theta_2$ 在单位圆上碰撞时会消失。一个必要而且充分的条件是 θ_1 和 θ_2 是同一色散曲线 $E_\gamma(\theta)$ 的零点,在分岔处重合,超过分岔处消失,如图1-4所示。

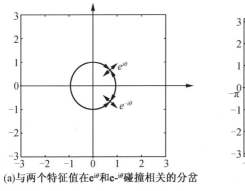
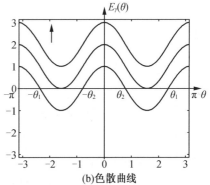

(a)与两个特征值在 $e^{i\theta}$ 和 $e^{-i\theta}$ 碰撞相关的分岔　　　　(b)色散曲线

图1-4　与两个特征值在 $e^{i\theta}$ 和 $e^{-i\theta}$ 碰撞相关的分岔和相应的色散曲线的行为

由于色散曲线的斜率 $\mathrm{d}E_\gamma(\theta)/\mathrm{d}\theta$ 在 $\theta=\theta_1$ 和 $\theta=\theta_2$ 必须有相反的符号,所以式(1-64)表示卡恩符号也有相反的符号,这说明卡恩标准是必要不充分条件。

实际上,如果 θ_1 和 θ_2 不属于同一能带 γ,相应的色散曲线经过与 $E=0$ 轴的交点,而两个特征值相互重合后没有任何分岔,仍留在单位圆上。

如果 $\{u_i(t)\}$ 是式(1-54)的解,$\{u_{-i}(t)\}$ 也是式(1-54)的解,考虑解是空间对称的,$u_i(i)=u_{-i}(t)$ 对于所有的 i 成立,那么,式(1-60)的特征解就是空间对称的 $\varepsilon_i^\gamma(t)=\varepsilon_{-i}^\gamma(t)$ 或反对称的 $\varepsilon_i^\gamma(t)=-\varepsilon_{-i}^\gamma(t)$。如果 θ_1 和 θ_2 与不同的对称性能带相关,当它们碰

撞时情况如图 1-5 所示。

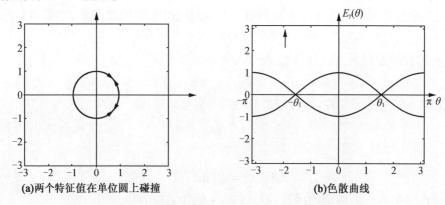

(a)两个特征值在单位圆上碰撞　　　　　　**(b)色散曲线**

图 1-5　两个特征值在单位圆上碰撞和相应的色散曲线的行为

还有两种分岔的简单图景,这样的线性不稳定性与 F_0 的特征值 $e^{\pm i\theta}$ 在 $\theta = 0$ 或 $\theta = \pm\pi$ 处碰撞相关,图 1-6 是在 $\theta = 0$ 处分岔,图 1-7 是在 $\theta = \pm\pi$ 处分岔。

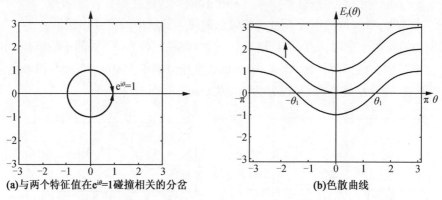

(a)与两个特征值在 $e^{i\theta}=1$ 碰撞相关的分岔　　　　　**(b)色散曲线**

图 1-6　与两个特征值在 $e^{i\theta}=1$ 碰撞相关的分岔和相应的色散曲线的行为

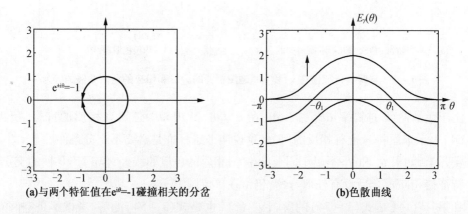

(a)与两个特征值在 $e^{i\theta}=-1$ 碰撞相关的分岔　　　　　**(b)色散曲线**

图 1-7　与两个特征值在 $e^{\pm i\theta} = -1$ 碰撞相关的分岔和相应的色散曲线的行为

用数值方法研究呼吸子和多位呼吸子解在模型变化时的线性稳定性时,证明了它们的线性不稳定性当耦合参数改变时只发生在图 1 - 5、图 1 - 6 和图 1 - 7 所示的情景中。

2. 相图稳定性分析理论

在非线性系统中,特别是在非线性高阶系统中,解的形式究竟有几种,目前尚未完全搞清楚。已知的解的形式中,往往一个非线性系统有几个平衡状态和周期解。其中,有些平衡状态和周期解是稳定的,即可以实现,而另一些平衡状态和周期解则是不稳定的,即不可以实现。因此,研究非线性振动的解的形式、求解方法与研究解的稳定性是不可分离的。工程中某些非线性问题往往需要确定解的稳定区和不稳定区的分界线,有时需要研究某些参数变化时解的稳定性的变化规律。

对于一般工程问题,非线性振动问题的研究可分四步进行:第一步,找平衡点及周期解;第二步,研究这些平衡点及周期解的稳定性;第三步,研究参数变化时平衡点及周期解的个数及性态是如何变化的,找出使解的拓扑结构变化的参数值(称为临界参数);第四步,研究任一给定的初始条件下,系统长期发展的结果。完成以上四步研究,非线性系统的形态就比较容易了解了。

对于单自由度保守系统,其振动方程可表示为

$$\ddot{x} + f(x) = 0 \tag{1-65}$$

式(1 - 65)可写为一阶方程组形式,即

$$\begin{cases} \dot{x} = y \\ \dot{y} = -f(x) \end{cases} \tag{1-66}$$

若 x 表示位移,则 $y = \dot{x}$ 表示质点的速度,如果把 (x, y) 看作平面上点的坐标,则该平面称作相平面。质点每一时刻的位移和速度对应于相平面上的一个点 (x, y),称为相点。式(1 - 66)的一个解 $x(t)$,$y(t)$ 对应相平面上的一条曲线,称为解曲线(积分曲线),曲线的各个分支称为相轨线。通过对相轨线的分析,可以定性地知道质点运动的某些性质。

从式(1 - 66)中消去时间变量 t,得

$$\frac{dy}{dx} = -\frac{f(x)}{y} \tag{1-67}$$

对式(1 - 67)积分,得

$$\frac{1}{2}y^2 + U(x) = E \tag{1-68}$$

式中,$y^2/2$ 为单位质量质点的动能;$U(x) = \int f(x)dx$ 为质点的势能;E 为积分常数,由初始条件确定,代表质点的总能量。

显然,式(1 - 68)就是保守系统能量守恒定律的表述。

(1)相轨线的普遍性质

在相平面上,式(1 - 68)代表能量线,也就是式(1 - 66)的积分曲线。把式(1 - 68)写成如下的形式:

$$\frac{1}{2}y^2 = E - U(x) \tag{1-69}$$

式(1-69)说明,只有当 $E \geq U(x)$,即势能小于总能量时,速度 y 才有实数解,而且解 y 相对于 x 轴是对称的。

式(1-67)决定了相平面上的一个方向场。很显然,当 $f(x) = 0$ 即 dy/dx 时,相轨线有水平切线;当 $y = 0$ 即 $dy/dx \rightarrow \infty$ 时,相轨线有竖直切线;当 $f(x)$ 和 y 同时为零即 $dy/dx = 0/0$ 时,相轨线在此点斜率不定,称此点为奇点,奇点的速度、加速度都等于零,因此奇点代表平衡点。

除奇点之外,其他各点的斜率都是确定的,所以保守系统的相轨线是互不相交的。

(2)相轨线的局部性质

下面将根据势能函数 $U(x)$ 的各种形态,讨论相轨线在奇点附近的局部性质。

①势能函数为单调函数

若势能函数 $U(x)$ 为单调增函数,如图 1-8 所示,设在某一初始条件下,系统总能量为 E_1,直线 $z = E_1$ 与 $= U(x)$ 相交于 M_1;由式(1-68)可知,在这一点相轨线与 x 轴相交于 a_1,且有竖直切线;在 a_1 的右边,由于有 $E - U(x) < 0$,所以没有对应的相轨线;由于 y 是 x 的二次函数,所以相轨线相对于 x 轴是对称的。其走向为:在上半平面自左向右,因为 $y = \dot{x} > 0$ 是增函数;在下半平面正好相反。相轨线的开口向左。如果 E 值减少,例如 $z = E_2$,则相应的相轨线如图 1-8 中虚线所示。若势能函数 $U(x)$ 为单调减函数,相轨线为向右开口的曲线。

②势能函数有孤立的极大值

如图 1-9 所示,设势能函数 $U(x)$ 在 $x = a$ 处有孤立的极大值,它对应于总能量 $z = E_0$,当在某初始条件下总能量 $E_1 < E_0$ 时,相轨线有两个分支,一个开口向右,一个开口向左;当总能量 $E_2 > E_0$ 时,相轨线也有两个分支,但它们与 x 轴不相交;当总能量 $E = E_0$ 时,等能量曲线由左右开口的两支曲线组成,它们相交于与极大值对应的 s 点,交点 s 称为鞍点。过鞍点实际上有 4 条相轨线,其中两条走向鞍点,两条离开鞍点,称这 4 条相轨线为分界线,它们把相平面分成若干个区域。分界线也是其他相轨线的渐近线,鞍点是不稳定点的奇点。

在鞍点的邻域内,质点从分界线上任一点出发,到达鞍点所需的时间为无穷大,这意味着在物理上是不能实现的。由式(1-68)可知 $y = \sqrt{2E - 2U(x)}$,$y = dx/dt$,$dt = dx/y$,则有

$$dt = \frac{dx}{\sqrt{2E - 2U(x)}} \qquad (1-70)$$

令 $\delta = x - x_0$,其中 x_0 代表鞍点位置,x 为附近分界线上任一点,将 $E_0 - U(x)$ 在鞍点附近展开,得

$$E_0 - U(x) = E_0 - U(x_0 + \delta) = 0 - \frac{1}{2}U''(x_0)\delta^2 + O(\delta^3) \qquad (1-71)$$

式中,$U(x_0) = E_0$;$U'(x_0) = 0$。

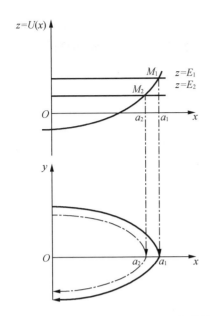

图1-8 势能函数为单调增函数的情况

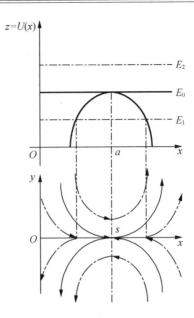

图1-9 势能函数有孤立的极大值的情况

将式(1-71)代入式(1-70)并积分得

$$t = \int_{\delta_1}^{\delta} \frac{\mathrm{d}\delta}{\sqrt{2[E_0 - U(x)]}} = \int_{\delta_1}^{\delta} \frac{\mathrm{d}\delta}{\sqrt{-U''(x_0)\delta^2}} = [-U''(x_0)]^{\frac{1}{2}} \ln\left(\frac{\delta}{\delta_1}\right) (取正值)$$

$$(1-72)$$

式中,$\delta_1 = x_1 - x_0$ 为鞍点邻域内的点,因为在鞍点处 $U''(x_0) < 0$,所以只有当 $t \to \infty$ 时,才有 $\delta \to 0$,即 $x \to x_0$。

③势能函数有孤立的极小值

如图1-10所示,设势能函数 $U(x)$ 在 $x = x_0$ 处有孤立的极小值 E_0,在某一初始条件下,系统总能量 $E_1 > E_0$,则 $z = E_1$ 与 $z = U(x)$ 有两个交点,在两交点外侧,y 不存在实数解,所以没有相轨线;在两交点之间,相轨线是上下对称的封闭曲线,它对应于周期解,但一般不是简谐的,周期解的周期为

$$T = 2\int_{x_1}^{x_2} \frac{\mathrm{d}x}{\sqrt{2E - 2U(x)}} \qquad (1-73)$$

式中,x_1 和 x_2 为相轨线与 x 轴的两个交点。

显然,周期 T 是总能量 E 的函数(当然,也是振幅的函数),这一点与线性振动有着本质的区别。

当系统总能量等于 E_0 时,相轨线退化为一个点 c,该点称为中心,中心是稳定的奇点。当 $E < E_0$ 时,y 不存在实数解。

④势能函数有拐点

设势能函数 $U(x)$ 在 $x = x_0$ 处有切线为水平的拐点,这一点是势能函数 $U(x)$ 的极大

值与极小值的重合点。如图 1 – 11 所示,该点的左侧为鞍点,右侧为中心,所以它是鞍点和中心的结合点,称这种奇点为尖点,它也是不稳定的奇点。尖点是一种高阶奇点。

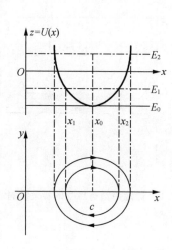

图 1 – 10 势能函数有孤立的极小值的情况

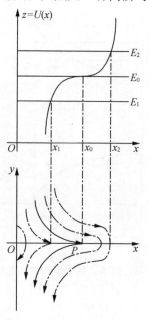

图 1 – 11 势能函数有拐点的情况

综上所述,保守系统的平衡点只可能是中心、鞍点和尖点三类。当势能函数有孤立的极小值时,平衡点为中心,系统的平衡位置是稳定的;当势能函数有孤立的极大值时,平衡点为鞍点,系统的平衡位置是不稳定的;当势能函数有拐点时,平衡点为尖点,系统的平衡位置也是不稳定的。

如果势能函数 $U(x)$ 是已知的,可以通过 $U(x)$ 对 x 的二阶导数来确定奇点的性质。设 $x = x_0$ 是奇点,即 $U(x)/\mathrm{d}x = f(x_0) = 0$,显然,有鞍点的条件是

$$\frac{\mathrm{d}^2 U(x)}{\mathrm{d}x^2} = \frac{\mathrm{d}f(x)}{\mathrm{d}x}\bigg|_{x=x_0} < 0 \tag{1 – 74}$$

有中心的条件是

$$\frac{\mathrm{d}^2 U(x)}{\mathrm{d}x^2} = \frac{\mathrm{d}f(x)}{\mathrm{d}x}\bigg|_{x=x_0} > 0 \tag{1 – 75}$$

有尖点的条件是

$$\frac{\mathrm{d}^2 U(x)}{\mathrm{d}x^2} = \frac{\mathrm{d}f(x)}{\mathrm{d}x}\bigg|_{x=x_0} = 0 \tag{1 – 76}$$

(3)在整个相平面上相轨线的性质

设在某一初始条件下,系统的总能量 $z = E_0$ 与曲线 $z = U(x)$ 相交并相切于若干点,如图 1 – 12 中实线所示。

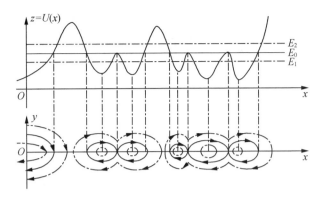

图 1 - 12　$z = E_0$ 与曲线 $z = U(x)$ 相交并相切于若干点

对于 $z = E > E_0$ 的那些 x 值,不存在相轨线。

对应 $z = U(x)$ 的极小值处是中心,它代表系统的稳定平衡位置;对应 $z = U(x)$ 的极大值处是鞍点,它代表系统的不稳定平衡位置。相轨线或者是封闭曲线,或者是向一边开口的散逸线。如果 $z = E$ 变化不大,相轨线的分布特征也没有重大改变。

如果系统的总能量 $z = E$ 与曲线 $z = U(x)$ 相交于若干点,则相轨线如图 1 - 12 中虚线所示。

相轨线若是封闭曲线有三种可能:一种是围绕中心的闭合曲线,另一种是围绕若干个中心和鞍点的闭合曲线,这两种相轨线都代表可能的周期运动,且它们必然被分界线隔开;第三种闭合曲线就是自相交于鞍点的分界线。

从一个鞍点出发,不经过其他鞍点,又回到原来的鞍点的分界线称为同宿相轨线;从一个鞍点出发,回到另一个鞍点的分界线称为异宿相轨线。

若相平面上所有初始值出现的概率是相等的,那么相点恰巧在分界线上的概率为无穷小,即分界线不代表真实的运动。它的重要意义在于,若知道了分界线,在整个相平面上积分曲线的分布及性质就一目了然了,系统的定性性质也就知道了。

因为势能函数 $U(x)$ 的极大值和极小值总是相间出现的,所以鞍点和中心也是相间出现的,并且封闭曲线内部总有奇数个奇点,它们是鞍点和中心,且中心的数目总比鞍点的数目多一个。因此,若封闭曲线中只有一个奇点,它必然是中心。

设直线 $z = E_0$ 是曲线 $z = U(x)$ 的渐近线,对应的相轨线也是单面散逸线。当 E 改变时,相轨线的性质会发生本质变化。如图 1 - 13 所示,当 E 减小时,相轨线会变成封闭曲线,所以这种相轨线也是分界线。

当 $z = E_0$ 与曲线 $z = U(x)$ 既不相交也不相切时,若 $z = E_0$ 在曲线 $z = U(x)$ 的下方,则系统的运动不可能实现;若 $z = E_0$ 在曲线 $z = U(x)$ 的上方,则相轨线为对称于 x 轴的两条无限延伸的曲线,这就是散逸轨线,如图 1 - 14 所示。

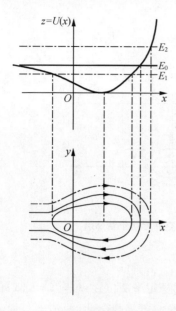

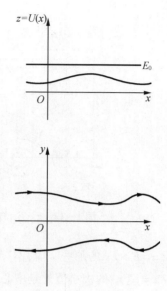

图 1 - 13　变成封闭曲线的相轨线　　　　图 1 - 14　散逸轨线

　　对于非线性晶格除了上述介绍的几种研究方法之外,还有逆散射方法等诸多方法,由于在本书中没有涉及,限于篇幅,这里就不再加以介绍了。

第2章 连续极限近似下非线性晶格振动中局域模的行为

研究光滑的波或波长比晶格中粒子的空间限度长的波的时候,可以采用连续极限近似方法。此方法的优点是比分立晶格更早地用解析和数值方法来分析非线性晶格振动,而且所获得的结论在大多数情况下与分立晶格密切相关。连续极限近似是通过将 Taylor 公式应用到非线性晶格振动方程解中而获得的,即将非线性晶格振动的位移在平衡位置展开为一系列的连续函数。

2.1 研 究 进 展

非线性晶格振动的研究源于 FPU 问题,而最早被研究的非线性晶格就是非线性 FPU 晶格。非线性 FPU 晶格是 Fermi、Pasta 和 Ulam 为验证统计力学中能量按自由度平均分配的理论而建立的一维非线性晶格模型,而实验出现了令人惊奇的结果,即能量没有按自由度平均分配,而是集中在几个模式上,而且还出现了能量回归的现象。对于这一令人费解的统计力学难题,Ford 和 Jackson 分别在 1961 年和 1963 年进行了验证。Zabusky 和 Kruskal 采用连续极限近似方法研究了一维低序、长波情况下的非线性晶格振动行为,发现了回归时间与线性周期之间的关系,并首先解释了 FPU 问题的能量回归现象。Perring 和 Skyrme 研究了用连续极限近似方法得到的正弦戈登方程的孤波解作为基本粒子的简单模型,通过数值计算,他们发现两个孤波在碰撞前后保持其扭结形状,速度不变。1967 年,Gardner 等人作出了一个重要的贡献,他们在《KdV 方程求解方法》一文中指出,如果波的初始形状足够局域化,KdV 方程的解析解就能够得到。

这一用连续极限近似方法得到的非线性晶格振动的孤波理论,随即被应用到非线性色散系统的研究上,并从理论上得到了冲击波对微小的调幅扰动不稳定的结论,这一结论被 Benjamin 和 Feir 于 1967 年在理论和实验上进行了进一步的证明。

这一理论对研究深水波拖曳和波包的不稳定时间演化问题也提供了巨大的帮助。Zakharov 在 1968 年指出弱非线性深水波拖曳封皮的时间演化可由一个非线性薛定谔方程来描述。这个方程由 Zakharov 和 Shabat 在 1972 年用逆散射方法精确地求解了。他们指出,这个精确的解是深水波的封皮孤子,而且初始的波包逐渐演化成一定数量的封皮孤子和一个色散的尾巴。这些解由 Yuen 和 Lake 在 1975 年通过实验验证了。

这一理论应用在非线性色散的介质中传播的电磁波的行为研究上时,得到了这种电磁波不稳定的预言。而这一理论应用到光纤中光波传播的行为研究上时,得到了这种光波的封皮也可由非线性薛定谔方程来描述的结论。作为一个结果,光封皮孤子(现在习惯称为光孤子)的发生被预言。这个预言后来由 Mollenauer 等在观察光孤子在单个纤维中传播时证明。

非线性晶格振动理论的广泛应用,显示出该理论的重要性。1975 年,Toda 采用连续极限方法和逆散射方法对 Toda 晶格——一个具有指数势的非线性晶格进行了系统的研究,发现在连续极限近似下,其振动行为在考虑 FPU 回归时间问题时,保留 Taylor 展开式中的第四次微分项将得到 Zabusky 方程,而对该方程进行变量代换即可得到 KdV 方程。Toda 详细地讨论了 KdV 方程的求解方法,并将其应用到 Toda 晶格的求解问题上,得到了孤子存在的证据以及孤子与边界条件和初始条件之间的关系,指出对于有限晶格来说周期性固定边界条件是必要的条件;同时讨论了该系统的能量守恒问题,得到了守恒定律成立的条件是当 n 趋于无穷时,最近邻原子的位移差为零的结论。Tada 的研究在连续极限近似下建立了比较完善的非线性晶格振动的基本理论,为后续的研究奠定了坚实的理论基础。

Klein-Gordon 模型早期是为了研究带电粒子在电场中的动力学行为而建立的,而将其应用到非线性晶格研究的是 Buttiker 和 Thomas。1988 年,他们研究了驱动和阻尼的非线性 Klein-Gordon 链,得到了在该系统中稳定传播的扭结孤子。该系统存在在位势的特点引起人们极大的兴趣,但都集中在准分立和分立模型上。

非线性晶格振动局域模理论应用到生物领域是在 1973 年,Davydov 提出了在蛋白质结构中振动能量局域化和非线性传输的新奇的机械论。他将蛋白质结构简化为 α – 螺旋分子结构。在这样的结构中,被局域化在螺旋线行为上的拉伸振子的振动能量,通过声子的耦合,使螺旋线结构产生扭曲,这个螺旋性的扭曲相互作用再次通过声子耦合捕捉振动能量,并阻止它弥散。这一效应被称为自局域化或自陷。

在随后的二十几年中,Davydov 和他的同事们对这一生物学机械论进行了详尽的研究,并取得了重大突破和进展,在分子系统中的孤子研究中详细地讨论了声子耦合对单个激子在扭曲分子链中传播的影响,得到了该激子以孤子的形式在该结构中传播的结论。随着肌肉结构中的孤子生物能量和机械论等研究工作的完成,较为完善的分子系统的孤子理论得以构建。这一孤子就是众所周知的 Davydov 孤子。

由 Landau 提出且被众多学者研究的极化子,在过去的半个多世纪中用来表示通过晶格声子的相互作用而自局域化的激发(被称为激子)。所以,Davydov 孤子相当于一个极化子。这主要可以从三个方面来说明:首先,二者都可采用连续极限近似;其次,二者都是通过晶格声子模型相互作用产生自局域化的;最后,由于非简谐能量都比声子能量小,所以二者都是弱耦合。

非线性分子晶格中的 Davydov 孤子在 20 世纪 70 年代到 90 年代初得到了充分的研究。1982 年,Scott 调整了 Davydov 模型,增加了偶极子和偶极子相互作用项来表示螺旋对称,通过数值解析研究得到了这样的孤子可以在正常的生理条件下出现的结论。Lomdahl 等指出由热运动引起的随机位移比构成耦合孤子需要的位移大很多,所以孤子不能在生物过程的温度下构成。Wang 等人在研究生物分子系统中能量传输的 Davydov 理论时,发现在连续极限近似下精确的方程退化为常规的非线性薛定谔方程,并通过讨论初始状态和孤子构成过程确定了统治孤子耦合特性的时间和长度的标准。1992 年,Scott 在前人研究的基础上更为系统地研究了 Davydov 孤子的行为,构建了更加完备的 Davydov 孤子的理论体系。随后,关于 Davydov 孤子的热稳定问题得到了充分的研究。进入 21 世纪,基于物理的和生物的背景以及来自其他模型的结果,Davydov 理论中的哈密顿函数和波函数得到了改善和扩展,但孤子的一些原始性质包括非线性耦合能量和显著增加的孤子的紧束缚能量都还保留着,这说明这一模型可以用来研究蛋白质分子中生物能量传输。

早期的非线性晶格振动的研究主要采用连续极限近似方法。但对于 FPU 晶格只研究了一维单原子的 α 和 β 模型,而对 Klein-Gordon 晶格则没有涉及,对 Davydov 孤子模型也只是考虑了简谐声子晶格的作用,没有涉及非简谐声子晶格的作用。

虽然进入 21 世纪后连续极限近似方法不再作为主要的方法来研究非线性晶格振动问题,但由于连续极限近似方法描写的是系统非线性整体特性,在一些非线性激发的波长大于系统粒子间距离的动力学行为研究和连续物质系统中非线性效应研究中仍作为一种不可缺少的方法在被采用。2002 年,陈伟忠等人就利用连续极限近似方法研究了驱动非线性摆链中缺陷和非线性波之间的相互作用。2007 年,Brunhuber 等人利用连续极限近似方法将非拓扑孤子的热扩散的研究推广到附加长程耦合的非简谐 FPU 类链上。

2007 年,Kevrekidis 等人的研究表明在连续的非线性方程当中也存在大量的周期解——呼吸子解和呼吸子晶格解。这也说明分立的非线性晶格中存在的周期性局域模在连续模型中也存在。非线性晶格振动中局域模的连续特性作为非线性晶格振动中局域模行为的有机组成部分,对全面揭示非线性晶格振动局域模行为也起着举足轻重的作用。所以,有必要采用连续极限近似方法对上述三种晶格进行系统的讨论,研究没有被讨论过的或还有待于进一步讨论的模型,寻找在它们当中存在的各种局域模,以构建连续极限近似下非线性 FPU 晶格、非线性 Klein-Gordon 晶格以及非线性生物分子晶格振动中局域模的系统理论,并揭示在考虑长波的情况下上述三种非线性晶格中局域模的整体行为,为非离散波在非线性系统中传播的研究以及连续的和准连续的物质当中局域模的研究奠定理论基础。

2.2　非线性 FPU 晶格振动中局域模的行为

2.2.1　一维非线性单原子 FPU 晶格振动中局域模的行为

1. 一维非线性单原子 α – FPU 晶格振动中正、反扭结孤子解的行为

当考虑最近邻相互作用时,一维非线性单原子 α – FPU 晶格系统的哈密顿函数为

$$H = \sum_n \left[\frac{p_n^2}{m} + \frac{1}{2}k(u_{n+1} - u_n)^2 + \frac{1}{3}\alpha k(u_{n+1} - u_n)^3 \right] \qquad (2-1)$$

式中，m，u_n，p_n 分别为原子的质量、位移和动量；α 为参数；k 为 Hook 系数。

根据

$$\dot{p}_n = m\ddot{u}_n = -\partial H/\partial u_n = -\frac{\partial}{\partial u_n}\left[V(u_n - u_{n-1}) + V(u_{n+1} - u_n) \right]$$

由式（2-1）可得系统的振动方程为

$$m\ddot{u} = k(u_{n+1} + u_{n-1} - 2u_n)\left[1 + \alpha(u_{n+1} - u_{n-1}) \right] \tag{2-2}$$

下面在连续极限近似下讨论式（2-2）。令 $x_n = na$ 和 $u_n = u(x_n,t)$，$(n = 1,2,\cdots,N-1)$ 且 $u_0 = u_N = 0$，这就意味着 $u_{n\pm1} = u(x_n \pm a,t)$，这里的 a 是晶格常数，则 $u_{n\pm1}$ 的 Taylor 展开式为

$$u_{n\pm1} = u_n \pm a\frac{\partial u_n}{\partial x} + \frac{a^2}{2}\frac{\partial^2 u_n}{\partial x^2} \pm \frac{a^3}{3!}\frac{\partial^3 u_n}{\partial x^3} + \frac{a^4}{4!}\frac{\partial^4 u_n}{\partial x^4} \pm \frac{a^5}{5!}\frac{\partial^5 u_n}{\partial x^5} + \cdots \tag{2-3}$$

当 $x_n \rightarrow x$，$u_n \rightarrow u(x,t)$ 时，式（2-2）变为

$$\ddot{u} = \frac{ka^2}{m}u_{xx} + 2\alpha a\frac{ka^2}{m}u_x u_{xx} + \frac{ka^4}{12m}u_{xxxx} + O(a^5) \tag{2-4}$$

这里 $\ddot{u} = \mathrm{d}^2 u/\mathrm{d}t^2$，$u_x = \partial u/\partial x$，$u_{xx} = \partial^2 u/\partial x^2$，且 $O(a^5)$ 是小量，令 $v_0^2 = ka^2/m$，式（2-4）变为

$$\ddot{u} = v_0^2 u_{xx} + 2\alpha a v_0^2 u_x u_{xx} + \frac{v_0^2 a^2}{12}u_{xxxx} + O(a^5) \tag{2-5}$$

设 $u \rightarrow \phi(\xi,\tau)$，$\xi = x - v_0 t$，$\tau = v_0\alpha t$，$\delta^2 = a^2/24\alpha$，则式（2-5）可简化为

$$\phi_{\xi\tau} + a\phi_\xi\phi_{\xi\xi} + \delta^2\phi_{\xi\xi\xi\xi} + O(a^3) = 0 \tag{2-6}$$

令 $\varphi = \phi_\xi$，且忽略小量 $O(a^3)$，这时式（2-6）就是 KdV 方程，即

$$\varphi_\tau + a\varphi\varphi_\xi + \delta^2\varphi_{\xi\xi\xi} = 0 \tag{2-7}$$

该方程有如下孤子解：

$$\varphi = \frac{3v_1}{a}\mathrm{sech}^2\left[\frac{\sqrt{v_1}}{2\delta}(\xi - v_1\tau) \right] \tag{2-8}$$

式中，v_1 为参数。

晶格振动的位移为

$$u = \frac{6\delta\sqrt{v_1}}{a}\tanh\left\{ \frac{\sqrt{v_1}}{2\delta}\left[x - (1 + \alpha a v_1)v_0 t \right] \right\} \tag{2-9}$$

式（2-9）表明，一维非线性单原子 α-FPU 晶格振动具有正、反扭结孤子解，如图 2-1 所示。

2. 一维非线性单原子 β-FPU 晶格振动中正、反扭结孤子解的行为

当考虑最近邻相互作用时，一维非线性单原子 β-FPU 晶格系统的哈密顿函数和振动方程为

$$H = \sum_n \left[\frac{p_n^2}{m} + \frac{1}{2}k(u_{n+1} - u_n)^2 + \frac{1}{4}\beta k(u_{n+1} - u_n)^4 \right] \tag{2-10}$$

式中,β 为参数。

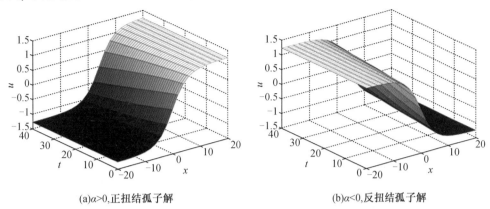

(a)$\alpha>0$,正扭结孤子解　　　　　　　　(b)$\alpha<0$,反扭结孤子解

图 2 – 1　一维非线性单原子 α – FPU 晶格振动的正、反扭结孤子解

$$m\ddot{u} = k(u_{n+1} + u_{n-1} - 2u_n)\{1 + \beta[(u_{n+1} - u_n)^2 + (u_{n+1} - u_n)(u_n - u_{n-1}) +$$
$$(u_n - u_{n-1})^2]\} \qquad (2-11)$$

在连续极限近似下式(2 – 11)可化为

$$\ddot{u} = \frac{ka^2}{m}u_{xx} + 3\beta a^2 \frac{ka^2}{m}u_x^2 u_{xx} + \frac{ka^4}{12m}u_{xxxx} + O(a^5) \qquad (2-12)$$

令 $v_0^2 = ka^2/m$,式(2 – 12)变为

$$\ddot{u} = v_0^2 u_{xx} + 3\beta a^2 v_0^2 u_x^2 u_{xx} + \frac{v_0^2 a^2}{12}u_{xxxx} + O(a^5) \qquad (2-13)$$

设 $u \to \phi(\xi,\tau)$,$\xi = x - v_0 t$,$\tau = 3v_0\beta a^2 t/2$,$\delta_1^2 = 1/36\beta$,则式(2 – 13)可化为

$$\phi_{\xi\tau} + \phi_\xi^2 \phi_{\xi\xi} + \delta_1^2 \phi_{\xi\xi\xi\xi} + O(a^3) = 0 \qquad (2-14)$$

令 $\varphi = \phi_\xi$,且忽略小量 $O(a^3)$,式(2 – 14)变为

$$\varphi_\tau + \varphi^2 \varphi_\xi + \delta_1^2 \varphi_{\xi\xi\xi} = 0 \qquad (2-15)$$

该方程有如下孤子解:

$$\varphi = \sqrt{6v_2}\,\mathrm{sech}\left[\frac{\sqrt{v_2}}{\delta_1}(\xi - v_2\tau)\right] \qquad (2-16)$$

式中,v_2 为参数。

晶格振动的位移为

$$u = \sqrt{6}\delta_1 \arctan\,\sinh\left\{\frac{\sqrt{v_2}}{\delta_1}\left[x - \left(1 + \frac{3}{2}v_2\beta a^2\right)v_0 t\right]\right\} \qquad (2-17)$$

式(2 – 17)表明,一维非线性单原子 β – FPU 晶格振动具有正、反扭结孤子解,如图 2 – 2 所示。

3. 一维非线性单原子 β – FPU 晶格振动中其他局域模的行为

当考虑最近邻相互作用时,一维非线性单原子 β – FPU 晶格系统的哈密顿函数为

$$H = \sum_n \left[\frac{p_n^2}{M} + \frac{1}{2}K(u_{n+1} - u_n)^2 + \frac{1}{4}\beta(u_{n+1} - u_n)^4 \right] \quad (2-18)$$

式中,M 为原子的质量,K 为线性力常量,它们决定全部粒子的简谐频率 ω_0,$\omega_0 = \sqrt{\frac{2K}{M}}$(为简化计算,可假定 $M = K = 1$);β 为四次非线性力常量。

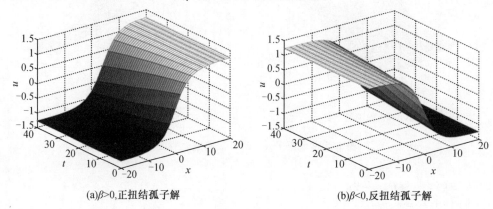

(a)$\beta>0$,正扭结孤子解   (b)$\beta<0$,反扭结孤子解

图 2-2　一维非线性单原子 β-FPU 晶格振动的正、反扭结孤子解

这个系统的振动方程可通过 $\dot{p}_n = \ddot{u}_n = -\dfrac{\partial H}{\partial u_n}$ 来求得。

$$\ddot{u}_n = (u_{n+1} + u_{n-1} - 2u_n)\{1 + \beta[(u_{n+1} - u_n)^2 + (u_{n+1} - u_n)(u_n - u_{n-1}) +$$
$$(u_n - u_{n-1})^2]\} \quad (2-19)$$

引入连续极限近似,有

$$u_{n\pm 1} - u_n = \left[\pm au_z + \frac{a^2}{2}u_{zz} + \frac{a^3}{6}u_{zzz} + \frac{a^4}{24}u_{zzzz} + \cdots \right]_{z=z_n} \quad (2-20)$$

式中,$a = L/N$;$u(z) = z_n$;$z = na$。

因此这个系统的振动方程为

$$\ddot{u} = a^2 u_{zz} + 3\beta a^4 u_z^2 u_{zz} + \frac{a^4}{24}u_{zzzz} + \cdots \quad (2-21)$$

令 $u \to \phi(\xi,\tau)$,$\xi = z - at$,$\tau = \dfrac{a^3}{24}t$,$\delta = 36\beta$,式(2-21)变为

$$\phi_{\xi\tau} + \delta\phi_\xi^2\phi_{\xi\xi} + \phi_{\xi\xi\xi\xi} = 0 \quad (2-22)$$

式(2-22)又可以写成

$$(1 + \varphi^2)(\varphi_\tau + \varphi_{\xi\xi\xi}) + \delta\varphi_\xi(\varphi_\xi^2 - \varphi\varphi_{\xi\xi}) = 0 \quad (2-23)$$

式中,$\varphi = \tan(\phi/2)$。当 $|\xi| \to \infty$ 时,$\phi \to 0$。

引入独立变量代换,有

$$x = a\xi + b\tau + x_0,\ y = c\xi + d\tau + y_0 \quad (2-24)$$

式中,x_0 和 y_0 为常量;a,b,c 和 d 为参数。

则式(2-23)可以写成

$$(1 + \varphi^2)\left[\left(b\varphi_x + d\varphi_y\right) + \left(a^3\varphi_{xxx} + 3a^2c\varphi_{xxy} + 3ac^2\varphi_{xyy} + c^3\varphi_{yyy}\right)\right] +$$
$$\delta(a\varphi_x + b\varphi_y)\left[\left(a\varphi_x + b\varphi_y\right)^2 - \varphi\left(a^2\varphi_{xx} + 2ac\varphi_{xy} + c^2\varphi_{yy}\right)\right] \qquad (2-25)$$

令

$$\varphi = AX(x)Y(y) \qquad (2-26)$$

式中，A 为待定常振幅，X 和 Y 满足椭圆方程

$$X_x^2 = s_1 X^4 + p_1 X^2 + q_1, \quad Y_x^2 = s_2 Y^4 + p_2 Y^2 + q_2 \qquad (2-27)$$

式中，s_1, s_2, p_1, p_2, q_1 和 q_2 为待定常数。

将式 $(2-27)$ 和式 $(2-26)$ 代入式 $(2-25)$ 得到代数方程，为

$$\begin{cases} b + p_1 a^3 + 3p_2 ac^2 = 0 \\ q_1 A^2 a^2 + s_2 c^2 = 0 \\ q_2 A^2 c^2 + s_1 a^2 = 0 \\ d + p_2 c^3 + 3p_1 a^2 c = 0 \end{cases} \qquad (2-28)$$

对于不同的 s_1, s_2, p_1, p_2, q_1 和 q_2，式 $(2-21)$ 有不同的解，如图 $2-3$ 所示。

(1) 对于 $s_1 = s_2 = q_1 = q_2 = 0$ 和 $p_1 > 0, p_2 > 0$，有

$$u = \arctan\left[\mathrm{e}^{\sqrt{p_1}\,(a\xi + b\tau + x_0) \pm \sqrt{p_2}\,(c\xi + d\tau + y_0)}\right] \qquad (2-29)$$

(2) 对于 $s_2 = q_1 = 0, p_1 > 0, s_1 > 0$ 或 $p_2 > 0, q_2 > 0$，有

$$u = \arctan\left\{\sqrt{\frac{p_1 q_2}{p_2 s_1}}\,\frac{\sinh\left[\sqrt{p_2}\,(c\xi + d\tau + y_0) + c_2\right]}{\sinh\left[\sqrt{p_2}\,(a\xi + b\tau + x_0) + c_1\right]}\right\} \qquad (2-30)$$

(3) 对于 $s_2 = q_1 = 0, p_1 > 0, s_1 < 0$ 或 $p_2 > 0, q_2 < 0$，有

$$u = \arctan\left\{\sqrt{\frac{p_1 q_2}{p_2 s_1}}\,\frac{\cosh\left[\sqrt{p_2}\,(c\xi + d\tau + y_0) + c_2\right]}{\cosh\left[\sqrt{p_2}\,(a\xi + b\tau + x_0) + c_1\right]}\right\} \qquad (2-31)$$

(4) 对于 $s_2 = q_1 = 0, p_1 < 0, s_1 > 0$ 或 $p_2 < 0, q_2 > 0$，有

$$u = \arctan\left\{\sqrt{\frac{p_1 q_2}{p_2 s_1}}\,\frac{\sin\left[\sqrt{-p_2}\,(c\xi + d\tau + y_0) + c_2\right]}{\sin\left[\sqrt{-p_2}\,(a\xi + b\tau + x_0) + c_1\right]}\right\} \qquad (2-32)$$

(5) 对于 $s_1 = q_2 = 0, p_1 > 0, s_2 > 0$ 或 $p_2 > 0, q_1 > 0$，有

$$u = \arctan\left\{\sqrt{\frac{p_1 q_2}{p_2 s_2}}\,\frac{\cosh\left[\sqrt{p_2}\,(c\xi + d\tau + y_0) + c_2\right]}{\sinh\left[\sqrt{p_2}\,(a\xi + b\tau + x_0) + c_1\right]}\right\} \qquad (2-33)$$

(6) 对于 $s_1 = q_2 = 0, p_1 > 0, s_2 < 0$ 或 $p_2 < 0, q_1 > 0$，有

$$u = \arctan\left\{\sqrt{\frac{p_1 q_1}{p_2 s_2}}\,\frac{\sin\left[\sqrt{-p_2}\,(c\xi + d\tau + y_0) + c_2\right]}{\sinh\left[\sqrt{-p_2}\,(a\xi + b\tau + x_0) + c_1\right]}\right\} \qquad (2-34)$$

(7) 对于 $s_1 = k^2, p_1 = -(1 + k^2), q_1 = 1, s_2 = -1, p_2 = 2 - m^2, q_2 = -(1 - m^2)$，有

$$u = \arctan\left\{\left(\frac{k^2}{1 - m^2}\right)^{\frac{1}{4}}\mathrm{sn}\left[(a\xi + b\tau + x_0), k\right]\mathrm{dn}\left[(c\xi + d\tau + y_0), m\right]\right\} \qquad (2-35)$$

当 $k = 1, m = 0$ 时，式 $(2-35)$ 可以写成

$$u = \arctan\left[\tanh(a\xi + b\tau + x_0)\right] \qquad (2-36)$$

33

当 $k=0, m=1$ 时,式(2-35)可以写成

$$u = \arctan\left[\sin(a\xi + b\tau + x_0)\operatorname{sech}(c\xi + d\tau + y_0)\right] \qquad (2-37)$$

由图2-3可知,一维非线性单原子 β-FPU 晶格振动除了具有扭结孤子解外还具有双扭结孤子解、呼吸子晶格解和呼吸子解。

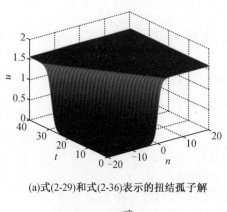 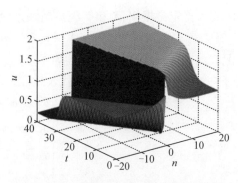

(a)式(2-29)和式(2-36)表示的扭结孤子解　　　　(b)式(2-30)和式(2-33)表示的双扭结孤子解

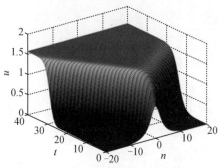 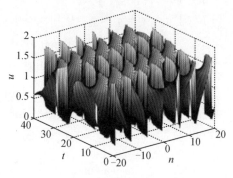

(c)式(2-31)表示的双扭结孤子解　　　　　　(d)式(2-32)表示的呼吸子晶格解

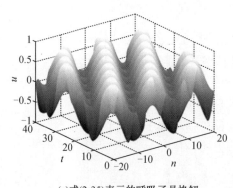 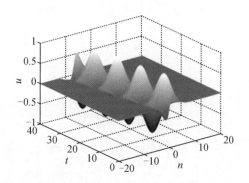

(e)式(2-35)表示的呼吸子晶格解　　　　　(f)式(2-34)和式(2-37)表示的呼吸子解

图2-3　一维非线性单原子 β-FPU 晶格振动的解

4.一维非线性单原子 $\alpha\&\beta$-FPU 晶格振动中扭结孤子解的行为

当考虑最近邻相互作用时,一维非线性单原子 $\alpha\&\beta$-FPU 晶格系统的哈密顿函数和振动方程为

$$H = \sum_n \left[\frac{p_n^2}{m} + \frac{1}{2}k(u_{n+1} - u_n)^2 + \frac{1}{3}\alpha k(u_{n+1} - u_n)^3 + \frac{1}{4}\beta k(u_{n+1} - u_n)^4 \right]$$

$$(2-38)$$

$$m\ddot{u} = k(u_{n+1} + u_{n-1} - 2u_n)\{1 + \alpha(u_{n+1} - u_{n-1}) + \beta[(u_{n+1} - u_n)^2 +$$

$$(u_{n+1} - u_n)(u_n - u_{n-1}) + (u_n - u_{n-1})^2]\}$$

$$(2-39)$$

在连续极限近似下式(2-39)可化为

$$m\ddot{u} = \frac{ka^2}{m}u_{xx} + \left(2\alpha a \frac{ka^2}{m}u_x + 3\beta a^2 \frac{ka^2}{m}u_x^2\right)u_{xx} + \frac{ka^4}{12m}u_{xxxx} + O(a^5) \quad (2-40)$$

令 $v_0^2 = \dfrac{ka^2}{m}$,式(2-40)变为

$$\ddot{u} = v_0^2 u_{xx} + v_0^2(2\alpha a u_x + 3\beta a^2 u_x^2)u_{xx} + \frac{v_0^2 a^2}{12}u_{xxxx} + O(a^5) \quad (2-41)$$

设 $u \to \phi(\xi,\tau)$, $\xi = x - v_0 t$, $\tau = v_0 at$, $\delta_2^2 = \dfrac{a}{24}$,且 $\gamma = \dfrac{3}{2}\beta a$,则式(2-41)可化为

$$\phi_{\xi\tau} + (\alpha\phi_\xi + \gamma\phi_\xi^2)\phi_{\xi\xi} + \delta_2^2\phi_{\xi\xi\xi\xi} + O(a^3) = 0 \quad (2-42)$$

令 $\varphi = \phi_\xi$,且忽略小量 $O(a^3)$,式(2-42)变为

$$\varphi_\tau + (\alpha\varphi + \gamma\varphi^2)\varphi_\xi + \delta_2^2\varphi_{\xi\xi\xi} = 0 \quad (2-43)$$

该方程有如下孤子解:

$$\varphi = \frac{6v_3}{\alpha + \sqrt{\alpha^2 + 6\gamma v_3}\,\text{sech}\left[\frac{\sqrt{v_3}}{\delta_2}(\xi - v_3\tau)\right]} \quad (2-44)$$

式中, v_3 为参数。

$$u = A\,\text{atan}\{Be^{C[x - v_0(1 + v_3 a)t]} + D\} \quad (2-45)$$

式中, $A = \dfrac{12\delta_2}{\sqrt{6\gamma}}$; $B = \sqrt{\dfrac{\alpha^2 + 6\gamma v_3}{6\gamma v_3}}$; $C = \dfrac{\sqrt{v_3}}{\delta_2}$; $D = \dfrac{\alpha}{\sqrt{6\gamma v_3}}$。

由式(2-45)可知,当一维非线性单原子晶格同时考虑三次、四次非线性势的作用时,非线性振动仍具有扭结孤子解。

根据上面讨论的结果可知,在连续极限近似下,当 $\alpha > 0$ 时,随其值的增加孤子峰值减小,如图2-4所示,当 D 增大到一定值的时候,孤子将消失。也就是说,当三次非线性效应为正效应($\alpha > 0$)时,晶格的非线性效应减弱;当三次非线性效应为负效应($\alpha < 0$)时,孤子峰值将增大,即晶格的非线性效应增强。当孤子峰值增大到四次非线性效应的孤子峰值时,就不再增加了,这说明在同时考虑三次、四次非线性效应的时候,晶格的最大非线性效应与四次非线性效应单独存在时的相同。

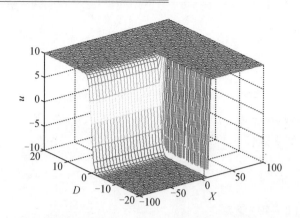

图 2 - 4　一维非线性单原子 $\alpha \& \beta$ - FPU 晶格振动的扭结孤子解随 D 的变化

2.2.2　一维非线性双原子 FPU 晶格振动中局域模的行为

1. 一维非线性双原子 α - FPU 晶格振动中暗孤子解和禁带暗孤子解的行为

当考虑最近邻相互作用时,一维非线性双原子 α - FPU 晶格系统的振动方程可写为

$$m_n \frac{\mathrm{d}^2 u_n}{\mathrm{d}t^2} = k(u_{n+1} + u_{n-1} - 2u_n)[1 + \alpha(u_{n+1} - u_{n-1})] \quad (2-46)$$

式中,m_n 为原子的质量;k 为 Hook 系数。

假定双原子晶格中的最近邻原子间的距离是相等的(为 a_0),相互作用也是相同的,只是双原子的质量不同,分别为 m 和 $M(M > m)$。对式(2 - 46),当 $n = 2j$ 时,$m_n = m$;当 $n = 2j + 1$ 时,$m_n = M$。为了方便讨论,将式(2 - 46)改写成偶数方程和奇数方程:

$$\begin{cases} u_n = v_n, n = 2j \\ u_n = w_n, n = 2j + 1 \end{cases} \quad (2-47)$$

$$m\ddot{v}_n = k(w_{n+1} + w_{n-1} - 2v_n)[1 + \alpha(w_{n+1} - w_{n-1})] \quad (2-48)$$

$$M\ddot{w}_n = k(v_{n+1} + v_{n-1} - 2w_n)[1 + \alpha(v_{n+1} - v_{n-1})] \quad (2-49)$$

式(2 - 48)为偶数方程,式(2 - 49)为奇数方程。

考虑线性色散关系,设线性波函数为 $(v_n, w_n) = (v_0, w_0)\cos(qn - \omega t)$,其色散关系为

$$\omega_{1,2}^2 = k\left(\frac{m+M}{mM} \mp \frac{1}{mM}\sqrt{m^2 + M^2 + 2mM\cos 2q}\right) \quad (2-50)$$

由图 2 - 5 可知,一维非线性双原子 FPU 晶格的线性色散关系中存在禁带,为了求解禁带中局域模的存在,设 $v_n = v_n^0 \cos(2qn - \omega t)$,$w_n = w_n^0 \cos(2qn - \omega' t)$,将其代入式(2 - 48)和式(2 - 49),并考虑旋转波近似,有

$$m\ddot{v}_n^0 - \omega^2 v_n^0 = k[(\cos 2q)(w_{n+1}^0 + w_{n-1}^0) - 2v_n^0]\left[1 + \frac{\sqrt{2}}{2}\alpha(\cos 2q)(w_{n+1}^0 - w_{n-1}^0)\right]$$

$$(2-51)$$

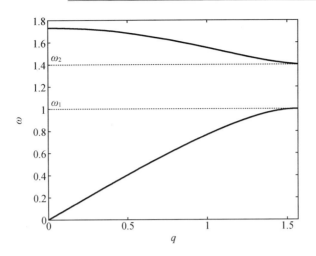

图 2 – 5　一维非线性双原子 FPU 晶格的线性色散关系($\omega_1 = \sqrt{2k/M}$，$\omega_2 = \sqrt{2k/m}$，禁带宽度 $\Delta\omega = \omega_2 - \omega_1$)

$$M\ddot{w}_n^0 - \omega'^2 w_n^0 = k\left[(\cos 2q)(v_{n+1}^0 + v_{n-1}^0) - 2w_n^0 \right]\left[1 + \frac{\sqrt{2}}{2}\alpha(\cos 2q)(v_{n+1}^0 - v_{n-1}^0) \right]$$

$$(2-52)$$

式（2 – 51）为偶数方程，式（2 – 52）为奇数方程。

下面在连续极限近似下讨论式（2 – 51）和式（2 – 52）。令 $x_n = na_0$，$v_n^0 = v(x_n, t)$，$w_n^0 = w(x_n, t)$，这就意味着 $v_{n\pm1}^0 = w(x_n \pm a_0, t)$，$w_{n\pm1}^0 = v(x_n \pm a_0, t)$，则 $v_{n\pm1}^0$ 和 $w_{n\pm1}^0$ 的 Taylor 展开式为

$$v_{n\pm1}^0 = w \pm a_0\frac{\partial w}{\partial x} + \frac{a_0^2}{2}\frac{\partial^2 w}{\partial x^2} \pm \frac{a_0^3}{3!}\frac{\partial^3 w}{\partial x^3} + \cdots \qquad (2-53)$$

$$w_{n\pm1}^0 = v \pm a_0\frac{\partial v}{\partial x} + \frac{a_0^2}{2}\frac{\partial^2 v}{\partial x^2} \pm \frac{a_0^3}{3!}\frac{\partial^3 v}{\partial x^3} + \cdots \qquad (2-54)$$

设 h 是大于 a_0 且有长度量纲的量，$\varepsilon = a_0/h$，$X = x/h$，则 ε 为无量纲的小量。式（2 – 53）和式（2 – 54）可化为

$$v_{n\pm1}^0 = w \pm \varepsilon\frac{\partial w}{\partial X} + \frac{\varepsilon^2}{2}\frac{\partial^2 w}{\partial X^2} \pm \frac{\varepsilon^3}{3!}\frac{\partial^3 w}{\partial X^3} + \cdots \qquad (2-55)$$

$$w_{n\pm1}^0 = v \pm \varepsilon\frac{\partial v}{\partial X} + \frac{\varepsilon^2}{2}\frac{\partial^2 v}{\partial X^2} \pm \frac{\varepsilon^3}{3!}\frac{\partial^3 v}{\partial X^3} + \cdots \qquad (2-56)$$

当 $x_n \to x$，$v_n \to v(x, t)$，$w_n \to w(x, t)$，且 $\omega^2 = \frac{2k}{m}(1 - \cos 2q)$，$\omega'^2 = \frac{2k}{M}(1 - \cos 2q)$，$q \to \frac{\pi}{2}$ 时，式（2 – 51）式（2 – 52）变为

$$\ddot{v} = v_0^2 v_{XX} + 2\alpha'\varepsilon v_0^2 v_X v_{XX} + v_0^2\delta_0^2 v_{XXXX} + O(\varepsilon^5) \qquad (2-57)$$

$$\ddot{w} = v_1^2 w_{XX} + 2\alpha'\varepsilon v_1^2 w_X w_{XX} + v_0^2\delta_0^2 w_{XXXX} + O(\varepsilon^5) \qquad (2-58)$$

式中，$v_0^2 = \dfrac{k\varepsilon^2}{m}$；$v_1^2 = \dfrac{k\varepsilon^2}{M}$；$\delta_0^2 = \dfrac{\varepsilon^2}{24\alpha'}$；$\alpha' = \dfrac{\sqrt{2}}{2}\alpha$。

设 $v \to \Phi(\xi, \tau)$，$w \to \Psi(\xi, \kappa)$，$\xi = X - v_0 t$，$\tau = v_0 \alpha' t$，$\zeta = X - v_1 t$，$\kappa = v_1 \alpha' t$，则式(2-57)和式(2-58)可化为

$$\Phi_{\xi\tau} + \varepsilon \Phi_\xi \Phi_{\xi\xi} + \delta_0^2 \Phi_{\xi\xi\xi\xi} + O(\varepsilon^3) = 0 \qquad (2-59)$$

$$\Psi_{\zeta\kappa} + \varepsilon \Psi_\zeta \Psi_{\zeta\zeta} + \delta_0^2 \Psi_{\zeta\zeta\zeta\zeta} + O(\varepsilon^3) = 0 \qquad (2-60)$$

利用了复合函数的微分规则有

$$\dot{v} = \frac{\partial \Phi}{\partial \xi} \frac{\partial \xi}{\partial t} + \frac{\partial \Phi}{\partial \tau} \frac{\partial \tau}{\partial t} = -v_0 \Phi_\xi + v_0 \alpha \Phi_\tau$$

$$\ddot{v} = v_0^2 \Phi_{\xi\xi} - \alpha v_0^2 \Phi_{\xi\tau} + v_0^2 \alpha \Phi_{\tau\tau}$$

对于弱非线性相互作用，α 也是小量，所以上式第三项为三阶小量。令 $\varphi = \Phi_\xi$，$\phi = \Psi_\zeta$，且忽略三阶小量 $O(\varepsilon^3)$，这时式(2-59)和式(2-60)就是 KdV 方程，即

$$\varphi_\tau + \varepsilon \varphi \varphi_\xi + \delta_0^2 \varphi_{\xi\xi\xi} = 0 \qquad (2-61)$$

$$\phi_\kappa + \varepsilon \phi \phi_\zeta + \delta_0^2 \phi_{\zeta\zeta\zeta} = 0 \qquad (2-62)$$

式(2-61)和式(2-62)有如下孤子解：

$$\varphi = \frac{3\lambda_1}{\varepsilon} \operatorname{sech}^2 \left[\frac{\sqrt{\lambda_1}}{2\delta_0} (\xi - \lambda_1 \tau) \right] \qquad (2-63)$$

$$\phi = \frac{3\lambda_2}{\varepsilon} \operatorname{sech}^2 \left[\frac{\sqrt{\lambda_2}}{2\delta_0} (\zeta - \lambda_2 \kappa) \right] \qquad (2-64)$$

式中，λ_1 和 λ_2 为积分参数。

晶格振动的位移为

$$v = \frac{6\delta_0 \sqrt{\lambda_1}}{\varepsilon} \tanh \left\{ \frac{\sqrt{\lambda_1}}{2\delta_0 h} \left[x - (1 + \alpha' \varepsilon \lambda_1) v_0' t \right] \right\} \cos(\pi x - \omega t) \qquad (2-65)$$

$$w = \frac{6\delta_0 \sqrt{\lambda_2}}{\varepsilon} \tanh \left\{ \frac{\sqrt{\lambda_2}}{2\delta_0 h} \left[x - (1 + \alpha' \varepsilon \lambda_2) v_1' t \right] \right\} \cos(\pi x - \omega' t) \qquad (2-66)$$

式中，$v_0' = \sqrt{\dfrac{k}{m}} a_0$；$v_1' = \sqrt{\dfrac{k}{M}} a_0$。

v 和 w 具有相同的形状。由图2-6可知，一维非线性双原子 α-FPU 晶格振动具有两个暗孤子解。因为 $\omega'^2 > \omega_1^2$，所以当 $\omega'^2 < \omega_2^2$ 时，两个暗孤子解一个处于禁带之中，一个位于光学波支带之上。

2. 一维非线性双原子 β-FPU 晶格振动中暗孤子解和禁带暗孤子解的行为

当考虑最近邻相互作用时，一维非线性双原子 β-FPU 晶格系统的振动方程可用与前述类似的方法推得，其解的形式可以为

$$v = \sqrt{6} \delta_1 \arctan \sinh \left\{ \frac{\sqrt{\lambda_3}}{\delta_1 h} \left[x - \left(1 + \frac{3}{2} \beta \varepsilon^2 \lambda_3 \right) v_2' t \right] \right\} \cos(\pi x - \omega t) \qquad (2-67)$$

$$w = \sqrt{6} \delta_1 \arctan \sinh \left\{ \frac{\sqrt{\lambda_4}}{\delta_1 h} \left[x - \left(1 + \frac{3}{2} \beta \varepsilon^2 \lambda_4 \right) v_3' t \right] \right\} \cos(\pi x - \omega' t) \qquad (2-68)$$

式中，$v'_2 = \sqrt{\dfrac{k}{m}}\, a_0$；$v'_3 = \sqrt{\dfrac{k}{M}}\, a_0$；$\delta_1 = \dfrac{1}{6\sqrt{\beta}}$；$\lambda_3$ 和 λ_4 为积分参数，由初始条件决定。

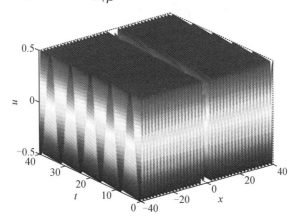

图 2 - 6　一维非线性双原子 α - FPU 晶格振动的暗孤子解和禁带暗孤子解（$\lambda_2 = 4\lambda_1$，$M = 2m$）

当 v 和 w 具有相同的形状时，一维非线性双原子 β - FPU 晶格振动有两个暗孤子解。因为 $\omega'^2 > \omega_1^2$，所以当 $\omega'^2 < \omega_2^2$ 时，两个暗孤子解一个处于禁带之中，一个位于光学波支带之上。

3. 一维非线性双原子 $\alpha\&\beta$ - FPU 晶格振动中暗孤子解和禁带暗孤子解的行为

当考虑最近邻相互作用且同时考虑系统的三次和四次非线性势的作用时，一维非线性双原子 $\alpha\&\beta$ - FPU 晶格系统的振动方程可用与前述类似的方法推得，其解的形式可以为

$$v = \frac{12\delta_2}{\sqrt{6\gamma}}\arctan\left\{\sqrt{\frac{\alpha^2 + 6\gamma\lambda_5}{6\gamma\lambda_5}}\exp\frac{\sqrt{\lambda_5}}{\delta_2}\left[x - (1 + \lambda_5\varepsilon)v'_4 t\right] + \frac{\alpha}{\sqrt{6\gamma\lambda_5}}\right\}\cos(\pi x - \omega t)$$

$$(2 - 69)$$

$$w = \frac{12\delta_2}{\sqrt{6\gamma}}\arctan\left\{\sqrt{\frac{\alpha^2 + 6\gamma\lambda_6}{6\gamma\lambda_6}}\exp\frac{\sqrt{\lambda_6}}{\delta_2}\left[x - (1 + \lambda_6\varepsilon)v'_5 t\right] + \frac{\alpha}{\sqrt{6\gamma\lambda_6}}\right\}\cos(\pi x - \omega' t)$$

$$(2 - 70)$$

式中，$v'_4 = \sqrt{\dfrac{k}{m}}\, a_0$；$v'_5 = \sqrt{\dfrac{k}{M}}\, a_0$；$\delta_2 = \dfrac{\varepsilon}{24}$；$\lambda_5$ 和 λ_6 为积分参数，由初始条件决定。

当 v 和 w 具有相同的形状时，一维非线性双原子 $\alpha\&\beta$ - FPU 晶格振动具有两个暗孤子解。因为 $\omega'^2 > \omega_1^2$，所以当 $\omega'^2 < \omega_2^2$ 时，两个暗孤子解一个处于禁带之中，一个位于光学波支带之上。

2.2.3　准一维和各向同性二维非线性单原子 FPU 晶格振动中局域模的行为

1. 准一维非线性单原子 α - FPU 晶格振动中扭结孤子解的行为

在最近邻相互作用近似下，准一维非线性单原子 α - FPU 晶格系统的哈密顿函数为

$$H = \sum_{l,m} \left[\frac{p_{l,m}^2}{2M} + \frac{1}{2} k_x (u_{l+1,m} - u_{l,m})^2 + \frac{1}{3} \alpha_x k_x (u_{l+1,m} - u_{l,m})^3 \right] +$$

$$\sum_{l,m} \left[\frac{1}{2} k_y (u_{l,m+1} - u_{l,m})^2 + \frac{1}{3} \alpha_y k_y (u_{l,m+1} - u_{l,m})^3 \right] \qquad (2-71)$$

式中,M 为原子的质量,$p_{l,m}$ 和 $u_{l,m}$ 分别为第 l 列第 m 行原子的动量和位移;k_x 和 k_y 分别为 x 方向和 y 方向的力常数。

由 $\dot{p}_{l,m} = M\ddot{u}_{l,m} = -\partial H/\partial u_{l,m}$ 可得系统的振动方程为

$$M\ddot{u}_{l,m} = k_x (u_{l+1,m} + u_{l-1,m} - 2u_{l,m}) [1 + \alpha_x (u_{l+1,m} - u_{l-1,m})] +$$

$$k_y (u_{l,m+1} + u_{l,m-1} - 2u_{l,m}) [1 + \alpha_y (u_{l,m+1} - u_{l,m-1})] \qquad (2-72)$$

考虑长波($\lambda \gg a$)情况,在长波的近似下,离散晶格可以看作连续介质。利用连续极限方法,设 $u_{l,m}(t) \rightarrow u(x,y,t)$,有

$$\begin{cases} u_{l\pm1,m} = u \pm a\dfrac{\partial u}{\partial x} + \dfrac{a^2}{2}\dfrac{\partial^2 u}{\partial x^2} \pm \dfrac{a^3}{3!}\dfrac{\partial^3 u}{\partial x^3} + \dfrac{a^4}{4!}\dfrac{\partial^4 u}{\partial x^4} + \cdots & (2-73a) \\[3mm] u_{l,m\pm1} = u \pm a\dfrac{\partial u}{\partial y} + \dfrac{a^2}{2}\dfrac{\partial^2 u}{\partial y^2} \pm \dfrac{a^3}{3!}\dfrac{\partial^3 u}{\partial y^3} + \dfrac{a^4}{4!}\dfrac{\partial^4 u}{\partial y^4} + \cdots & (2-73b) \end{cases}$$

式中,a 为晶格常数。

设 $e > a$,且 e 与 a 和 x 具有相同的量纲,作代换 $X = \dfrac{x}{e}$,$Y = \dfrac{y}{e}$,$\varepsilon = \dfrac{a}{e}$,则 X, Y, ε 均为无量纲的量,式(2-73)变为

$$\begin{cases} u_{l\pm1,m} = u \pm \varepsilon\dfrac{\partial u}{\partial X} + \dfrac{\varepsilon^2}{2}\dfrac{\partial^2 u}{\partial X^2} \pm \dfrac{\varepsilon^3}{3!}\dfrac{\partial^3 u}{\partial X^3} + \dfrac{\varepsilon^4}{4!}\dfrac{\partial^4 u}{\partial X^4} + \cdots & (2-74a) \\[3mm] u_{l,m\pm1} = u \pm \varepsilon\dfrac{\partial u}{\partial Y} + \dfrac{\varepsilon^2}{2}\dfrac{\partial^2 u}{\partial Y^2} \pm \dfrac{\varepsilon^3}{3!}\dfrac{\partial^3 u}{\partial Y^3} + \dfrac{\varepsilon^4}{4!}\dfrac{\partial^4 u}{\partial Y^4} + \cdots & (2-74b) \end{cases}$$

则式(2-71)可化为

$$\ddot{u} = \frac{k_x \varepsilon^2}{M} u_{XX} + 2\alpha_x \varepsilon \frac{k_x \varepsilon^3}{M} u_X u_{XX} + \frac{k_x \varepsilon^4}{12M} u_{XXXX} + \frac{k_y \varepsilon^2}{M} u_{YY} +$$

$$2\alpha_y \varepsilon \frac{k_y \varepsilon^2}{M} u_Y u_{YY} + \frac{k_y \varepsilon^4}{12M} u_{YYYY} + O(\varepsilon^5) \qquad (2-75)$$

式中,$O(\varepsilon^5)$ 是小量。

下面讨论准一维晶格振动的情况,设 x 方向是强相互作用,而 y 方向是弱相互作用,力常数满足 $k_y < \varepsilon^2 k_x$,且 $\alpha_x = \alpha_y = \alpha$,二维晶格退化为准一维晶格,则式(2-75)可化为

$$\ddot{u} = \frac{k_x \varepsilon^2}{M} \left(u_{XX} + 2\alpha\varepsilon u_X u_{XX} + \frac{\varepsilon^2}{12} u_{XXXX} \right) + \frac{k_y \varepsilon^2}{M} u_{YY} + O(\varepsilon^5) \qquad (2-76)$$

令 $c = \dfrac{k_x \varepsilon^2}{M}$,$\xi = X - ct$,$\tau = \dfrac{1}{6}\alpha c \varepsilon t$,$u(X,Y,t) = \phi(\xi,Y,\tau)$,则式(2-76)变为

$$\phi_{\tau\xi} + 6\phi_\xi \phi_{\xi\xi} + \frac{\varepsilon}{4\alpha} \phi_{\xi\xi\xi\xi} + \frac{6k_y}{2\alpha\varepsilon k_x} \phi_{YY} + O(\alpha^2 \varepsilon^3, \varepsilon^3) = 0 \qquad (2-77)$$

忽略小量 $O(\alpha^2 \varepsilon^3, \varepsilon^3)$,有

$$\phi_{\tau\xi} + 6\phi_\xi \phi_{\xi\xi} + \frac{\varepsilon}{4\alpha} \phi_{\xi\xi\xi\xi} + 3\frac{k_y}{\alpha\varepsilon k_x} \phi_{YY} = 0 \qquad (2-78)$$

令 $A = \dfrac{4\alpha}{\varepsilon}, B = \dfrac{16\alpha^2}{\varepsilon}\sqrt{\dfrac{\alpha k_x}{\varepsilon k_y}}$，作代换 $\eta = A\xi, \zeta = BY, T = A^2\tau, \phi(\xi, Y, \tau) = \Phi(\eta, \zeta, T)$，式
（2 - 78）变为

$$\Phi_{T\eta} + 6\Phi_\eta\Phi_{\eta\eta} + \Phi_{\eta\eta\eta\eta} + 3\Phi_{\zeta\zeta} = 0 \qquad (2-79)$$

令 $\dfrac{\partial\Phi}{\partial\eta} = \varphi$，则式（2 - 79）变为

$$(\varphi_T + 6\varphi\varphi_\eta + \varphi_{\eta\eta\eta})_\eta + 3\varphi_{\zeta\zeta} = 0 \qquad (2-80)$$

此方程有线孤子解，为

$$\varphi(\eta, \zeta, T) = 2K^2\mathrm{sech}^2\{K[\eta + \lambda\zeta - (4K^2 + 3\lambda^2)T + \delta_0]\} \qquad (2-81)$$

式中，K, λ, δ_0 为积分参数。则

$$\Phi(\eta, \zeta, T) = 2K\tanh\{K[\eta + \lambda\zeta - (4K^2 + 3\lambda^2)T + \delta_0]\} \qquad (2-82)$$

相应的晶格振动的位移为扭结孤子解。即

$$u(X, Y, t) = 2K\tanh\left\{K\left[AX + \lambda BY - \left(\frac{1}{6}\alpha\varepsilon(4K^2 + 3\lambda^2) + A\right)ct + \delta_0\right]\right\} \qquad (2-83)$$

类似地作代换 $\eta = A\xi, \zeta = iBY, T = A^2\tau$ 和 $\phi(\xi, Y, \tau) = \Phi(\eta, \zeta, T)$，式（2 - 78）可化为

$$(\varphi_T + 6\varphi\varphi_\eta + \varphi_{\eta\eta\eta})_\eta - 3\varphi_{\zeta\zeta} = 0 \qquad (2-84)$$

此方程有线孤子解，为

$$\varphi(\eta, \zeta, T) = \frac{\lambda^2}{2}\mathrm{sech}^2[(\lambda\eta + \lambda^2\zeta + 4\lambda^3 T) + \delta_1] \qquad (2-85)$$

式中，λ 和 δ_1 为积分参数。

相应的晶格振动的位移为扭结孤子解，即

$$u(X, Y, t) = \frac{\lambda}{2}\tanh\left\{\frac{1}{2}\left[\lambda AX + i\lambda^2 BY - \left(\frac{2}{3}i\alpha\varepsilon A^2\lambda^3 - \lambda A\right)ct + \delta_1\right]\right\} \qquad (2-86)$$

式（2 - 83）和式（2 - 86）表明，在最近邻相互作用近似下，准一维非线性单原子 α - FPU 晶格振动具有扭结孤子解，如图 2 - 7 和图 2 - 8 所示。

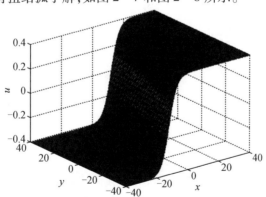

图 2 - 7　准一维非线性单原子 α - FPU 晶格振动的扭结孤子解
（$K = 0.2, \lambda = 0.3, \delta_0 = 0, t = 0, A = B = 1$）

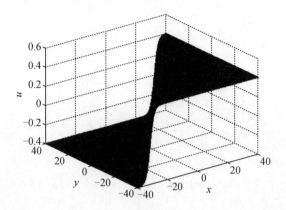

图 2 – 8　准一维非线性单原子 α – FPU 晶格振动的扭结孤子解（$\lambda = 0.8, \delta_0 = 0, t = 0, A = 1, B = -\mathrm{i}$）

2. 准一维非线性单原子 $\alpha \& \beta$ – FPU 晶格振动中扭结孤子解和反扭结孤子解的行为

在最近邻相互作用近似下，准一维非线性单原子 $\alpha \& \beta$ – FPU 晶格系统的哈密顿函数为

$$H = \sum_{l,m} \left[\frac{p_{l,m}^2}{2M} + \frac{1}{2}k_x(u_{l+1,m} - u_{l,m})^2 + \frac{1}{4}\beta_x k_x(u_{l+1,m} - u_{l,m})^4 \right] +$$

$$\sum_{l,m} \left[\frac{1}{2}k_y(u_{l,m+1} - u_{l,m})^2 + \frac{1}{4}\beta_y k_y(u_{l,m+1} - u_{l,m})^4 \right] +$$

$$\frac{1}{2}\alpha_x k_{xy} \left[\sum_{l,m}(u_{l+1,m} - u_{l,m})^2 \sum_{l,m}(u_{l,m+1} - u_{l,m}) \right] +$$

$$\frac{1}{2}\alpha_y k_{yx} \left[\sum_{l,m}(u_{l,m+1} - u_{l,m})^2 \sum_{l,m}(u_{l+1,m} - u_{l,m}) \right] \qquad (2-87)$$

对于准一维晶格，$k_y < \varepsilon^2 k_x, k_{yx} < \varepsilon^2 k_{xy}, \alpha_x = \alpha_y = \alpha, \beta_x = \beta_y = \beta$，在连续极限近似下，用与前述类似方法可推得其振动方程，为

$$\ddot{u} = \frac{k_x \varepsilon^2}{M}u_{XX} + 3\beta\varepsilon^2 \frac{k_x \varepsilon^2}{M}u_X^2 u_{XX} + \frac{k_x \varepsilon^4}{12M}u_{XXXX} + \frac{k_y \varepsilon^2}{M}u_{YY} + 2\alpha k_{xy}\varepsilon^3 u_{XX}u_Y + O(\varepsilon^5)$$

$$(2-88)$$

令 $c = \dfrac{k_x \varepsilon^2}{M}, \xi = X - ct, \tau = \dfrac{1}{6}c\varepsilon^2 t, u(X,Y,t) = \phi(\xi, Y, \tau)$，则式（2 – 88）变为

$$\phi_{\tau\xi} + 6\beta\phi_\xi^2 \phi_{\xi\xi} + \frac{1}{4}\phi_{\xi\xi\xi\xi} + \frac{3k_y}{\varepsilon^2 k_x}\phi_{YY} + \frac{6\alpha\varepsilon k_{xy}}{c^2}\phi_{\xi\xi}\phi_Y + O(\varepsilon^3) = 0 \qquad (2-89)$$

令 $\dfrac{\partial \phi}{\partial \xi} = \varphi, \sigma = -2\mathrm{i}\sqrt{\beta}, C = \left(\dfrac{-\mathrm{i}\sqrt{\beta}\,\varepsilon^2 k_x}{k_y} \right)^{1/2}, \rho = \dfrac{\alpha\varepsilon k_{xy}}{C\gamma c^2}$，忽略三阶小量 $O(\varepsilon^3)$，并作代换 $\zeta = CY$，则式（2 – 89）可化为

$$\varphi_\tau + \frac{1}{4}\varphi_{\xi\xi\xi} - \frac{3}{2}\sigma^2 \left(\varphi^2 \varphi_\xi - \frac{1}{2\sigma}\hat{D}^\pm[\varphi_{\zeta\zeta}] + \rho\varphi_\xi \hat{D}^\pm[\varphi_\zeta] \right) \qquad (2-90)$$

式中，$\hat{D}^-[u(\xi,\zeta,\tau)] = \displaystyle\int_{-\infty}^{\xi} u(s,\zeta,\tau)\mathrm{d}s, \hat{D}^+[u(\xi,\zeta,\tau)] = -\displaystyle\int_{\xi}^{\infty} u(s,\zeta,\tau)\mathrm{d}s$，当 $\sigma^2 = \pm 1$，

$\rho = 1$ 时, 式(2 − 90)有精确的平面孤子形式的解, 为

$$\varphi(\xi,\zeta,\tau) = \pm \frac{2q^2}{p + \sqrt{p^2+q^2}\cosh[2q(\xi - 2p\zeta - (q^2 - 3p^2)\tau - \delta)]} \qquad (2-91)$$

式中,δ 为常数;p 和 q 为正实数。

晶格振动的位移为

$$u(X,T,t) = \pm \arctan\left(\frac{\sqrt{p^2+q^2}}{q}e^{\{2q[X-2pCY-(\frac{1}{6}\varepsilon^2(q^2-3p^2)+1)ct]-\delta\}} + \frac{p}{q}\right) \qquad (2-92)$$

式(2 − 92)表明,准一维非线性单原子 $\alpha\&\beta$ – FPU 晶格振动具有扭结孤子解和反扭结孤子解,如图 2 − 9 和图 2 − 10 所示。

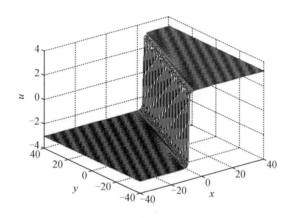

图 2 − 9　准一维非线性单原子 $\alpha\&\beta$ – FPU 晶格振动的扭结孤子解($p = 0.2, q = 0.2, t = 0, \delta = 20$)

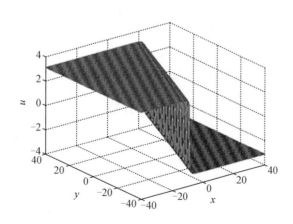

图 2 − 10　准一维非线性单原子 $\alpha\&\beta$ – FPU 晶格振动的反扭结孤子解($p = 0.2, q = 0.2, t = 0, \delta = 20$)

3. 各向同性二维非线性单原子 α – FPU 晶格振动中扭结孤子解的行为

在最近邻相互作用近似下,各向同性二维非线性单原子 α – FPU 晶格系统的哈密顿函数为

$$H = \sum_{l,m} \left[\frac{p_{l,m}^2}{2M} + \frac{1}{2} k_x (u_{l+1,m} - u_{l,m})^2 + \frac{1}{3} \alpha_x k_x (u_{l+1,m} - u_{l,m})^3 \right] +$$

$$\sum_{l,m} \left[\frac{1}{2} k_y (u_{l,m+1} - u_{l,m})^2 + \frac{1}{3} \alpha_y k_y (u_{l,m+1} - u_{l,m})^3 \right] \qquad (2-93)$$

式中, M 为原子的质量; $p_{l,m}$ 和 $u_{l,m}$ 分别为第 l 列第 m 行原子的动量和位移; k_x 和 k_y 分别为 x 方向和 y 方向的力常数。

由 $\dot{p}_{l,m} = M\ddot{u}_{l,m} = -\partial H/\partial u_{l,m}$ 可得系统的振动方程为

$$M\ddot{u}_{l,m} = k_x (u_{l+1,m} + u_{l-1,m} - 2u_{l,m})[1 + \alpha_x (u_{l+1,m} - u_{l-1,m})] +$$

$$k_y (u_{l,m+1} + u_{l,m-1} - 2u_{l,m})[1 + \alpha_y (u_{l,m+1} - u_{l,m-1})] \qquad (2-94)$$

考虑长波($\lambda \gg a$)情况,在长波的近似下,离散晶格可以看作连续介质。利用连续极限的方法有

$$u_{l,m}(t) \to u(x,y,t) \qquad (2-95)$$

$$\begin{cases} u_{l\pm1,m} = u \pm a \frac{\partial u}{\partial x} + \frac{a^2}{2} \frac{\partial^2 u}{\partial x^2} \pm \frac{a^3}{3!} \frac{\partial^3 u}{\partial x^3} + \frac{a^4}{4!} \frac{\partial^4 u}{\partial x^4} + \cdots \end{cases} \qquad (2-96a)$$

$$\begin{cases} u_{l,m\pm1} = u \pm a \frac{\partial u}{\partial y} + \frac{a^2}{2} \frac{\partial^2 u}{\partial y^2} \pm \frac{a^3}{3!} \frac{\partial^3 u}{\partial y^3} + \frac{a^4}{4!} \frac{\partial^4 u}{\partial y^4} + \cdots \end{cases} \qquad (2-96b)$$

式中, a 为晶格常数。

设 $e > a$,且 e 与 a 和 x 具有相同的量纲,作代换 $X = \frac{x}{e}, Y = \frac{y}{e}, \varepsilon = \frac{a}{e}$,则 X, Y, ε 均为无量纲的量,式(2-96)变为

$$\begin{cases} u_{l\pm1,m} = u \pm \varepsilon \frac{\partial u}{\partial X} + \frac{\varepsilon^2}{2} \frac{\partial^2 u}{\partial X^2} \pm \frac{\varepsilon^3}{3!} \frac{\partial^3 u}{\partial X^3} + \frac{\varepsilon^4}{4!} \frac{\partial^4 u}{\partial X^4} + \cdots \end{cases} \qquad (2-97a)$$

$$\begin{cases} u_{l,m\pm1} = u \pm \varepsilon \frac{\partial u}{\partial Y} + \frac{\varepsilon^2}{2} \frac{\partial^2 u}{\partial Y^2} \pm \frac{\varepsilon^3}{3!} \frac{\partial^3 u}{\partial Y^3} + \frac{\varepsilon^4}{4!} \frac{\partial^4 u}{\partial Y^4} + \cdots \end{cases} \qquad (2-97b)$$

则式(2-94)可化为

$$\ddot{u} = \frac{k_x \varepsilon^2}{M} u_{XX} + 2\alpha_x \varepsilon \frac{k_x \varepsilon^2}{M} u_X u_{XX} + \frac{k_x \varepsilon^4}{12M} u_{XXXX} + \frac{k_y \varepsilon^2}{M} u_{YY} +$$

$$2\alpha_y \varepsilon \frac{k_y \varepsilon^2}{M} u_Y u_{YY} + \frac{k_y \varepsilon^4}{12M} u_{YYYY} + O(\varepsilon^5) \qquad (2-98)$$

式中, $O(\varepsilon^5)$ 为小量。

下面讨论各向同性二维晶格振动的情况,即 x 方向和 y 方向的相互作用是相同的,力常数满足 $k_y = k_x = k, \alpha_x = \alpha_y = \alpha$,则式(2-98)可化为

$$\ddot{u} = \frac{k\varepsilon^2}{M} \left(u_{XX} + 2\alpha\varepsilon u_X u_{XX} + \frac{\varepsilon^2}{12} u_{XXXX} + u_{YY} + 2\alpha\varepsilon u_Y u_{YY} + \frac{\varepsilon^2}{12} u_{YYYY} \right) + O(\varepsilon^5) \quad (2-99)$$

令 $c = \sqrt{k\varepsilon^2/M}, \tau = \sqrt{2}\alpha c\varepsilon t$,因为是各向同性二维晶格,所以沿 x 方向和沿 y 方向的振动解应该具有相同的形式,所以有 $\xi = X + Y - \sqrt{2}ct, u(X,Y,t) \Rightarrow \phi(\xi,\tau)$,则式(2-99)变为

$$\phi_{\tau\xi} + \phi_\xi \phi_{\xi\xi} + \frac{\varepsilon}{24\alpha} \phi_{\xi\xi\xi\xi} + O(\alpha^2\varepsilon^2, \varepsilon^3) = 0 \qquad (2-100)$$

忽略小量 $O(\alpha^2\varepsilon^2,\varepsilon^3)$，有

$$\phi_{\tau\xi} + \phi_\xi\phi_{\xi\xi} + \frac{\varepsilon}{24\alpha}\phi_{\xi\xi\xi\xi} = 0 \qquad (2-101)$$

令 $\delta^2 = \dfrac{\varepsilon}{24\alpha}$，$\varphi = \phi_\xi$，式$(2-101)$变为

$$\varphi_\tau + \varphi\varphi_\xi + \delta^2\varphi_{\xi\xi\xi} = 0 \qquad (2-102)$$

式$(2-102)$为标准的 KdV 方程，该方程有如下孤子解：

$$\varphi = 3v_1\,\mathrm{sech}^2\left\{\frac{\sqrt{v_1}}{2\delta}\big[\xi - v_1\tau\big]\right\} \qquad (2-103)$$

式中，v_1 为参数。

晶格振动的位移为

$$u = 6\delta\sqrt{v_1}\,\tanh\left\{\frac{\sqrt{v_1}}{2\delta}\big[X + Y - \sqrt{2}\,(1 + \alpha\varepsilon v_1)ct\big]\right\} \qquad (2-104)$$

此解的形状如图$2-11$和图$2-12$所示，说明各向同性二维非线性单原子 $\alpha-$FPU 晶格振动具有扭结孤子解。

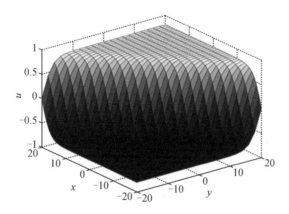

图 2-11　各向同性二维非线性单原子 $\alpha-$FPU 晶格振动的扭结孤子解($t=0$ s)

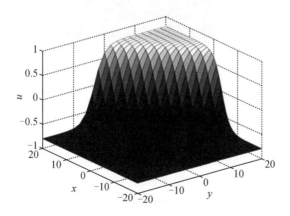

图 2-12　各向同性二维非线性单原子 $\alpha-$FPU 晶格振动的扭结孤子解($t=10$ s)

4. 各向同性二维非线性单原子 β – FPU 晶格振动中扭结孤子解的行为

在最近邻相互作用近似下,各向同性二维非线性单原子 β – FPU 晶格系统的哈密顿函数为

$$H = \sum_{l,m} \left[\frac{p_{l,m}^2}{2M} + \frac{1}{2}k(u_{l+1,m} - u_{l,m})^2 + \frac{1}{4}\beta k(u_{l+1,m} - u_{l,m})^4 \right] +$$
$$\sum_{l,m} \left[\frac{1}{2}k(u_{l,m+1} - u_{l,m})^2 + \frac{1}{4}\beta k(u_{l,m+1} - u_{l,m})^4 \right] \qquad (2-105)$$

在连续极限近似下,用与前述类似方法可推得其振动方程为

$$\varphi_\tau + \varphi^2 \varphi_\xi + \delta_1^2 \varphi_{\xi\xi\xi} = 0 \qquad (2-106)$$

该方程有如下孤子解:

$$\varphi = \sqrt{6v_2} \operatorname{sech}\left[\frac{\sqrt{v_2}}{\delta_1}(\xi - v_2\tau) \right] \qquad (2-107)$$

式中,v_2 为参数。

令 $c = \sqrt{\dfrac{k\varepsilon^2}{M}}$,$\xi = X + Y - \sqrt{2}ct$,$\tau = \dfrac{3\sqrt{2}}{2}c\beta\varepsilon^2 t$,$\delta_1^2 = \dfrac{1}{36\beta}$。晶格振动的位移为

$$u = \sqrt{6}\delta_1 \arctan \sinh\left\{ \frac{\sqrt{v_2}}{\delta_1}\left[X + Y - \sqrt{2}\left(1 + \frac{3}{2}v_2\varepsilon^2\beta\right)ct \right] \right\} \qquad (2-108)$$

式中,δ_1 为常数。

式(2 – 108)表明,各向同性二维非线性单原子 β – FPU 晶格振动具有扭结孤子解,如图 2 – 13 所示。

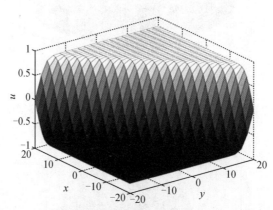

图 2 – 13　各向同性二维非线性单原子 β – FPU 晶格振动的扭结孤子解

5. 各向同性二维非线性单原子 α&β – FPU 晶格振动中扭结孤子解的行为

在最近邻相互作用近似下且同时考虑系统的三次和四次非线性势的作用时,各向同性二维非线性单原子 α&β – FPU 晶格系统的哈密顿函数为

$$H = \sum_{l,m} \left[\frac{p_{l,m}^2}{2M} + \frac{1}{2}k(u_{l+1,m} - u_{l,m})^2 + \frac{1}{3}\alpha k(u_{l+1,m} - u_{l,m})^3 + \frac{1}{4}\beta k(u_{l+1,m} - u_{l,m})^4 \right] +$$

$$\sum_{l,m}\left[\frac{1}{2}k(u_{l,m+1}-u_{l,m})^2+\frac{1}{3}\alpha k(u_{l,m+1}-u_{l,m})^4+\frac{1}{4}\beta k(u_{l,m+1}-u_{l,m})^4\right] \qquad (2-109)$$

在连续极限近似下,用与前述类似方法可推得其振动方程为

$$\varphi_\tau+(\alpha\varphi+\mu\varphi^2)\varphi_\xi+\delta_2^2\varphi_{\xi\xi\xi}=0 \qquad (2-110)$$

该方程有如下孤子解:

$$\varphi=\frac{6v_3}{\alpha+\sqrt{\alpha^2+6\mu v_3}\cosh\left[\frac{\sqrt{v_3}}{\delta_2}(\xi-v_3\tau)\right]} \qquad (2-111)$$

式中,v_3 为参数。

令 $c=\sqrt{\dfrac{k\varepsilon^2}{M}}$,$\xi=X+Y-\sqrt{2}ct$,$\tau=\sqrt{2}c\varepsilon t$,$\delta_2^2=\dfrac{\varepsilon}{24}$,$\mu=\dfrac{3}{2}\beta\varepsilon$。晶格振动的位移为

$$u=A\arctan\left\{Be^{C[X+Y-\sqrt{2}(1+v_3\varepsilon)ct]}+D\right\} \qquad (2-112)$$

式中,$A=\dfrac{12\delta_2}{\sqrt{6\mu}}$;$B=\sqrt{\dfrac{\alpha^2+6\mu v_3}{6\mu v_3}}$;$C=\dfrac{\sqrt{v_3}}{\delta_2}$;$D=\dfrac{\alpha}{\sqrt{6\mu v_3}}$。

式(2-112)表明各向同性二维非线性单原子 $\alpha\&\beta$-FPU 晶格振动也具有扭结孤子解。

由图 2-14 可知,三次非线性效应的负效应使扭结孤子的振幅增大,$\alpha=0$ 时表示三次非线性效应为零,所以三次非线性效应的负效应增大的最后结果和单独考虑四次非线性效应时的相同,而三次非线性效应的正效应使扭结孤子的振幅减小,三次非线性效应的正效应增大到一定值的时候,振幅减小到零,也就是说三次非线性效应的强的正效应与四次非线性效应相互作用的结果是使扭结孤子消失。

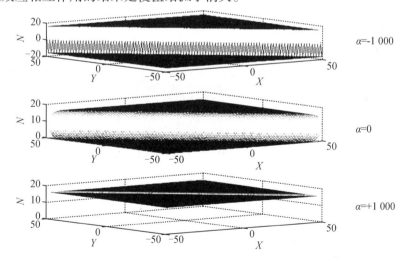

图 2-14　扭结孤子与 α 的关系

通过上面的讨论可知,在连续极限近似下,对于各向同性二维非线性单原子 FPU 晶格,沿着其一对角线方向相同类型的一维非线性单原子 FPU 晶格具有相同的性质。

2.2.4 各向同性二维非线性双原子 FPU 晶格振动中局域模的行为

1. 各向同性二维非线性双原子 α – FPU 晶格振动中暗线孤子解和禁带暗线孤子解的行为

在最近邻相互作用近似下,各向同性二维非线性双原子 α – FPU 晶格系统的哈密顿函数为

$$H = \sum_{l,n} \left[\frac{p_{l,n}^2}{2M_{l,n}} + \frac{1}{2}k_x(u_{l+1,n} - u_{l,n})^2 + \frac{1}{3}\alpha_x k_x(u_{l+1,n} - u_{l,n})^3 \right] + $$
$$\sum_{l,n} \left[\frac{1}{2}k_y(u_{l,n+1} - u_{l,n})^2 + \frac{1}{3}\alpha_y k_y(u_{l,n+1} - u_{l,n})^3 \right] \qquad (2-113)$$

式中,$M_{l,n}$ 为原子的质量;$p_{l,n}$ 和 $u_{l,n}$ 分别为第 l 列第 n 行原子的动量和位移;k_x 和 k_y 为 x 方向和 y 方向的力常数。

由 $\dot{p}_{l,n} = M\ddot{u}_{l,n} = -\partial H/\partial u_{l,n}$ 可得系统的振动方程为

$$M_{l,n}\ddot{u}_{l,n} = k_x(u_{l+1,n} + u_{l-1,n} - 2u_{l,n})[1 + \alpha_x(u_{l+1,n} - u_{l-1,n})] + $$
$$k_y(u_{l,n+1} + u_{l,n-1} - 2u_{l,n})[1 + \alpha_y(u_{l,n+1} - u_{l,n-1})] \qquad (2-114)$$

假定双原子晶格中的最近邻原子间的距离是相等的(为 a),相互作用也是相同的,只是双原子的质量不同,分别为 m 和 $M(M > m)$。对式(2 – 114),当 $l = 2j, n = 2j$ 时,$M_{l,n} = m$;当 $l = 2j+1, n = 2j+1$ 时,$M_{l,n} = M$。为了方便讨论,将式(2 –114)引入

$$\begin{cases} u_{l,n} = v_{l,n}, l = 2j, n = 2j \\ u_{l,n} = w_{l,n}, l = 2j+1, n = 2j+1 \end{cases} \qquad (2-115)$$

用与前述类似方法,设 $v_{l,n} = v_{l,n}^0 \cos[2q(l+n) - \omega t]$,$w_{l,n} = w_{l,n}^0 \cos[2q(l+n) - \omega' t]$,可以得到偶数方程和奇数方程:

$$m\ddot{v}_{l,n}^0 - \omega^2 v_{l,n}^0 = k_x[(\cos 2q)(w_{l+1,n}^0 + w_{l-1,n}^0) - 2v_{l,n}^0] \times$$
$$\left[1 + \frac{\sqrt{2}}{2}\alpha_x(\cos 2q)(w_{l+1,n}^0 - w_{l-1,n}^0)\right]k_y \times$$
$$[(\cos 2q)(w_{l,n+1}^0 + w_{l,n-1}^0) - 2v_{l,n}^0] \times$$
$$\left[1 + \frac{\sqrt{2}}{2}\alpha_y(\cos 2q)(w_{l,n+1}^0 - w_{l,n-1}^0)\right] \qquad (2-116)$$

$$M\ddot{w}_{l,n}^0 - \omega'^2 w_{l,n}^0 = k_x[(\cos 2q)(v_{l+1,n}^0 + v_{l-1,n}^0) - 2w_{l,n}^0] \times$$
$$\left[1 + \frac{\sqrt{2}}{2}\alpha_x(\cos 2q)(v_{l+1,n}^0 - v_{l-1,n}^0)\right]k_y \times$$
$$[(\cos 2q)(v_{l,n+1}^0 + v_{l,n-1}^0) - 2w_{l,n}^0] \times$$
$$\left[1 + \frac{\sqrt{2}}{2}\alpha_y(\cos 2q)(v_{l,n+1}^0 - v_{l,n-1}^0)\right] \qquad (2-117)$$

下面在连续极限近似下讨论式(2 – 116)和式(2 – 117)。令 $x_l = la$,$y_n = na$,$v_{l,n}^0 = v(x_l, y_n, t)$,$w_{l,n}^0 = w(x_i, y_n, t)$,这就意味着 $v_{l,n\pm1}^0 = w(x_l, y_n \pm a, t)$,$v_{l\pm1,n}^0 = w(x_l \pm a, y_n, t)$ 和

$w^0_{l,n\pm1} = v(x_l, y_n \pm a, t), w^0_{l\pm1,n} = v(x_l \pm a, y_n, t)$。则 $v^0_{l\pm1,n}, v^0_{l,n\pm1}, w^0_{l\pm1,n}, w^0_{l\pm1,n}$ 的 Taylor 展开式为

$$v^0_{l\pm1,n} = w \pm a\frac{\partial w}{\partial x} + \frac{a^2}{2}\frac{\partial^2 w}{\partial x^2} \pm \frac{a^3}{3!}\frac{\partial^3 w}{\partial x^3} + \cdots \qquad (2-118)$$

$$v^0_{l,n\pm1} = w \pm a\frac{\partial w}{\partial y} + \frac{a^2}{2}\frac{\partial^2 w}{\partial y^2} \pm \frac{a^3}{3!}\frac{\partial^3 w}{\partial y^3} + \cdots \qquad (2-119)$$

$$w^0_{l\pm1,n} = v \pm a\frac{\partial v}{\partial x} + \frac{a^2}{2}\frac{\partial^2 v}{\partial x^2} \pm \frac{a^3}{3!}\frac{\partial^3 v}{\partial x^3} + \cdots \qquad (2-120)$$

$$w^0_{l,n\pm1} = v \pm a\frac{\partial v}{\partial y} + \frac{a^2}{2}\frac{\partial^2 v}{\partial y^2} \pm \frac{a^3}{3!}\frac{\partial^3 v}{\partial y^3} + \cdots \qquad (2-121)$$

设 $e > a$，且 e 与 a, x 和 y 具有相同的量纲，作代换 $X = \dfrac{x}{e}, Y = \dfrac{y}{e}, \varepsilon = \dfrac{a}{e}$，则 X, Y, ε 均为无量纲的量，所以式（2-118）、式（2-119）、式（2-120）和式（2-121）变为

$$v^0_{l\pm1,n} = w \pm \varepsilon\frac{\partial w}{\partial X} + \frac{\varepsilon^2}{2}\frac{\partial^2 w}{\partial X^2} \pm \frac{\varepsilon^3}{3!}\frac{\partial^3 w}{\partial X^3} + \cdots \qquad (2-122)$$

$$v^0_{l,n\pm1} = w \pm \varepsilon\frac{\partial w}{\partial Y} + \frac{\varepsilon^2}{2}\frac{\partial^2 w}{\partial Y^2} \pm \frac{\varepsilon^3}{3!}\frac{\partial^3 w}{\partial Y^3} + \cdots \qquad (2-123)$$

$$w^0_{l\pm1,n} = v \pm \varepsilon\frac{\partial v}{\partial X} + \frac{\varepsilon^2}{2}\frac{\partial^2 v}{\partial X^2} \pm \frac{\varepsilon^3}{3!}\frac{\partial^3 v}{\partial X^3} + \cdots \qquad (2-124)$$

$$w^0_{l,n\pm1} = v \pm \varepsilon\frac{\partial v}{\partial Y} + \frac{\varepsilon^2}{2}\frac{\partial^2 v}{\partial Y^2} \pm \frac{\varepsilon^3}{3!}\frac{\partial^3 v}{\partial Y^3} + \cdots \qquad (2-125)$$

当 $\omega^2 = \dfrac{2k}{m}(1 - \cos 2q), \omega'^2 = \dfrac{2k}{M}(1 - \cos 2q), q \to \dfrac{\pi}{2}$ 时，式（2-116）和式（2-117）为

$$\ddot{v} = \frac{k_x\varepsilon^2}{m}v_{XX} + 2\alpha_x\varepsilon\frac{k_x\varepsilon^2}{m}v_X v_{XX} + \frac{k_x\varepsilon^4}{12m}v_{XXXX} + \frac{k_y\varepsilon^2}{m}v_{YY} +$$
$$2\alpha_y\varepsilon\frac{k_y\varepsilon^2}{m}v_Y v_{YY} + \frac{k_y\varepsilon^4}{12m}v_{YYYY} + O(\varepsilon^5) \qquad (2-126)$$

$$\ddot{w} = \frac{k_x\varepsilon^2}{M}w_{XX} + 2\alpha_x\varepsilon\frac{k_x\varepsilon^2}{M}w_X w_{XX} + \frac{k_x\varepsilon^4}{12M}w_{XXXX} + \frac{k_y\varepsilon^2}{M}w_{YY} +$$
$$2\alpha_y\varepsilon\frac{k_y\varepsilon^2}{M}w_Y w_{YY} + \frac{k_y\varepsilon^4}{12M}w_{YYYY} + O(\varepsilon^5) \qquad (2-127)$$

式中，$O(\varepsilon^5)$ 为小量。

下面讨论各向同性二维晶格振动的情况，即 x 方向和 y 方向的相互作用是相同的，力常数满足 $k_y = k_x = k, \alpha_x = \alpha_y = \alpha$，则式（2-126）和式（2-127）可化为

$$\ddot{v} = \frac{k\varepsilon^2}{m}\left(v_{XX} + 2\alpha\varepsilon v_X v_{XX} + \frac{\varepsilon^2}{12}v_{XXXX} + v_{YY} + 2\alpha\varepsilon v_Y v_{YY} + \frac{\varepsilon^2}{12}v_{YYYY}\right) + O(\varepsilon^5) \quad (2-128)$$

$$\ddot{w} = \frac{k\varepsilon^2}{M}\left(w_{XX} + 2\alpha\varepsilon w_X w_{XX} + \frac{\varepsilon^2}{12}w_{XXXX} + w_{YY} + 2\alpha\varepsilon w_Y w_{YY} + \frac{\varepsilon^2}{12}w_{YYYY}\right) + O(\varepsilon^5)$$
$$(2-129)$$

x 方向和 y 方向的振动解应该具有相同的形式,所以有 $\xi = X + Y - \sqrt{2}c_1 t, v(X, Y, t) \Rightarrow \phi(\zeta, \tau_1), \zeta = X + Y - \sqrt{2}c_2 t, w(X, Y, t) \Rightarrow \phi(\zeta, \tau_2)$,则式 $(2-128)$ 和式 $(2-129)$ 变为如下的形式:

$$\phi_{\tau_1 \xi} + \phi_\xi \phi_{\xi\xi} + \frac{\varepsilon}{24\alpha} \phi_{\xi\xi\xi\xi} + O(\alpha^2 \varepsilon^3, \varepsilon^3) = 0 \qquad (2-130)$$

$$\varphi_{\tau_2 \xi} + \varphi_\xi \varphi_{\xi\xi} + \frac{\varepsilon}{24\alpha} \varphi_{\xi\xi\xi\xi} + O(\alpha^2 \varepsilon^3, \varepsilon^3) = 0 \qquad (2-131)$$

忽略小量 $O(\alpha^2 \varepsilon^2, \varepsilon^3)$,有

$$\phi_{\tau_1 \xi} + \phi_\xi \phi_{\xi\xi} + \frac{\varepsilon}{24\alpha} \phi_{\xi\xi\xi\xi} = 0 \qquad (2-132)$$

$$\varphi_{\tau_2 \xi} + \varphi_\xi \varphi_{\xi\xi} + \frac{\varepsilon}{24\alpha} \varphi_{\xi\xi\xi\xi} = 0 \qquad (2-133)$$

令 $\delta^2 = \frac{\varepsilon}{24\alpha}, \Psi = \phi_\xi, \Phi = \varphi_\zeta$,式 $(2-132)$ 和式 $(2-132)$ 变为

$$\Psi_{\tau_1} + \Psi\Psi_\xi + \delta^2 \Psi_{\xi\xi\xi} = 0 \qquad (2-134)$$

$$\Phi_{\tau_2} + \Phi\Phi_\zeta + \delta^2 \Phi_{\zeta\zeta\zeta} = 0 \qquad (2-135)$$

式 $(2-134)$ 和式 $(2-135)$ 有如下孤子解:

$$\Psi = 3v_1 \text{sech}^2 \left\{ \frac{\sqrt{v_1}}{2\delta} [\xi - v_1 \tau_1] \right\} \qquad (2-136)$$

$$\Phi = 3v_2 \text{sech}^2 \left\{ \frac{\sqrt{v_2}}{2\delta} [\zeta - v_2 \tau_2] \right\} \qquad (2-137)$$

式中,v_1 和 v_2 为参数。

晶格振动的位移为

$$v = 6\delta \sqrt{v_1} \tanh \left\{ \frac{\sqrt{v_1}}{2\delta} [X + Y - \sqrt{2}(1 + \alpha\varepsilon v_1)c_1 t] \right\} \cos[\pi(x + y) - \omega t] \quad (2-138)$$

$$w = 6\delta \sqrt{v_2} \tanh \left\{ \frac{\sqrt{v_2}}{2\delta} [X + Y - \sqrt{2}(1 + \alpha\varepsilon v_2)c_2 t] \right\} \cos[\pi(x + y) - \omega' t] \quad (2-139)$$

进而有

$$v = 6\delta \sqrt{v_1} \tanh \left\{ \frac{\sqrt{v_1}}{2\delta e} [X + Y - \sqrt{2}(1 + \alpha\varepsilon v_1)c_1' t] \right\} \cos[\pi(x + y) - \omega t] \quad (2-140)$$

$$w = 6\delta \sqrt{v_2} \tanh \left\{ \frac{\sqrt{v_2}}{2\delta e} [X + Y - \sqrt{2}(1 + \alpha\varepsilon v_2)c_2' t] \right\} \cos[\pi(x + y) - \omega' t] \quad (2-141)$$

式中,$c_1' = \sqrt{\frac{k}{m}} a; c_2' = \sqrt{\frac{k}{M}} a$。

v 和 w 具有相同的形状,如图 $2-15$ 所示。

50

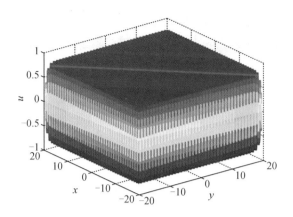

图 2 - 15　各向同性二维非线性双原子 α - FPU 晶格振动的暗线孤子解和禁带暗线孤子解

由图 2 - 15 可知,各向同性二维非线性双原子 α - FPU 晶格振动具有两个暗线孤子解。因为 $\omega'^2 > \omega_1^2$,所以当 $\omega'^2 < \omega_2^2$ 时,两个暗线孤子解一个处于禁带之中,一个位于光学波支带之上。

2. 各向同性二维非线性双原子 β - FPU 晶格振动中暗线孤子解和禁带暗线孤子解的行为

在最近邻相互作用近似下,各向同性二维非线性双原子 β - FPU 晶格在连续极限近似下,用与前述类似方法可得其振动方程为

$$\Psi_{\xi\tau_1} + \Psi^2 \Psi_\xi + \delta_1^2 \Psi_{\xi\xi\xi} = 0 \tag{2 - 142}$$

$$\Phi_{\zeta\tau_2} + \Phi^2 \Phi_\zeta + \delta_1^2 \Phi_{\zeta\zeta\zeta} = 0 \tag{2 - 143}$$

该方程有如下孤子解:

$$\Psi = \sqrt{6v_1}\, \mathrm{sech}\left[\frac{\sqrt{v_1}}{\delta}(\xi - v_1\tau_1)\right] \tag{2 - 144}$$

$$\Phi = \sqrt{6v_2}\, \mathrm{sech}\left[\frac{\sqrt{v_2}}{\delta}(\zeta - v_2\tau_2)\right] \tag{2 - 145}$$

式中, v_2 是参数。

令 $c_1 = \sqrt{\dfrac{k\varepsilon^2}{m}}$, $c_2 = \sqrt{\dfrac{k\varepsilon^2}{M}}$, $\xi = X + Y - \sqrt{2}\,c_1 t$, $\zeta = X + Y - \sqrt{2}\,c_2 t$, $\tau_1 = \dfrac{3\sqrt{2}}{2}c_1\beta\varepsilon^2 t$, $\tau_2 = \dfrac{3\sqrt{2}}{2}c_2\beta\varepsilon^2 t$, $\delta^2 = \dfrac{1}{36\beta}$ 。晶格振动的位移为

$$v = \sqrt{6}\delta\arctan\,\sinh\left\{\frac{\sqrt{v_1}}{\delta}\left[X + Y - \sqrt{2}\left(1 + \frac{3}{2}v_1\varepsilon^2\beta\right)c_1 t\right]\right\}\cos\left[\pi(x + y) - \omega t\right]$$

$$\tag{2 - 146}$$

$$w = \sqrt{6}\delta\arctan\,\sinh\left\{\frac{\sqrt{v_2}}{\delta}\left[X + Y - \sqrt{2}\left(1 + \frac{3}{2}v_2\varepsilon^2\beta\right)c_2 t\right]\right\}\cos\left[\pi(x + y) - \omega' t\right]$$

$$\tag{2 - 147}$$

v 和 w 具有相同的形状。各向同性二维非线性双原子 β – FPU 晶格振动具有两个暗线孤子解。因为 $\omega'^2_2 > \omega^2_1$，所以当 $\omega'^2_2 < \omega^2_2$，两个暗线孤子解一个处于禁带之中，一个位于光学波支带之上。

3. 各向同性二维非线性双原子 $\alpha \& \beta$ – FPU 晶格振动中暗线孤子解和禁带暗线孤子解的行为

在最近邻相互作用近似下且同时考虑系统的三次和四次非线性势的作用时，在连续极限近似下各向同性二维非线性双原子 $\alpha \& \beta$ – FPU 晶格系统的振动方程可化为

$$\Psi_{\xi \tau_1} + (\alpha \Psi + \mu \Psi^2) \Psi_\xi + \delta^2 \Psi_{\xi\xi\xi} = 0 \tag{2–148}$$

$$\Phi_{\zeta \tau_2} + (\alpha \Phi + \mu \Phi^2) \Phi_\zeta + \delta^2 \Phi_{\zeta\zeta\zeta} = 0 \tag{2–149}$$

该方程有如下孤子解：

$$\Psi = \frac{6v_1}{\alpha + \sqrt{\alpha^2 + 6\mu v_1} \cosh\left[\frac{\sqrt{v_1}}{\delta}(\xi - v_1 \tau_1)\right]} \tag{2–150}$$

$$\Phi = \frac{6v_2}{\alpha + \sqrt{\alpha^2 + 6\mu v_2} \cosh\left[\frac{\sqrt{v_2}}{\delta}(\zeta - v_2 \tau_2)\right]} \tag{2–151}$$

式中，v_3 是参数。

令 $c_1 = \sqrt{\dfrac{k\varepsilon^2}{m}}, c_2 = \sqrt{\dfrac{k\varepsilon^2}{M}}, \xi = X + Y - \sqrt{2}c_1 t, \zeta = X + Y - \sqrt{2}c_2 t, \tau_1 = \sqrt{2}c_1 \varepsilon t, \tau_2 = \sqrt{2}c_2 \varepsilon t,$

$\delta^2 = \dfrac{\varepsilon}{24}, \mu = \dfrac{3}{2}\beta\varepsilon$。晶格振动的位移为

$$v = A\arctan\left\{ B_1 e^{C[X + Y - \sqrt{2}(1 + v_1\varepsilon)c_1 t]} + D_1 \right\} \cos[\pi(x + y) - \omega t] \tag{2–152}$$

$$w = A\arctan\left\{ B_2 e^{C[X + Y - \sqrt{2}(1 + v_2\varepsilon)c_2 t]} + D_2 \right\} \cos[\pi(x + y) - \omega' t] \tag{2–153}$$

式中，$A = \dfrac{12\delta}{\sqrt{6\mu}}$；$B_1 = \sqrt{\dfrac{\alpha^2 + 6\mu v_1}{6\mu v_1}}$；$C_1 = \dfrac{\sqrt{v_1}}{\delta}$；$D_1 = \dfrac{\alpha}{\sqrt{6\mu v_1}}$；$B_2 = \sqrt{\dfrac{\alpha^2 + 6\mu v_2}{6\mu v_2}}$；$C_2 = \dfrac{\sqrt{v_2}}{\delta}$；

$D_2 = \dfrac{\alpha}{\sqrt{6\mu v_2}}$。

v 和 w 具有相同的形状。各向同性二维非线性双原子 $\alpha \& \beta$ – FPU 晶格振动具有两个暗线孤子解。因为 $\omega'^2 > \omega^2_1$，所以当 $\omega'^2 < \omega^2_2$ 时，两个暗线孤子解一个处于禁带之中，一个位于光学波支带之上。

2.3　非线性 Klein-Gordon 晶格振动中局域模的行为

2.3.1　一维非线性单原子 Klein-Gordon 晶格振动中局域模的行为

1. 一维非线性单原子 cubic-Klein-Gordon 晶格振动中亮、暗孤子解，呼吸子解和呼吸子晶格解的行为

当考虑最近邻相互作用时，一维非线性单原子 cubic-Klein-Gordon 晶格系统的哈密顿函数为

$$H = \sum_n \left[\frac{p_n^2}{m} + \frac{1}{2}\omega u_n^2 - \frac{1}{3}\alpha u_n^3 + \frac{1}{2}k(u_{n+1} - u_n)^2 \right] \tag{2-154}$$

式中，m, u_n, p_n 分别为原子的质量、位移和动量；ω 为线性在位势的参数；α 为三次非线性在位势的参数；k 为耦合系数。

由 $\dot{p}_n = \ddot{u}_n = -\partial H/\partial u_n$ 可得系统的振动方程为

$$m\ddot{u} - k(u_{n+1} + u_{n-1} - 2u_n) + \omega u_n - \alpha u_n^2 = 0 \tag{2-155}$$

下面在连续极限近似下讨论式（2-155）。令 $x_n = na$ 和 $u_n = u(x_n, t)$，$n = 1, 2, \cdots, N-1$，且 $u_0 = u_N = 0$，这就意味着 $u_{n\pm1} = u(x_n \pm a, t)$，这里的 a 是晶格常数，则 $u_{n\pm1}$ 的 Taylor 展开式为

$$u_{n\pm1} = u_n \pm a\frac{\partial u_n}{\partial x} + \frac{a^2}{2}\frac{\partial^2 u_n}{\partial x^2} \pm \frac{a^3}{3!}\frac{\partial^3 u_n}{\partial x^3} + \frac{a^4}{4!}\frac{\partial^4 u_n}{\partial x^4} \pm \frac{a^5}{5!}\frac{\partial^5 u_n}{\partial x^5} + \cdots \tag{2-156}$$

当 $x_n \to x, u_n \to u(x, t)$ 时，式（2-155）变为

$$\ddot{u} - \frac{ka^2}{m}u_{xx} + \omega u - \alpha u^2 + O(a^4) = 0 \tag{2-157}$$

式中，$\ddot{u} = \dfrac{\mathrm{d}^2 u}{\mathrm{d}t^2}$；$u_{xx} = \dfrac{\partial^2 u}{\partial x^2}$；$O(a^4)$ 为小量。

令 $c_0^2 = \dfrac{ka^2}{m}$，采用行波解求解式（2-157），即令 $u = u(\xi), \xi = x - ct$，其中 c 为常数，相当于波的传播速度，则式（2-157）变为

$$(c^2 - c_0^2)u_{\xi\xi} + \omega u - \alpha u^2 + O(a^4) = 0 \tag{2-158}$$

忽略四阶小量，式（2-158）可化为第四类椭圆方程的一种，即

$$(c^2 - c_0^2)u_{\xi\xi} + \omega u - \alpha u^2 = 0 \tag{2-159}$$

式（2-159）有如下解：

$$u = \begin{cases} -\dfrac{3\omega}{2\alpha}\mathrm{sech}^2\left[\dfrac{1}{2}\sqrt{\left|\dfrac{\omega}{c^2 - c_0^2}\right|}(\xi - \xi_0)\right], & \left(\dfrac{\omega}{c^2 - c_0^2} < 0, \dfrac{\alpha}{c^2 - c_0^2}u < 0\right) \\[4mm] \dfrac{3\omega}{2\alpha}\mathrm{csch}^2\left[\dfrac{1}{2}\sqrt{\left|\dfrac{\omega}{c^2 - c_0^2}\right|}(\xi - \xi_0)\right], & \left(\dfrac{\omega}{c^2 - c_0^2} < 0, \dfrac{\alpha}{c^2 - c_0^2}u > 0\right) \\[4mm] \dfrac{3\omega}{2\alpha}\sec^2\left[\dfrac{1}{2}\sqrt{\left|\dfrac{\omega}{c^2 - c_0^2}\right|}(\xi - \xi_0)\right], & \left(\dfrac{\omega}{c^2 - c_0^2} > 0\right) \end{cases} \tag{2-160}$$

式中，ξ_0 为积分常数。

式(2-160)表明，一维非线性单原子 cubic-Klein-Gordon 晶格振动具有亮、暗孤子解，呼吸子解和呼吸子晶格解，如图2-16所示。

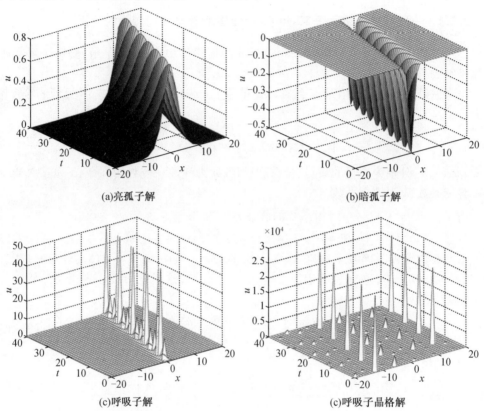

(a)亮孤子解 　　　　　　　　　　　　　　(b)暗孤子解

(c)呼吸子解 　　　　　　　　　　　　　　(c)呼吸子晶格解

图 2-16　一维非线性单原子 cubic-Klein-Gordon 晶格振动的亮、暗孤子解，呼吸子解和
　　　　　　呼吸子晶格解

2. 一维非线性单原子 quartic-Klein-Gordon 晶格振动中亮、暗孤子解，呼吸子解和呼吸子晶格解的行为

当考虑最近邻相互作用时，一维非线性单原子 quartic-Klein-Gordon 晶格系统的哈密顿函数为

$$H = \sum_n \left[\frac{p_n^2}{m} + \frac{1}{2}\omega u_n^2 - \frac{1}{4}\beta u_n^4 + \frac{1}{2}k(u_{n+1} - u_n)^2 \right] \qquad (2-161)$$

式中，β 为四次非线性在位势的参数。

用与前述类似方法可以得到其振动方程为

$$(c^2 - c_0^2)u_{\xi\xi} + \omega u - \beta u^3 = 0 \qquad (2-162)$$

式(2-162)也为第四类椭圆方程的一种，有如下解：

$$
u = \begin{cases}
\pm \sqrt{\left|\dfrac{2\omega}{\beta}\right|}\,\operatorname{csch}\left[\sqrt{\left|\dfrac{\omega}{c^2 - c_0^2}\right|}\,(\xi - \xi_0)\right], & \left(\dfrac{\omega}{c^2 - c_0^2} < 0,\ \dfrac{\beta}{c^2 - c_0^2} > 0\right) \\[3ex]
\pm \sqrt{\left|\dfrac{2\omega}{\beta}\right|}\,\operatorname{sech}\left[\sqrt{\left|\dfrac{\omega}{c^2 - c_0^2}\right|}\,(\xi - \xi_0)\right], & \left(\dfrac{\omega}{c^2 - c_0^2} < 0,\ \dfrac{\beta}{c^2 - c_0^2}u < 0\right) \\[3ex]
\pm \sqrt{\left|\dfrac{2\omega}{\beta}\right|}\,\csc\left[\sqrt{\left|\dfrac{\omega}{c^2 - c_0^2}\right|}\,(\xi - \xi_0)\right], & \left(\dfrac{\omega}{c^2 - c_0^2} > 0,\ \dfrac{\beta}{c^2 - c_0^2} > 0\right)
\end{cases} \tag{2-163}
$$

式(2-163)表明,一维非线性单原子 quartic-Klein-Gordon 晶格振动具有同一维非线性单原子 cubic-Klein-Gordon 晶格振动一样的亮、暗孤子解,呼吸子解和呼吸子晶格解,如图 2-17 所示。

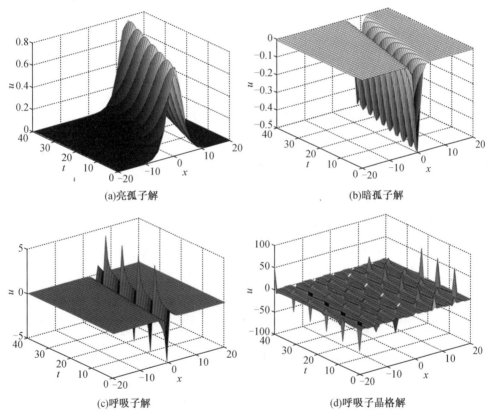

(a)亮孤子解　　　　　　　　　　　(b)暗孤子解

(c)呼吸子解　　　　　　　　　　　(d)呼吸子晶格解

图 2-17　一维非线性单原子 quartic-Klein-Gordon 晶格振动的亮、暗孤子解,呼吸子解和呼吸子晶格解

3. 一维非线性单原子 cubic&quartic-Klein-Gordon 晶格振动中亮、暗孤子解的行为

当考虑最近邻相互作用且同时考虑系统的三次和四次非线性在位势的作用时,一维非线性单原子 cubic&quartic-Klein-Gordon 晶格系统的哈密顿函数为

$$
H = \sum_n \left[\frac{p_n^2}{m} + \frac{1}{2}\omega u_n^2 - \frac{1}{3}\alpha u_n^3 - \frac{1}{4}\beta u_n^4 + \frac{1}{2}k(u_{n+1} - u_n)^2 \right] \tag{2-164}
$$

用与前述类似方法可以得到其振动方程为

$$(c^2 - c_0^2) u_{\xi\xi} + \omega u - \alpha u^2 - \beta u^3 = 0 \qquad (2-165)$$

式(2-165)也为第四类椭圆方程的一种,当 $\dfrac{\omega}{c^2-c_0^2}>0, \dfrac{\alpha}{c^2-c_0^2}>0, \dfrac{\beta}{c^2-c_0^2}>0$ 时有如下解:

$$u = \begin{cases} \dfrac{\pm 2\omega}{\sqrt{\dfrac{4}{9}\alpha^2 - 2\omega\beta}\ \cosh\left[\sqrt{\left|\dfrac{\omega}{c^2-c_0^2}\right|}(\xi - \xi_0)\right] + \dfrac{2}{3}\alpha}, \quad (u \geqslant 0) \\[4mm] \dfrac{\pm 2\omega}{\sqrt{\dfrac{4}{9}\alpha^2 - 2\omega\beta}\ \cosh\left[\sqrt{\left|\dfrac{\omega}{c^2-c_0^2}\right|}(\xi - \xi_0)\right] - \dfrac{2}{3}\alpha}, \quad (u \leqslant 0) \end{cases} \qquad (2-166)$$

式(2-166)表明,一维非线性单原子 cubic&quartic-Klein-Gordon 晶格振动只具有亮、暗孤子解。

由上面的讨论,可知在连续极限近似下,一维非线性单原子 cubic-Klein-Gordon 晶格振动具有亮、暗孤子解,呼吸子解和呼吸子晶格解;而一维非线性单原子 quartic-Klein-Gordon 晶格振动具有同一维非线性单原子 cubic-Klein-Gordon 晶格振动一样的亮、暗孤子解,呼吸子解和呼吸子晶格解;但同时考虑系统的三次和四次非线性在位势的 cubic&quartic-Klein-Gordon 晶格振动只具有亮、暗孤子解。这说明在连续极限近似下,一维单原子 cubic&quartic-Klein-Gordon 晶格振动局域模的周期性没有了。

2.3.2 一维非线性双原子 Klein-Gordon 晶格振动中局域模的行为

1. 一维非线性双原子 cubic-Klein-Gordon 晶格振动中亮、暗孤子解和禁带亮、暗孤子解,呼吸子解和禁带呼吸子解,以及呼吸子晶格解和禁带呼吸子晶格解的行为

当考虑最近邻相互作用时,一维非线性双原子 cubic-Klein-Gordon 晶格系统的哈密顿函数为

$$H = \sum_n \left[\frac{p_n^2}{m_n} + \frac{1}{2}\omega_\delta u_n^2 - \frac{1}{3}\alpha u_n^3 + \frac{1}{2}k(u_{n+1} - u_n)^2 \right] \qquad (2-167)$$

式中,m_n, u_n, p_n 分别为原子的质量、位移和动量;ω_δ 为线性在位势的参数;α 为三次非线性在位势的参数;k 为耦合系数。

由 $\dot{p}_n = \ddot{u}_n = -\partial H / \partial u_n$ 可得系统的振动方程为

$$m_n \ddot{u}_n - k(u_{n+1} + u_{n-1} - 2u_n) + \omega_\delta u_n - \alpha u_n^2 = 0 \qquad (2-168)$$

假定双原子晶格中的最近邻原子间的距离是相等的(为 a_0),相互作用也是相同的,只是双原子的质量不同,分别为 m 和 $M(M>m)$。对式(2-168),当 $n=2j$ 时,$m_n = m$;当 $n=2j+1$ 时,$m_n = M$。为了方便讨论,将式(2-168)改写成偶数和奇数方程:

$$\begin{cases} u_n = v_n, & n = 2j \\ u_n = w_n, & n = 2j+1 \end{cases} \qquad (2-169)$$

$$m\ddot{w}_n - k(w_{n+1} + w_{n-1} - 2v_n) + \omega_\delta v_n - \alpha v_n^2 = 0 \qquad (2-170)$$

$$M\ddot{w}_n - k(v_{n+1} + v_{n-1} - 2w_n) + \omega_\delta w_n - \alpha w_n^2 = 0 \qquad (2-171)$$

式$(2-170)$为偶数方程,式$(2-171)$为奇数方程。

考虑线性色散关系,设线性波函数为$(v_n, w_n) = (v_0, w_0)\cos(qn - \omega t)$,其色散关系为

$$\omega_{1,2}^2 = \frac{1}{2mM}\left[(\omega_\delta + 2k)(m+M) \pm \sqrt{(\omega_\delta + 2k)^2(m-M)^2 + 16k^2 mM\cos^2(2q)}\right]$$

$$(2-172)$$

由图$2-18$可知一维非线性双原子 cubic-Klein-Gordon 晶格的线性色散关系中存在禁带,为了求解禁带中局域模的存在,设$v_n = v_n^{(0)}\cos(2qn - \omega t)$,$w_n = w_n^{(0)}\cos(2qn - \omega't)$,将其代入式$(2-170)$和式$(2-171)$,并考虑旋转波近似,有

$$m\ddot{v}_n^{(0)} - \omega^2 v_n^{(0)} - k[\cos(2q)(w_{n+1}^{(0)} + w_{n-1}^{(0)}) - 2v_n^{(0)}] + \omega_\delta v_n^{(0)} - \alpha v_n^{(0)2} = 0 \quad (2-173)$$

$$M\ddot{w}_n^{(0)} - \omega'^2 w_n^{(0)} - k[\cos(2q)(v_{n+1}^{(0)} + v_{n-1}^{(0)}) - 2w_n^{(0)}] + \omega_\delta w_n^{(0)} - \alpha w_n^{(0)2} = 0$$

$$(2-174)$$

式$(2-173)$为偶数方程,式$(2-174)$为奇数方程。

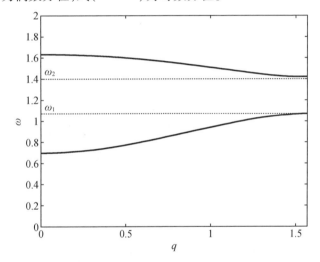

图 2 - 18　一维非线性双原子 **cubic-Klein-Gordon** 晶格的线性色散关系($\omega_1 = \sqrt{(2k+\omega_\delta)/M}$,$\omega_2 = \sqrt{(2k+\omega_\delta)/m}$,禁带宽度 $\Delta\omega = \omega_2 - \omega_1$)

下面在连续极限近似下讨论式$(2-173)$和式$(2-174)$。令$x_n = na_0$,$v_n^{(0)} = v(x_n, t)$,$w_n^{(0)} = w(x_n, t)$,这就意味着$v_{n\pm1}^{(0)} = w(x_n \pm a_0, t)$,$w_{n\pm1}^{(0)} = v(x_n \pm a_0, t)$。则$v_{n\pm1}^{(0)}$和$w_{n\pm1}^{(0)}$的 Taylor 展开式为

$$v_{n\pm1}^{(0)} = w \pm a_0\frac{\partial w}{\partial x} + \frac{a_0^2}{2}\frac{\partial^2 w}{\partial x^2} \pm \frac{a_0^3}{3!}\frac{\partial^3 w}{\partial x^3} + \cdots \qquad (2-175)$$

$$w_{n\pm1}^{(0)} = v \pm a_0\frac{\partial v}{\partial x} + \frac{a_0^2}{2}\frac{\partial^2 v}{\partial x^2} \pm \frac{a_0^3}{3!}\frac{\partial^3 v}{\partial x^3} + \cdots \qquad (2-176)$$

当$\omega^2 = \frac{2k}{m}(1 - \cos 2q)$,$\omega'^2 = \frac{2k}{M}(1 - \cos 2q)$,$q \to \frac{\pi}{2}$时,式$(2-173)$和式$(2-174)$变为

$$\ddot{v} - \frac{ka^2}{m}v_{xx} + \omega_\delta v - \alpha v^2 + O(a^4) = 0 \qquad (2-177)$$

$$\ddot{w} - \frac{ka^2}{M}w_{xx} + \omega_\delta w - \alpha w^2 + O(a^4) = 0 \qquad (2-178)$$

式中，$\ddot{u} = \dfrac{\mathrm{d}^2 u}{\mathrm{d}t^2}$；$u_{xx} = \dfrac{\partial^2 u}{\partial x^2}$；$O(a^4)$ 为小量。

令 $c_0^2 = \dfrac{ka^2}{m}$，$c_1^2 = \dfrac{ka^2}{M}$，采用行波解求解式($2-177$)和式($2-178$)，即令 $(v,w) = (v,w)(\xi)$，$\xi = x - ct$，其中 c 为常数，相当于波的传播速度，忽略四阶小量，则式($2-177$)和式($2-178$)变为

$$(c^2 - c_0^2)v_{\xi\xi} + \omega_\delta v - \alpha v^2 = 0 \qquad (2-179)$$

$$(c^2 - c_1^2)w_{\xi\xi} + \omega_\delta w - \alpha w^2 = 0 \qquad (2-180)$$

式($2-179$)和式($2-180$)为第四类椭圆方程的一种，有如下解：

$$v = \begin{cases} -\dfrac{3\omega_\delta}{2\alpha}\operatorname{sech}^2\left[\dfrac{1}{2}\sqrt{\left|\dfrac{\omega_\delta}{c^2 - c_0^2}\right|}(\xi - \xi_0)\right]\cos(\xi - \omega t), & \left(\dfrac{\omega_\delta}{c^2 - c_0^2} < 0, \dfrac{\alpha}{c^2 - c_0^2}v < 0\right) \\[3mm] \dfrac{3\omega_\delta}{2\alpha}\operatorname{csch}^2\left[\dfrac{1}{2}\sqrt{\left|\dfrac{\omega_\delta}{c^2 - c_0^2}\right|}(\xi - \xi_0)\right]\cos(\xi - \omega t), & \left(\dfrac{\omega_\delta}{c^2 - c_0^2} < 0, \dfrac{\alpha}{c^2 - c_0^2}v > 0\right) \\[3mm] \dfrac{3\omega_\delta}{2\alpha}\sec^2\left[\dfrac{1}{2}\sqrt{\left|\dfrac{\omega_\delta}{c^2 - c_0^2}\right|}(\xi - \xi_0)\right]\cos(\xi - \omega t), & \left(\dfrac{\omega_\delta}{c^2 - c_0^2} > 0\right) \end{cases}$$

$$(2-181)$$

$$w = \begin{cases} -\dfrac{3\omega_\delta}{2\alpha}\operatorname{sech}^2\left[\dfrac{1}{2}\sqrt{\left|\dfrac{\omega_\delta}{c^2 - c_1^2}\right|}(\xi - \xi_0)\right]\cos(\xi - \omega' t), & \left(\dfrac{\omega_\delta}{c^2 - c_1^2} < 0, \dfrac{\alpha}{c^2 - c_1^2}w < 0\right) \\[3mm] \dfrac{3\omega_\delta}{2\alpha}\operatorname{csch}^2\left[\dfrac{1}{2}\sqrt{\left|\dfrac{\omega_\delta}{c^2 - c_1^2}\right|}(\xi - \xi_0)\right]\cos(\xi - \omega' t), & \left(\dfrac{\omega_\delta}{c^2 - c_1^2} < 0, \dfrac{\alpha}{c^2 - c_1^2}w > 0\right) \\[3mm] \dfrac{3\omega_\delta}{2\alpha}\sec^2\left[\dfrac{1}{2}\sqrt{\left|\dfrac{\omega_\delta}{c^2 - c_1^2}\right|}(\xi - \xi_0)\right]\cos(\xi - \omega' t), & \left(\dfrac{\omega_\delta}{c^2 - c_1^2} > 0\right) \end{cases}$$

$$(2-182)$$

式中，ξ_0 为积分常数。

式($2-181$)和式($2-182$)表明，一维非线性双原子 cubic-Klein-Gordon 晶格振动具有两组亮、暗孤子解，呼吸子解和呼吸子晶格解，如图 2-19 所示。

当 $\omega_1^2 < \omega'^2 < \omega_2^2$ 时，两组亮、暗孤子解，呼吸子解和呼吸子晶格解一组处于禁带之中，一组位于光学波支带之上。

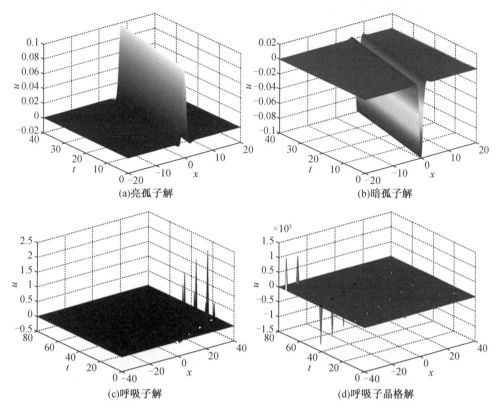

(a)亮孤子解　　　　　　　　　　　(b)暗孤子解

(c)呼吸子解　　　　　　　　　　　(d)呼吸子晶格解

图 2 - 19　**一维非线性双原子 cubic-Klein-Gordon 晶格振动的两组亮、暗孤子解,呼吸子解和呼吸子晶格解**

2. 一维非线性双原子 quartic-Klein-Gordon 晶格振动中呼吸子解和禁带呼吸子解,亮、暗孤子解和禁带亮、暗孤子解,以及呼吸子晶格解和禁带呼吸子晶格解的行为

与一维非线性双原子 cubic-Klein-Gordon 晶格系统类似,对于该系统有

$$(c^2 - c_0^2) v_{\xi\xi} + \omega_\delta v - \beta v^3 = 0 \tag{2-183}$$

$$(c^2 - c_1^2) w_{\xi\xi} + \omega_\delta w - \beta w^3 = 0 \tag{2-184}$$

式中,β 为四次非线性在位势的参数。

式(2-183)和式(2-184)为第四类椭圆方程的一种,有如下解:

$$
v = \begin{cases}
\pm \sqrt{\left| \dfrac{2\omega_\delta}{\beta} \right|} \, \mathrm{csch}\left[\sqrt{\left| \dfrac{\omega_\delta}{c^2 - c_0^2} \right|} \, (\xi - \xi_0) \right] \cos(\xi - \omega t), & \left(\dfrac{\omega_\delta}{c^2 - c_0^2} < 0, \dfrac{\beta}{c^2 - c_0^2} > 0 \right) \\[4mm]
\pm \sqrt{\left| \dfrac{2\omega_\delta}{\beta} \right|} \, \mathrm{sech}\left[\sqrt{\left| \dfrac{\omega_\delta}{c^2 - c_0^2} \right|} \, (\xi - \xi_0) \right] \cos(\xi - \omega t), & \left(\dfrac{\omega_\delta}{c^2 - c_0^2} < 0, \dfrac{\beta}{c^2 - c_0^2} u < 0 \right) \\[4mm]
\pm \sqrt{\left| \dfrac{2\omega_\delta}{\beta} \right|} \, \mathrm{csc}\left[\sqrt{\left| \dfrac{\omega_\delta}{c^2 - c_0^2} \right|} \, (\xi - \xi_0) \right] \cos(\xi - \omega t), & \left(\dfrac{\omega_\delta}{c^2 - c_0^2} > 0, \dfrac{\beta}{c^2 - c_0^2} > 0 \right)
\end{cases}
$$

$$\tag{2-185}$$

$$w = \begin{cases} \pm\sqrt{\left|\dfrac{2\omega_\delta}{\beta}\right|}\ \mathrm{csch}\left[\sqrt{\left|\dfrac{\omega_\delta}{c^2-c_1^2}\right|}\ (\xi-\xi_0)\right]\cos(\xi-\omega't), & \left(\dfrac{\omega_\delta}{c^2-c_1^2}<0,\dfrac{\beta}{c^2-c_1^2}>0\right)\\[4mm] \pm\sqrt{\left|\dfrac{2\omega_\delta}{\beta}\right|}\ \mathrm{sech}\left[\sqrt{\left|\dfrac{\omega_\delta}{c^2-c_1^2}\right|}\ (\xi-\xi_0)\right]\cos(\xi-\omega't), & \left(\dfrac{\omega_\delta}{c^2-c_1^2}<0,\dfrac{\beta}{c^2-c_1^2}u<0\right)\\[4mm] \pm\sqrt{\left|\dfrac{2\omega_\delta}{\beta}\right|}\ \mathrm{csc}\left[\sqrt{\left|\dfrac{\omega_\delta}{c^2-c_1^2}\right|}\ (\xi-\xi_0)\right]\cos(\xi-\omega't), & \left(\dfrac{\omega_\delta}{c^2-c_1^2}>0,\dfrac{\beta}{c^2-c_1^2}>0\right) \end{cases}$$

$$(2-186)$$

式中,ξ_0 为积分常数。

式(2-185)和式(2-186)表明,一维非线性双原子 quartic-Klein-Gordon 晶格振动具有两组呼吸子解,亮、暗孤子解和呼吸子晶格解,如图 2-20 所示。

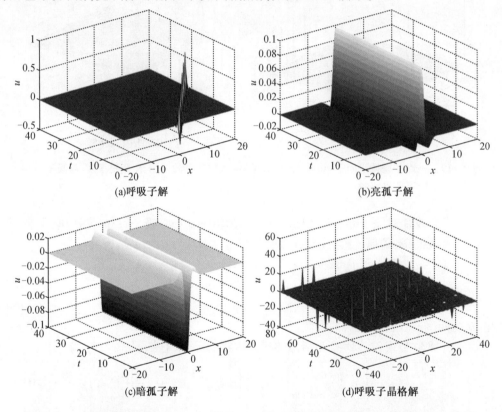

(a)呼吸子解　　　　　　　　　　(b)亮孤子解

(c)暗孤子解　　　　　　　　　　(d)呼吸子晶格解

图 2-20　一维非线性双原子 **quartic-Klein-Gordon** 晶格振动的两组呼吸子解,亮、暗孤子解和呼吸子晶格解

当 $\omega_1^2<\omega'^2<\omega_2^2$ 时,两组呼吸子解,亮、暗孤子解和呼吸子晶格解一组处于禁带之中,一组位于光学波支带之上。

3. 一维非线性双原子 cubic&quartic-Klein-Gordon 晶格振动中亮、暗孤子解和禁带亮、暗孤子解的行为

与一维非线性双原子 cubic-Klein-Gordon 晶格系统类似,对于该系统有

$$(c^2 - c_0^2) v_{\xi\xi} + \omega_\delta v - \alpha v^2 - \beta v^3 = 0 \tag{2-187}$$

$$(c^2 - c_1^2) w_{\xi\xi} + \omega_\delta w - \alpha w^2 - \beta w^3 = 0 \tag{2-188}$$

式(2-187)和式(2-188)为第四类椭圆方程的一种,有如下解:

$$v = \begin{cases} \dfrac{\pm 2\omega_\delta \cos(\xi - \omega t)}{\sqrt{\dfrac{4}{9}\alpha^2 - 2\omega_\delta\beta}\cosh\left[\sqrt{\left|\dfrac{\omega_\delta}{c^2 - c_0^2}\right|}(\xi - \xi_0)\right] + \dfrac{2}{3}\alpha}, & (u \geqslant 0) \\[4mm] \dfrac{\pm 2\omega_\delta \cos(\xi - \omega t)}{\sqrt{\dfrac{4}{9}\alpha^2 - 2\omega_\delta\beta}\cosh\left[\sqrt{\left|\dfrac{\omega_\delta}{c^2 - c_0^2}\right|}(\xi - \xi_0)\right] - \dfrac{2}{3}\alpha}, & (u \leqslant 0) \end{cases} \tag{2-189}$$

$$w = \begin{cases} \dfrac{\pm 2\omega_\delta \cos(\xi - \omega' t)}{\sqrt{\dfrac{4}{9}\alpha^2 - 2\omega_\delta\beta}\cosh\left[\sqrt{\left|\dfrac{\omega_\delta}{c^2 - c_1^2}\right|}(\xi - \xi_0)\right] + \dfrac{2}{3}\alpha}, & (u \geqslant 0) \\[4mm] \dfrac{\pm 2\omega_\delta \cos(\xi - \omega' t)}{\sqrt{\dfrac{4}{9}\alpha^2 - 2\omega_\delta\beta}\cosh\left[\sqrt{\left|\dfrac{\omega_\delta}{c^2 - c_1^2}\right|}(\xi - \xi_0)\right] - \dfrac{2}{3}\alpha}, & (u \leqslant 0) \end{cases} \tag{2-190}$$

式中,ξ_0 为积分常数。

式(2-189)和式(2-190)表明,一维非线性双原子 cubic&quartic-Klein-Gordon 晶格振动具有两组亮、暗孤子解,如图 2-21 所示。

当 $\omega_1^2 < \omega'^2 < \omega_2^2$ 时,两组亮、暗孤子解一组处于禁带之中,一组位于光学波支带之上。

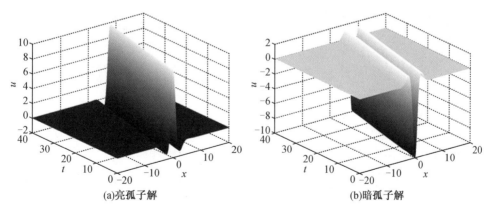

(a)亮孤子解　　　　　　　　　　　(b)暗孤子解

图 2-21　一维非线性双原子 cubic&quartic-Klein-Gordon 晶格振动的两组亮、暗孤子解

2.3.3 各向同性二维非线性单原子 Klein-Gordon 晶格振动中局域模的行为

1. 各向同性二维非线性单原子 cubic-Klein-Gordon 晶格振动中亮、暗线孤子解,线呼吸子解和呼吸子晶格解的行为

在最近邻相互作用近似下,各向同性二维单原子 cubic-Klein-Gordon 晶格系统的哈密顿函数为

$$H = \sum_{l,m} \left[\frac{p_{l,m}^2}{2M} + \frac{1}{2}\omega u_{l,m}^2 - \frac{1}{3}\alpha u_{l,m}^3 + \frac{1}{2}k_x (u_{l+1,m} - u_{l,m})^2 + \frac{1}{2}k_y (u_{l,m+1} - u_{l,m})^2 \right] \tag{2-191}$$

式中,M 为原子的质量;$p_{l,m}$ 和 $u_{l,m}$ 分别为第 l 列第 m 行原子的动量和位移;k_x 和 k_y 分别为 x 方向和 y 方向的耦合系数;ω 为线性在位势的参数;α 为三次非线性在位势的参数。

由 $\dot{p}_{l,m} = M\ddot{u}_{l,m} = -\partial H / \partial u_{l,m}$ 可得系统的振动方程为

$$\ddot{u} - \frac{ka^2}{m}(u_{xx} + u_{yy}) + \omega u - \alpha u^2 + O(a^4) = 0 \tag{2-192}$$

式(2-192)考虑了二维晶格的各向同性,即 x 方向和 y 方向的相互作用是相同的,耦合系数满足 $k_y = k_x = k$,$\ddot{u} = \dfrac{\mathrm{d}^2 u}{\mathrm{d}t^2}$,$u_{xx} = \dfrac{\partial^2 u}{\partial x^2}$,$u_{yy} = \dfrac{\partial^2 u}{\partial y^2}$,且 $O(a^4)$ 是小量。

令 $c_0^2 = \dfrac{ka^2}{m}$,采用行波解求解式(2-192),即令 $u = u(\xi)$,$\xi = x + y - ct$,其中 c 为常数,相当于波的传播速度,则式(2-192)变为

$$(c^2 - c_0^2)u_{\xi\xi} + \omega u - \alpha u^2 + O(a^4) = 0 \tag{2-193}$$

忽略四阶小量,式(2-193)可化为第四类椭圆方程的一种,即

$$(c^2 - c_0^2)u_{\xi\xi} + \omega u - \alpha u^2 = 0 \tag{2-194}$$

式(2-194)有如下解:

$$u = \begin{cases} -\dfrac{3\omega}{2\alpha}\mathrm{sech}^2\left[\dfrac{1}{2}\sqrt{\left|\dfrac{\omega}{c^2-c_0^2}\right|}(\xi-\xi_0)\right], & \left(\dfrac{\omega}{c^2-c_0^2}<0, \dfrac{\alpha}{c^2-c_0^2}u<0\right) \\[4mm] \dfrac{3\omega}{2\alpha}\mathrm{csch}^2\left[\dfrac{1}{2}\sqrt{\left|\dfrac{\omega}{c^2-c_0^2}\right|}(\xi-\xi_0)\right], & \left(\dfrac{\omega}{c^2-c_0^2}<0, \dfrac{\alpha}{c^2-c_0^2}u>0\right) \\[4mm] \dfrac{3\omega}{2\alpha}\sec^2\left[\dfrac{1}{2}\sqrt{\left|\dfrac{\omega}{c^2-c_0^2}\right|}(\xi-\xi_0)\right], & \left(\dfrac{\omega}{c^2-c_0^2}>0\right) \end{cases} \tag{2-195}$$

式中,ξ_0 为积分常数。

式(2-195)表明,各向同性二维非线性单原子 cubic-Klein-Gordon 晶格振动具有亮、暗线孤子解,线呼吸子解和呼吸子晶格解,如图 2-22 所示。

2. 各向同性二维非线性单原子 quartic-Klein-Gordon 晶格振动中线呼吸子解,亮、暗线孤子解和呼吸子晶格解的行为

在最近邻相互作用近似下,各向同性二维非线性单原子 quartic-Klein-Gordon 晶格系

统的哈密顿函数为

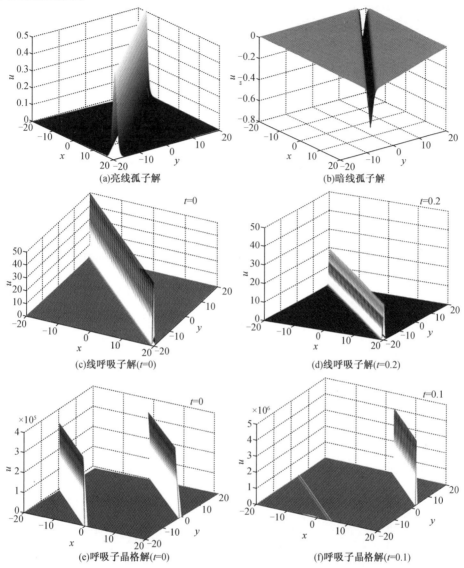

(a)亮线孤子解

(b)暗线孤子解

(c)线呼吸子解(t=0)

(d)线呼吸子解(t=0.2)

(e)呼吸子晶格解(t=0)

(f)呼吸子晶格解(t=0.1)

图 2 - 22　各向同性二维非线性单原子 cubic-Klein-Gordon 晶格的亮、暗线孤子解,线呼
吸子解和呼吸子晶格解

$$H = \sum_{l,m} \left[\frac{p_{l,m}^2}{2M} + \frac{1}{2}\omega u_{l,m}^2 - \frac{1}{4}\beta u_{l,m}^4 + \frac{1}{2}k_x (u_{l+1,m} - u_{l,m})^2 + \frac{1}{2}k_y (u_{l,m+1} - u_{l,m})^2 \right]$$

$$(2-196)$$

用与前述类似方法可以得到其振动方程为

$$(c^2 - c_0^2) u_{\xi\xi} + \omega u - \beta u^3 = 0 \qquad (2-197)$$

式(2 - 197)有如下解:

$$u = \begin{cases} \pm\sqrt{\left|\dfrac{2\omega}{\beta}\right|}\,\mathrm{csch}\left[\sqrt{\left|\dfrac{\omega}{c^2-c_0^2}\right|}\,(\xi-\xi_0)\right], & \left(\dfrac{\omega}{c^2-c_0^2}<0,\dfrac{\beta}{c^2-c_0^2}>0\right) \\[4mm] \pm\sqrt{\left|\dfrac{2\omega}{\beta}\right|}\,\mathrm{sech}\left[\sqrt{\left|\dfrac{\omega}{c^2-c_0^2}\right|}\,(\xi-\xi_0)\right], & \left(\dfrac{\omega}{c^2-c_0^2}<0,\dfrac{\beta}{c^2-c_0^2}<0\right) \\[4mm] \pm\sqrt{\left|\dfrac{2\omega}{\beta}\right|}\,\csc\left[\sqrt{\left|\dfrac{\omega}{c^2-c_0^2}\right|}\,(\xi-\xi_0)\right], & \left(\dfrac{\omega}{c^2-c_0^2}>0,\dfrac{\beta}{c^2-c_0^2}>0\right) \end{cases} \tag{2-198}$$

式(2-198)表明,各向同性二维非线性单原子 quartic-Klein-Gordon 晶格振动具有与各向同性二维非线性单原子 cubic-Klein-Gordon 晶格振动一样的线呼吸子解,亮、暗线孤子解和呼吸子晶格解,如图2-23所示。

3. 各向同性二维非线性单原子 cubic&quartic-Klein-Gordon 晶格振动中亮、暗线孤子解的行为

在最近邻相互作用近似下,各向同性二维非线性单原子 cubic&quartic-Klein-Gordon 晶格系统的哈密顿函数为

$$H = \sum_{l,m}\left[\frac{p_{l,m}^2}{2M} + \frac{1}{2}\omega u_{l,m}^2 - \frac{1}{3}\alpha u_{l,m}^3 - \frac{1}{4}\beta u_{l,m}^4 + \frac{1}{2}k_x(u_{l+1,m}-u_{l,m})^2 + \right.$$
$$\left. \frac{1}{2}k_y(u_{l,m+1}-u_{l,m})^2\right] \tag{2-199}$$

用与前述类似方法可以得到其振动方程为

$$(c^2-c_0^2)u_{\xi\xi} + \omega u - \alpha u^2 - \beta u^3 = 0 \tag{2-200}$$

式(2-200)有如下解:

$$u = \begin{cases} \dfrac{\pm 2\omega}{\sqrt{\dfrac{4}{9}\alpha^2-2\omega\beta}\cosh\left[\sqrt{\left|\dfrac{\omega}{c^2-c_0^2}\right|}\,(\xi-\xi_0)\right]+\dfrac{2}{3}\alpha}, & (u\geqslant 0) \\[8mm] \dfrac{\pm 2\omega}{\sqrt{\dfrac{4}{9}\alpha^2-2\omega\beta}\cosh\left[\sqrt{\left|\dfrac{\omega}{c^2-c_0^2}\right|}\,(\xi-\xi_0)\right]-\dfrac{2}{3}\alpha}, & (u\leqslant 0) \end{cases} \tag{2-201}$$

式(2-201)表明,各向同性二维非线性单原子 cubic&quartic-Klein-Gordon 晶格振动只具有亮、暗线孤子解,如图2-24所示。

由上面的讨论可知,在连续极限近似下,各向同性二维非线性单原子 Klein-Gordon 晶格沿着其一对角线方向与相同类型的一维非线性单原子 Klein-Gordon 晶格具有相同的性质。

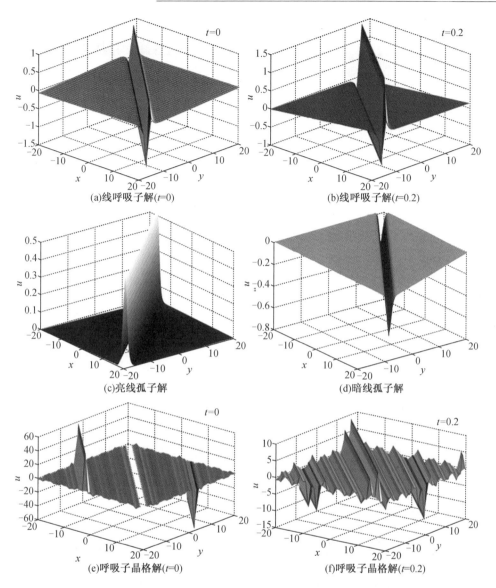

图 2 – 23　各向同性二维非线性单原子 quartic-Klein-Gordon 晶格振动的线呼吸子解,亮、
暗线孤子解和呼吸子晶格解

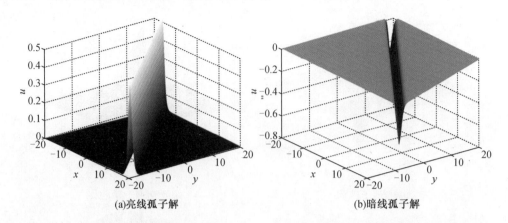

(a)亮线孤子解　　　　　　　　　　　　　　(b)暗线孤子解

图 2－24　各向同性二维非线性单原子 cubic&quartic-Klein-Gordon 晶格振动的亮、暗线孤子解

2.3.4　各向同性二维非线性双原子 Klein-Gordon 晶格振动中局域模的行为

1. 各向同性二维非线性双原子 cubic-Klein-Gordon 晶格振动中亮、暗线孤子解和禁带亮、暗线孤子解,以及呼吸子晶格解和禁带呼吸子晶格解的行为

当考虑最近邻相互作用时,各向同性二维非线性双原子 cubic-Klein-Gordon 晶格系统的哈密顿函数为

$$H = \sum_n \left[\frac{p_{l,n}^2}{m_{l,n}} + \frac{1}{2}\omega_\delta u_{l,n}^2 - \frac{1}{3}\alpha u_{l,n}^3 + \frac{1}{2}k_x(u_{l+1,n} - u_{l,n})^2 + \frac{1}{2}k_y(u_{l,n+1} - u_{l,n})^2 \right]$$

$$(2－202)$$

式中,$m_{l,n}$,$u_{l,n}$,$p_{l,n}$ 分别为原子的质量、位移和动量;ω_δ 为线性在位势的参数;α 为三次非线性在位势的参数;k_x 和 k_y 分别为 x 方向和 y 方向的耦合系数。

由 $\dot{p}_{l,n} = \ddot{u}_{l,n} = -\partial H/\partial u_{l,n}$ 可得系统的振动方程为

$$m_{l,n}\ddot{u}_{l,n} - k(u_{l+1,n} + u_{l-1,n} + u_{l,n+1} + u_{l,n-1} - 4u_{l,n}) + \omega_\delta u_{l,n} - \alpha u_{l,n}^2 = 0 \quad (2－203)$$

式中,k 为耦合系数。

假定双原子晶格中的最近邻原子间的距离是相等的(为 a_0),相互作用也是相同的,只是双原子的质量不同,分别为 m 和 $M(M > m)$。对式(2－203),当 $l = 2j$,$n = 2j$ 时,$m_{l,n} = m$;当 $l = 2j+1$,$n = 2j+1$ 时,$m_{l,n} = M$。为了方便讨论,将式(2－168)改写成偶数和奇数方程:

$$\begin{cases} u_{l,n} = v_{l,n}, & l = 2j, n = 2j \\ u_{l,n} = w_{l,n}, & l = 2j+1, n = 2j+1 \end{cases} \quad (2－204)$$

$$m\ddot{v}_{l,n} - k(w_{l+1,n} + w_{l-1,n} + w_{l,n+1} + w_{l,n-1} - 4v_{l,n}) + \omega_\delta v_{l,n} - \alpha v_{l,n}^2 = 0 \quad (2－205)$$

$$M\ddot{w}_{l,n} - k(v_{l+1,n} + v_{l-1,n} + v_{l,n+1} + v_{l,n-1} - 4w_{l,n}) + \omega_\delta w_{l,n} - \alpha w_{l,n}^2 = 0 \quad (2－206)$$

式(2-205)为偶数方程,式(2-206)为奇数方程。

用与前述类似方法,设 $v_{l,n}=v_{l,n}^0\cos[2q(l+n)-\omega t]$, $w_{l,n}=w_{l,n}^0\cos[2q(l+n)-\omega' t]$, 可以得到偶数方程和奇数方程:

$$m\ddot{v}_{l,n}^{(0)}-\omega^2 v_{l,n}^{(0)}-k[\cos(2q)(w_{l+1,n}^{(0)}+w_{l-1,n}^{(0)}+w_{l,n+1}^{(0)}+w_{l,n-1}^{(0)})-2v_{l,n}^{(0)}]+\omega_\delta v_{l,n}^{(0)}-\alpha v_{l,n}^{(0)2}=0$$
(2-207)

$$M\ddot{w}_{l,n}^{(0)}-\omega'^2 w_{l,n}^{(0)}-k[\cos(2q)(v_{l+1,n}^{(0)}+v_{l-1,n}^{(0)}+v_{l,n+1}^{(0)}+v_{l,n-1}^{(0)})-2w_{l,n}^{(0)}]+\omega_\delta w_{l,n}^{(0)}-\alpha w_{l,n}^{(0)2}=0$$
(2-208)

下面在连续极限近似下讨论式(2-207)和式(2-208)。令 $x_l=la_0,y_n=na_0,v_{l,n}^{(0)}=v(x_l,y_n,t),w_{l,n}^{(0)}=w(x_l,y_n,t)$,这就意味着 $v_{l\pm1,n}^{(0)}=w(x_l\pm a_0,y_n,t)$, $v_{l,n\pm1}^{(0)}=w(x_l,y_n\pm a_0,t)$, $w_{l\pm1,n}^{(0)}=v(x_l\pm a_0,y_n,t)$, $w_{l,n\pm1}^{(0)}=v(x_l,y_n\pm a_0,t)$。则 $v_{l\pm1,n}^{(0)},v_{l,n\pm1}^{(0)},w_{l\pm1,n}^{(0)}$ 和 $w_{l,n\pm1}^{(0)}$ 的 Taylor 展开式式为

$$v_{l\pm1,n}^{(0)}=w\pm a_0\frac{\partial w}{\partial x}+\frac{a_0^2}{2}\frac{\partial^2 w}{\partial x^2}\pm\frac{a_0^3}{3!}\frac{\partial^3 w}{\partial x^3}+\cdots \tag{2-209}$$

$$v_{l,n\pm1}^{(0)}=w\pm a_0\frac{\partial w}{\partial y}+\frac{a_0^2}{2}\frac{\partial^2 w}{\partial y^2}\pm\frac{a_0^3}{3!}\frac{\partial^3 w}{\partial y^3}+\cdots \tag{2-210}$$

$$w_{l\pm1,n}^{(0)}=v\pm a_0\frac{\partial v}{\partial x}+\frac{a_0^2}{2}\frac{\partial^2 v}{\partial x^2}\pm\frac{a_0^3}{3!}\frac{\partial^3 v}{\partial x^3}+\cdots \tag{2-211}$$

$$w_{l,n\pm1}^{(0)}=v\pm a_0\frac{\partial v}{\partial y}+\frac{a_0^2}{2}\frac{\partial^2 v}{\partial y^2}\pm\frac{a_0^3}{3!}\frac{\partial^3 v}{\partial y^3}+\cdots \tag{2-212}$$

当 $\omega^2=\frac{2k}{m}(1-\cos 2q)$, $\omega'^2=\frac{2k}{M}(1-\cos 2q)$, $q\to\frac{\pi}{2}$ 时,式(2-207)和式(2-208)变为

$$\ddot{v}-\frac{ka^2}{m}(v_{xx}+v_{yy})+\omega_\delta v-\alpha v^2+O(a^4)=0 \tag{2-213}$$

$$\ddot{w}-\frac{ka^2}{M}(w_{xx}+w_{yy})+\omega_\delta w-\alpha w^2+O(a^4)=0 \tag{2-214}$$

式中,$\ddot{u}=\frac{\mathrm{d}^2 u}{\mathrm{d}t^2}$; $u_{xx}=\frac{\partial^2 u}{\partial x^2}$; $u_{yy}=\frac{\partial^2 u}{\partial y^2}$; $O(a^4)$ 为小量。

令 $c_0^2=\frac{ka^2}{m}$, $c_1^2=\frac{ka^2}{M}$,采用行波解求解式(2-213)和式(2-214),即令 $(v,w)=(v,w)(\xi)$, $\xi=x+y-ct$,其中 c 为常数,相当于波的传播速度,忽略四阶小量,则式(2-213)和式(2-214)变为

$$(c^2-c_0^2)v_{\xi\xi}+\omega_\delta v-\alpha v^2=0 \tag{2-215}$$

$$(c^2-c_1^2)w_{\xi\xi}+\omega_\delta w-\alpha w^2=0 \tag{2-216}$$

式(2-215)和式(2-216)为第四类椭圆方程的一种,有如下解:

$$v = \begin{cases} -\dfrac{3\omega_\delta}{2\alpha}\operatorname{sech}^2\left[\dfrac{1}{2}\sqrt{\left|\dfrac{\omega_\delta}{c^2-c_0^2}\right|}\,(\xi-\xi_0)\right]\cos(\xi-\omega t)\,, & \left(\dfrac{\omega_\delta}{c^2-c_0^2}<0,\dfrac{\alpha}{c^2-c_0^2}v<0\right) \\[4mm] \dfrac{3\omega_\delta}{2\alpha}\operatorname{csch}^2\left[\dfrac{1}{2}\sqrt{\left|\dfrac{\omega_\delta}{c^2-c_0^2}\right|}\,(\xi-\xi_0)\right]\cos(\xi-\omega t)\,, & \left(\dfrac{\omega_\delta}{c^2-c_0^2}<0,\dfrac{\alpha}{c^2-c_0^2}v>0\right) \\[4mm] \dfrac{3\omega_\delta}{2\alpha}\sec^2\left[\dfrac{1}{2}\sqrt{\left|\dfrac{\omega_\delta}{c^2-c_0^2}\right|}\,(\xi-\xi_0)\right]\cos(\xi-\omega t)\,, & \left(\dfrac{\omega_\delta}{c^2-c_0^2}>0\right) \end{cases}$$

$$(2-217)$$

$$w = \begin{cases} -\dfrac{3\omega_\delta}{2\alpha}\operatorname{sech}^2\left[\dfrac{1}{2}\sqrt{\left|\dfrac{\omega_\delta}{c^2-c_1^2}\right|}\,(\xi-\xi_0)\right]\cos(\xi-\omega' t)\,, & \left(\dfrac{\omega_\delta}{c^2-c_1^2}<0,\dfrac{\alpha}{c^2-c_1^2}w<0\right) \\[4mm] \dfrac{3\omega_\delta}{2\alpha}\operatorname{csch}^2\left[\dfrac{1}{2}\sqrt{\left|\dfrac{\omega_\delta}{c^2-c_1^2}\right|}\,(\xi-\xi_0)\right]\cos(\xi-\omega' t)\,, & \left(\dfrac{\omega_\delta}{c^2-c_1^2}<0,\dfrac{\alpha}{c^2-c_1^2}w>0\right) \\[4mm] \dfrac{3\omega_\delta}{2\alpha}\sec^2\left[\dfrac{1}{2}\sqrt{\left|\dfrac{\omega_\delta}{c^2-c_1^2}\right|}\,(\xi-\xi_0)\right]\cos(\xi-\omega' t)\,, & \left(\dfrac{\omega_\delta}{c^2-c_1^2}>0\right) \end{cases}$$

$$(2-218)$$

式中，ξ_0 为积分常数。

式(2-217)和式(2-218)表明，各向同性二维非线性双原子 cubic-Klein-Gordon 晶格振动具有两组亮、暗线孤子解和呼吸子晶格解，如图 2-25 所示。

当 $\omega_1^2<\omega'^2<\omega_2^2$ 时，两组亮、暗线孤子解和呼吸子晶格解一组处于禁带之中，一组位于光学波支带之上。

2. 各向同性二维非线性双原子 quartic-Klein-Gordon 晶格振动中线呼吸子解和禁带线呼吸子解，亮、暗线孤子解和禁带亮、暗线孤子解，以及呼吸子晶格解和禁带呼吸子晶格解的行为

与各向同性二维非线性双原子 cubic-Klein-Gordon 晶格系统类似，对于该系统有

$$(c^2-c_0^2)v_{\xi\xi}+\omega_\delta v-\beta v^3=0 \qquad (2-219)$$

$$(c^2-c_1^2)w_{\xi\xi}+\omega_\delta w-\beta w^3=0 \qquad (2-220)$$

式(2-219)和式(2-220)为第四类椭圆方程的一种，有如下解：

$$v = \begin{cases} \pm\sqrt{\left|\dfrac{2\omega_\delta}{\beta}\right|}\operatorname{csch}\left[\sqrt{\left|\dfrac{\omega_\delta}{c^2-c_0^2}\right|}\,(\xi-\xi_0)\right]\cos(\xi-\omega t)\,, & \left(\dfrac{\omega_\delta}{c^2-c_0^2}<0,\dfrac{\beta}{c^2-c_0^2}>0\right) \\[4mm] \pm\sqrt{\left|\dfrac{2\omega_\delta}{\beta}\right|}\operatorname{sech}\left[\sqrt{\left|\dfrac{\omega_\delta}{c^2-c_0^2}\right|}\,(\xi-\xi_0)\right]\cos(\xi-\omega t)\,, & \left(\dfrac{\omega_\delta}{c^2-c_0^2}<0,\dfrac{\beta}{c^2-c_0^2}<0\right) \\[4mm] \pm\sqrt{\left|\dfrac{2\omega_\delta}{\beta}\right|}\csc\left[\sqrt{\left|\dfrac{\omega_\delta}{c^2-c_0^2}\right|}\,(\xi-\xi_0)\right]\cos(\xi-\omega t)\,, & \left(\dfrac{\omega_\delta}{c^2-c_0^2}>0,\dfrac{\beta}{c^2-c_0^2}>0\right) \end{cases}$$

$$(2-221)$$

$$
w = \begin{cases}
\pm \sqrt{\left|\dfrac{2\omega_\delta}{\beta}\right|}\ \mathrm{csch}\left[\sqrt{\left|\dfrac{\omega_\delta}{c^2-c_1^2}\right|}\,(\xi-\xi_0)\right]\cos(\xi-\omega't), & \left(\dfrac{\omega_\delta}{c^2-c_1^2}<0,\ \dfrac{\beta}{c^2-c_1^2}>0\right) \\[3.5em]
\pm \sqrt{\left|\dfrac{2\omega_\delta}{\beta}\right|}\ \mathrm{sech}\left[\sqrt{\left|\dfrac{\omega_\delta}{c^2-c_1^2}\right|}\,(\xi-\xi_0)\right]\cos(\xi-\omega't), & \left(\dfrac{\omega_\delta}{c^2-c_1^2}<0,\ \dfrac{\beta}{c^2-c_1^2}<0\right) \\[3.5em]
\pm \sqrt{\left|\dfrac{2\omega_\delta}{\beta}\right|}\ \mathrm{csc}\left[\sqrt{\left|\dfrac{\omega_\delta}{c^2-c_1^2}\right|}\,(\xi-\xi_0)\right]\cos(\xi-\omega't), & \left(\dfrac{\omega_\delta}{c^2-c_1^2}>0,\ \dfrac{\beta}{c^2-c_1^2}>0\right)
\end{cases}
$$

$$(2-222)$$

式中，ξ_0 为积分常数。

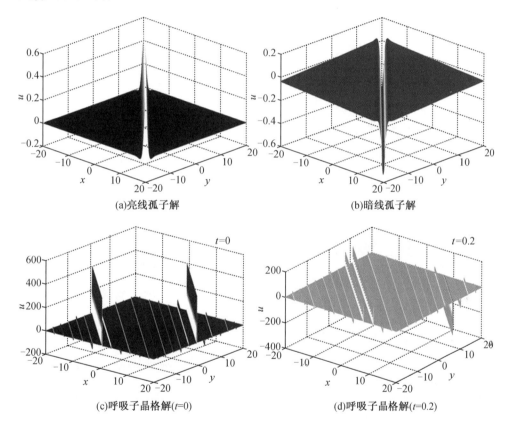

(a)亮线孤子解　　　　　　　　(b)暗线孤子解

(c)呼吸子晶格解($t=0$)　　　　　　(d)呼吸子晶格解($t=0.2$)

图 2 – 25　各向同性二维非线性双原子 cubic-Klein-Gordon 晶格振动的两组亮、暗线孤子解和呼吸子晶格解

式(2 –221)和式(2 –222)表明，各向同性二维非线性双原子 quartic-Klein-Gordon 晶格振动具有两组线呼吸子解，亮、暗线孤子解和呼吸子晶格解，如图 2 –26 所示。

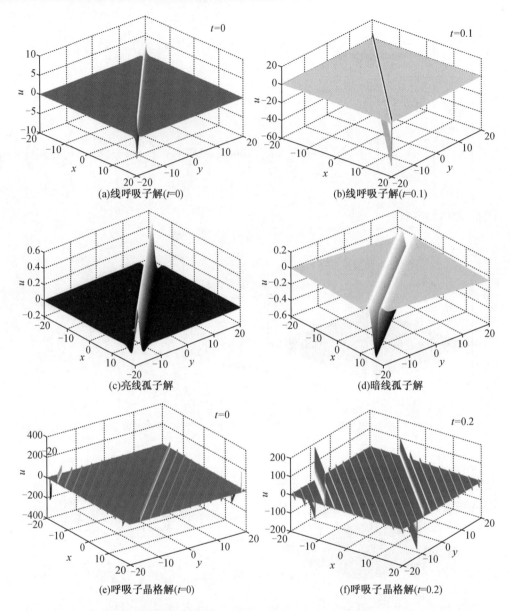

图 2-26 各向同性二维非线性双原子 quartic-Klein-Gordon 晶格振动的两组线呼吸子解，
亮、暗线孤子解和呼吸子晶格解

当 $\omega_1^2 < \omega'^2 < \omega_2^2$ 时，两组线呼吸子解，亮、暗线孤子解和呼吸子晶格解一组处于禁带之中，一组位于光学波支带之上。

3. 各向同性二维非线性双原子 cubic&quartic-Klein-Gordon 晶格振动中亮、暗线孤子解和禁带亮、暗线孤子解的行为

与各向同性二维非线性双原子 cubic-Klein-Gordon 晶格系统类似，对于该系统有

$$(c^2 - c_0^2)v_{\xi\xi} + \omega_\delta v - \alpha v^2 - \beta v^3 = 0 \qquad (2-223)$$

$$(c^2 - c_1^2)w_{\xi\xi} + \omega_\delta v - \alpha w^2 - \beta w^3 = 0 \tag{2-224}$$

式(2-223)和式(2-224)为第四类椭圆方程的一种,有如下解:

$$v = \begin{cases} \dfrac{\pm 2\omega_\delta \cos(\xi - \omega t)}{\sqrt{\dfrac{4}{9}\alpha^2 - 2\omega_\delta \beta}\cosh\left[\sqrt{\left|\dfrac{\omega_\delta}{c^2 - c_0^2}\right|}(\xi - \xi_0)\right] + \dfrac{2}{3}\alpha}, & (u \geq 0) \\[3em] \dfrac{\pm 2\omega_\delta \cos(\xi - \omega t)}{\sqrt{\dfrac{4}{9}\alpha^2 - 2\omega_\delta \beta}\cosh\left[\sqrt{\left|\dfrac{\omega_\delta}{c^2 - c_0^2}\right|}(\xi - \xi_0)\right] - \dfrac{2}{3}\alpha}, & (u \leq 0) \end{cases} \tag{2-225}$$

$$w = \begin{cases} \dfrac{\pm 2\omega_\delta \cos(\xi - \omega' t)}{\sqrt{\dfrac{4}{9}\alpha^2 - 2\omega_\delta \beta}\cosh\left[\sqrt{\left|\dfrac{\omega_\delta}{c^2 - c_1^2}\right|}(\xi - \xi_0)\right] + \dfrac{2}{3}\alpha}, & (u \geq 0) \\[3em] \dfrac{\pm 2\omega_\delta \cos(\xi - \omega' t)}{\sqrt{\dfrac{4}{9}\alpha^2 - 2\omega_\delta \beta}\cosh\left[\sqrt{\left|\dfrac{\omega_\delta}{c^2 - c_1^2}\right|}(\xi - \xi_0)\right] - \dfrac{2}{3}\alpha}, & (u \leq 0) \end{cases} \tag{2-226}$$

式中,ξ_0 为积分常数。

式(2-225)和式(2-226)表明,各向同性二维非线性双原子 cubic&quartic-Klein-Gordon 晶格振动具有两组亮、暗线孤子解,如图 2-27 所示。

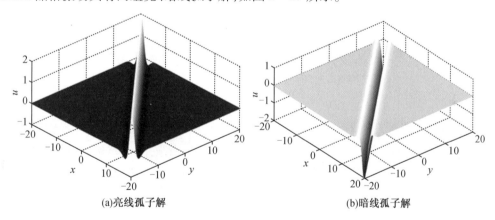

(a)亮线孤子解　　　　　　　　(b)暗线孤子解

图 2-27　各向同性二维非线性双原子 **cubic&quartic-Klein-Gordon** 晶格振动的两组亮、暗
线孤子解

当 $\omega_1^2 < \omega'^2 < \omega_2^2$ 时,两组亮、暗线孤子解一组处于禁带之中,一组位于光学波支带之上。

2.4 非线性分子晶格中声子与激子相互作用的局域自陷行为

2.4.1 一维极性分子链中声子与激子相互作用的局域自陷行为

1. 一维简谐极性分子链中声子与激子相互作用的局域自陷行为

一维简谐极性分子链中声子与激子相互作用的总哈密顿函数,在最近邻相互作用近似下为

$$H = J \sum_n \left[2 \mid \Psi_n \mid^2 - \Psi_n^* (\Psi_{n+1} + \Psi_{n-1}) \right] + \sum_n \left[\frac{p_n^2}{2m} + \frac{1}{2} k (u_{n+1} - u_n)^2 \right] +$$

$$\chi \sum_n \left[\mid \Psi_n \mid^2 (u_{n+1} - u_{n-1}) \right] \tag{2-227}$$

式中,Ψ_n 为格点 n 处激子的波函数;J 为激子在相邻格点间传输的矩阵元;m, u_n, p_n 分别为分子的质量、位移和动量;k 为 Hook 系数;$\chi \sum_n \left[\mid \Psi \mid^2 (u_{n+1} - u_{n-1}) \right]$ 为声子与激子之间的相互作用;χ 为描写声子与激子相互作用强度的参量。

如果假定只有一个激子,则波函数 Ψ_n 的归一化条件为

$$\sum_n \mid \Psi_n \mid^2 = 1 \tag{2-228}$$

由 $\dot{p}_n = \ddot{u}_n = - \partial H / \partial u_n = - \frac{\partial}{\partial u_n} \left[V (u_n - u_{n-1}) + V (u_{n+1} - u_n) \right]$,这里的 $V (u_i - u_j)$ 是 FPU 势,可以得到关于分子振动位移 u_n 和激子波函数 Ψ_n 的运动方程,即

$$\begin{cases} m \ddot{u}_n = k (u_{n+1} + u_{n-1} - 2 u_n) + \chi (\mid \Psi_{n+1} \mid^2 - \mid \Psi_{n-1} \mid^2) & (2-229\text{a}) \\ i \dot{\Psi}_n = - J (\Psi_{n+1} + \Psi_{n-1} - 2 \Psi_n) + \chi (u_{n+1} - u_{n-1}) \Psi_n & (2-229\text{b}) \end{cases}$$

下面在连续极限近似下讨论式(2-229)。令 $x_n = na, u_n = u (x_n, t), \Psi_n = \Psi (x_n, t), n = 1, 2, \cdots, N-1$,且 $u_0 = u_N = \Psi_0 = \Psi_N = 0$,这就意味着 $u_{n\pm1} = u (x_n \pm a, t), \Psi_{n\pm1} = \Psi (x_n \pm a, t)$,这里的 a 是晶格常数,则 $u_{n\pm1}$ 和 $\Psi_{n\pm1}$ 的 Taylor 展开式为

$$\begin{cases} u_{n\pm1} = u_n \pm a \frac{\partial u_n}{\partial x} + \frac{a^2}{2} \frac{\partial^2 u_n}{\partial x^2} + \cdots & (2-230\text{a}) \\ \Psi_{n\pm1} = \Psi_n \pm a \frac{\partial \Psi_n}{\partial x} + \frac{a^2}{2} \frac{\partial^2 \Psi_n}{\partial x^2} + \cdots & (2-230\text{b}) \end{cases}$$

当 $x_n \to x, u_n \to u (x, t), \Psi_n \to \Psi (x, t)$ 时,式(2-229)变为

$$\begin{cases} \frac{\partial^2 u}{\partial t^2} - \frac{ka^2}{m} \frac{\partial^2 u}{\partial x^2} = \frac{2 a^2 \chi}{m} \frac{\partial \mid \Psi \mid^2}{\partial x} + O (a^3) & (2-231\text{a}) \\ i \frac{\partial \Psi}{\partial t} = - J a^2 \frac{\partial^2 \Psi}{\partial x^2} + 2 a \chi \frac{\partial u}{\partial x} \Psi + O (a^3) & (2-231\text{b}) \end{cases}$$

令 $v_0^2 = ka^2/m, \varepsilon = 2\chi/k, \gamma = - J a^2, \lambda = 2a\chi$,且忽略三阶小量 $O (a^3)$,则式(2-231)

变为

$$\begin{cases} \dfrac{\partial^2 u}{\partial t^2} - v_0^2 \dfrac{\partial^2 u}{\partial x^2} = \varepsilon v_0^2 \dfrac{\partial |\Psi|^2}{\partial x} & (2-232\text{a}) \\[3mm] \mathrm{i} \dfrac{\partial \Psi}{\partial t} = \gamma \dfrac{\partial^2 \Psi}{\partial x^2} + \lambda \dfrac{\partial u}{\partial x} \Psi & (2-232\text{b}) \end{cases}$$

对式(2-232)讨论以下两种情况的解。

(1)当 $\Psi = 0$，即没有激子时，式(2-232a)为

$$\frac{\partial^2 u}{\partial t^2} - v_0^2 \frac{\partial^2 u}{\partial x^2} = 0 \qquad (2-233)$$

式(2-233)为标准的波动方程，其解为

$$u(x,t) = u_0 \mathrm{e}^{\mathrm{i}(qx - \Omega t)} \qquad (2-234)$$

式中，Ω 和 q 分别为介质弹性波的角频率和波矢的大小。

将式(2-234)代入式(2-233)，得到

$$\Omega^2 = v_0^2 q^2 = \frac{ka^2}{m} q^2 \qquad (2-235)$$

$$v_0 = \frac{\Omega}{q} \sqrt{\frac{ka^2}{m}} \qquad (2-236)$$

式中，v_0 为声波的传播速度。

(2)在激子与声子相互作用的系统中，存在两类非线性因素：一类是内部非线性因素，即晶格的非线性势；另一类是外部非线性因素，即激子与声子的相互作用。两者都使晶格产生局域振动。大量的研究从理论和实验上证明了在激子与声子相互作用的系统中，晶格的振动存在稳定的孤子解。而晶格振动中孤子的激发和稳定性与激子的浓度有密切的关系。既然在激子与声子相互作用的系统中一定存在局域振动，下面就只讨论晶格的局域振动情况。在连续极限近似下，晶格可近似地看成弹性介质，那么晶格振动的位移即可以看成弹性介质的形变，则相应的应变为 $\dfrac{\partial u}{\partial x}$，当晶格振动具有稳定的孤子解的时候，在孤子线度 $\mathrm{d}x$ 内，总的应变应该是不变的(孤子的形状不变)，则 $\dfrac{\partial u}{\partial x}\mathrm{d}x$ 应为常量，而与声子发生相互作用的所有激子也必在此范围内，即同晶格杂质的局域振动一样，局域振动必在以激子为中心的小范围之内。而且激子总数也必定为一常数(否则晶格振动的解也要发生变化)，即 $|\Psi|^2 \mathrm{d}x$ 为常数。两个常数之间一定存在线性关系

$$|\Psi|^2 \mathrm{d}x = r \frac{\partial u}{\partial x} \mathrm{d}x$$

即激子浓度与晶格振动位移之间存在

$$|\Psi|^2 = r \frac{\partial u}{\partial x}$$

式中，r 为线性系数，r 可取任意实数，即

$$v^2 = (1 + r\varepsilon)v_0^2, \quad p = \lambda/r$$

则式（2-232）可改写为

$$v_0^2 = \frac{ka^2}{m}, \varepsilon = \frac{2\chi}{k}, \gamma = Ja^2, \lambda = -2a\chi$$

$$\begin{cases} u_{tt} = v^2 u_{xx} & (2-237a) \\ \mathrm{i}\Psi_t + \gamma\Psi_{xx} + p|\Psi|^2\Psi = 0 & (2-237b) \end{cases}$$

当 $\gamma = 1$ 时，式（2-237b）是标准的非线性薛定谔方程，具有封皮孤子解：

$$\Psi = \sqrt{c}\,\mathrm{sech}\,\sqrt{c}\,(x - vt)\,\mathrm{e}^{\mathrm{i}(-\frac{v}{2})(x-vt) + \mathrm{i}\omega t} \qquad (2-238)$$

式中，$c = -\dfrac{4\omega + v^2}{2p} > 0$；$\omega$ 为常数。

由 $|\Psi|^2 = r\dfrac{\partial u}{\partial x}$，当 r 取任意实数时有如下解：

$$\begin{cases} u = \dfrac{\sqrt{c}}{r}\tanh\sqrt{c}\,(x - vt) \\[2mm] \Psi = \sqrt{c}\,\mathrm{sech}\,\sqrt{c}\,(x - vt)\,\mathrm{e}^{\mathrm{i}(-\frac{v}{2})(x-vt) + \mathrm{i}\omega t} \end{cases} \qquad (2-239)$$

一维简谐极性分子链中声子与激子相互作用的局域自陷如图 2-28 所示。

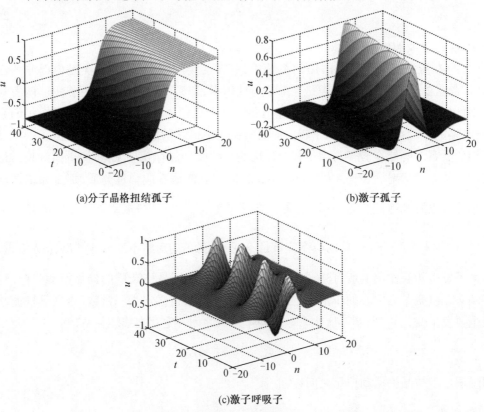

(a)分子晶格扭结孤子　　　　(b)激子孤子

(c)激子呼吸子

图 2-28　一维简谐极性分子链中声子与激子相互作用的局域自陷

由上面的讨论可知，一维简谐极性分子链在连续极限近似下，当不考虑声子与激子的相互作用时，声子以速度 v_0 在晶格中传播；当考虑声子与激子的相互作用时，一维简谐极性分子链的晶格产生局域扭曲（扭结孤子），这个扭曲通过声子耦合作用捕捉能量产生局域自陷。当 $\omega - v^2/2 = -\sqrt{c}\,v$ 时激子为移动的孤子即 Davydov 孤子，在其他情况下激子为呼吸子。

2. 一维非简谐极性分子链中声子与激子相互作用的局域自陷行为

考虑晶格振动的三次非简谐势，这时声子系统的哈密顿函数为

$$H_{ph} = \frac{1}{2}\sum\left[\frac{p_n^2}{m} + k(u_{n+1} - u_n)^2 + \frac{2}{3}\alpha k(u_{n+1} - u_n)^3\right] \tag{2-240}$$

系统的总哈密顿函数为

$$H = J\sum_n\left[2\,|\Psi_n|^2 - \Psi_n^*(\Psi_{n+1} + \Psi_{n-1})\right] +$$
$$\sum_n\left[\frac{p_n^2}{2m} + \frac{1}{2}k(u_{n+1} - u_n)^2 + \frac{1}{3}\alpha k(u_{n+1} - u_n)^3\right] +$$
$$\chi\sum_n\left[\,|\psi_n|^2(u_{n+1} - u_{n-1})\right] \tag{2-241}$$

用与前述类似方法，由式（2-241）可以得到关于分子的位移 u_n 和激子的波函数 Ψ_n 的运动方程，即

$$\begin{cases} m\ddot{u}_n = k(u_{n+1} + u_{n-1} - 2u_n)(1 + \alpha(u_{n+1} - u_{n-1})) + \\ \qquad \chi(\,|\Psi_{n+1}|^2 - |\Psi_{n-1}|^2) \end{cases} \tag{2-242a}$$

$$\mathrm{i}\dot{\Psi}_n = -J(\Psi_{n+1} + \Psi_{n-1} - 2\Psi_n) + \chi(u_{n+1} - u_{n-1})\Psi_n \tag{2-242b}$$

同样，在连续极限近似下，式（2-242）可改写为

$$\begin{cases} u_{tt} = \dfrac{ka^2}{m}u_{xx} + 2\alpha a\dfrac{ka^2}{m}u_x u_{xx} + \dfrac{ka^4}{12m}u_{xxxx} + 2a^2\chi(\,|\psi|^2)_x + O(\chi a^3, a^5) \end{cases} \tag{2-243a}$$

$$\mathrm{i}\psi_t = -Ja^2\psi_{xx} + 2a\chi u_x\psi + O(\chi a^3, Ja^3) \tag{2-243b}$$

令 $v_0^2 = \dfrac{ka^2}{m}$，$J = -\dfrac{1}{a^2}$，$\lambda = 2a^2\chi$，可将式（2-243）改写为

$$\begin{cases} u_{tt} = v_0^2 u_{xx} + 2\alpha a v_0^2 u_x u_{xx} + \dfrac{v_0^2 a^2}{12}u_{xxxx} + 2a^2\chi(\,|\psi|^2)_x + O(\chi a^3, a^5) \end{cases} \tag{2-244a}$$

$$\mathrm{i}\psi_t = \psi_{xx} + \lambda u_x\psi + O(\chi a^3, Ja^3) \tag{2-244b}$$

下面讨论式（2-244）在以下两种情况的解。

（1）当 $B = 0$，即没有激子时，式（2-244a）为

$$u_{tt} = v_0^2 u_{xx} + 2\alpha a v_0^2 u_x u_{xx} + \frac{v_0^2 a^2}{12}u_{xxxx} + O(a^5) \tag{2-245}$$

设 $u \to \phi(\xi, \tau)$，$\xi = x - v_0 t$，$\tau = v_0\alpha t$，$\delta^2 = a^2/24\alpha$，则式（2-245）变为

$$\phi_{\xi\tau} + a\phi_\xi\phi_{\xi\xi} + \delta^2\phi_{\xi\xi\xi\xi} + O(a^3) = 0 \tag{2-246}$$

令 $\varphi = \phi_\xi$，且忽略小量 $O(a^3)$，这时式（2-246）就是 KdV 方程，即

$$\varphi_\tau + a\varphi\varphi_\xi + \delta^2\varphi_{\xi\xi\xi} = 0 \qquad (2-247)$$

该方程有如下孤子解：

$$\varphi = \frac{3v_1}{a}\mathrm{sech}^2\left[\frac{\sqrt{v_1}}{2\delta}(\xi - v_1\tau)\right] \qquad (2-248)$$

式中，v_1 是参数。

则式（2-245）的解为

$$u = \frac{6\delta\sqrt{v_1}}{a}\tanh\left\{\frac{\sqrt{v_1}}{2\delta}[x - (1 + \alpha a v_1)v_0 t]\right\} \qquad (2-249)$$

式（2-249）表明，在没有激子的情况下，晶格振动的三次非简谐势使一维非简谐极性分子链的晶格振动也具有扭结孤子解。在一维非简谐极性分子链中，声子与激子的相互作用也可能使得晶格振动具有扭结孤子解。这两种情况下的孤子解类似。

（2）当 $|\Psi|^2 = r\dfrac{\partial u}{\partial x}$ 时，式（2-244a）具有式（2-245）的形式，而式（2-242b）是非线性薛定谔方程，所以当满足 $r = ac/3v_2$ 时式（2-244）有如下解：

$$\begin{cases} u = \dfrac{\sqrt{c}}{r}\tanh\sqrt{c}(x - v_2 t) \\ \Psi = \sqrt{c}\,\mathrm{sech}\sqrt{c}(x - v_2 t)\,\mathrm{e}^{\mathrm{i}(-\frac{v_2}{2})(x - v_2 t) + \mathrm{i}\omega t} \end{cases} \qquad (2-250)$$

式中，$v_2 = \left(\sqrt{1 + \dfrac{m\chi r}{k}} + \alpha v_3 \Big/ \sqrt{1 + \dfrac{m\chi r}{k}}\right)v_0$；$v_3$ 为参量。

由式（2-250）可知，同时考虑声子与激子的相互作用和晶格振动的三次非简谐势的影响，一维非简谐极性分子链的情况与一维简谐极性分子链的完全相似。

进一步考虑晶格振动的四次非简谐势，在式（2-241）中将三次非简谐项换为四次非简谐项，推导过程与前述类似，得出一维极性分子链晶格振动具有扭结孤子解，即

$$u = \sqrt{c}\,\mathrm{atan}[\sinh\sqrt{c}(x - vt)] \qquad (2-251)$$

由上面的讨论可得到以下结论。

（1）当考虑声子与激子的相互作用时，原来线性的一维简谐极性分子链具有非线性的输运性质，晶格振动具有扭结孤子解，使分子晶格出现局域自陷，激子为孤子和呼吸子的局域行为。

（2）当不考虑声子与激子的相互作用时，一维非简谐极性分子谐链的晶格振动具有扭结孤子解，当同时考虑声子与激子的相互作用和晶格振动的非简谐势时，一维非简谐极性分子晶格与一维简谐极性分子晶格具有类似的局域自陷行为。

（3）存在声子与激子的相互作用时，一维简谐与非简谐极性分子晶格都具有扭结孤子解。由此可知，激子与声子的相互作用相当于非线性势，使晶格振动产生扭结孤子，这就是所谓的外部非线性因素。

2.4.2 二维各向同性极性分子晶格中声子与激子相互作用的局域自陷行为

1. 二维各向同性简谐极性分子晶格中声子与激子相互作用的局域自陷行为

二维各向同性简谐极性分子晶格中声子与激子相互作用的哈密顿函数, 在最近邻相互作用近似下为

$$H = J \sum_{l,n} \left[2 |\psi_{l,n}|^2 - \psi_{l,n}^* (\psi_{l+1,n} + \psi_{l-1,n} + \psi_{l,n+1} + \psi_{l,n-1}) \right] +$$

$$\sum_{l,n} \left[\frac{p_{l,n}^2}{2m} + \frac{1}{2} k (u_{l+1,n} + u_{l,n+1} - u_{l,n})^2 \right] +$$

$$\chi \sum_{l,n} \left[|\psi_{l,n}|^2 (u_{l+1,n} - u_{l-1,n} + u_{l,n+1} - u_{l,n-1}) \right] \qquad (2-252)$$

式中, $\psi_{l,n}$ 为格点 (l,n) 处激子的波函数; J 为激子在相邻格点间传输的矩阵元; $m, u_{l,n}, p_{l,n}$ 分别为分子的质量、位移和动量; k 为耦合系数; $\chi \sum_{l,n} \left[|\psi_{l,n}|^2 (u_{l+1,n} - u_{l-1,n} + u_{l,n+1} - u_{l,n-1}) \right]$ 为声子与激子之间的相互作用; χ 为描述声子与激子相互作用强度的参量。

由 $\dot{p}_{l,n} = \ddot{u}_{l,n} = -\partial H / \partial u_{l,n}$ 可以得到关于分子的位移 $u_{l,n}$ 和激子的波函数 $\psi_{l,n}$ 的振动方程, 即

$$\begin{cases} m\ddot{u}_{l,n} = k(u_{l+1,n} + u_{l-1,n} + u_{l,n+1} + u_{l,n-1} - 4u_{l,n}) + \\ \qquad \chi(|\psi_{l+1,n}|^2 - |\psi_{l-1,n}|^2 + |\psi_{l,n+1}|^2 - |\psi_{l,n-1}|^2) \end{cases} \qquad (2-253a)$$

$$\begin{cases} i\dot{\psi}_{l,n} = -J(\psi_{l+1,n} + \psi_{l-1,n} + \psi_{l,n+1} + \psi_{l,n-1} - 4\psi_{l,n}) + \\ \qquad \chi(u_{l+1,n} - u_{l-1,n} + u_{l,n+1} - u_{l,n-1})\psi_{l,n} \end{cases} \qquad (2-253b)$$

下面在连续极限近似下讨论式 $(2-253)$。令 $x_l = la, y_n = na$ 和 $u_{l,n} = u(x_l, y_n, t)$, $\psi_{l,n} = \psi(x_l, y_n, t)$, $n = 1, 2, \cdots, N-1$, 且 $u_{0,n} = u_{l,0} = u_{0,N} = u_{N,0} = \psi_{0,N} = \psi_{N,0} = 0$, 这就意味着 $u_{l\pm1,n} = u(x_l \pm a, y_n, t), u_{l,n\pm1} = u(x_l, y_n \pm a, t), \psi_{l\pm1,n} = \psi(x_l \pm a, y_n, t), \psi_{l,n\pm1} = \psi(x_l, y_n \pm a, t)$, 这里的 a 是晶格常数, 则采用连续极限近似 $x_l \to x, y_n \to y, u_{l,n} \to u(x,y,t), \psi_{l,n} \to \psi(x,y,t)$ 时, 式 $(2-253)$ 变为

$$\begin{cases} \dfrac{\partial^2 u}{\partial t^2} - \dfrac{ka^2}{m} \left(\dfrac{\partial^2 u}{\partial x^2} + \dfrac{\partial^2 u}{\partial y^2} \right) = \dfrac{2a^2 \chi}{m} \left(\dfrac{\partial |\psi|^2}{\partial x} + \dfrac{\partial |\psi|^2}{\partial y} \right) + O(a^3) \end{cases} \qquad (2-254a)$$

$$\begin{cases} i \dfrac{\partial \psi}{\partial t} = -Ja^2 \left(\dfrac{\partial^2 \psi}{\partial x^2} + \dfrac{\partial^2 \psi}{\partial y^2} \right) + 2a\chi \left(\dfrac{\partial u}{\partial x} + \dfrac{\partial u}{\partial y} \right) \psi + O(a^3) \end{cases} \qquad (2-254b)$$

令 $v_0^2 = \dfrac{ka^2}{m}, \varepsilon = \dfrac{2\chi}{k}, \gamma = -Ja^2, \lambda = 2a\chi$, 且忽略三阶小量 $O(a^3)$, 则式 $(2-254)$ 变为

$$\begin{cases} \dfrac{\partial^2 u}{\partial t^2} - v_0^2 \left(\dfrac{\partial^2 u}{\partial x^2} + \dfrac{\partial^2 u}{\partial y^2} \right) = \varepsilon v_0^2 \left(\dfrac{\partial |\psi|^2}{\partial x} + \dfrac{\partial |\psi|^2}{\partial y} \right) \end{cases} \qquad (2-255a)$$

$$\begin{cases} i \dfrac{\partial \psi}{\partial t} = \gamma \left(\dfrac{\partial^2 \psi}{\partial x^2} + \dfrac{\partial^2 \psi}{\partial y^2} \right) + \lambda \left(\dfrac{\partial u}{\partial x} + \dfrac{\partial u}{\partial y} \right) \psi \end{cases} \qquad (2-255b)$$

令 $u(x,y,t) \to u(\xi,t), \psi(x,y,t) \to \psi(\xi,t), \xi = x + y$, 则 $(2-255)$ 式变为

$$\begin{cases} \dfrac{\partial^2 u}{\partial t^2} - v_0^2 \dfrac{\partial^2 u}{\partial \xi^2} = \varepsilon v_0^2 \dfrac{\partial \mid \psi \mid^2}{\partial \xi} \end{cases} \qquad (2-256\text{a})$$

$$\begin{cases} \mathrm{i}\,\dfrac{\partial \psi}{\partial t} = \gamma\,\dfrac{\partial^2 \psi}{\partial \xi^2} + \lambda\,\dfrac{\partial u}{\partial \xi}\psi \end{cases} \qquad (2-256\text{b})$$

与一维情况类似,可以得如下解:

$$\begin{cases} u = \dfrac{\sqrt{c}}{r}\tanh \sqrt{c}\,(x+y-vt) \\[3mm] \psi = \sqrt{c}\,\mathrm{sech}\,\sqrt{c}\,(x+y-vt)\,\mathrm{e}^{\mathrm{i}\left(-\frac{v}{2}\right)(x+y-vt)+\mathrm{i}\omega t} \end{cases} \qquad (2-257)$$

各向同性二维简谐极性分子晶格中声子与激子相互作用的扭结孤子如图 2 – 29 所示。

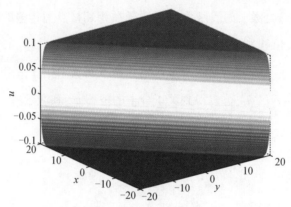

图 2 – 29　各向同性二维简谐极性分子晶格中声子与激子相互作用的扭结孤子

由上面的讨论可知,各向同性二维简谐极性分子晶格在连续极限近似下,当考虑声子与激子的相互作用时,产生局域扭曲(扭结孤子),这个扭曲通过声子耦合作用捕捉能量产生局域自陷。当 $\omega - v^2/2 = -\sqrt{c}\,v$ 时激子为移动的孤子即 Davydov 孤子,在其他情况下激子为呼吸子,与一维情况类似。

2. 各向同性二维非简谐极性分子晶格中声子与激子相互作用的局域自陷行为

考虑晶格振动的三次非简谐势,这时声子系统的哈密顿函数为

$$H_{ph} = \frac{1}{2}\sum_{l,n}\left[\frac{p_{l,n}^2}{m} + k(u_{l+1,n} + u_{l,n+1} - u_{l,n})^2 + \frac{2}{3}\alpha k(u_{l+1,n} + u_{l,n+1} - u_{l,n})^3\right] \qquad (2-258)$$

用与前面类似的方法,可以得到如下结论。

(1)没有声子与激子的相互作用时有

$$u = \frac{6\delta\sqrt{v_1}}{a}\tanh\left\{\frac{\sqrt{v_1}}{2\delta}\left[x + y - (1 + \alpha a v_1)v_0 t\right]\right\} \qquad (2-259)$$

式(2 – 259)表明,在没有激子的情况下,晶格振动的三次非简谐势使各向同性二维

非简谐极性分子晶格的振动也具有扭结孤子解。在二维分子晶格中,声子与激子的相互作用也可能使得晶格振动具有扭结孤子解。这两种情况下的孤子解类似。

(2)当考虑声子与激子的相互作用时,有

$$\begin{cases} u = \dfrac{\sqrt{c}}{r}\tanh\sqrt{c}\,(x + y - v_2 t) \\[3mm] \psi = \sqrt{c}\,\mathrm{sech}\sqrt{c}\,(x + y - v_2 t)\,\mathrm{e}^{\mathrm{i}\left(-\frac{v_2}{2}\right)(x + y - v_2 t) + \mathrm{i}\omega t} \end{cases} \tag{2-260}$$

式中,$v_2 = \left(\sqrt{1 + \dfrac{m\chi r}{k}} + \alpha v_3 \middle/ \sqrt{1 + \dfrac{m\chi r}{k}}\right)v_0$；$v_3$ 为参量。

由式(2-260)可知,同时考虑声子与激子的相互作用和晶格振动的三次非简谐势的影响,各向同性二维非简谐极性分子晶格振动仍具有扭结孤子解。

进一步考虑晶格振动的四次非简谐势,在式(2-258)中将三次非简谐项换为四次非简谐项,推导过程与前述类似,得到各向同性二维非简谐极性分子晶格振动具有扭结孤子解,即

$$u = \sqrt{c}\,\mathrm{atan}\big[\sinh\sqrt{c}\,(x + y - vt)\big] \tag{2-261}$$

由上面的讨论可以得到以下结论。

(1)当考虑声子与激子的相互作用时,原来线性的各向同性二维非简谐极性分子晶格,具有非线性的输运性质,晶格振动具有扭结孤子解,使分子晶格出现局域自陷,激子为孤子和呼吸子的局域行为。

(2)当不考虑声子与激子的相互作用时,各向同性二维非简谐极性分子晶格具有扭结孤子解;当同时考虑声子与激子的相互作用和晶格振动的非简谐势时,各向同性二维非简谐极性分子晶格与各向同性二维简谐极性分子晶格具有类似的局域自陷行为。

(3)存在声子与激子的相互作用时,各向同性二维简谐与非简谐极性分子晶格都具有扭结孤子解。由此可知,激子与声子的相互作用相当于非线性势,使晶格振动产生扭结孤子,这就是所谓的外部非线性因素。

2.5　本 章 小 结

由本章的讨论可以得出如下结论。

(1)对于 FPU 晶格

①一维非线性单原子 α-FPU 晶格振动具有移动的扭结孤子解,一维非线性单原子 β-FPU 晶格振动除了扭结孤子解外还具有双扭结孤子解、呼吸子晶格解和呼吸子解,一维非线性单原子 $\alpha\&\beta$-FPU 晶格具有扭结孤子解。

②一维非线性双原子 α-FPU 晶格、β-FPU 晶格和 $\alpha\&\beta$-FPU 晶格振动中都存在两个暗孤子解,一个处于禁带之中,一个位于光学波支带之上。

③在最近邻相互作用近似下,准一维非线性单原子晶格和各向同性二维非线性单原

子晶格的 $\alpha-$FPU 模型、$\beta-$FPU 模型和 $\alpha\&\beta-$FPU 模型的非线性振动都具有扭结孤子解。

④在二维双原子 $\alpha-$FPU 晶格、$\beta-$FPU 晶格和 $\alpha\&\beta-$FPU 晶格中都存在两个暗线孤子。两个暗线孤子一个处于禁带之中,一个位于光学波支带之上。

本章还讨论了三次非线性项与四次非线性项相互作用的关系。可知在连续极限近似下,当 $\alpha>0$ 时,随其值的增加孤子峰值减小,最后孤子将消失。也就是说当三次非线性作用为正效应($\alpha>0$)的时候,将使晶格的非线性效应减小;如果三次非线性效应是负效应($\alpha<0$),孤子的峰值将增大,即使晶格的非线性效应增加。当孤子峰值增大到四次非线性效应孤子的峰值时,就不再增加了,这说明在同时考虑三次、四次非线性效应的时候,晶格的最大非线性效应同四次非线性效应单独存在时的相同。

（2）对于 Klein-Gordon 晶格

①一维单原子 cubic-Klein-Gordon 晶格和 quartic-Klein-Gordon 晶格振动都具有亮、暗孤子解以及呼吸子解和呼吸子晶格解。而一维单原子 cubic&quartic-Klein-Gordon 晶格振动只具有亮、暗孤子解。这也说明在连续极限近似下,一维单原子 cubic&quartic-Klein-Gordon 晶格振动局域模的周期性没有了,是三次和四次非线性在位势相互作用的结果。

②在一维双原子 cubic-Klein-Gordon 晶格和 quartic-Klein-Gordon 晶格中都存在两组亮、暗孤子,呼吸子和呼吸子晶格解。两组亮、暗孤子,呼吸子和呼吸子晶格解一组处于禁带之中,一组位于光学波支带之上。而在一维双原子 cubic&quartic-Klein-Gordon 晶格中只存在两组亮、暗孤子解。两组亮、暗孤子解一组处于禁带之中,一组位于光学波支带之上。

③二维单原子 cubic-Klein-Gordon 晶格和 quartic-Klein-Gordon 晶格振动具有亮、暗线孤子解以及线呼吸子解和呼吸子晶格解。而各向同性二维单原子 cubic&quartic-Klein-Gordon 晶格振动只具有亮、暗线孤子解。通过上面前文的讨论结果我们可知道,在连续极限近似下,对于各向同性的非线性二维单原子 Klein-Gordon 晶格,沿着其一对角线方向与相同类型的非线性一维单原子 Klein-Gordon 晶格具有相同的性质。

④在二维双原子 cubic-Klein-Gordon 晶格中存在两组亮、暗线和呼吸子晶格解。两组亮、暗线孤子和呼吸子晶格解,一组处于禁带之中,一组位于光学波支带之上。在二维双原子 quartic-Klein-Gordon 晶格中存在两组线呼吸子,亮、暗线孤子和呼吸子晶格解。两组线呼吸子,亮、暗线孤子和呼吸子晶格解一组处于禁带之中,一组位于光学波支带之上。而在一维双原子 cubic&quartic-Klein-Gordon 晶格中存在两组亮、暗线孤子。两组亮、暗线孤子一组处于禁带之中,一组位于光学波支带之上。

（3）对于分子晶格

①一维分子简谐链在连续极限下,当不考虑声子与激子的相互作用时,声子按弹性波以速度 v_0 在晶格中传播;而当考虑声子与激子的相互作用时,一维分子简谐链的晶格振动具有扭结孤子解,使分子晶格产生局域自陷。

②在不考虑声子与激子的相互作用时，一维分子非简谐链的晶格振动具有扭结孤子解；同时考虑声子与激子的相互作用和晶格振动三次、四次非简谐势以及考虑两种非简谐势同时作用时，晶格振动都具有类似的扭结孤子解，与一维简谐极性分子晶格情况完全类似。

③存在声子与激子的相互作用时，各种非线性晶格也具有扭结孤子解。由此可知，激子与声子相互作用相当于非线性势，使晶格振动产生扭结孤子解，这就是所谓的外部非线性。各向同性二维极性分子晶格具有与一维类似的性质。

综上所述可以得出以下结论。

（1）在连续极限近似下，晶格的非线性振动导致 KdV 方程系列的局域模为扭结孤子；导致椭圆函数方程的局域模为呼吸子解和呼吸子晶格解。这也说明了周期性局域模不是分立晶格所特有的。

（2）采用连续极限近似方法讨论非线性双原子晶格振动情况，得到禁带孤子也可以存在于连续极限近似下的非线性晶格振动中。

（3）同一模型的一维、各向同性二维晶格的非线性振动具有非常类似的局域行为。这主要是由于各向同性二维晶格的各向同性性质使其相互作用对称性同一维类似。

（4）Klein-Gordon 晶格由于其在位势具有延拓性，因此其局域模周期性比 FPU 晶格的要强，所以 Klein-Gordon 晶格的周期解比 FPU 晶格的要丰富，其在位势的这一特点也使在这类晶格中寻找周期性局域模变得更容易，只在连续极限近似下就可简单求解出。

（5）分子晶格由于考虑了激子与声子的相互作用，这个作用相当于非线性，因此在考虑这个相互作用时，简谐分子晶格也具有局域模，所以这个相互作用被称为外部非线性，而晶格自身的非线性被称为内部非线性。非简谐声子与激子的相互作用也产生扭结孤子解，说明了这种相互作用也是晶格发生扭曲，所以也会出现自陷现象。但在一定的情况下也会出现激子呼吸子。

（6）相同非线性效应同时作用时，只要其非线性不超过强弱限定范围，其效果同单独作用时非常类似。

第3章 准分立近似下非线性晶格振动中局域模的行为

由于大多数的实际系统都是分立的非线性系统,对这样的系统要想严格求解是非常困难的,因此早期众多学者常常采用本书第 2 章所采用的连续极限近似的方法进行研究。虽然采用这种方法可以将系统的非线性特征发掘出来,但是求解过程中可能会丢失掉分立系统的一些信息。准分立近似方法则是将解分成两个部分的乘积,其中封皮函数依赖于连续的慢变量,保留其连续极限的特性,而行波解部分则完全保留了晶格的分立特征。也正是因为行波解的完全分立性,在讨论时没有对布里渊区的位置进行限定,所以准分立近似方法适用于整个布里渊区。

3.1 研究进展

1972 年,Tsurui 提出了一种在整个布里渊区内研究非线性晶格激发的解析方法——准分立近似方法,他指出:非线性调制波必须由趋于稳定的被调制的其他慢变波来伴随。所谓准分立近似就是将解分为两个部分的乘积,其中封皮函数依赖于连续的慢变量,而行波解部分则由分立的晶格位置数 n 来决定。同时,在准分立近似下求解非线性系统的最有效的方法是多重尺度方法。这种方法将不能精确求解的晶格的微分差分运动方程组退化为缓慢改变封皮的偏微分方程组。这里采用多重尺度方法主要有两个明显的优点:(1)多重尺度展式中只包含唯一的一个小的参量,所以是可控的;(2) 可以获得一个精确的解析解。

准分立近似方法和多重尺度方法首先被 Remoissenet 在 1986 年应用在研究一个一般化的非线性 Klein-Gordon 晶格中低振幅呼吸子和封皮孤子上。他指出呼吸子和封皮孤子的存在决定于连续极限和准分立极限。在这种情况下封皮中载波的振动被精确求解。同时他把它应用于 sine-Gordon 和 φ^4 系统,发现呼吸子的非对称性由外力的振幅控制。进入 20 世纪 90 年代,这种方法被大量地应用到晶格的非线性振动的研究上。20 世纪 90 年代初,Kivshar 采用准分立近似方法和相图方法研究了一维双原子 quartic-Klein-Gordon 晶格和一维双原子 β – FPU 晶格的振动,其结果显示双原子的不同质量导致禁带的出现,同时由于非线性效应,在禁带中出现禁带孤子的局域行为。而当两种原子的质量相同时,双原子晶格退化为单原子晶格,禁带和禁带孤子随即消失;但当晶格中的原子一组起着空间局域效应,而另一组起周期势的作用时,出现自诱导禁带孤子。但他由于没有采用多重尺度方法,因此只对封皮的行为进行了研究,分立性没有得到充分的体现。而黄国翔等人则采用准分立近似方法和多重尺度方法对一维双原子 quartic-Klein-Gordon 晶格,以及一维双原子 α – FPU 晶格和 β – FPU 晶格的振动做了进一步的研究,对整个布里渊区的情况进行了分析,发现在一维双原子 quartic-Klein-Gordon 晶格的振动中存在单个孤子、扭结孤子、呼吸子和双孤子等众多的局域模,同时在 $q = 0$ 或 $q = \pm \pi/a$ 处获得了禁带孤子和共振的扭结孤子。而在一维双原子 α – FPU 晶格和 β – FPU 晶格的振动中,在禁带当中存在非对称禁带孤子,在整个声带之上存在小振幅的非对称内部局域模。同时,黄国翔等人和 Bickam 等人又分别采用准分立近似方法和多重尺度方法研究了一维单原子 α – FPU 晶格和 β – FPU 晶格的振动情况。黄国翔等人的工作揭示了这种内部局域是一种封皮结构,其非对称性是由三次非线性势决定的,即在 α – FPU 晶格的振动中存在扭结的封皮孤子,而四次非线性势则是对称的,即在 β – FPU 晶格的振动中存在亮的封皮孤子,而在 $\alpha\&\beta$ – FPU 晶格的振动中也存在扭结的封皮孤子。Bickam 等人则是对这种内部局域模的稳定性进行了研究,他们指出这种自局域振动模在很大的三次非线性势作用下也是稳定的,其频率随着三次非线性势的增加而增加,当其频率接近最大平面波频率时这种局域模变得不稳定。2000 年,黄国翔等人又利用同样的方法研究了一维双原子 α – FPU 晶格和 β – FPU 晶格中耦合禁带孤子的动力学行为,发现耦合禁带孤子丰富的动力学行为和性质与三次非线性耦合常数的平方与线性和四次非线性耦合常数乘积的比值 $\alpha^2/K\beta$ 密切相关。2001 年,黄国翔等人又用同样的方法研究了多维晶格波的非线性行为。他们用准分立近似方法和多重尺度方法导出了 N 维晶格波的弱非线性调制的封皮方程。这个方程是通过一个高频模同一个长波声学模(也称为平庸场)相互作用得到的,而且被划到一般化 Davey-Stewartson(GDS)方程系列。由于晶格系统的各向异性,二维一般化 Davey-Stewartson 方程可以退化为 Davey-Stewartson 方程或者是在水波理论中没有出现的形式,而耦合到振动短波包的平庸场则源自晶格的三次相互作用势。2007 年,Butt 和 Wattis 利用准分立近似方法和多重尺度方法研究了二维六角型 FPU 晶格中呼吸子的行为,结果显示:在第三阶情况下该晶格系统退化为三次非线性薛定谔方程,具有呼吸子封皮,然而没有稳定的孤子解。他们采用更高阶进行研究得到了包括稳定化项在内的一般化非线性薛定谔方程,且利用数值方法得到了长期稳定的移动呼吸子。

由于部分凝聚态物质和非线性系统的准分立性,这种方法从 20 世纪 90 年代开始在光学、Bose-Einstein condensate 物质以及生物学等领域得到了广泛应用。

在光学领域,1994 年,Kalocsai 等人利用准分立近似方法和多重尺度方法分析了具有强色散和弱的二阶次非线性的光学物质波的传播特性,结果显示对于单个非完全泵波的封皮演化由非线性薛定谔方程来描述。1995 年,他们又对这样的系统中多波的相互作用与各非线性项的关系进行了讨论,发现三波混合方程由二阶非线性控制,而交叉相模方程则由三阶非线性控制,并且给出了演化方程的解析解。2001 年,Bhat 利用这种方法研究了非线性光学晶体中光脉冲的传播行为,发现布洛赫函数调制的封皮函数服从动力学非线性薛定谔方程。2003 年,Rodriguez 等人提出了一个 non-Kerr 柱向列光纤模型,并用多重尺度方法揭示了构建通过光纤传播的横向磁模的各种不同波包的可能性。2006 年,Bludo 等人用准分立近似方法和多重尺度方法研究了一维光学晶体中 Bose-Fermi 混合物质波的行为。

进入 21 世纪,非线性晶格准分立近似方法和多重尺度方法在玻色 – 爱因斯坦凝聚中非线性激发和非线性传输等方面的研究中占据了很重要的地位。黄国翔等人自 2001年用准分立近似方法和多重尺度方法研究了多维晶格波的非线性行为之后,又在 2004年对一个二元玻色 – 爱因斯坦凝聚中 Bogoliubov 激发的二次谐波发生(second harmonic generation,SHG)进行了研究,得到了 SHG 的非线性耦合封皮方程,并给出了这些方程的精确解。同年,Porter 等人对玻色 – 爱因斯坦凝聚中的调幅波进行了研究。他们通过分析 Gross-Pitaevskii 方程中时空结构研究了具有平庸场相互作用的准一维玻色爱因斯坦凝聚的动力学行为,得到了一个相干结构产生参数驱动的非线性振子。2005 年,黄国翔等人研究了原子间具有相互排斥相互作用的碟状玻色爱因斯坦凝聚中集体激发的非线性调制,利用多重尺度方法揭示了由短波激发和长波平庸场叠加构成的,由波包自相互作用产生的一个波包的非线性演化由 Davey-Stewartson 方程来控制。随着一系列研究工作的完成,玻色爱因斯坦凝聚中的非线性激发和传播问题已经成为非线性晶格振动理论应用研究的一个热点领域。

而准分立近似方法和多种尺度方法在生物学领域的应用却不是很多,其主要原因是生物学中的 DNA 和蛋白质模型局域模的研究主要分成两个主流:一个是在本书第 2 章中已经介绍过的 Davydov 孤子模型,这个模型主要采用连续极限近似方法研究;另一个是分立的极化子模型,这是一个完全分立的模型,主要采用完全分立模型中分立呼吸子研究的方法,如旋转波近似方法、反连续极限方法和数值方法等。但在部分生物模型中也有应用准分立近似方法和多种尺度方法。1993 年,Campa 等人在研究室温下双原子链的准孤子行为时就采用了准分立近似方法和多重尺度方法。他们主要考虑氢键分子链这一简单模型,通过上述方法得到了局域孤子激子的时间演化由一个非线性薛定谔方程来描述的结论。同时,他们在零度对集中分子动力学进行了模拟,得到了如下结论:(1)局域的类孤子激发可以没有明显变化地沿着链传播,如果初始激发有一个方波的形状,它也将演化成一个沿着链传播类孤子激发;(2)热振动不但没有毁坏类孤子的激发,而且沿着分子链传播的路径也没有明显的改变。2002 年 Sataric 和 Tuszynski 用准分立近似方法研究了限制蛋白质对 DNA 非线性动力学的影响。而这个 DNA 链的动力学是由 Peyrard-Bishop 模型来描述的。这个模型将产生大振幅基对的振动。他们只考虑了限制蛋白质对呼吸子或泡泡的影响,并计算出了在普通条件下基对伸展的平均尺寸。2009 年,Adhikari 等人用准分立近似方法研究了作用在有触觉耦合神经纤维上的神经脉冲传输的推迟诱导不稳定效应,指出这样的系统被规范为一对推迟耦合 Fitzhugh-Nagumo 方程,在没有延迟时,两个脉冲以相同的速度精确地被传输,而当延迟增加并超过一个标准值时,这个精确的传输变得不稳定。他们还定性地估计了这个延迟的实际值。

非线性晶格振动中局域模的准分立性行为作为其整体特性的有机部分是不可偏废的。准分立近似方法将解分成两个部分的乘积,其中一部分由慢变量表示,代表非线性调制,主要揭示系统的非线性效应;而由快变量表示的格波部分揭示的是系统的分立效应,就是系统的线性色散部分。所以,准分立近似方法研究的是系统非线性和线性色散的相互作用整体的效应,即它同时考虑了系统波长较大的非线性激发和晶格的分立性。因此,在研究长短波激发的相互作用和非线性调制波在系统中传输时,准分立近似方法和多重尺度方法是非常重要的方法。另外,由于准分立近似方法和多重尺度方法可以求非线性系统的局域模的具体的解析形式,而且不受系统的对称性限制,因此非线性晶格振动准分立近似和多重尺度理论在对实际模型的非线性效应研究中具有非常重要的地位,有必要对非线性晶格准分立模型做进一步的系统研究,为在其他实际领域应用研究奠定理论基础。

3.2　非线性 FPU 晶格振动中局域模的行为

3.2.1　一维非线性单原子 FPU 晶格振动中局域模的行为

1. 一维非线性单原子 α – FPU 晶格振动中静止的扭结封皮呼吸子与移动的扭结封皮呼吸子的行为

对于一维非线性单原子 α – FPU 晶格,在最近邻相互作用近似下,系统的哈密顿函数为

$$H = \sum_n \left[\frac{p_n^2}{2M} + \frac{1}{2}K(u_{n+1} - u_n)^2 + \frac{1}{3}\alpha(u_{n+1} - u_n)^3 \right] \tag{3-1}$$

式中,M,p_n,u_n 分别为第 n 个原子的质量、动量和离开平衡位置的位移。$K(K>0)$ 和 $\alpha(\alpha<0)$ 分别为线性和三次非线性耦合系数。

由 $\dot{p}_n = M\ddot{u}_n = -\partial H/\partial u_n$ 可得系统的振动的方程为

$$\frac{\mathrm{d}^2 u_n}{\mathrm{d}t^2} = K(u_{n+1} + u_{n-1} - 2u_n) + \alpha\left[(u_{n+1} - u_n)^3 + (u_{n-1} - u_n)^3 \right] \tag{3-2}$$

这里取 $M=1$,采用多重尺度方法和准分立近似方法,设

$$\begin{aligned}
u_n(t) &= \varepsilon u^{(1)}(\xi_n,\tau,\phi_n) + \varepsilon^2 u^{(2)}(\xi_n,\tau,\phi_n) + \varepsilon^3 u^{(3)}(\xi_n,\tau,\phi_n) + \cdots \\
&= \sum_{\gamma=1}^{\infty} \varepsilon^\gamma u^{(\gamma)}(\xi_n,\tau,\phi_n) = \sum_{\gamma=1}^{\infty} \varepsilon^\gamma u_{n,n}^{(\gamma)}
\end{aligned} \tag{3-3}$$

式中,ε 为有限的小参数;$u_{i,j}^{(\gamma)} = u^{(\gamma)}(\xi_i,\tau,\phi_j)$;多重尺度的慢变量 $\xi_n = \varepsilon(na - \lambda t)$,$\tau = \varepsilon^2 t$,而快变量 $\phi_n = nqa - \omega t$ 表示行波的相位;q 和 ω 分别为行波的波数和频率;a 为晶格常数;λ 为待定参数。

由 Taylor 公式有

$$u_{n\pm1}^{(\gamma)} = u_{n,n\pm1}^{(\gamma)} \pm \varepsilon a \frac{\partial u_{n,n\pm1}^{(\gamma)}}{\partial \xi_n} + \frac{\varepsilon^2 a^2}{2!} \frac{\partial^2 u_{n,n\pm1}^{(\gamma)}}{\partial \xi_n^2} \pm \frac{\varepsilon^3 a^3}{3!} \frac{\partial^3 u_{n,n\pm1}^{(\gamma)}}{\partial \xi_n^3} + \cdots$$

$$u_{n\pm1} = \sum_{\gamma=1}^{\infty} \varepsilon^\gamma \left[\sum_{\mu=0}^{\infty} \frac{1}{\mu!} \left(\pm \varepsilon a \frac{\partial}{\partial \xi_n} \right)^\mu u_{n,n\pm1}^{(\gamma)} \right] \tag{3-4}$$

将式(3-3)、式(3-4)代入式(3-2)比较 ε 的系数,得

$$\frac{\partial^2}{\partial t^2}u_{n,n}^{(\gamma)} - K[\,u_{n,n+1}^{(\gamma)} + u_{n,n-1}^{(\gamma)} - 2u_{n,n}^{(\gamma)}\,] = \alpha_{n,n}^{(\gamma)} \tag{3-5}$$

式中，$\gamma = 1,2,3,\cdots$，且 $\alpha_{n,n}^{(\gamma)}$ 有如下的形式：

$$\alpha_{n,n}^{(1)} = 0 \tag{3-6}$$

$$\alpha_{n,n}^{(2)} = 2\lambda\,\frac{\partial^2}{\partial t\partial \xi_n}u_{n,n}^{(1)} + Ka\,\frac{\partial}{\partial \xi_n}(u_{n,n+1}^{(1)} - u_{n,n-1}^{(1)}) +$$

$$\alpha[\,(u_{n,n+1}^{(1)} - u_{n,n}^{(1)})^2 - (u_{n,n-1}^{(1)} - u_{n,n}^{(1)})^2\,] \tag{3-7}$$

$$\alpha_{n,n}^{(3)} = \cdots \tag{3-8}$$

在 ε 最低次项（$\gamma = 1$），有线性波动方程，为

$$\frac{\partial^2}{\partial t^2}u_{n,n}^{(1)} - K[\,u_{n,n+1}^{(1)} + u_{n,n-1}^{(1)} - 2u_{n,n}^{(1)}\,] = 0 \tag{3-9}$$

由前面的讨论可以知道，式（3-9）具有如下形式的解：

$$u_{n,n}^{(1)} = A_0(\xi_n,\tau) + A(\xi_n,\tau)e^{i\phi_n} + A^*(\xi_n,\tau)e^{-i\phi_n} \tag{3-10}$$

$$\begin{cases} \omega(k) = 2\sqrt{K}\,|\sin(qa/2)| & \tag{3-11a} \\[2mm] v_g = \dfrac{\mathrm{d}\omega}{\mathrm{d}t} = \dfrac{Ka}{\omega}\sin(qa) & \tag{3-11b} \end{cases}$$

当 $\gamma = 2$ 时，有第二个近似方程，为

$$\frac{\partial^2}{\partial t^2}u_{n,n}^{(2)} - K[\,u_{n,n+1}^{(2)} + u_{n,n-1}^{(2)} - 2u_{n,n}^{(2)}\,] = -2i\omega(\lambda - v_g)\frac{\partial A}{\partial \xi_n}e^{i\phi_n} - 8i\alpha\sin qa\sin^2\frac{qa}{2}A^2e^{2i\phi_n} +$$

$$cc \tag{3-12}$$

为消去久期项需有 $\lambda = v_g$。这时式（3-12）有如下形式的解：

$$u_{n,n}^{(2)} = B_0(\xi_n,\tau) + [\,B(\xi_n,\tau)e^{i\phi_n} + i(\alpha/K)\cot(qa/2)A^2e^{2i\phi_n} + cc\,] \tag{3-13}$$

式中，B_0 和 B 分别为由高次近似决定的实函数和复函数。

当只考虑振幅最低阶 A 的关系时，可令 $B = 0$，并同 $u_{n,n}^{(1)}$ 一并代入式（3-8），有

$$\frac{\partial^2}{\partial t^2}u_{n,n}^{(3)} - K[\,u_{n,n+1}^{(3)} + u_{n,n-1}^{(3)} - 2u_{n,n}^{(3)}\,] = (Ka - v_g)\frac{\partial^2 A_0}{\partial \xi_n^2} + 8\alpha a\sin^2\frac{qa}{2}\frac{\partial |A|^2}{\partial \xi_n} +$$

$$\left[2i\omega\frac{\partial A}{\partial \tau} - \frac{1}{4}\omega^2 a^2\frac{\partial^2 A}{\partial \xi_n^2} - 2\frac{\alpha}{K}\omega^2 aA\frac{\partial A_0}{\partial \xi_n} - N|A|^2A\right]\cdot$$

$$e^{i\phi_n} + cc \tag{3-14}$$

且

$$N = (8\omega^4/K^2) \tag{3-15}$$

式（3-14）具有两种类型的久期项，第一类就是显含在 $u_{n,n}^{(3)}$ 中 t 将只上升的慢变量函数，消去它有

$$(Ka^2 - v_g^2)\frac{\partial^2 A_0}{\partial \xi_n^2} + 8\alpha a\sin^2\frac{qa}{2}\frac{\partial |A|^2}{\partial \xi_n} = 0 \tag{3-16}$$

消去久期项 $e^{i\phi_n}$ 有

$$2i\omega\frac{\partial A}{\partial \tau} - \frac{1}{4}\omega^2 a^2\frac{\partial^2 A}{\partial \xi_n^2} - 2\frac{\alpha}{K}\omega^2 aA\frac{\partial A_0}{\partial \xi_n} - N|A|^2A = 0 \tag{3-17}$$

式(3-16)和式(3-17)在整个布里渊区是有效的,由式(3-16)得

$$\frac{\partial A_0}{\partial \xi_n} = -\frac{8\alpha}{Ka}|A|^2 \tag{3-18}$$

从物理的角度考虑,令积分常数为零,则式(3-17)变成

$$\mathrm{i}\frac{\partial A}{\partial \tau} + P\frac{\partial^2 A}{\partial \xi_n^2} + Q|A|^2 A = 0 \tag{3-19}$$

式(3-18)和式(3-19)中

$$P = \frac{1}{2}\frac{\mathrm{d}^2\omega}{\mathrm{d}q^2} = -\frac{1}{4}\sqrt{K}\sin\frac{qa}{2}$$

$$Q = \omega\left[4\left(\frac{\alpha}{K}\right)^2 + \left(\frac{\alpha^2}{K^3}\right)\omega^2\right]$$

作变换 $A_0 = u_0/\varepsilon$ 和 $A = u/\varepsilon$,且 $X_n = na - v_g t$,则式(3-18)和式(3-19)化为

$$\frac{\partial u_0}{\partial X_n} = -\frac{8\alpha}{Ka}|u|^2 \tag{3-20}$$

$$\mathrm{i}\frac{\partial u}{\partial t} + P\frac{\partial^2 u}{\partial X_n^2} + Q|u|^2 u = 0 \tag{3-21}$$

式(3-21)是非线性薛定谔方程,是一个完全可积的系统,由逆散射方法可精确地求出其解,其解是一个单个孤子解,为

$$u = \left(\frac{2P}{Q}\right)^{1/2}k_0\,\mathrm{sech}\,k_0\left[(n-n_0)a - v_g t\right]\mathrm{e}^{(\mathrm{i}k_0^2 Pt - \mathrm{i}\varphi_0)} \tag{3-22}$$

式中,k_0 和 φ_0 为积分常数;n_0 为任意常数。

对式(3-20)积分,有

$$u_0 = -\frac{8\alpha k_0}{Ka}\frac{2P}{Q}\tanh k_0\left[(n-n_0)a - v_g t\right] \tag{3-23}$$

因此晶格的位移为

$$u_n(t) = -\frac{8\alpha k_0}{Ka}\frac{2P}{Q}\tanh\left[(n-n_0)a - v_g t\right] + 2\left(\frac{2P}{Q}\right)^{1/2}k_0\,\mathrm{sech}\,k_0\left[(n-n_0)a - v_g t\right] \times$$

$$\cos\left[qna - (\omega - k_0^2 P)t - \varphi_0\right] \tag{3-24}$$

注意:在声子的布里渊区边界,即 $q = \pm q_B = \pm\pi/a$,有 $v_g = \mathrm{d}\omega/\mathrm{d}q = 0$,$\omega = \omega_m = 2\sqrt{K}$ 和 $P = \omega''(\pm q_B)/2 = -\sqrt{K}a/4 = -a\omega_m/8$,因此式(3-24)变为

$$u_n(t) = -\frac{8\alpha k_0}{Ka}D_0\tanh\left[(n-n_0)a\right] + 2(-1)^n\sqrt{D_0}k_0\,\mathrm{sech}\,k_0\left[(n-n_0)a\right] \times$$

$$\cos\left[\left(1 + \frac{1}{8}ak_0^2\right)\omega_m t - \varphi_0\right] \tag{3-25}$$

式中,$D_0 = (2P/Q)_{k=k_B}$。

由上面的讨论,可以得出以下结论。

(1)式(3-25)是典型的内部局域模,它的频率($\omega = [1 + ak_0^2/8]\omega_m$)高于声子频带的最高频率。

（2）局域模的中心位置在 $n = n_0$ 处,决定于系统最初的激发条件。因此,不像缺陷导致的局域模,这种局域模可以在晶格的任意位置激发。

（3）这种形式的激发由两部分组成:一部分是呼吸子,另一部分是扭结孤子($\alpha > 0$)或反扭结孤子($\alpha < 0$),使晶格发生扭曲。它的中心位置也在 $n = n_0$ 处,晶格的整个振动结构是不对称的。

（4）不对称的结果来自系统的三次非线性。当 $\alpha = 0$ 时,式(3 – 19)变为典型的简谐波动方程,非线性效应消失。

（5）$\alpha = 0$ 时为格波。当 $\alpha > 0$ 和 $\alpha < 0$ 时在布里渊区中心和边界为静止的扭结封皮呼吸子,封皮为扭结孤子和反扭结孤子,内部为呼吸子,如图 3 – 1 所示;而在布里渊区的其他地方则为移动的扭结封皮呼吸子,封皮为移动的扭结孤子和反扭结孤子,内部为移动的呼吸子,如图 3 – 2 所示。

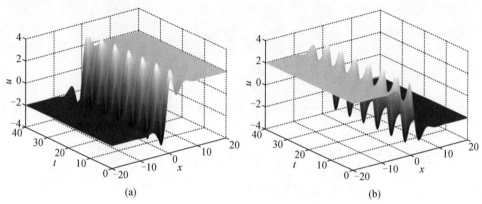

图 3 – 1　一维非线性单原子 α – FPU 晶格振动中静止的扭结封皮呼吸子

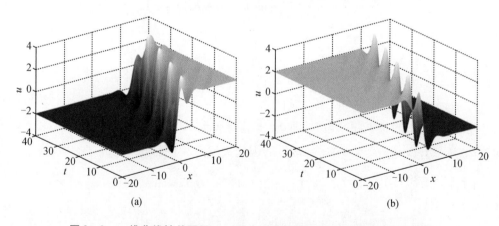

图 3 – 2　一维非线性单原子 α – FPU 晶格振动中移动的扭结封皮呼吸子

2. 一维非线性单原子 β – FPU 晶格振动中移动的封皮呼吸子与静止的封皮呼吸子的行为

对于一维非线性单原子 β – FPU 晶格,在最近邻相互作用近似下,系统的哈密顿函数为

$$H = \sum_n \left[\frac{p_n^2}{2M} + \frac{1}{2}K(u_{n+1} - u_n)^2 + \frac{1}{2}\beta(u_{n+1} - u_n)^4 \right] \tag{3-26}$$

式中，M, p_n, u_n 分别为第 n 个原子的质量、动量和离开平衡位置的位移；K 和 β 为线性和四次非线性耦合系数。

由 $\dot{p}_n = M\ddot{u}_n = -\partial H/\partial u_n$，并令 $M = 1$，可得系统的振动方程为

$$\frac{\mathrm{d}^2 u_n}{\mathrm{d}t^2} = K(u_{n+1} + u_{n-1} - 2u_n) + \beta\left[(u_{n+1} - u_n)^3 + (u_{n-1} - u_n)^3 \right] \tag{3-27}$$

采用多重尺度方法和准分立近似方法，同一维非线性单原子 α - FPU 晶格讨论类似，可得

$$\mathrm{i}\frac{\partial u}{\partial t} + \rho\frac{\partial^2 u}{\partial X_n^2} + \delta |u|^2 u = 0 \tag{3-28}$$

式中，$\rho = \dfrac{1}{2\omega}(Ka^2\cos qa - \lambda^2)$；$\delta = \dfrac{3}{2}\beta\omega^3$。

利用求行波解的方法，可得式（3-28）的解为

$$u = \sqrt{c}\,\mathrm{sech}\left\{ \sqrt{\frac{\delta c}{2\rho}}\left[(n - n_0)a - v_g t \right] \right\} e^{\mathrm{i}\left(-\frac{v_g}{2\rho} \right)\left[(n - n_0)a - v_g t \right] + \mathrm{i}\omega_0 t} \tag{3-29}$$

式中，c 为积分常数；n_0 为任意积分整数。

则一维非线性单原子 β - FPU 晶格中以群速 v_g 传播的封皮孤子（格孤波）为

$$u_n = 2\sqrt{c}\,\mathrm{sech}\left\{ \sqrt{\frac{\delta c}{2\rho}}\left[(n - n_0)a - v_g t \right] \right\} \times$$

$$\cos\left\{ \left[\left(-\frac{v_g}{2\rho} \right)(n - n_0) + qn \right]a + \left(\frac{v_g}{2\rho} + \omega_0 - \omega \right)t \right\} \tag{3-30}$$

由图 3-3 可知，封皮呼吸子的封皮为亮、暗孤子。这主要是由于连续性产生的。这可以与前面用连续极限近似方法得到的 β - FPU 晶格的结果对比来看，当晶格可以看作连续介质时，β - FPU 晶格振动由 mKdV 方程来描述，其结果是孤子；而分立的情况就不同了，其非线性效应由非线性薛定谔方程描述，所以是封皮呼吸子的形式，其封皮内由于晶格分立而为呼吸子的形式。这也就是说，稳定的封皮孤子的传播是由分立性导致的弥散和内部非线性之间的均衡产生的。

在布里渊区中心（$q = 0$）和边界（$q = \pm\pi/a$）有 $v_g = 0$，$\omega = 2\sqrt{q}$，$\rho = a^2\sqrt{q}/2$，$\delta = 12\beta\sqrt{q}$，式（3-30）变为

$$u_n(t) = 2\sqrt{c}\,\mathrm{sech}\left[\sqrt{\frac{24\beta c}{a^2}}(n - n_0)a \right]\cos\left[n\pi + (\omega_0 - 2\sqrt{q})t \right] \tag{3-31}$$

此为静止的封皮呼吸子，如图 3-4 所示。

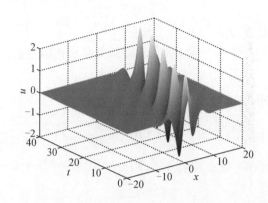

图 3 – 3 一维非线性单原子 β – FPU 晶格振动中移动的封皮呼吸子

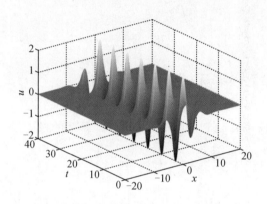

图 3 – 4 一维非线性单原子 β – FPU 晶格振动中静止的封皮呼吸子

式图 3 – 4 可知,随着时间的推移,位于布里渊区的中心和边界上的封皮呼吸子位置不发生改变,即为静止的封皮呼吸子。

可见,一维非线性单原子 β – FPU 晶格的振动,在布里渊区的中心和边界上存在静止的封皮呼吸子,而在其他处则是以群速 v_g 为传播速度的封皮呼吸子。

3. 一维非线性单原子 $\alpha\&\beta$ – FPU 晶格振动中封皮呼吸子与扭结封皮呼吸子的行为

对于一维非线性单原子 $\alpha\&\beta$ – FPU 晶格,在最近邻相互作用近似下,系统的哈密顿函数为

$$H = \sum_n \left[\frac{p_n^2}{2M} + \frac{1}{2}K(u_{n+1} - u_n)^2 + \frac{1}{3}\alpha(u_{n+1} - u_n)^3 + \frac{1}{4}\beta(u_{n+1} - u_n)^4 \right]$$

$$(3-32)$$

系统的振动方程为

$$\frac{\mathrm{d}^2 u_n}{\mathrm{d}t^2} = K(u_{n+1} + u_{n-1} - 2u_n) + \alpha \left[(u_{n+1} - u_n)^3 + (u_{n-1} - u_n)^3 \right] +$$

$$\beta\left[(u_{n+1}-u_n)^4+(u_{n-1}-u_n)^4\right] \tag{3-33}$$

采用多重尺度方法和准分立近似方法,同上述讨论类似,可得

$$\frac{\partial u_0}{\partial X_n}=-\frac{8\alpha}{Ka}|u|^2 \tag{3-34}$$

$$\mathrm{i}\,\frac{\partial u}{\partial t}+P\,\frac{\partial^2 u}{\partial X_n^2}+Q|u|^2 u=0 \tag{3-35}$$

式(3-35)是非线性薛定谔方程,是一个完全可积的系统,由逆散射方法可精确地求出其解,其解是一个单个孤子解,为

$$u=\left(\frac{2P}{Q}\right)^{1/2}k_0\operatorname{sech}k_0\left[(n-n_0)a-v_g t\right]\mathrm{e}^{(\mathrm{i}k_0^2 Pt-\mathrm{i}\varphi_0)} \tag{3-36}$$

式中,k_0 和 φ_0 为积分常数;n_0 为任意常数,对式(3-34)积分有

$$u_0=-\frac{8\alpha k_0}{Ka}\frac{2P}{Q}\tanh k_0\left[(n-n_0)a-v_g t\right] \tag{3-37}$$

因此晶格的位移为

$$v_n(t)=-\frac{8\alpha k_0}{Ka}\frac{2P}{Q}\tanh\left[(n-n_0)a-v_g t\right]+2\left(\frac{2P}{Q}\right)^{1/2}k_0\operatorname{sech}k_0\left[(n-n_0)a-v_g t\right]\times$$

$$\cos\left[qna-(\omega-k_0^2 P)t-\varphi_0\right] \tag{3-38}$$

注意:在声子的布里渊区边界,即 $q=\pm q_B=\pm\pi/a$,有 $v_g=0$,$\omega=\omega_m=2\sqrt{K}$ 和 $P=\dfrac{1}{2}$

$\omega''(\pm q_B)=-\dfrac{1}{4}\sqrt{K}a=-\dfrac{1}{8}a\omega_m$,因此式(3-38)变为

$$u_n(t)=-\frac{8\alpha k_0}{Ka}D_0\tanh\left[(n-n_0)a\right]+2(-1)^n\sqrt{D_0}k_0\operatorname{sech}k_0\left[(n-n_0)a\right]\times$$

$$\cos\left[\left(1+\frac{1}{8}ak_0^2\right)\omega_m t-\varphi_0\right] \tag{3-39}$$

式中,$D_0=(2P/Q)_{k=k_B}$。

由上面的讨论,可以得出以下结论。

(1)式(3-39)是典型的内部局域模,它的频率($\omega=[1+ak_0^2/8]\omega_n$)高于声子频带的最高频率。

(2)局域模的中心位置在 $n=n_0$ 处,决定于系统最初的激发条件。因此,不像缺陷导致的局域模,这种局域模可以在晶格的任意位置激发。

(3)这种形式的激发由两部分组成:一部分是呼吸子,另一部分是扭结孤子($\alpha>0$)或反扭结孤子($\alpha<0$),使晶格发生扭曲。它的中心位置也在 $n=n_0$ 处,晶格的整个振动结构是不对称的。

(4)不对称的结果来自系统的三次非线性。当 $\alpha=0$ 时,式(3-38)和式(3-39)第一项即扭结孤子或反扭结孤子消失,这个不对称的内部局域模返回到 β-FPU 晶格的对称内部局域模。

（5）在布里渊区中心和边界上为静止的封皮呼吸子（$\alpha = 0$ 时）和扭结封皮呼吸子（$\alpha > 0$ 和 $\alpha < 0$ 时）；而在布里渊区的其他地方则为移动的封皮呼吸子（$\alpha = 0$ 时）或扭结封皮呼吸子（$\alpha > 0$ 和 $\alpha < 0$ 时），如图 3 - 5 所示。

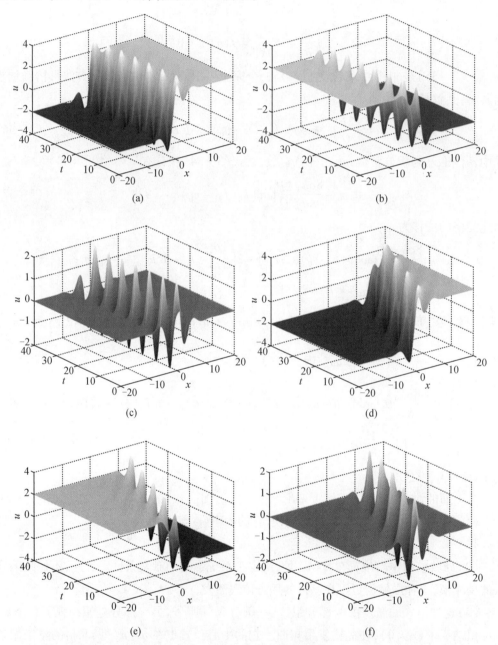

图 3 - 5　一维非线性单原子 $\alpha \& \beta$ - FPU 晶格振动中静止的扭结封皮呼吸子和静止的封皮呼吸子以及运动的扭结封皮呼吸子和运动的封皮呼吸子

这个非线性晶格的局域模能够用来解释大量的玻璃低温特定热量的问题，固体

的 ^{3}He, ^{4}He 的问题,对于研究不对称局域模的量子效应和二维、三维晶格都是具有很大意义的。

3.2.2 一维分立双原子 FPU 晶格振动中局域模的行为

为了节省篇幅,这里对分立的一维双原子晶格非线性振动的孤子的行为,从三次和四次非线性势同时作用入手,当三次非线性参数等于零时,即为只有四次非线性势的情况,再考虑三次非线性参数不为零的情况,就可以得到二者共同作用的结果,同时也能与只有四次非线性势作用的结果进行比较分析,也能得到只有三次非线性势作用的结果。所以,下面就研究三次、四次非线性势同时作用的情况。考虑最近邻相互作用,一维双原子晶格系统的振动方程可写为

$$m\frac{\mathrm{d}^2}{\mathrm{d}t^2}v_n = K(w_n + w_{n-1} - 2v_n) + \alpha[(w_n - v_n)^2 - (w_{n-1} - v_n)^2] +$$
$$\beta[(w_n - v_n)^3 + (w_{n-1} - v_n)^3] \qquad (3-40)$$

$$M\frac{\mathrm{d}^2}{\mathrm{d}t^2}w_n = K(v_n + v_{n-1} - 2w_n) - \alpha[(v_n - w_n)^2 - (v_{n-1} - w_n)^2] +$$
$$\beta[(v_n - w_n)^3 + (v_{n-1} - w_n)^3] \qquad (3-41)$$

式(3-40)和式(3-41)的线性色散关系为

$$\omega_{\pm}(q) = \left\{ I + J \pm \left[(I+J)^2 - 4IJ\sin^2\left(\frac{qd}{2}\right) \right]^{\frac{1}{2}} \right\}^{\frac{1}{2}} \qquad (3-42)$$

式中, $I = K/m$; $J = K/M$;负号(正号)表示声波(光波)模型。

在波数 $q = 0$ 时,频谱的下限 $\omega_-(0) = 0$ 为声频模,而上限 $\omega_+ = \omega_3 = [2(I+J)]^{\frac{1}{2}}$ 为光频模。在波数 $q = \pi/a$ 时,存在一个禁带频率,这个频率位于声频模的上限 $\omega_-(\pi/a) = \omega_1 = \sqrt{2J}$ 和光频模的下限 $\omega_+(\pi/a) = \sqrt{2I}$ 之间。禁带频率的宽度是 $\sqrt{2I} - \sqrt{2J} = \sqrt{2K}\left(\frac{1}{\sqrt{m}} - \frac{1}{\sqrt{M}}\right)$ 。在线性理论中,格波的振幅是常数,而当波的频率 ω 满足 $\omega_1 < \omega < \omega_2$ 和 $\omega > \omega_3$ 时,线性波不能传播,并且被衰减。因此,这些区间是线性波的"禁带"。频谱的这一特性来源于系统的分立性。然而当考虑非线性方程式(3-40)和式(3-41)的时候,上述的结论就不再适用了。作为局域激发,一些非线性模可以出现,同时振子的频率可以位于这些声子谱的禁带当中。

下面用多重尺度方法来研究一维分立的双原子晶格的情况。类似地,在准分立近似下采用多重尺度方法,有

$$i\frac{\partial}{\partial t}\Theta^{\pm} + \frac{1}{2}\alpha_{\pm}\frac{\partial}{\partial x_n^{\pm}}\frac{\partial}{\partial x_n^{\pm}}\Theta^{\pm} + \beta_{\pm}\Theta^{\pm}\frac{\partial}{\partial x_n^{\pm}}\Theta_0^{\pm} + \gamma_{\pm}|\Theta^{\pm}|^2\Theta^{\pm} = 0 \qquad (3-43)$$

$$\delta_{\pm}\frac{\partial}{\partial x_n^{\pm}}\frac{\partial}{\partial x_n^{\pm}}\Theta_0^{\pm} + \sigma_{\pm}\frac{\partial}{\partial x_n^{\pm}}|\Theta^{\pm}|^2 = 0 \qquad (3-44)$$

式中, $x_n^{\pm} = na - V_g^{\pm}t$;正号(负号)对应光频模(声频模)。

当 $q = 0$ 时,有

$$\omega_+ = \omega_3 = \left[2K\left(\frac{1}{m} + \frac{1}{M} \right) \right], V_g^+ = 0, x_n^+ = na = x_n$$

$$\alpha_+ = -\frac{Ka^2}{2(M+m)\omega_3}, \beta_+ = -\frac{\alpha\omega_3 a}{2K}, \gamma_+ = -\frac{3\beta\omega_3(1+m/M)^2}{2K}$$

$$\delta_+ = \frac{K^2 a^2}{Mm}, \sigma_+ = \frac{4K\alpha a(1+m/M)^2}{Mm}$$

因此式(3-43)和式(3-44)的正号可写成

$$\mathrm{i}\frac{\partial}{\partial t}\widetilde{\Theta}^+ + \frac{1}{2}\alpha_+ \frac{\partial^2}{\partial x_n^2}\widetilde{\Theta}^+ + \widetilde{\gamma}_+ \mid \widetilde{\Theta}^+ \mid^2 \widetilde{\Theta}^+ = 0 \tag{3-45}$$

$$\frac{\partial}{\partial x_n}\widetilde{\Theta}_0^+ = -\frac{\sigma_+}{\delta_+} \mid \widetilde{\Theta}^+ \mid^2 + C_1 \tag{3-46}$$

式中，$\widetilde{\Theta}^+ = \Theta^+ \mathrm{e}^{-\mathrm{i}\beta_+ C_1 t}$；$C_1$ 为积分常数，而且还有

$$\widetilde{\gamma}_+ = \gamma_+ - \beta_+ \frac{\sigma_+}{\delta_+} = \frac{2\beta\omega_3}{K}\left(1 + \frac{m}{M} \right)\left(\frac{\alpha^2}{K\beta} - \frac{3}{4} \right) \tag{3-47}$$

当 $\widetilde{\gamma}_+ < 0$ 时，式(3-45)是标准的非线性薛定谔方程，此时有 $\frac{\alpha^2}{K\beta} < \frac{3}{4}$，方程有如下的解：

$$\widetilde{\Theta}^+ = \left(\frac{\alpha_+}{\widetilde{\gamma}_+} \right)^{\frac{1}{2}} \eta_0 \mathrm{sech}\left[\eta_0(x_n - x_{n_0}) \right] \exp\left[-\mathrm{i}\frac{1}{2} \mid \alpha_+ \mid \eta_0^2 t - \mathrm{i}\phi_0 \right] \tag{3-48}$$

式中，η_0, ϕ_0 和 $x_{n_0} = n_0 a$ 为常数；n_0 为任意积分常数。

根据式(3-46)可得

$$\Theta_0^+ = -\frac{\sigma_+ \alpha_+}{\delta_+ \widetilde{\gamma}_+} \eta_0 \tanh\left[\eta_0(x_n - x_{n_0}) \right] \tag{3-49}$$

式(3-49)是在常数 $C_1 = 0$ 时推得的。而晶格振动的位移为

$$v_n(t) = -\frac{\sigma_+ \alpha_+}{\delta_+ \widetilde{\gamma}_+} \eta_0 \tanh\left[\eta_0(n - n_0)a \right] + 2\left(\frac{\alpha_+}{\widetilde{\gamma}_+} \right)^{\frac{1}{2}} \eta_0 \mathrm{sech}\left[\eta_0(n - n_0)a \right] \times$$
$$\cos(\Omega_{31} t + \phi_0) \tag{3-50}$$

$$w_n(t) = -\frac{\sigma_+ \alpha_+}{\delta_+ \widetilde{\gamma}_+} \eta_0 \tanh\left[\eta_0(n - n_0)a \right] + 2\frac{m}{M}\left(\frac{\alpha_+}{\widetilde{\gamma}_+} \right)^{\frac{1}{2}} \eta_0 \mathrm{sech}\left[\eta_0(n - n_0)a \right] \times$$
$$\cos(\Omega_{31} t + \phi_0) \tag{3-51}$$

式中，

$$\Omega_{31} = \omega_3 + \frac{1}{2} \mid \alpha_+ \mid \eta_0^2 \tag{3-52}$$

式(3-50)和式(3-51)具有如图3-6所示的形状。

由图3-6可知，在 $q=0$ 时，一维分立双原子晶格振动中存在两个静止的光频模扭结封皮呼吸子，再由式(3-52)，可知这两个呼吸子的频率都高于光频模频率的上限，同时奇数原子和偶数原子的振动方向是相反的。所以当 $q=0$ 时，一维分立双原子晶格振动中存在高

频光频模呼吸子。这是三次和四次非线性势共同作用的结果。

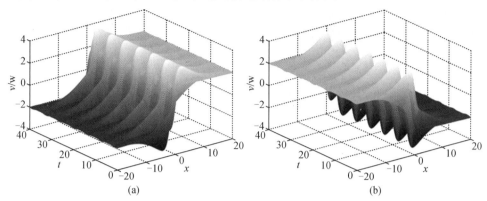

(a)   (b)

图3－6　一维分立双原子晶格振动中静止的扭结封皮呼吸子（$n_0 = \phi_0 = 0, \eta_0 = 1, \delta_+ = 0.2$,

$\sigma_+ = -2, \alpha_+ = -0.4, \hat{\gamma}_+ = -2, a = 0.01, \Omega_{31} = 4, m/M = 0.5$）

1. 一维分立双原子 β － FPU 晶格振动中静止的封皮呼吸子的行为

当三次非线性参数 $\alpha = 0$ 时，表示只有四次非线性势的作用，此时式（3－50）和式（3－51）中的第一项都为零，其解具有如图3－7所示的形状。

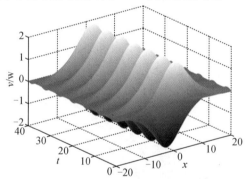

图3－7　一维分立双原子 β －FPU 晶格振动中静止的封皮呼吸子（$n_0 = \phi_0 = 0, \eta_0 = 1, \delta_+ = $

$0.2, \sigma_+ = -2, \alpha_+ = -0.4, \hat{\gamma}_+ = -2, a = 0.01, \Omega_{31} = 4, m/M = 0.5$）

这说明，在 $q = 0$ 时，一维分立的双原子 β － FPU 晶格的四次非线性势作用产生静止的封皮呼吸子（封皮函数为静止呼吸子）。比较上述两种情况，不难知道，一维分立双原子晶格的三次非线性势作用产生静止的扭结封皮呼吸子，其作用是使四次非线性势作用发生扭曲。

2. 一维分立双原子 $\alpha \& \beta$ － FPU 晶格振动中移动的和静止的扭结封皮呼吸子和封皮呼吸子的行为

（1）当 $q = 0, \tilde{\gamma}_+ > 0$ 时

此时式（3－45）有暗孤子解，为

$$\widetilde{\Theta}^+ = \left(\frac{|\alpha_+|}{\tilde{\gamma}_+} \right)^{\frac{1}{2}} \eta_0 \tanh[\, \eta_0 (x_n - x_{n_0})\,] \exp[\, \mathrm{i}\,|\alpha_+|\,\eta_0^2 t - \mathrm{i}\phi_0\,] \tag{3－53}$$

由式(3-44)可以通过积分得到 Θ_0^+，在这种情况下，选择 C_1 满足 $(\partial\Theta_0^+/\partial x_n)\big|_{|x_n|=\infty}=0$，在这时，得到 $C_1 = \sigma_+ |\alpha_+| \eta_0^2 / (\delta_+ \tilde{\gamma}_+)$，因此有

$$\Theta_0^+ = \frac{\sigma_+ |\alpha_+|}{\delta_+ \tilde{\gamma}_+} \eta_0 \tanh[\eta_0(x_n - x_{n_0})] \tag{3-54}$$

这时晶格位移为

$$v_n(t) = \frac{\sigma_+ |\alpha_+|}{\delta_+ \tilde{\gamma}_+} \eta_0 \tanh[\eta_0(n-n_0)a] + 2\left(\frac{|\alpha_+|}{\tilde{\gamma}_+}\right)^{\frac{1}{2}} \eta_0 \tanh[\eta_0(n-n_0)a] \times$$
$$\cos(\Omega_{32}t + \phi_0) \tag{3-55}$$

$$w_n(t) = \frac{\sigma_+ |\alpha_+|}{\delta_+ \tilde{\gamma}_+} \eta_0 \tanh[\eta_0(n-n_0)a] - 2\frac{m}{M}\left(\frac{|\alpha_+|}{\tilde{\gamma}_+}\right)^{\frac{1}{2}} \eta_0 \tanh[\eta_0(n-n_0)a] \times$$
$$\cos(\Omega_{32}t + \phi_0) \tag{3-56}$$

式中，

$$\Omega_{32} = \omega_3 - \frac{|\alpha_+||\gamma_+|}{\tilde{\gamma}_+} \eta_0^2 \tag{3-57}$$

式(3-55)和式(3-56)具有如图3-8所示的形状。根据奇数原子和偶数原子的振动沿相反的方向，可以知道这两个呼吸子为光频模呼吸子。从形状看其为扭结封皮呼吸子，这种情况下三次非线性参数 $\alpha\neq0$，而且比第一种情况还要大，说明此时三次非线性势的作用也较前者大。由于 $\gamma_+ < 0$，由式(3-57)可知，呼吸子的频率仍在声子能带之上。

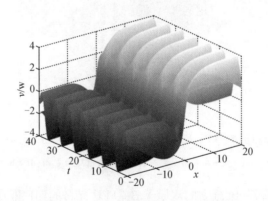

图3-8　一维分立双原子 $\alpha\&\beta$ – FPU 晶格振动中静止的扭结封皮呼吸子（$n_0 = \phi_0 = 0, \eta_0 = 1, \delta_+ = 0.2, \sigma_+ = -2, \alpha_+ = -0.4, \tilde{\gamma}_+ = +2, a = 0.01, \Omega_{31} = 4, m/M = 0.5$）

（2）光频模下限频率（$q = \pi/a$ 边界区域光频模）情况的非线性效应

当 $q = \pi/a$ 时，有 $\omega_+ = \omega_2 = \sqrt{2K/m}$，$V_g^+ = 0$，$x_n^+ = na = x_n$，$\alpha_+ = \dfrac{Ka^2}{2(M-m)\omega_2}$，$\beta_+ = -\dfrac{\alpha\omega_2 a}{2K}$，$\gamma_+ = -\dfrac{3\beta\omega_2}{2K}$，$\delta_+ = \dfrac{K^2 a^2}{Mm}$，$\sigma_+ = \dfrac{4K\alpha a}{Mm}$。

而这时有

$$\tilde{\gamma}_+ = \frac{2\beta}{K}\omega_2\left(\frac{\alpha^2}{K\beta} - \frac{3}{4}\right) \tag{3-58}$$

而式(3-45)只有在 $\tilde{\gamma}_+ > 0$ 的时候才是非线性薛定谔方程,此方程现在还没有解,所以只讨论前者。这种情况有

$$\frac{\alpha^2}{K\beta} > \frac{3}{4} \tag{3-59}$$

这也说明在这种情况时,三次非线性参数 α 不能为零,也就是说,三次、四次非线性势作用在这种情况下必须同时存在。因此式(3-45)和式(3-46)有如下解的形式:

$$\Theta^+ = \left(\frac{\alpha_+}{\tilde{\gamma}_+}\right)^{\frac{1}{2}}\eta_0 \mathrm{sech}\left[\eta_0(x_n - x_{n_0})\right]\exp\left[i\frac{1}{2}\alpha_+\eta_0^2 t - i\phi_0\right] \tag{3-60}$$

$$\Theta_0^+ = -\frac{\sigma_+\alpha_+}{\delta_+\tilde{\gamma}_+}\eta_0 \tanh\left[\eta_0(x_n - x_{n_0})\right] \tag{3-61}$$

晶格振动的位移为

$$v_n(t) = -\frac{\sigma_+\alpha_+}{\delta_+\tilde{\gamma}_+}\eta_0 \tanh\left[\eta_0(n - n_0)a\right] + 2(-1)^n\left(\frac{\alpha_+}{\tilde{\gamma}_+}\right)^{\frac{1}{2}}\eta_0 \mathrm{sech}\left[\eta_0(n - n_0)a\right] \times$$
$$\cos(\Omega_{21}t + \phi_0) \tag{3-62}$$

$$w_n(t) = -\frac{\sigma_+\alpha_+}{\delta_+\tilde{\gamma}_+}\eta_0 \tanh\left[\eta_0(n - n_0)a\right] \tag{3-63}$$

式中,

$$\Omega_{21} = \omega_2 + \frac{1}{2}\alpha_+\eta_0^2 \tag{3-64}$$

式(3-62)和式(3-63)具有如图3-9所示的形状,而由式(3-64)可知,其频率位于声子频谱中光频模和声频模之间的禁带之内。这个模型的重粒子的位移仅有扭结孤子部分,但是轻粒子的位移除了具有扭结孤子部分外,还具有附加的交错振动部分(交错的封皮呼吸子)。这就是被称为非对称光频模低限的禁带呼吸子。振动频率 Ω_{21} 与拨振幅(η_0)之间存在抛物线的关系,同时,重粒子孤子是一个稳定不变的、不传播的孤子,而轻粒子在自己的位置上振动。也就是说,这个禁带呼吸子是由轻粒子提供的,而与重粒子无关。

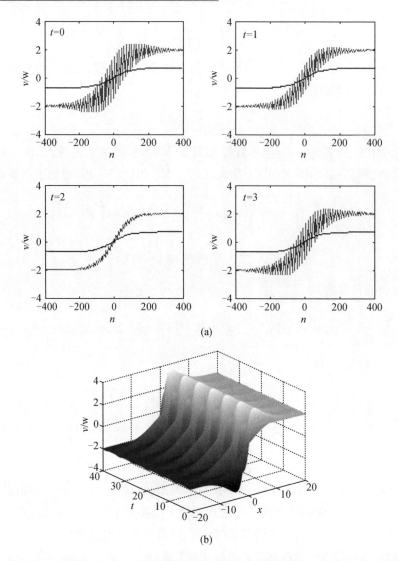

(a)

(b)

图 3-9 一维分立双原子 $\alpha \& \beta$ - FPU 晶格振动中轻粒子静止的扭结封皮呼吸子,偶数原子
静止的扭结封皮孤子($n_0 = \phi_0 = 0, \eta_0 = 1, \delta_+ = 0.2, \sigma_+ = -2, \alpha_+ = +0.4, \hat{\gamma}_+ =$
$+2, a = 0.01, \Omega_{31} = 4, m/M = 0.5$)

（3）光频模 $0 < q < \pi/a$ 情况的非线性效应

对于这种情况,上述四种解的局域振动情况都有,区别是为移动的各种封皮呼吸子,
如图 3-10 所示。

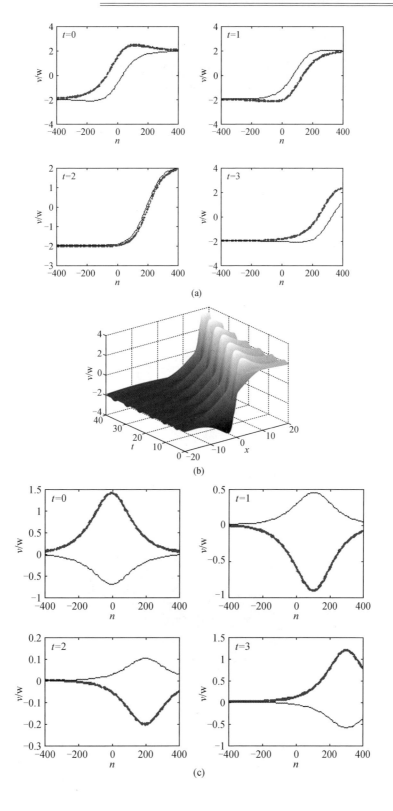

(a)

(b)

(c)

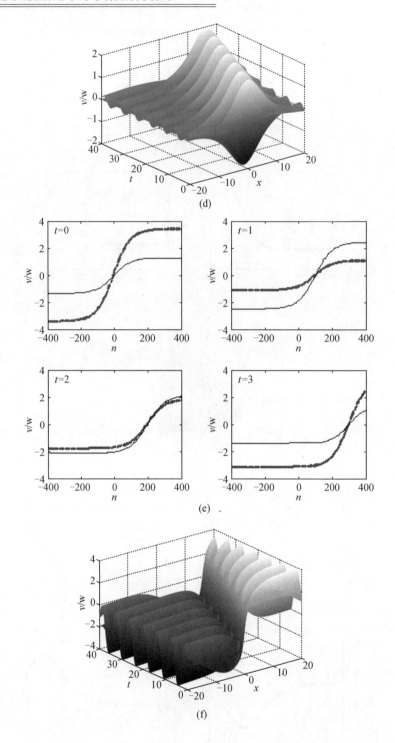

(d)

(e)

(f)

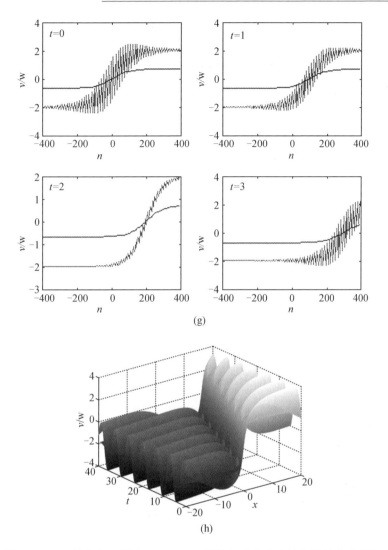

图 3 – 10　一维分立双原子 $\alpha \& \beta$ – FPU 晶格振动中移动的各种封皮呼吸子

（4）声频模下限频率（$q=0$）情况的非线性效应

当 $q=0$ 时，有 $\omega_-=\omega_0=0$，因此 $\phi_n^-=0$，这时晶格的振动是一个没有行波的长波模型，前面利用连续极限近似方法已经讨论过，这里就不再赘述了。

（5）声频模上限频率（$q=\pi/a$ 声频模边界区域）情况的非线性效应

当 $q=\pi/a$ 时，有 $\omega_-=\omega_1=\sqrt{2K/M}$，$V_g^-=0$，$x_n^-=x_n$，$\alpha_-=-Ka/[2\omega_1(M-m)]<0$，$\beta_-=-\alpha\omega_1 a/(2K)$，$\gamma_-=-3\beta\omega_1/(2K)$，$\delta_-=K^2a^2/(Mm)$，$\sigma_-=4K\alpha a/(Mm)$。利用与前述类似方法可以获得与式（3-43）和式（3-44）具有同样的形式的方程，只是将方程中的 Θ_0^+，$\widetilde{\Theta}^+$，σ_+，δ_+，α_+，$\widetilde{\gamma}_+$ 换成 Θ_0^-，$\widetilde{\Theta}^-$，σ_-，δ_-，α_-，$\widetilde{\gamma}_-$。

$$\widetilde{\gamma}_- = \gamma_- - \beta_- \frac{\sigma_-}{\delta_-} = \frac{2\beta}{K}\omega_1\left(\frac{\alpha^2}{K\beta} - \frac{3}{4}\right) \tag{3-65}$$

所以存在一个非对称的声频模上限的禁带封皮呼吸子,其频率在声频模和光频模声子光谱的禁带之间。另外还有一个声频模上限的扭结封皮呼吸子振动模型。具体讨论方法同上,这里也不再赘述了。

当频率位于声频模频率上限和下限之间的时候,也可以通过类似的讨论方法及过程进行讨论,得到与静止声频模局域振动模型一一对应的传播的局域振动模型。

3.2.3 二维非线性单原子 FPU 晶格振动中局域模的行为

1. 二维非线性单原子 α – FPU 晶格振动中二维暗分立孤子链和二维暗分立线呼吸子的行为

二维非线性单原子 α – FPU 晶格系统的哈密顿函数为

$$H = \sum_{l,m}\left[\frac{1}{2}\dot{u}_{l,m} + \frac{1}{2}(u_{l+1,m} - u_{l,m})^2 + \frac{1}{3}\alpha_l(u_{l+1,m} - u_{l,m})^3\right] +$$
$$\sum_{l,m}\left[\frac{1}{2}(u_{l,m+1} - u_{l,m})^2 + \frac{1}{3}\alpha_m(u_{l,m+1} - u_{l,m})^3\right] \tag{3-66}$$

式中,$u_{n,m}$ 为位于 (l, m) 原子离开平衡位置的位移;α_l 和 α_m 为控制非线性耦合强度的参数。

则二维非线性单原子 α – FPU 晶格系统的振动方程为

$$\ddot{u}_{l,m} = (u_{l+1,m} + u_{l-1,m} - 2u_{l,m}) + \alpha_l[(u_{l+1,m} - u_{l,m})^2 - (u_{l-1,m} - u_{l,m})^2] +$$
$$(u_{l,m+1} + u_{l,m-1} - 2u_{l,m}) + \alpha_m[(u_{l,m+1} - u_{l,m})^2 - (u_{l,m-1} - u_{l,m})^2]$$

在准分立极限近似下采用多重尺度方法讨论其振动情况,设其解的展开式为

$$u_{l,m}(t) = \varepsilon u^{(1)}(\xi_l, \zeta_m\tau, \phi_{l,m}) + \varepsilon^2 u^{(2)}(\xi_l, \zeta_m\tau, \phi_{l,m}) + \varepsilon^3 u^{(3)}(\xi_l, \zeta_m\tau, \phi_{l,m}) + \cdots$$
$$= \sum_{\gamma=1}^{\infty}\varepsilon^\gamma u^{(\gamma)}(\xi_l, \zeta_m\tau, \phi_{l,m})$$
$$= \sum_{\gamma=1}^{\infty}\varepsilon^\gamma u_{lm,lm}^{(\gamma)} \tag{3-67}$$

式中,ε 为一个小量,其阶参数表示相关激发的振幅;$u_{ir,js}^{(\gamma)} = u^{(\gamma)}(\xi_i, \zeta_r, \tau, \phi_{j,s})$,$\xi_l = \varepsilon(la - \lambda t)$,$\zeta_m = \varepsilon(mb - \eta t)$ 和 $\tau = \varepsilon^2 t$ 是多重尺度慢变量,快变量 $\phi_{l,m} = lk_x a + mk_y b - \omega t$,表示行波的相位;$k_x, k_y, \omega$ 分别为行波的波数和频率;a 和 b 为晶格常数;λ 和 η 为待定参量。

相应的 Taylor 展开式式为

$$u_{l\pm1,m}^{(\gamma)} = u_{lm,(l\pm1)m}^{(\gamma)} \pm \varepsilon a\frac{\partial u_{lm,(l\pm1)m}^{(\gamma)}}{\partial \xi_n} + \frac{\varepsilon^2 a^2}{2!}\frac{\partial^2 u_{lm,(l\pm1)m}^{(\gamma)}}{\partial \xi_n^2} \pm \frac{\varepsilon^3 a^3}{3!}\frac{\partial^3 u_{lm,(l+1)m}^{(\gamma)}}{\partial \xi_n^3} + \cdots$$

$$u_{l\pm1,m} = \sum_{\gamma=1}^{\infty}\varepsilon^\gamma\left[\sum_{\mu=0}^{\infty}\frac{1}{\mu!}\left(\pm\varepsilon a\frac{\partial}{\partial \xi_n}\right)^\mu u_{lm,(l\pm1)m}^{(\gamma)}\right]$$

$$u_{l,m\pm1}^{(\gamma)} = u_{lm,l(m\pm1)}^{(\gamma)} \pm \varepsilon b \frac{\partial u_{lm,l(m\pm1)}^{(\gamma)}}{\partial \zeta_n} + \frac{\varepsilon^2 b^2}{2!} \frac{\partial^2 u_{lm,l(m\pm1)}^{(\gamma)}}{\partial \zeta_n^2} \pm \frac{\varepsilon^3 b^3}{3!} \frac{\partial^3 u_{lm,l(m\pm1)}^{(\gamma)}}{\partial \zeta_n^3} + \cdots$$

$$u_{l,m\pm1} = \sum_{\gamma=1}^{\infty} \varepsilon^{\gamma} \left[\sum_{\mu=0}^{\infty} \frac{1}{\mu!} \left(\pm \varepsilon b \frac{\partial}{\partial \zeta_n} \right)^{\mu} u_{lm,l(m\pm1)}^{(\gamma)} \right] \tag{3-68}$$

引入下列变换:

$$\frac{\mathrm{d}}{\mathrm{d}t} = \frac{\partial}{\partial t} - \lambda \varepsilon \frac{\partial}{\partial \xi_l} - \eta \varepsilon \frac{\partial}{\partial \zeta_m} + \varepsilon^2 \frac{\partial}{\partial \tau} \tag{3-69a}$$

$$\frac{\mathrm{d}^2}{\mathrm{d}t^2} = \frac{\partial^2}{\partial t^2} - 2\lambda \varepsilon \frac{\partial^2}{\partial t \partial \zeta_l} - 2\eta \varepsilon \frac{\partial^2}{\partial t \partial \zeta_m} + 2\varepsilon^2 \frac{\partial^2}{\partial t \partial \tau} + \lambda^2 \varepsilon^2 \frac{\partial^2}{\partial \xi_l^2} + 2\lambda \eta \varepsilon^2 \frac{\partial^2}{\partial \xi_l \partial \zeta_m} -$$

$$2\lambda \varepsilon^3 \frac{\partial^2}{\partial \xi_l \partial \tau} + \eta^2 \varepsilon^2 \frac{\partial^2}{\partial \zeta_m^2} - 2\eta \varepsilon^3 \frac{\partial^2}{\partial \zeta_m \partial \tau} + \varepsilon^4 \frac{\partial^2}{\partial \tau^2} \tag{3-69b}$$

具体讨论与前面类似,得

$$2\omega \left(\alpha \frac{\partial^2 A_0}{\partial \xi_l^2} + \frac{\lambda \eta}{\omega} \frac{\partial^2 A_0}{\partial \xi_l \partial \zeta_m} + \beta \frac{\partial^2 A_0}{\partial \zeta_m^2} \right) - 8\alpha_l a \cos k_l a \frac{\partial |A|^2}{\partial \xi_l} - 8\alpha_m b \cos k_m b \frac{\partial |A|^2}{\partial \zeta_m} = 0$$

$$\tag{3-70a}$$

$$\mathrm{i} \frac{\partial A}{\partial \tau} + \alpha \frac{\partial^2 A}{\partial \xi_l^2} + \frac{\lambda \eta}{\omega} \frac{\partial^2 A}{\partial \xi_l \partial \zeta_m} + \beta \frac{\partial^2 A}{\partial \zeta_m^2} + \gamma |A|^2 A = 0 \tag{3-70b}$$

式中, $\gamma = \frac{4\alpha_l}{\omega} \cot\left(\frac{k_l a}{2}\right)(\cos k_l a - 1) \sin k_l a + \frac{4\alpha_m}{\omega} \cot\left(\frac{k_m b}{2}\right)(\cos k_m b - 1) \sin k_m b$; $\alpha = \frac{1}{2\omega}(a^2 \cos k_l a - \lambda^2)$; $\beta = \frac{1}{2\omega}(b^2 \cos k_m b - \eta^2)$ 。

根据多重尺度方法,有 $A = \frac{u}{\varepsilon}$, $\xi_l = \varepsilon(la - \lambda t) = \varepsilon X_l$, $\zeta_m = \varepsilon(mb - \eta t) = \varepsilon Y_m$, $\tau = \varepsilon^2 t$ 。 所以式(3-70)可以写为

$$2\omega \left(\alpha \frac{\partial^2 u_0}{\partial X_l^2} + \frac{\lambda \eta}{\omega} \frac{\partial^2 u_0}{\partial X_l \partial Y_m} + \beta \frac{\partial^2 u_0}{\partial Y_m^2} \right) - 8\alpha_l a \cos k_l a \frac{\partial |u|^2}{\partial X_l} - 8\alpha_m b \cos k_m b \frac{\partial |u|^2}{\partial Y_m} = 0$$

$$\tag{3-71a}$$

$$\mathrm{i} \frac{\partial u}{\partial t} + \alpha \frac{\partial^2 u}{\partial X_l^2} + \frac{\lambda \eta}{\omega} \frac{\partial^2 u}{\partial X_l \partial Y_m} + \beta \frac{\partial^2 u}{\partial Y_m^2} + \gamma |u|^2 u = 0 \tag{3-71b}$$

这里只讨论几种特殊的情况,当 FPU 晶格为各向同性的四方晶格,有 $a = b = a_0$, $\alpha_l = \alpha_m = \alpha_0$, $\alpha = \beta = \frac{a_0^2}{8\omega}(3\cos ka_0 - 1)$, $\frac{\lambda \eta}{\omega} = \frac{a_0^2}{4\omega}(\cos ka_0 + 1)$, $k_l = k_m = k$,式(3-71)变为

$$\frac{a_0^2}{4}(3\cos ka_0 - 1) \left(\frac{\partial^2}{\partial X_l^2} + 2\frac{\cos ka_0 + 1}{3\cos ka_0 - 1} \frac{\partial^2}{\partial X_l \partial Y_m} + \frac{\partial^2}{\partial Y_m^2} \right) - 8\alpha_0 a_0 \cos ka_0 \left(\frac{\partial}{\partial X_l} + \frac{\partial}{\partial Y_m} \right) |u|^2$$

$$\tag{3-72a}$$

$$\mathrm{i}\frac{\partial u}{\partial t}+\frac{a_0^2}{8\omega}(3\cos ka_0-1)\left(\frac{\partial^2}{\partial X_l^2}+2\frac{\cos ka_0+1}{3\cos ka_0-1}\frac{\partial^2}{\partial X_l\partial Y_m}+\frac{\partial^2}{\partial Y_m^2}\right)u+\gamma\mid u\mid^2u=0$$

$$(3-72\mathrm{b})$$

当 $k=\pm\dfrac{\pi}{2a_0}$ 时,式(3-72a)和式(3-72b)可改写为

$$-\frac{a_0}{4}\left(\frac{\partial}{\partial X_l}-\frac{\partial}{\partial Y_m}\right)^2u_0=0 \qquad(3-73\mathrm{a})$$

$$\mathrm{i}\frac{\partial u}{\partial t}-\frac{a_0^2}{8\omega}\left(\frac{\partial}{\partial X_l}-\frac{\partial}{\partial Y_m}\right)^2u+\gamma\mid u\mid^2u=0 \qquad(3-73\mathrm{b})$$

式中,$\gamma=-\dfrac{a_0^2}{8\omega}>0$。

引入变换 $X_l=X(r,s)=r+s,\ Y_m=Y(r,s)=-r+s$,有

$$\frac{\partial}{\partial r}=\frac{\partial}{\partial X_l}\frac{\partial X_l}{\partial r}+\frac{\partial}{\partial Y_m}\frac{\partial Y_m}{\partial r}=\left(\frac{\partial}{\partial X_l}-\frac{\partial}{\partial Y_m}\right),\ \frac{\partial}{\partial s}=\frac{\partial}{\partial X_l}\frac{\partial X_l}{\partial s}+\frac{\partial}{\partial Y_m}\frac{\partial Y_m}{\partial s}=\left(\frac{\partial}{\partial X_l}+\frac{\partial}{\partial Y_m}\right)$$

式(3-73)变为

$$-\frac{a_0^2}{4}\frac{\partial^2u_0}{\partial r^2}=0 \qquad(3-74\mathrm{a})$$

$$\mathrm{i}\frac{\partial u}{\partial s}-\frac{a_0^2}{8\omega}\frac{\partial^2u}{\partial r^2}+\gamma\mid u\mid^2u=0 \qquad(3-74\mathrm{b})$$

对式(3-74a)积分并令积分常数为零,有 $u_0=0$。设式(3-74b)有 $u=u(r)\mathrm{e}^{-\mathrm{i}s}$ 形式的解,因此有

$$u(r,s,t)=\sqrt{c}\tanh\left[\frac{4}{a_0}\sqrt{\mid\alpha_0\mid c}\,(r-vt)\right]\mathrm{e}^{-\mathrm{i}\frac{4\omega v}{a_0^2}(r-vt)+\mathrm{i}\omega t-\mathrm{i}s} \qquad(3-75)$$

将变换 $r=\dfrac{X_l-Y_m}{2},s=\dfrac{X_l-Y_m}{2}$ 代入式(3-75) 得

$$u(l,m,t)=\sqrt{c}\tanh\left\{\delta_0\left[(l-m)a_0-vt\right]\right\}\mathrm{e}^{-\mathrm{i}(\delta_1la_0+\delta_2ma_0-\delta_3t)} \qquad(3-76)$$

式中,c 和 v 是积分常数,$\delta_0=\dfrac{2}{a_0}\sqrt{2\mid\alpha_0\mid c}$,$\delta_1=\dfrac{1}{2}+\dfrac{2\omega v}{a_0^2}$,$\delta_2=\dfrac{1}{2}-\dfrac{2\omega v}{a_0^2}$,$\delta_3=\omega+\dfrac{4\omega v^2}{a_0^2}+\dfrac{a_0^2}{8\omega}$。

式(3-76)具有如图3-11所示的形状。

由图3-11可知,当 $k=\pm\pi/2a_0$ 时,二维非线性单原子 α-FPU 晶格在准分立近似下有二维暗分立孤子链和二维暗分立线呼吸子,且它们在布里渊区沿着 $k_l=k_m=k$ 方向移动。

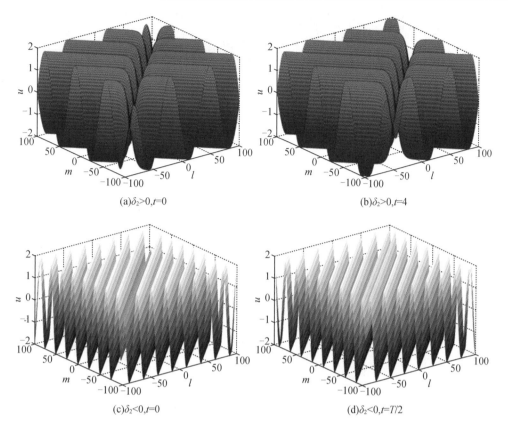

(a)$\delta_2>0,t=0$　　　　　　　　　　　　　　(b)$\delta_2>0,t=4$

(c)$\delta_2<0,t=0$　　　　　　　　　　　　　　(d)$\delta_2<0,t=T/2$

图 3-11　二维非线性单原子 α-FPU 晶格振动中的二维暗分立孤子链和二维暗分立线呼吸子

2. 二维非线性单原子 β-FPU 晶格振动中二维亮分立孤子链和二维亮分立线呼吸子的行为

二维非线性单原子 β-FPU 晶格系统的振动方程为

$$\ddot{u}_{l,m} = (u_{l+1,m} + u_{l-1,m} - 2u_{l,m}) + \beta_l[(u_{l+1,m} - u_{l,m})^3 + (u_{l-1,m} - u_{l,m})^3] +$$
$$(u_{l,m+1} + u_{l,m-1} - 2u_{l,m}) + \beta_m[(u_{l,m+1} - u_{l,m})^3 + (u_{l,m-1} - u_{l,m})^3] \qquad (3-77)$$

讨论过程与前述类似,得

$$2\omega\left(\alpha\frac{\partial^2 u_0}{\partial X_l^2} + \frac{\lambda\eta}{\omega}\frac{\partial^2 u_0}{\partial X_l \partial Y_m} + \beta\frac{\partial^2 u_0}{\partial Y_m^2}\right) = 0 \qquad (3-78a)$$

$$\mathrm{i}\frac{\partial u}{\partial t} + \alpha\frac{\partial^2 u}{\partial X_l^2} + \frac{\lambda\eta}{\omega}\frac{\partial^2 u}{\partial X_l \partial Y_m} + \beta\frac{\partial^2 u}{\partial X_l \partial Y_m} + \gamma|u|^2 u = 0 \qquad (3-78b)$$

同样有 $a = b = a_0$, $\beta_l = \beta_m = \beta_0$, $\alpha = \beta = \dfrac{a_0^2}{8\omega}(3\cos ka_0 - 1)$, $\dfrac{\lambda\eta}{\omega} = \dfrac{a_0^2}{4\omega}(\cos ka_0 + 1)$ 和 $k_x = k_y = k$, 式(3-78a)可改写为

$$\frac{a_0^2}{4}(3\cos ka_0 - 1)\left(\frac{\partial^2}{\partial X_l^2} + 2\frac{\cos ka_0 + 1}{3\cos ka_0 - 1}\frac{\partial^2}{\partial X_l \partial Y_m} + \frac{\partial^2}{\partial Y_m^2}\right) = 0 \qquad (3-79a)$$

$$i \frac{\partial u}{\partial t} + \frac{a_0^2}{4} (3\cos ka_0 - 1) \left(\frac{\partial^2}{\partial X_l^2} + 2 \frac{\cos ka_0 + 1}{3\cos ka_0 - 1} \frac{\partial^2}{\partial X_l \partial Y_m} + \frac{\partial^2}{\partial Y_m^2} \right) u + \gamma |u|^2 u = 0 \quad (3-79b)$$

当 $k = \pm \frac{\pi}{2a_0}$ 时，式（3 - 79）变为

$$-\frac{a_0^2}{4} \left(\frac{\partial}{\partial X_l} - \frac{\partial}{\partial Y_m} \right)^2 u_0 = 0 \quad (3-80a)$$

$$i \frac{\partial u}{\partial t} + \frac{a_0^2}{8\omega} \left(\frac{\partial}{\partial X_l} - \frac{\partial}{\partial Y_m} \right)^2 u + \gamma |u|^2 u = 0 \quad (3-80b)$$

式中，$\gamma = -\frac{24K\beta_0}{M\omega} < 0$。

引入变换 $X_l = X(r, s) = r + s$，$Y_m = Y(r, s) = -r + s$，得

$$\frac{\partial}{\partial r} = \frac{\partial}{\partial X_l} \frac{\partial X_l}{\partial r} + \frac{\partial}{\partial Y_m} \frac{\partial Y_m}{\partial r} = \left(\frac{\partial}{\partial X_l} - \frac{\partial}{\partial Y_m} \right), \frac{\partial}{\partial s} = \frac{\partial}{\partial X_l} \frac{\partial X_l}{\partial s} + \frac{\partial}{\partial Y_m} \frac{\partial Y_m}{\partial s} = \left(\frac{\partial}{\partial X_l} + \frac{\partial}{\partial Y_m} \right)$$

所以式（3 - 80b）最后变为

$$-\frac{a_0^2}{4} \frac{\partial^2 u_0}{\partial r^2} = 0 \quad (3-81a)$$

$$i \frac{\partial u}{\partial t} + \frac{a_0^2}{8\omega} \frac{\partial^2 u}{\partial r^2} + \gamma |u|^2 u \quad (3-81b)$$

有解

$$u(r, s, t) = \sqrt{c} \operatorname{sech} \left[\frac{4}{a_0} \sqrt{6\beta_0 c} (r - vt) \right] e^{-i \frac{4\omega v}{a_0^2}(r - vt) + i\omega t - is} \quad (3-82)$$

进而

$$u(l, m, t) = \sqrt{c} \operatorname{sech} \left\{ \delta_0 \left[(l - m) a_0 - vt \right] \right\} e^{-i(\delta_1 l a_0 + \delta_2 m a_0 - \delta_3 t)} \quad (3-83)$$

式中，c 和 v 为积分参数；$\delta_0 = \frac{2}{a_0} \sqrt{6\beta_0 c}$；$\delta_1 = \frac{1}{2} + \frac{2\omega v}{a_0^2}$；$\delta_2 = \frac{1}{2} - \frac{2\omega v}{a_0^2}$；$\delta_3 = \omega + \frac{4\omega v^2}{a_0^2} + \frac{a_0^2}{8\omega}$。

式（3 - 83）具有如图 3 - 12 所示的形状。

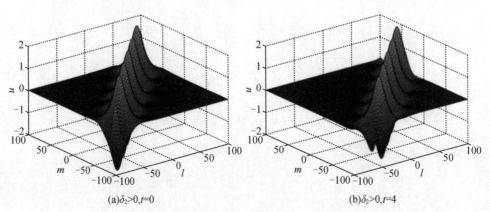

(a)$\delta_2 > 0, t = 0$ (b)$\delta_2 > 0, t = 4$

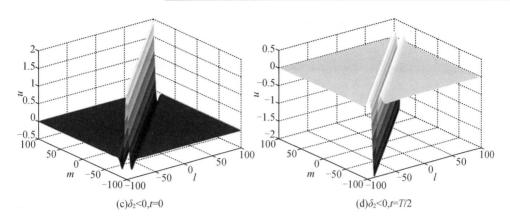

(c)$\delta_2<0,t=0$　　　　　　　　　　　　(d)$\delta_2<0,t=T/2$

图 3 – 12　二维非线性单原子 β – FPU 晶格振动中的二维亮分立孤子链和二维亮分立线呼吸子

由图 3 – 12 可知,当 $k = \pm \pi/2a_0$ 时,二维非线性单原子 β – FPU 晶格在准分立近似下具有二维亮分立孤子链和二维亮分立线呼吸子,且它们在布里渊区沿着 $k_l = k_m = k$ 方向运动。

3. 二维非线性单原子 $\alpha\&\beta$ – FPU 晶格振动中二维亮、暗分立孤子链,二维亮、暗分立线呼吸子,二维亮、暗分立呼吸子的行为

二维非线性单原子 $\alpha\&\beta$ – FPU 晶格系统的振动方程为

$$
\begin{aligned}
M\ddot{u}_{l,m} = {}& (u_{l+1,m} + u_{l-1,m} - 2u_{l,m}) + (u_{l,m+1} + u_{l,m-1} - 2u_{l,m}) + \\
& \alpha_l \big[(u_{l+1,m} - u_{l,m})^2 - (u_{l-1,m} - u_{l,m})^2 \big] + \\
& \alpha_m \big[(u_{l,m+1} - u_{l,m})^2 - (u_{l,m-1} - u_{l,m})^2 \big] + \\
& \beta_l \big[(u_{l+1,m} - u_{l,m})^3 - (u_{l-1,m} - u_{l,m})^3 \big] \times \\
& \beta_m \big[(u_{l,m+1} - u_{l,m})^3 - (u_{l,m-1} - u_{l,m})^3 \big]
\end{aligned}
\tag{3 – 84}
$$

讨论过程与前文类似,得

$$
\frac{a_0^2}{4}(3\cos ka_0 - 1)\left(\frac{\partial^2}{\partial X_l^2} + 2\frac{\cos ka_0 + 1}{3\cos ka_0 - 1}\frac{\partial^2}{\partial X_l \partial Y_m} + \frac{\partial^2}{\partial Y_m^2} \right) - 8\alpha_0 a_0 \cos ka_0 \left(\frac{\partial}{\partial X_l} + \frac{\partial}{\partial Y_m} \right) |u|^2
\tag{3 – 85a}
$$

$$
i\frac{\partial u}{\partial t} + \frac{a_0^2}{8\omega}(3\cos ka_0 - 1)\left(\frac{\partial^2}{\partial X_l^2} + 2\frac{\cos ka_0 + 1}{3\cos ka_0 - 1}\frac{\partial^2}{\partial X_l \partial Y_m} + \frac{\partial^2}{\partial Y_m^2} \right)u + \gamma |u|^2 u = 0
\tag{3 – 85b}
$$

式中,$\gamma = \dfrac{4\alpha_l}{\omega}\cot\left(\dfrac{k_l a}{2}\right)(\cos k_l a - 1)\sin k_l a + \dfrac{4\alpha_l}{\omega}\cot\left(\dfrac{k_m b}{2}\right)(\cos k_m b - 1)\sin k_m b +$

$\dfrac{4\beta_l}{\omega}\big[\sin^2 k_l a(\cos k_l a - 1) + 2(\cos k_l a - 1)^2(2\cos k_l a - 1) \big] + \dfrac{4\beta_m}{\omega}\big[\sin^2 k_m b(\cos k_m b - 1) +$

$2(\cos k_m b - 1)^2(2\cos k_m b - 1) \big]$。

当 $k = \pm \pi/2a_0$ 时,式(3 – 85 a)和式(3 – 85b)变为

$$-\frac{a_0^2}{4}\left(\frac{\partial}{\partial X_l}-\frac{\partial}{\partial Y_m}\right)^2 u_0 = 0 \tag{3-86a}$$

$$\mathrm{i}\,\frac{\partial u}{\partial t}+\frac{a_0^2}{8\omega}\left(\frac{\partial}{\partial X_l}-\frac{\partial}{\partial Y_m}\right)^2 u+\gamma \tag{3-86b}$$

式中，$\gamma = -8(\alpha_0-3\beta_0)/\omega$。

引入变换 $X_l = X(r,s) = r+s$，$Y_m = Y(r,s) = -r+s$，则 $\frac{\partial}{\partial r} = \frac{\partial}{\partial X_l}\frac{\partial X_l}{\partial r}+\frac{\partial}{\partial Y_m}\frac{\partial Y_m}{\partial r} = \left(\frac{\partial}{\partial X_l}-\frac{\partial}{\partial Y_m}\right)$，$\frac{\partial}{\partial s} = \frac{\partial}{\partial X_l}\frac{\partial X_l}{\partial s}+\frac{\partial}{\partial Y_m}\frac{\partial Y_m}{\partial s} = \left(\frac{\partial}{\partial X_l}+\frac{\partial}{\partial Y_m}\right)$。所以式(3-86)变为

$$-\frac{a_0^2}{4}\,\frac{\partial^2 u_0}{\partial r^2} = 0 \tag{3-87a}$$

$$\mathrm{i}\,\frac{\partial u}{\partial t}+\frac{a_0^2}{8\omega}\,\frac{\partial^2 u}{\partial r^2}+\frac{8(\alpha_0-3\beta_0)}{\omega}\,|u|^2 u = 0 \tag{3-87b}$$

如果 $\alpha_0 < 3\beta_0$，式(3-87b)有二维亮分立孤子链；如果 $\alpha_0 > 3\beta_0$，式(3-87b)有二维暗分立孤子链和二维暗分立线呼吸子。

当 $k = \pm\pi/a_0$ 时，式(3-86)变为

$$\mathrm{i}\,\frac{\partial u}{\partial t}+\alpha\,\frac{\partial^2 u}{\partial X_l^2}+\beta\,\frac{\partial^2 u}{\partial Y_m^2}+\gamma\,|u|^2 u = 0 \tag{3-88}$$

式中，$\alpha = \beta = -a_0^2/2\omega$；$\gamma = -32(\alpha_0-6\beta_0)/\omega$。

式(3-88)是标准的三次非线性薛定谔方程，当 $k = \pm\pi/a_0$，$\alpha_0 > 6\beta_0$ 时，$\alpha\beta > 0$ 及 $\alpha\gamma > 0$，式(3-88)有如下解：

$$u(X_l,Y_m,t) = \pm A_0 \mathrm{sech}\left(B_0\sqrt{(la-\lambda t)^2+(mb-\eta t)^2}\right)\times$$

$$\cos[la+mb+(\Omega-2\omega)t] \tag{3-89}$$

式(3-89)具有如图3-13所示的形状。

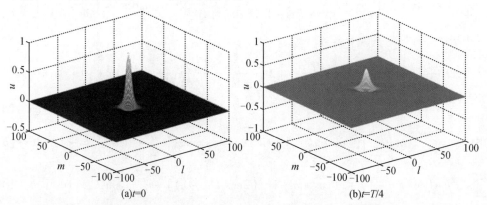

(a)$t=0$ (b)$t=T/4$

图3-13　二维非线性单原子 $\alpha\&\beta$-FPU 晶格振动中的二维亮分立呼吸子

由图 3 – 13 可知,当 $k = \pi/a_0$,$\alpha_0 > 6\beta_0$ 时,二维非线性单原子 $\alpha\&\beta$ – FPU 晶格振动在准分立极限近似下有二维亮分立呼吸子,并在布里渊区沿着 $k_l = k_m = k$ 方向运动。

当 $k = \pi/a_0$,$\alpha_0 < 6\beta_0$ 时,则 $\alpha\beta > 0$ 及 $\alpha\gamma < 0$,式(3 – 88)有如下解:

$$u(X_l, Y_m, t) = \pm A_0 \tanh\left(B_0 \sqrt{(la - \lambda t)^2 + (mb - \eta t)^2}\right) \cos\left[la + mb + (\Omega - 2\omega)t\right]$$

$$(3-90)$$

式(3 – 90)具有如图 3 – 14 所示的形状。

由图 3 – 14 可知,当 $k = \pm\pi/a_0$,$\alpha_0 < 6\beta_0$ 时,二维非线性单原子 $\alpha\&\beta$ – FPU 晶格在准分立近似下具有二维暗分立呼吸子,并在布里渊区沿着 $k_l = k_m = k$ 方向运动。

由上面的讨论可知,二维非线性单原子 α – FPU 晶格振动中只存在二维暗分立孤子链和二维暗分立线呼吸子;二维非线性单原子 β – FPU 晶格振动中只存在二维亮分立孤子链和二维亮分立线呼吸子;而二维非线性单原子 $\alpha\&\beta$ – FPU 晶格振动中则除了存在上述的二维亮、暗分立孤子链和二维亮、暗分立线呼吸子外还有二维亮、暗分立呼吸子。

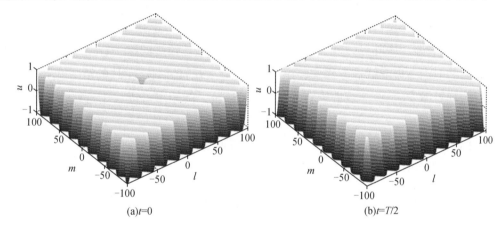

(a)$t=0$　　　　　　　　　　(b)$t=T/2$

图 3 – 14　二维非线性单原子 $\alpha\&\beta$ – FPU 晶格振动中的二维暗分立呼吸子

3.2.4　二维分立双原子 FPU 晶格振动中局域模的行为

本小节中只考虑二维各向同性的双原子 FPU 晶格振动的情况,同一维一样,也从二维双原子 $\alpha\&\beta$ – FPU 晶格入手。考虑最近邻相互作用,该系统的振动方程可写为

$$
\begin{aligned}
m \frac{d^2}{dt^2} v_{l,n} =\ & K(2w_{l,n} + w_{l,n-1} + w_{l-1,n} - 4v_{l,n}) + \\
& \alpha\left[(w_{l,n} - v_{l,n})^2 - (w_{l-1,n} - v_{l,n})^2\right] + \\
& \alpha\left[(w_{l,n} - v_{l,n})^2 - (w_{l,n-1} - v_{l,n})^2\right] + \\
& \beta\left[(w_{l,n} - v_n)^3 + (w_{l-1,n} - v_{l,n})^3\right] + \\
& \beta\left[(w_{l,n} - v_n)^3 + (w_{l,n-1} - v_{l,n})^3\right]
\end{aligned}
$$

$$(3-91)$$

$$M \frac{\mathrm{d}^2}{\mathrm{d}t^2} w_{l,n} = K(2v_{l,n} + v_{l+1,n} + v_{l,n-1} - 4w_{l,n}) -$$

$$\alpha \left[(v_{l,n} - w_{l,n})^2 - (v_{l+1,n} - w_{l,n})^2 \right] -$$

$$\alpha \left[(v_{l,n} - w_{l,n})^2 - (v_{l,n+1} - w_{l,n})^2 \right] +$$

$$\beta \left[(v_{l,n} - w_n)^3 + (v_{l+1,n} - w_{l,n})^3 \right] +$$

$$\beta \left[(v_{l,n} - w_n)^3 + (v_{l,n+1} - w_{l,n})^3 \right] \qquad (3-92)$$

式(3-91)和式(3-92)的线性色散关系为

$$\omega_\pm(q) = \left\{ I + J \pm \left[(I+J)^2 - 4IJ\sin^2(qa) \right]^{\frac{1}{2}} \right\}^{\frac{1}{2}} \qquad (3-93)$$

式中，$I = 2K/m$；$J = 2K/M$；负号（正号）表示声波（光波）模型。在波数 $q = 0$ 时，频谱的下限 $\omega_-(0) = 0$ 为声频模；而上限 $\omega_+ = \omega_3 = \left[2(I+J) \right]^{\frac{1}{2}}$ 为光频模。在波数 $q = \pi/2a$ 时，存在一个禁带频率，这个频率位于声频模的上限 $\omega(\pi/a) = \omega_1 = \sqrt{2J}$ 和光频模的下限 $\omega_+(\pi/a) = \sqrt{2I}$ 之间。禁带频率的宽度是 $\sqrt{2I} - \sqrt{2J} = \sqrt{4K}(1/\sqrt{m} - 1/\sqrt{M})$。在线性理论中，格波的振幅是常数，而当波的频率 ω 满足 $\omega_1 < \omega < \omega_2$ 和 $\omega > \omega_3$ 时，线性波不能传播，并且被衰减。因此，这些区间是线性波的"禁带"。频谱的这一特性来源于系统的分立性。然而当考虑非线性方程式(3-91)和式(3-92)的时候，上述的结论就不再适用了。作为局域激发，一些非线性模可以出现，同时振子的频率可以位于这些声子谱的禁带当中。

下面采用多重尺度方法来研究二维分立的双原子晶格的情况。类似地，在准分立近似下采用多重尺度方法，得到

$$\mathrm{i} \frac{\partial}{\partial t} \Theta^\pm + \frac{1}{2} \alpha_\pm \frac{\partial}{\partial r_{l,n}^\pm} \frac{\partial}{\partial r_{l,n}^\pm} \Theta^\pm + \beta_\pm \Theta^\pm \frac{\partial}{\partial r_0^\pm} \Theta_0^\pm + \gamma_\pm |\Theta^\pm|^2 \Theta^\pm = 0 \qquad (3-94)$$

$$\delta_\pm \frac{\partial}{\partial r_{l,n}^\pm} \frac{\partial}{\partial r_0^\pm} \Theta_0^\pm + \sigma_\pm \frac{\partial}{\partial r_{l,n}^\pm} |\Theta^\pm|^2 = 0 \qquad (3-95)$$

式中，$r_n^\pm = (l+n)a - V_g^\pm t$；正号（负号）对应光频模（声频模）。

当 $q = 0$ 时，有

$$\omega_+ = \omega_3 = \left[2K\left(\frac{1}{m} + \frac{1}{M} \right) \right], V_g^+ = 0, r_{l,n}^+ = (l+n)a = r_{l,n}$$

$$\alpha_+ = -\frac{Ka^2}{(M+m)\omega_3}, \beta_+ = -\frac{\alpha\omega_3 a}{2K}, \gamma_+ = -\frac{3\beta\omega_3(1+m/M)^2}{2K}$$

$$\delta_+ = \frac{4K^2 a^2}{Mm}, \sigma_+ = \frac{16K\alpha a(1+m/M)^2}{Mm}$$

因此式(3-94)和式(3-95)的正号可写成

$$\mathrm{i} \frac{\partial}{\partial t} \widetilde{\Theta}^+ + \frac{1}{2} \alpha_+ \frac{\partial^2}{\partial r_{l,n}^2} \widetilde{\Theta}^+ + \widetilde{\gamma}_+ |\widetilde{\Theta}^+|^2 \widetilde{\Theta}^+ = 0 \qquad (3-96)$$

$$\frac{\partial}{\partial r_{l,n}}\widetilde{\Theta}_0^+ = -\frac{\sigma_+}{\delta_+}|\widetilde{\Theta}^+|^2 + C_1 \tag{3-97}$$

式中, $\widetilde{\Theta}^+ = \Theta^+ e^{-i\beta_+ C_1 t}$; C_1 为积分常数, 而且有

$$\widetilde{\gamma}_+ = \gamma_+ - \beta_+\frac{\sigma_+}{\delta_+} = \frac{2\beta\omega_3}{K}\left(1+\frac{m}{M}\right)\left(\frac{2\alpha^2}{K\beta}-\frac{3}{4}\right) \tag{3-98}$$

当 $\widetilde{\gamma}_+ < 0$ 时, 式(3-96)是标准的非线性薛定谔方程, 此时有 $\frac{\alpha^2}{K\beta} < \frac{3}{4}$, 方程有如下的解:

$$\widetilde{\Theta}^+ = \left(\frac{\alpha_+}{\widetilde{\gamma}_+}\right)^{\frac{1}{2}}\eta_0 \text{sech}\left[\eta_0\left(r_{l,n}-r_{l_0,n_0}\right)\right] \times \exp\left[-i\frac{1}{2}|\alpha_+|\eta_0^3 t - i\phi_0\right] \tag{3-99}$$

式中, η_0, ϕ_0 和 $x_{l_0,n_0} = (l_0+n_0)a$ 为常数; l_0 和 n_0 为任意积分常数。

由式(3-97)可得

$$\Theta_0^+ = -\frac{\sigma_+\alpha_+}{\delta_+\widetilde{\gamma}_+}\eta_0 \tanh\left[\eta_0\left(r_{l,n}-r_{l_0,n_0}\right)\right] \tag{3-100}$$

式(3-100)是在常数 $C_1 = 0$ 时推得的。而晶格振动的位移为

$$\begin{aligned} v_{l,n}(t) = &-\frac{\sigma_+\alpha_+}{\delta_+\widetilde{\gamma}_+}\eta_0 \tanh\left[\eta_0(l+n-m_0)a\right] + \\ &2\left(\frac{\alpha_+}{\widetilde{\gamma}_+}\right)^{\frac{1}{2}}\eta_0 \text{sech}\left[\eta_0(l+n-m_0)a\right]\cos(\Omega_{31}t+\phi_0) \end{aligned} \tag{3-101}$$

$$\begin{aligned} w_{l,n}(t) = &-\frac{\sigma_+\alpha_+}{\delta_+\widetilde{\gamma}_+}\eta_0 \tanh\left[\eta_0(l+n-m_0)a\right] + \\ &2\frac{m}{M}\left(\frac{\alpha_+}{\widetilde{\gamma}_+}\right)^{\frac{1}{2}}\eta_0 \text{sech}\left[\eta_0(l+n-m_0)a\right]\cos(\Omega_{31}t+\phi_0) \end{aligned} \tag{3-102}$$

式中, $m_0 = l_0+n_0$ 且

$$\Omega_{31} = \omega_3 + \frac{1}{2}|\alpha_+|\eta_0^2 \tag{3-103}$$

式(3-101)和式(3-102)具有如图3-15所示的形状。

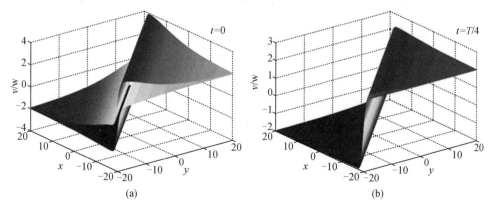

(a)　　　　　　　　　　　　　　(b)

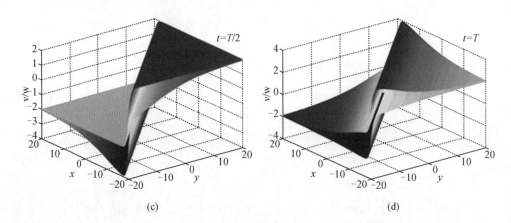

图3-15　二维分立双原子晶格振动中的扭结封皮线呼吸子（$n_0 = \phi_0 = 0, \eta_0 = 1, \delta_+ = 0.2$，

$\sigma_+ = -2, \alpha_+ = -0.4, \hat{\gamma}_+ = -2, a = 0.01, \Omega_{31} = 4, m/M = 0.5$）

由图3-15可知，在$q = 0$时，二维分立双原子晶格振动中存在两个静止的光频模扭结封皮孤子，再由式(3-103)，可知这两个孤子的频率都高于光频模频率的上限，同时奇数原子和偶数原子的振动方向是相反的。所以说，当$q = 0$时，二维双原子晶格振动中存在高频光频模扭结封皮呼吸子。这是三次和四次非线性势共同作用的结果。

1. 二维分立双原子β - FPU晶格振动中各种封皮呼吸子的行为

当三次非线性参数$\alpha = 0$时，表示只有四次非线性势的作用，此时式(3-101)和式(3-102)中的第一项都为零，其解具有如图3-16所示的形状。

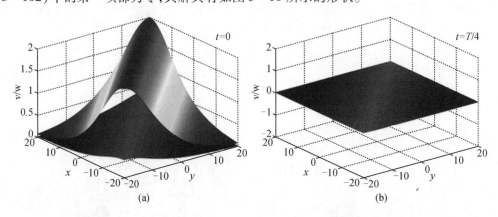

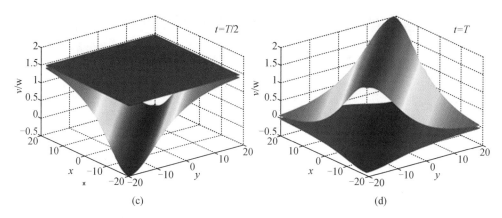

图 3 – 16　二维分立双原子 β – FPU 晶格振动中静止的封皮线呼吸子（$n_0 = \phi_0 = 0, \eta_0 = 1,$

$\delta_+ = 0.2, \sigma_+ = -2, \alpha_+ = -0.4, \hat{\gamma}_+ = -2, a = 0.01, \Omega_{31} = 4, m/M = 0.5$）

这说明，在 $q = 0$ 时，二维分立双原子 β – FPU 晶格中产生静止的封皮线呼吸子（封皮函数为静止呼吸子）。比较上述两种情况，不难知道，二维分立双原子晶格的三次非线性势作用是静止的扭结线孤子，它的作用是使四次非线性势作用发生扭曲。

2. 二维分立双原子 $\alpha \& \beta$ – FPU 晶格振动中局域模的行为

（1）当 $q = 0, \hat{\gamma}_+ > 0$ 时，式（3 –96）有暗孤子解：

$$\widetilde{\Theta}^+ = \left(\frac{|\alpha_+|}{\hat{\gamma}_+}\right)^{\frac{1}{2}} \eta_0 \tanh[\eta_0(r_{l,n} - r_{l_0,n_0})] \exp[\mathrm{i}|\alpha_+|\eta_0^2 t - \mathrm{i}\phi_0] \qquad (3 – 104)$$

类似地，有

$$\Theta_0^+ = \frac{\sigma_+ |\alpha_+|}{\delta_+ \hat{\gamma}_+} \eta_0 \tanh[\eta_0(r_{l,n} - r_{l_0,n_0})] \qquad (3 – 105)$$

这时晶格位移具有如下的形式：

$$\begin{aligned} v_{l,n}(t) = &\frac{\sigma_+ |\alpha_+|}{\delta_+ \hat{\gamma}_+} \eta_0 \tanh[\eta_0(l + n - m_0)a] + \\ &2\left(\frac{|\alpha_+|}{\hat{\gamma}_+}\right)^{\frac{1}{2}} \eta_0 \tanh[\eta_0(l + n - m_0)a] \cos(\Omega_{32}t + \phi_0) \end{aligned} \qquad (3 – 106)$$

$$\begin{aligned} w_{l,n}(t) = &\frac{\sigma_+ |\alpha_+|}{\delta_+ \hat{\gamma}_+} \eta_0 \tanh[\eta_0(l + n - m_0)a] - \\ &2\frac{m}{M}\left(\frac{|\alpha_+|}{\hat{\gamma}_+}\right)^{\frac{1}{2}} \eta_0 \tanh[\eta_0(l + n - m_0)a] \cos(\Omega_{32}t + \phi_0) \end{aligned} \qquad (3 – 107)$$

式中

$$\Omega_{32} = \omega_3 - \frac{|\alpha_+||\gamma_+|}{\hat{\gamma}_+} \eta_0^2 \qquad (3 – 108)$$

式（3 –106）和式（3 –107）具有如图 3 –17 所示的形状。根据奇数原子和偶数原子的振动沿相反的方向，可以知道这两个呼吸子为光频模呼吸子。而从其形状看为扭结呼吸子，这种情况下三次非线性参数 $\alpha \neq 0$，而且比第一种情况还要大，说明此时三次非线性势的作用也较前者大,由于 $\gamma_+ < 0$,所以由式(3-108)可知,呼吸子的频率仍在声子能带之上。

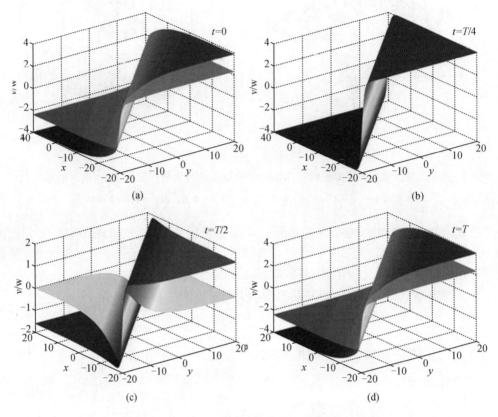

图 3-17　二维分立双原子 $\alpha\&\beta$-FPU 晶格振动中静止的扭结封皮呼吸子($n_0 = \phi_0 = 0$, $\eta_0 = 1$, $\delta_+ = 0.2$, $\sigma_+ = -2$, $\alpha_+ = -0.4$, $\hat{\gamma}_+ = +2$, $a = 0.01$, $\Omega_{31} = 4$, $m/M = 0.5$)

(2)光频模下限频率($q = \pi/2a$ 边界区域光频模)情况的非线性效应

当 $q = \pi/2a$ 时,有 $\omega_+ = \omega_2 = \sqrt{4K/m}$, $V_g^+ = 0$, $r_{l,n}^+ = (l+n)a = r_{l,n}$, $\alpha_+ = 2Ka^2/2\,(M-m)\omega_2$, $\beta_+ = -\alpha\omega_2 a/2K$, $\gamma_+ = -3\beta\omega_2/2K$, $\delta_+ = 4K^2a^2/Mm$, $\sigma_+ = 16K\alpha a/Mm$。

而这时有

$$\hat{\gamma}_+ = \frac{2\beta}{K}\omega_2\left(\frac{\alpha^2}{K\beta} - \frac{3}{4}\right) \tag{3-109}$$

而式(3-96)只有在 $\hat{\gamma}_+ > 0$ 的时候,才是非线性薛定谔方程,当 $\hat{\gamma}_+ < 0$ 时,此方程现在还没有解,所以只讨论前者。这种情况有

$$\frac{\alpha^2}{K\beta} > \frac{3}{4} \tag{3-110}$$

这也说明在这种情况时,三次非线性参数 α 不能为零,也就是三次、四次非线性势作用在这种情况下必须同时存在。因此式(3-45)和式(3-46)有如下解的形式:

$$\Theta^+ = \left(\frac{\alpha_+}{\widetilde{\gamma}_+}\right)^{\frac{1}{2}} \eta_0 \mathrm{sech}\left[\eta_0\left(r_{l,n} - r_{l_0,n_0}\right)\right] \exp\left[\mathrm{i}\,\frac{1}{2}\alpha_+ \eta_0^2 t - \mathrm{i}\phi_0\right] \qquad (3-111)$$

$$\Theta_0^+ = -\frac{\sigma_+ \alpha_+}{\delta_+ \widetilde{\gamma}_+} \eta_0 \tanh\left[\eta_0\left(r_{l,n} - r_{l_0,n_0}\right)\right] \qquad (3-112)$$

晶格振动的位移为

$$v_{l,n}(t) = -\frac{\sigma_+ \alpha_+}{\delta_+ \widetilde{\gamma}_+} \eta_0 \tanh\left[\eta_0\left(l+n-m_0\right)a\right] + 2(-1)^{l+n}\left(\frac{\alpha_+}{\widetilde{\gamma}_+}\right)^{\frac{1}{2}} \eta_0 \mathrm{sech}\times$$
$$\left[\eta_0\left(l+n-m_0\right)a\right]\cos(\Omega_{21}t + \phi_0) \qquad (3-113)$$

$$w_{l,n}(t) = -\frac{\sigma_+ \alpha_+}{\delta_+ \widetilde{\gamma}_+} \eta_0 \tanh\left[\eta_0\left(l+n-m_0\right)a\right] \qquad (3-114)$$

式中

$$\Omega_{21} = \omega_2 + \frac{1}{2}\alpha_+ \eta_0^2 \qquad (3-115)$$

式(3-113)和式(3-114)具有如图 3-18 所示的形状,而由式(3-115)可知,其频率位于声子频谱中光频模和声频模之间的禁带之内。这个模型的重粒子的位移仅有扭结孤子的部分,但是轻粒子的位移,除了具有扭结孤子部分外,还具有附加的交错振动部分(交错的封皮呼吸子)。这就是被称为非对称光频模低限的禁带封皮呼吸子。振动频率 Ω_{21} 与拨振幅(η_0)之间存在抛物线的关系,同时,重粒子孤子是一个稳定不变的、不传播的孤子,而轻粒子在自己的位置上振动,也就是说这个禁带封皮呼吸子,是由轻粒子提供的,而与重粒子无关。

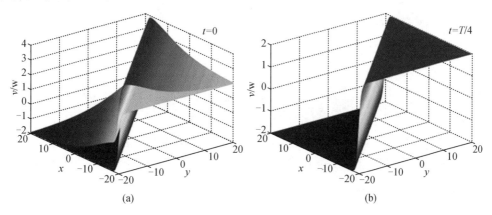

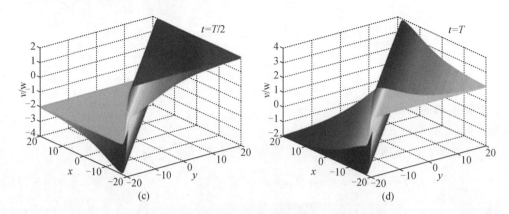

图 3-18　二维分立双原子 $\alpha\&\beta$ – FPU 晶格振动中轻粒子静止的扭结封皮呼吸子,偶数原子
静止的扭结孤子 ($n_0 = \phi_0 = 0$, $\eta_0 = 1$, $\delta_+ = 0.2$, $\sigma_+ = -2$, $\alpha_+ = +0.4$, $\hat{\gamma}_+ = +2$,
$a = 0.01$, $\Omega_{31} = 4$, $m/M = 0.5$)

(3)光频模 $0 < q < \pi/2a$ 情况的非线性效应

对于这种情况,上述四种解的局域振动情况都有,区别是为移动的各封皮呼吸子。

(4)声频模下限频率($q = 0$)情况的非线性效应

当 $q = 0$ 时,有 $\omega_- = \omega_0 = 0$,因此 $\phi_n^- = 0$,这时晶格的振动是一个没有行波的长波模
型,前面利用连续极限近似已经讨论过,这里就不再赘述了。

(5)声频模上限频率($q = \pi/2a$ 声频模边界区域)情况的非线性效应

当 $q = \pi/2a$ 时,有 $\omega_- = \omega_1 = \sqrt{4K/M}$, $V_g^- = 0$, $x_n^- = x_n$, $\alpha_- = -Ka/[\omega_1(M-m)] < 0$, $\beta_- = -\alpha\omega_1 a/(2K)$, $\gamma_- = -3\beta\omega_1/(2K)$, $\delta_- = 4K^2a^2/(Mm)$, $\sigma_- = 16K\alpha a/(Mm)$ 。利用与前述类似
方法可以获得与式(3-96)和式(3-97)具有同样形式的方程,只是将方程中的 Θ_0^+ ,
$\widetilde{\Theta}^+$, σ_+ , δ_+ , α_+ , $\hat{\gamma}_+$ 换成 Θ_0^- , $\widetilde{\Theta}^-$, σ_- , δ_- , α_- , $\hat{\gamma}_-$ 。

$$\hat{\gamma}_- = \gamma_- - \beta_- \frac{\sigma_-}{\delta_-} = \frac{2\beta}{K}\omega_1\left(\frac{\alpha^2}{K\beta} - \frac{3}{4}\right) \tag{3-116}$$

所以存在一个非对称的声频模上限的禁带呼吸子,其频率在声频模和光频模声子光
谱的禁带之间。另外还有一个声频模上限的扭结封皮呼吸子振动模型。具体讨论方法
同上,这里也不再赘述了。

当频率位于声频模频率上限和下限之间的时候,也可以通过类似的讨论方法及过程
进行讨论,同样得到与静止声频模局域振动模型一一对应的传播局域振动模型。

3.3　Klein-Gordon 晶格振动中局域模的行为

本节在准分立近似下采用多重尺度渐进展开的方法分别研究了一维非线性 Klein-
Gordon 晶格和二维非线性 Klein-Gordon 晶格振动的情况,得到了大量的局域模。

3.3.1　一维非线性单原子 Klein-Gordon 晶格振动中局域模的行为

本小节主要讨论在同时具有非线性在位势和非线性相互作用势的一维单原子晶格系统中分立亮呼吸子和分立暗呼吸子的存在及其稳定性。因为这种模型的一般性,它包含包括 FPU 和 Klein-Gordon 等众多非线性晶格系统,所以只要将该模型局域模性质了解清楚了,就可以掌握众多非线性晶格系统的局域特征。

首先用反连续极限方法讨论亮呼吸子和暗呼吸子在这种系统中存在的可能性,紧接着在准分立近似下利用多重尺度方法解析地求出在该系统中这两种局域模存在的具体形式,并讨论在相关参数取特定值时的一些具体的非线性晶格模型的情况,最后对其稳定性进行简要的分析。

该模型的哈密顿函数可写成如下形式:

$$H = \sum_n \left(\frac{1}{2} \dot{u}_n^2 + V(u_n) \right) + \chi W(u) \qquad (3-117)$$

式中,u_n 为第 n 个原子的位移;$V(u_n)$ 为在位势;u 为变量集合 $\{u_n\}$;$\chi W(u)$ 为相互作用势;χ 为描写耦合强度的参数。

假定晶格中所有原子质量都是单位质量,并且初始的 χ 是正的。$W(u)$ 具有如下形式:

$$W(u) = \frac{K_2}{2} \sum_n (u_{n+1} - u_n)^2 + \frac{K_3}{3} \sum_n (u_{n+1} - u_n)^3 + \frac{K_4}{4} \sum_n (u_{n+1} - u_n)^4 + O(u^5)$$

$$(3-118)$$

这个相互作用是吸引势,因为一个变量的非零值使具有相同符号的近邻变量的值趋于增加。在位势由下式给出。

$$V(u_n) = \frac{1}{2} \omega_0^2 u_n^2 + \frac{1}{3} \alpha u_n^3 + \frac{1}{4} \beta u_n^4 + O(u_n^5) \qquad (3-119)$$

式中,ω_0 是线性频率。

其振动方程为

$$\ddot{u}_n = -\omega_0^2 u_n - \alpha u_n^2 - \beta u_n^3 + \chi \{ K_2 (u_{n+1} + u_{n-1} - 2u_n) +$$
$$K_3 (u_{n+1} - u_{n-1})(u_{n+1} + u_{n-1} - 2u_n) + K_4 [(u_{n+1} - u_n)^3 - (u_n - u_{n-1})^3] \}$$

$$(3-120)$$

下面分别利用反连续极限方法和多重尺度方法来讨论这个振动方程的局域模情况。

1. 用反连续极限方法寻找一维非线性单原子 Klein-Gordon 晶格中分立亮呼吸子和分立暗呼吸子存在的证据

采用反连续极限方法来寻求式(3-120)的亮呼吸子和暗呼吸子。这个存在理论是 Aubry 创立的:每一个在连续极限处的解相当于一个编码序列,这个解(编码序列)可以保持其特征不变地延拓到耦合参数 $\chi_c \neq 0$ 的某一个小量。例如,如果编码序列是周期的,延拓函数也必定具有相同周期的周期性;如果编码序列是混沌的,则延拓函数也必定是具有相同拓扑熵的混沌；如果编码序列是准周期的，则延拓函数也必定是准周期的等。

根据上面的理论，如果系统满足反连续极限的条件，则其解将保持其只有在位势存在时解的特征。也就是说，如果只有在位势时解是亮呼吸子或暗呼吸子，则加上相互作用势后其解仍为亮呼吸子或暗呼吸子，只要满足由 MacKay 和 Aubry 提出的如下条件。

（1）具有运动 I_0 轨道是非共振的，如果

$$\omega(I_0) \neq \omega_0/n, n \in N \tag{3-121}$$

这点指的是对于小 α 时，没有与声子形成共振的傅里叶部分。

（2）具有运动 I_0 轨道是非简谐的，如果

$$\beta: \mathrm{d}\omega/\mathrm{d}I(I_0) \neq 0 \tag{3-122}$$

这点指的是频率不随振幅改变而退化。

由于延拓解由编码序列决定，所以必须区分单个振子的三种解的编码序列。根据文献，$\sigma_n = 0$ 对于静止振子（$u_n(t) = 0, \forall t$）；$\sigma_n = +1$ 对应频率为 ω_b 的激发振子且 $u_n(0) > 0$；$\sigma_n = -1f$ 则表示频率为 ω_b 的激发振子且 $u_n(0) < 0$。整个系统在 χ（anti-continuous limit）处的时间可逆解可由编码序列 $\sigma = \{\sigma_n\}$ 来代替。因此，$\sigma = \{0, \cdots, 0, 1, 0, \cdots, 0\}$ 相当于单个呼吸子，而 $\sigma = \{0, \cdots, 0, 1, 1, 0, \cdots, 0\}$ 则代表二位呼吸子（多位呼吸子），它们都是亮呼吸子。相反，$\sigma = \{1, \cdots, 1, 0, 1, \cdots, 1\}$ 则相当于单个的暗呼吸子。同时，考虑每个周期解在相空间都对应一个闭合的轨道。

图 3-19 展示了式（3-117）中单个振子的相图，显示了式（3-120）中的每个方程在反连续极限 $\chi = 0$ 都有一个周期解。它们可以按上述方法进行编码，所以亮呼吸子和暗呼吸子存在是很明显的，因为它们可以通过上述提到的编码 $\sigma = \{0, \cdots, 0, 1, 0, \cdots, 0\}$，$\sigma = \{0, \cdots, 0, 1, 1, 0, \cdots, 0\}$ 和 $\sigma = \{1, \cdots, 1, 0, 1, \cdots, 1\}$ 来获得，因为上述的耦合势已经经过多人证明是满足上述两个条件的。

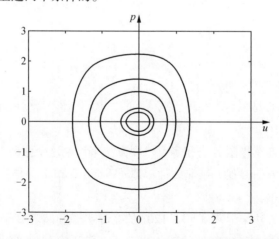

图 3-19 非线性势 $V(u_n) = \frac{1}{2}u_n^2 + \frac{1}{3}u_n^3 + \frac{1}{4}u_n^4$ 在相空间的轨道

2. 准分立近似下用多重尺度方法寻找一维非线性单原子 Klein-Gordon 晶格中分立亮

呼吸子和分立暗呼吸子存在的证据

接下来利用多重尺度方法在准分立近似下讨论式(3 – 120)且 $\chi \neq 0$ 根据准分立近似方法和多重尺度方法假设该方程解可以展成下列渐进式。

$$u_n(t) = \varepsilon u_{n,n}^{(1)}(\xi_n, \tau, \phi_n) + \varepsilon^2 u_{n,n}^2(\xi_n, \tau, \phi_n) + \varepsilon^3 u_{n,n}^3(\xi_n, \tau, \phi_n) + \cdots \quad (3 – 123)$$

式中，ε 为一个小阶参数，表示激发的相关振幅；$\tau = \varepsilon^2 t$；$\xi_n = \varepsilon(na - \lambda t)$ 是多重尺度慢变量，而快变量 $\phi_n = nka - \omega t$ 则表示波数为 k 频率为 ω 的行波相位，a 是晶格常数，λ 是待定参数，相应的 Taylor 展开式为

$$u_{n,n\pm1}^{(\gamma)} = u_{n,n\pm1}^{(\gamma)} \pm \varepsilon a \frac{\partial u_{n,n\pm1}^{(\gamma)}}{\partial \xi_n} + \frac{\varepsilon^2 a^2}{2!} \frac{\partial^2 u_{n,n\pm1}^{(\gamma)}}{\partial \xi_n^2} \pm \frac{\varepsilon^3 a^3}{3!} \frac{\partial^3 u_{n,n\pm1}^{(\gamma)}}{\partial \xi_n^3}$$

$$u_{n\pm1} = \sum_{\gamma=1}^{\infty} \varepsilon^\gamma \left[\sum_{q=0}^{\infty} \frac{1}{q!} \left(\pm \varepsilon a \frac{\partial}{\partial \xi_n} \right)^q u_{n,n\pm1}^{(\gamma)} \right] \quad (3 – 124)$$

引入下列变换：

$$\frac{\mathrm{d}}{\mathrm{d}t} = \varepsilon^2 \frac{\partial}{\partial \tau} - \varepsilon \lambda \frac{\partial}{\partial \xi_n} - \omega \frac{\partial}{\partial \phi_n} \quad (3 – 125\text{a})$$

$$\frac{\mathrm{d}^2}{\mathrm{d}t^2} = \omega^2 \frac{\partial^2}{\partial \phi_n^2} + 2\varepsilon\omega\lambda \frac{\partial^2}{\partial \phi_n \partial \xi_n} + \varepsilon^2 \lambda^2 \frac{\partial^2}{\partial \xi_n^2} - 2\varepsilon^2 \omega \frac{\partial^2}{\partial \phi_n \partial \tau} - 2\varepsilon^3 \lambda \frac{\partial^2}{\partial \tau \partial \xi_n} + \varepsilon^4 \frac{\partial^2}{\partial \tau^2}$$

$$(3 – 125\text{b})$$

通过与前面利用多重尺度方法讨论的类似过程得到

$$\mathrm{i} \frac{\partial A}{\partial \tau} + D_1 \frac{\partial^2 A}{\partial \xi_n^2} + D_2 A |A|^2 = 0 \quad (3 – 126)$$

式中，

$$D_1 = \frac{\chi K_2 a^2 \cos ka - \lambda^2}{2\omega}$$

$$D_2 = \frac{1}{2\omega} \left[16\alpha^2 \left(\frac{\omega_0^2 + 4\chi K_2 \sin^4(ka/2)}{\omega_0^2(3\omega_0^2 + 16\chi K_2 \sin^4(ka/2))} \right) - 3\beta - \frac{64\chi^2 K_2^2 a \sin^4 ka \sin^2(ka/2)}{3\omega_0^2 + 16\chi K_2 \sin^4(ka/2)} + \right.$$
$$\left. \frac{128\chi^2 K_3^2 \sin^3 ka \sin^4(ka/2) \cos ka}{3\omega_0^2 + 16\chi K_2 \sin^4(ka/2)} + 4\chi K_4 \times (\cos ka - 1)(3 - 3\cos ka - \cos 2ka) \right]$$

由于 D_1 和 D_2 必须是实数，式(3 – 126)才是非线性薛谔方程，且有如下形式的解。

（1）当 $D_1 > 0$ 和 $D_2 > 0$ 时，有

$$A = \pm \sqrt{\frac{2|D_1 - \omega_1|}{D_2}} \operatorname{sech} \sqrt{\frac{|D_1 - \omega_1|}{D_1}} (\xi_n - 2D_1 \tau) \mathrm{e}^{\mathrm{i}(\xi_n - \omega_1 \tau)} \quad (3 – 127\text{a})$$

（2）当 $D_1 > 0$ 和 $D_2 < 0$ 时，有

$$A = \pm \sqrt{-\frac{2|D_1 - \omega_1|}{D_2}} \operatorname{csch} \sqrt{\frac{|D_1 - \omega_1|}{D_1}} (\xi_n - 2D_1 \tau) \mathrm{e}^{\mathrm{i}(\xi_n - \omega_1 \tau)} \quad (3 – 127\text{b})$$

（3）当 $D_1 < 0$ 和 $D_2 > 0$ 时，有

$$A = \pm \sqrt{\frac{|D_1 - \omega_1|}{D_2}} \tanh \sqrt{-\frac{|D_1 - \omega_1|}{2D_1}} (\xi_n - 2D_1\tau) e^{i(\xi_n - \omega_1\tau)} \qquad (3-127c)$$

令 $\dfrac{|D_1 - \omega_1|}{D_2} = \mu, \dfrac{|D_1 - \omega_1|}{D_1} = \eta, \varepsilon\lambda + 2\varepsilon^2 D_1 = \lambda_0, \varepsilon + k = k_0, \varepsilon\lambda + \varepsilon^2\omega_1 + \omega = \omega_b$，则式

(3-120) 将有如下解。

(1) 当 $D_1 > 0$ 和 $D_2 > 0$ 时，有

$$u_n = \varepsilon \sqrt{2\mu} \operatorname{sech} \sqrt{\eta} [\varepsilon na - \lambda_0 t] \cdot \cos[k_0 na - \omega_b t] \qquad (3-128a)$$

(2) 当 $D_1 > 0$ 和 $D_2 < 0$ 时，有

$$u_n = \varepsilon \sqrt{-2\mu} \operatorname{csch} \sqrt{\eta} [\varepsilon na - \lambda_0 t] \cdot \cos[k_0 na - \omega_b t] \qquad (3-128b)$$

(3) 当 $D_1 < 0$ 和 $D_2 > 0$ 时，有

$$u_n = \varepsilon \sqrt{\mu} \tanh \sqrt{-\eta/2} [\varepsilon na - \lambda_0 t] \cdot \cos[k_0 na - \omega_b t] \qquad (3-128c)$$

图 3-20 为解 (3-128a) 和 (3-128b) 随时间演化的情况。所以它们是分立亮呼吸子，也就是说，分立亮呼吸子可以存在于式(3-117)中。

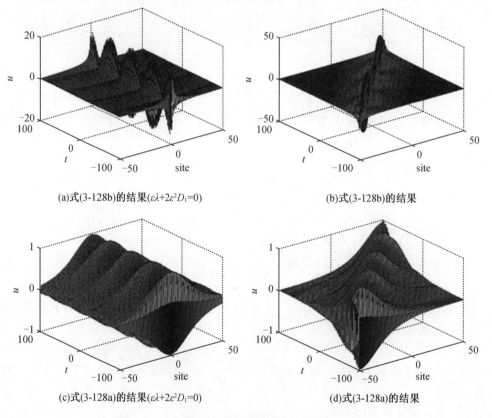

(a)式(3-128b)的结果($\varepsilon\lambda+2\varepsilon^2 D_1=0$)　　　　　(b)式(3-128b)的结果

(c)式(3-128a)的结果($\varepsilon\lambda+2\varepsilon^2 D_1=0$)　　　　　(d)式(3-128a)的结果

图 3-20　在一维综合作用势晶格中的分立亮呼吸子

图 3-21 为式(3-128c) 随时间演化的情况。所以它们是分立暗呼吸子，也就是说分立暗呼吸子可以存在于式(3-117)中。即在式(3-117)中确实存在分立亮呼吸子和

分立暗呼吸子。

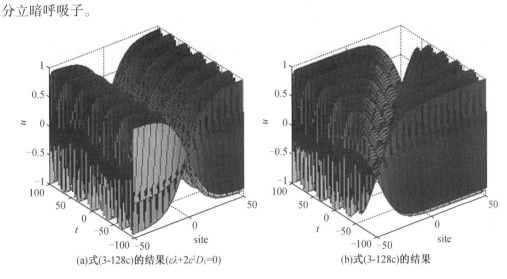

(a)式(3-128c)的结果($\varepsilon\lambda+2\varepsilon^2 D_1=0$)　　　　　　(b)式(3-128c)的结果

图3-21　在一维综合作用势晶格中的分立暗呼吸子

3. 几种具体的模型情况

由上面的讨论可知如果$\chi K_2 a^2 \cos ka - \lambda^2 > 0 (D_1 > 0)$和$D_2 \neq 0$，分立亮呼吸子可以存在于式(3-117)中；如果$\chi K_2 a^2 \cos ka - \lambda^2 < 0 (D_1 < 0)$和$D_2 > 0$，分立暗呼吸子可以存在于式(3-117)中。这些都没对耦合势的具体形式有任何要求。所以，只要$K_2 \neq 0$，分立亮呼吸子和分立暗呼吸子就可以在同时具有非线性在位势和非线性相互作用势的一维单原子晶格中找到。当$K_2 = 0$时，准周期和混沌呼吸子将在一个由 Maniadis 和 Bountis 提出的参数驱动的系统中被发现。这也就是说，可以将这个结果拓展到几个特殊具体的模型，例如当$K_3 = K_4 = 0$时式(3-117)为 KG 模型，如果$D_1 = (\chi K_2 a^2 \cos ka - \lambda^2)/2\omega$ 和$D_2 = [2\alpha(2\alpha/\omega_0^2 - \delta) - 3\beta]/2\omega$，可以通过对式(3-126)的讨论得到分立亮呼吸子和分立暗呼吸子在 KG 模型中存在的证据。与此相似的模型由 Alvarez 等人用反连续极限方法进行了讨论。当$\omega_0^2 = \alpha = \beta = 0$时，式(3-117)变为 FPU 模型，通过对式(3-126)的讨论得到分立暗呼吸子在 FPU 晶格中存在的证据。这一结果与 Sanchez-Rey 等人用数值计算和解析近似得到的结果类似。当$\alpha = -1, \beta = 0$和$\alpha = 0, \beta = -1$时，由式(3-117)表示的分别相当于三次和四次软的在位势；当$\alpha = +1, \beta = 0$和$\alpha = 0, \beta = +1$时，由式(3-117)表示的分别相当于三次和四次硬的在位势。可以通过对式(3-126)的讨论得到分立亮呼吸子和分立暗呼吸子在这些模型中存在的证据。对这些问题 Alvarez 等人和 Morgante 等人已经进行过讨论。但它们不同于式(3-117)，主要差别是在反连续极限 χ 处所包含微扰轨道的区域不同。式(3-117)所包含的闭合轨道不是不受约束的，但这些模型由分界线严格地分出了的闭合轨道区域，超出分界线就不再是闭合轨道了(图3-22)。

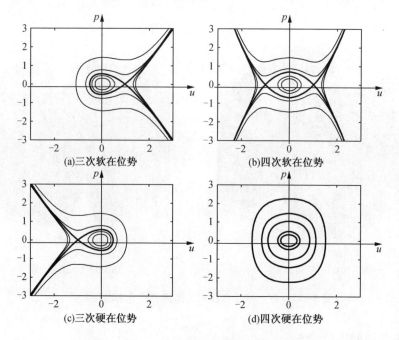

(a)三次软在位势　　　　　　(b)四次软在位势

(c)三次硬在位势　　　　　　(d)四次硬在位势

图 3 – 22　软硬在位势在相空间的轨道图

也就是说,在这些模型中除了四次硬在位势,都要求必须是小振幅,但这样的约束对于式(3 – 117)来说是不存在的。也就是说,之前的讨论只能说明小振幅的分立亮呼吸子和分立暗呼吸子存在于那样的系统中。而大振幅的分立亮呼吸子和分立暗呼吸子可以存在于式(3 – 117)。

由上面的讨论,可以知道分立亮呼吸子和分立暗呼吸子可以存在于大量的非线性系统中。另外因为 D_1 的符号与 $\sin(ka/2)$ 符号密切相关,所以分立亮呼吸子和分立暗呼吸子不能够在布里渊区的同一位置发现。尽管上面的讨论并没有要求给出分立亮呼吸子和分立暗呼吸子存在时的耦合参数 χ_C 的具体值,但是其数值与分立亮呼吸子和分立暗呼吸子的稳定性密切相关。

4.稳定性分析

按照 Aubry 的理论,动力学系统式(3 – 120),如果在其初始 $\{u_n(0)\}$ 上加上任意小的微扰 $\{\kappa_n(0)\}$ 而其能保持其值不随时间增加,就说它的 $u_n(t)$ 轨道是稳定的。引入变换 $u_n(t) \rightarrow u_n(t) + \kappa_n(t)$,则式(3 – 120)的线性化方程为

$$\ddot{\kappa}_n(t) + \omega_0^2 \kappa_n(t) + 2\alpha u_n(t)\kappa_n(t) + 3\beta u_n^2(t)\kappa_n(t) -$$
$$\chi K_2(\kappa_{n+1}(t) + \kappa_{n-1}(t) - 2\kappa_n(t)) - 2\chi K_3 \times$$
$$[(u_{n+1}(t) - u_n(t))(\kappa_{n+1}(t) - \kappa_n(t)) + (u_n(t) - u_{n-1}(t))(\kappa_n(t) - \kappa_{n-1}(t))] -$$
$$3\chi K_4[(u_{n+1}(t) - u_n(t))^2(\kappa_{n+1}(t) - \kappa_n(t)) + (u_n(t) - u_{n-1}(t))^2(\kappa_n(t) - \kappa_{n-1}(t))] = 0$$

$$(3 – 129)$$

换句话说就是方程的解 $\{u_n(t)\}$ 如果是线性稳定的,则式(3 – 129)的 $\{\kappa_n(t)\}$ 没有随

时间按指数增加的解。在这种情况 u_n 是式(3 – 120)的实的不依赖于时间的解,式(3 – 129)的一般解可设为

$$\kappa_n(t) = b_n(e^{i\omega t} \pm e^{-i\omega t}) \tag{3 – 130}$$

式中,频率 $\omega = \omega_\lambda$ 和特征模 $\{b_n\}$ 由下面的特征方程来决定。

$$
\begin{aligned}
&[\omega_0^2 + 2\alpha u_n(t) + 3\beta u_n^2(t) + 2\chi K_3(u_{n+1}(t) + u_{n-1}(t) - 2u_n(t)) + \\
&3\chi K_4(u_{n+1}(t) - u_{n-1}(t))(u_{n+1}(t) + u_{n-1}(t) - 2u_n(t))]b_n - \\
&\chi[K_2 + 2K_3(u_{n+1}(t) - u_n(t)) + 3K_4(u_{n+1}(t) - u_n(t))^2]b_{n+1} - \\
&\chi[K_2 - 2K_3(u_n(t) - u_{n-1}(t)) - 3K_4(u_n(t) - u_{n-1}(t))^2]b_{n-1} = \omega_\lambda^2 b_n \tag{3 – 131}
\end{aligned}
$$

因此,线性稳定性要求式(3 – 131)的所有特征值是实数。所以对于一个 N 个粒子的系统将有 N 个实数特征值 ω_λ 对应于线性稳定解。式(3 – 131)中 b_n 有如下形式解:

$$b_n = e^{iqn} \tag{3 – 132}$$

将式(3 – 128a)和式(3 – 132)代入式(3 – 131)并忽略 ε 的高阶项,得到

$$\omega_0^2 + 2\sqrt{2\mu\varepsilon}\alpha\,\mathrm{sech}\sqrt{\eta\varepsilon}na\cdot\cos k_0na - \chi[2K_0\cos q + 4\sqrt{2\mu\varepsilon}K_3\sec h\sqrt{\eta\varepsilon}na\cos k_0na] = \omega_\lambda^2 \tag{3 – 133}$$

对于一个实数 ω_λ,有

$$\omega_0^2 + 2\sqrt{2\mu\varepsilon}\alpha\,\mathrm{sech}\sqrt{\eta\varepsilon}na\cdot\cos k_0na > \chi[2K_2\cos q + 4\sqrt{2\mu\varepsilon}K_3\,\mathrm{sech}\sqrt{\eta\varepsilon}na\cos k_0na] \tag{3 – 134a}$$

类似地得到

$$
\begin{aligned}
&\omega_0^2 + 2\sqrt{-2\mu\varepsilon}\alpha\,\mathrm{csch}\sqrt{\eta\varepsilon}na\cdot\cos k_0na \\
&> \chi[2K_2\cos q + 4\sqrt{-2\mu\varepsilon}K_3\,\mathrm{sech}\sqrt{\eta\varepsilon}na\cos k_0na] \tag{3 – 134b}
\end{aligned}
$$

$$
\begin{aligned}
&\omega_0^2 + 2\sqrt{2\mu\varepsilon}\alpha\tanh\sqrt{-\eta/2}\,\varepsilon na\cdot\cos k_0na \\
&> \chi[2K_2\cos q + 4\sqrt{\mu\varepsilon}K_3\tanh\sqrt{-\eta/2}\,\varepsilon na\cos k_0na] \tag{3 – 134c}
\end{aligned}
$$

式(3 – 134)揭示了只有在 χ 是小量时分立亮呼吸子和分立暗呼吸子才是线性稳定的,其极限值由式(3 – 134)来确定。类似地,可以获得上述提到的所有模型中分立亮呼吸子和分立暗呼吸子的线性稳定性条件。

上面讨论了分立亮呼吸子和分立暗呼吸子在一维分立单原子晶格同时具有非线性在位势和非线性相互作用势时存在和线性稳定性的问题。因为模型的一般性,所以其结果可以推广到 KG 和 FPU 系统在软在位势和硬在位势作用下的情况和其他的一些模型。也就是说分立亮呼吸子和分立暗呼吸子可以在大多数一维非线性系统中稳定存在,其线性稳定性与耦合常数密切相关,要求耦合常数必须为小量,也就是是弱耦合情况,这也与 Aubry 利用反连续极限得到结论相吻合。

3.3.2　一维非线性双原子 Klein-Gordon 晶格振动中局域模的行为

对于一维非线性双原子 Klein-Gordon 晶格振动中局域模的行为黄国翔在连续极限近

似下,采用多重尺度方法进行过详细的讨论。他采用的模型其振动方程如下。

$$m\ddot{v}_n - K_2(w_n + w_{n-1} - 2v_n) + \omega_0^2 v_n - \alpha v_n^3 - K_4[(w_n - v_n)^3 + (w_{n-1} - v_n)^3] = 0$$

$$(3 - 135)$$

$$M\ddot{w}_n - K_2(v_n + v_{n-1} - 2w_n) + \omega_0^2 w_n - \alpha w_n^3 - K_4[(v_n - w_n)^3 + (v_{n-1} - w_n)^3] = 0$$

$$(3 - 136)$$

通过与一维非线性双原子 FPU 晶格类似的讨论得到与其类似的方程:

$$i\frac{\partial}{\partial t}\Xi^{\pm} + \frac{1}{2}\alpha_{\pm}\frac{\partial}{\partial x_n^{\pm}}\frac{\partial}{\partial x_n^{\pm}}\Xi^{\pm} + \beta_{\pm}\Xi^{\pm}\frac{\partial}{\partial x_n^{\pm}}\Xi_0^{\pm} + \gamma_{\pm}|\Xi^{\pm}|^2\Xi^{\pm} = 0 \quad (3 - 137)$$

$$\delta_{\pm}\frac{\partial}{\partial x_n^{\pm}}\frac{\partial}{\partial x_n^{\pm}}\Xi_0^{\pm} + \sigma_{\pm}\frac{\partial}{\partial x_n^{\pm}}|\Xi^{\pm}|^2 = 0 \quad (3 - 138)$$

可见,同在准分立近似下采用多重尺度方法讨论一维非线性双原子 FPU 晶格类似,得到其振动可由非线性薛定谔方程来描述,所以与一维非线性双原子 FPU 晶格具有相同的局域行为,只是参数不同,局域模的情况略有差异,但由于准分立近似适用于整个布里渊区,所以各种局域模均能找到,只是不同晶格模型的相应局域模在布里渊区的位置不同。具体结论如下。

(1)当 $\omega_0 \neq 0$ 时,这个双原子晶格的动力学性质由非线性薛定谔方程来描述,$-\pi/a < q \leq \pi/a$。在声学模型和光学模型方程之间的对称性使计算变得非常容易。

(2)对于光学模型,在 $q = 0$ 时得到了 MKdV 方程,单个孤子、扭结孤子、呼吸子和双孤子等众多局域模出现在这个系统中。

(3)由于准分立近似可以应用于整个布里渊区,所以在 $q = 0$ 和 $q = \pm\pi/a$ 时获得禁带孤子和共振的扭结孤子。而禁带孤子和共振的扭结孤子也可通过试验观察到。

(4)当行波的波数接近布里渊区边界时,由于非线性在位势,两个原子之间的扭结孤子由质量不同造成的差异变得很小。

3.3.3 二维非线性单原子 Klein-Gordon 晶格振动中局域模的行为

在本小节只考虑各向同性的二维非线性单原子 Klein-Gordon 晶格,并在准分立近似下,采用多重尺度方法讨论其振动中局域模的存在情况。

1. 二维非线性单原子 Klein-Gordon 晶格振动模型

本部分主要讨论在同时具有非线性在位势和非线性相互作用势的二维单原子晶格系统内部局域激发的存在及其稳定性。首先,在准分立近似下利用多重尺度方法解析地求出在该系统中内部局域激发存在及具体形式,最后对其稳定性进行简要的分析。

该模型的哈密顿函数可写成

$$H = \sum_{l,m}\left(\frac{1}{2}\dot{u}_{l,m}^2 + V(u_{l,m})\right) + \chi W(u) \quad (3 - 139)$$

式中,$u_{l,m}$ 为第 (l,m) 个原子的位移;$V(u_{l,m})$ 为在位势;u 为变量集合 $\{u_{l,m}\}$;$\chi W(u)$ 为相互作用势;χ 为描写耦合强度的参数。

假定晶格中所有原子质量都是单位质量,并且初始的 χ 是正的。$W(u)$ 具有如下形式:

$$W(u) = \frac{K_2}{2} \sum_{l,m} \left[(u_{l+1,m} - u_{l,m})^2 + (u_{l,m+1} - u_{l,m})^2 \right] + \frac{K_3}{3} \sum_{l,m} \left[(u_{l+1,m} - u_{l,m})^3 \right] +$$

$$\frac{K_4}{4} \sum_{l,m} \left[(u_{l+1,m} - u_{l,m})^4 + (u_{l,m+1} - u_{l,m})^4 \right] + O(u^5) \tag{3-140}$$

这个相互作用是吸引势,因为一个变量的非零值使具有相同符号的近邻变量的值趋于增加。在位势由下式给出。

$$V(u_{l,m}) = \frac{1}{2} \omega_0^2 u_{l,m}^2 + \frac{1}{3} \alpha u_{l,m}^3 + \frac{1}{4} \beta u_{l,m}^4 + O(u_{l,m}^5) \tag{3-141}$$

式中,ω_0 是线性频率。

其振动方程为

$$\ddot{u}_{l,m} = -\omega_0^2 u_{l,m} - \alpha u_{l,m}^2 - \beta u_{l,m}^3 + \chi \{ K_2 (u_{l+1,m} + u_{l-1,m} + u_{l,m+1} + u_{l,m-1} - 4u_{l,m}) +$$

$$K_3 \left[(u_{l+1,m} - u_{l,m})^2 - (u_{l,m} - u_{l-1,m})^2 + (u_{l,m+1} - u_{l,m})^2 - \right.$$

$$(u_{l,m} - u_{l,m-1})^2 \left] + K_4 \left[(u_{l+1,m} - u_{l,m})^3 - (u_{l,m} - u_{l-1,m})^3 + \right.\right.$$

$$(u_{l,m+1} - u_{l,m})^3 - (u_{l,m} - u_{l,m-1})^3 \left] \right\} \tag{3-142}$$

下面分别利用反连续极限方法和多重尺度方法来讨论这个振动方程的局域模情况。

2. 准分立近似下用多重尺度方法寻找二维非线性单原子 Klein-Gordon 晶格中内部局域激发存在的证据

接下来利用多重尺度方法在准分立近似下讨论式(3-142)且 $\chi \neq 0$。根据准分立近似方法和多重尺度方法假设该方程解可以展成下列渐进式。

$$u_{l,m}(t) = \varepsilon u^{(1)}(\xi_l, \zeta_m, \tau, \phi_{l,m}) + \varepsilon^2 u^{(2)}(\xi_l, \zeta_m, \tau, \phi_{l,m}) + \varepsilon^3 u^{(3)}(\xi_l, \zeta_m, \tau, \phi_{l,m}) + \cdots$$

$$= \sum_{\gamma=1}^{\infty} \varepsilon^\gamma u^{(\gamma)}(\xi_l, \zeta_m, \tau, \phi_{l,m})$$

$$= \sum_{\gamma=1}^{\infty} \varepsilon^\gamma u_{lm,lm}^{(\gamma)} \tag{3-143}$$

式中,ε 为有限的小参数;$u_{ir,js}^{(\gamma)} = u^{(\gamma)}(\xi_l, \zeta_r, \tau, \phi_{j,s})$;多重尺度的慢变量,$\xi_l = \varepsilon(la - \lambda t)$,$\zeta_m = \varepsilon(mb - \eta t)$,$\tau = \varepsilon^2 t$,而快变量,$\phi_{l,m} = lk_x a + mk_y b - \omega t$ 表示波的相位,k_x, k_y, ω 分别为行波的波数和频率,a, b 为晶格常数,对于各向同性的晶格 $k_x = k_y = k$,$a = b = a_0$,λ 和 η 为待定参数。

利用 Taylor 公式有

$$u_{l\pm1,m}^{(\gamma)} = u_{lm,(l\pm1)m}^{(\gamma)} \pm \varepsilon a_0 \frac{\partial u_{lm,(l\pm1)m}^{(\gamma)}}{\partial \xi_n} + \frac{\varepsilon^2 a_0^2}{2!} \frac{\partial^2 u_{lm,(l\pm1)m}^{(\gamma)}}{\partial \xi_n^2} \pm \frac{\varepsilon^3 a_0^3}{3!} \frac{\partial^2 u_{lm,(l\pm1)m}^{(\gamma)}}{\partial \xi_n^3} + \cdots$$

$$u_{l\pm1,m} = \sum_{\gamma=1}^{\infty} \varepsilon^\gamma \left[\sum_{\mu=1}^{\infty} \frac{1}{\mu!} \left(\pm \varepsilon a_0 \frac{\partial}{\partial \xi_n} \right)^\mu u_{lm,(l\pm1)m}^{(\gamma)} \right]$$

$$u_{l,m\pm1}^{(\gamma)} = u_{lm,m(l\pm1)}^{(\gamma)} \pm \varepsilon a_0 \frac{\partial u_{lm,m(l\pm1)}^{(\gamma)}}{\partial \zeta_n} + \frac{\varepsilon^2 a_0^2}{2!} \frac{\partial^2 u_{lm,m(l\pm1)}^{(\gamma)}}{\partial \zeta_n^2} \pm \frac{\varepsilon^3 a_0^3}{3!} \frac{\partial^3 u_{lm,l(l\pm1)}^{(\gamma)}}{\partial \zeta_n^3} + \cdots$$

$$u_{l,m\pm1} = \sum_{\gamma=1}^{\infty} \varepsilon^{\gamma} \left[\sum_{\mu=1}^{\infty} \frac{1}{\mu!} \left(\pm \varepsilon a_0 \frac{\partial}{\partial \zeta_n} \right)^{\mu} u_{lm,l(m\pm1)}^{(\gamma)} \right] \tag{3-144}$$

利用链法则,对时间 t 的导数按下式变换。

$$\frac{\mathrm{d}}{\mathrm{d}t} = \frac{\partial}{\partial t} - \lambda\varepsilon \frac{\partial}{\partial \xi_l} - \eta\varepsilon \frac{\partial}{\partial \zeta_m} + \varepsilon^2 \frac{\partial}{\partial \tau} \tag{3-145}$$

$$\frac{\mathrm{d}^2}{\mathrm{d}t^2} = \frac{\partial^2}{\partial t^2} - 2\lambda\varepsilon \frac{\partial^2}{\partial t\partial \xi_l} - 2\eta\varepsilon \frac{\partial^2}{\partial t\partial \zeta_m} + 2\varepsilon^2 \frac{\partial^2}{\partial t\partial \tau} + \lambda^2\varepsilon^2 \frac{\partial^2}{\partial \xi_l^2} + 2\lambda\eta\varepsilon^2 \frac{\partial^2}{\partial \xi_l\partial \zeta_m} -$$

$$2\lambda\varepsilon^3 \frac{\partial^2}{\partial \xi_l\partial \tau} + \eta^2\varepsilon^2 \frac{\partial^2}{\partial \zeta_m^2} - 2\eta\varepsilon^3 \frac{\partial^2}{\partial \zeta_m\partial \tau} + \varepsilon^4 \frac{\partial^2}{\partial \tau^2} \tag{3-146}$$

通过与前面利用多重尺度方法讨论类似的过程得到

$$\Gamma \left(\frac{\partial^2}{\partial \xi_l^2} + \Delta \frac{\partial^2}{\partial \xi_l\partial \zeta_m} + \frac{\partial^2}{\partial \zeta_m^2} \right) A_0 - \Pi \left(\frac{\partial}{\partial \xi_l} + \frac{\partial}{\partial \zeta_m} \right) |A|^2 = 0 \tag{3-147a}$$

$$\mathrm{i} \frac{\partial A}{\partial t} + \Gamma' \left(\frac{\partial^2}{\partial X_l^2} + \Delta \frac{\partial^2}{\partial X_l\partial Y_m} + \frac{\partial^2}{\partial Y_m^2} \right) u + \gamma |u|^2 u = 0 \tag{3-147b}$$

式(3-147)按参数不同,可以有以下两个方程。

(1)对称二维非线性薛定谔方程

$$\mathrm{i} \frac{\partial A}{\partial \tau} + D_1 \left(\frac{\partial A}{\partial \xi_l} + \frac{\partial A}{\partial \zeta_m} \right)^2 + D_2 A |A|^2 = 0 \tag{3-148}$$

(2)标准的立方非线性薛定谔方程

$$\mathrm{i} \frac{\partial A}{\partial \tau} + \alpha \frac{\partial^2 A}{\partial \xi_l^2} + \beta \frac{\partial^2 A}{\partial \zeta_m^2} + \gamma |A|^2 A = 0 \tag{3-149}$$

由于 D_1 和 D_2 必须是实数,式(3-148)才是二维非线性薛定谔方程,且有如下形式的解:

当 $D_1 > 0$ 和 $D_2 > 0$ 时,有

$$A = \pm \sqrt{\frac{2|D_1 - \omega_1|}{D_2}} \operatorname{sech} \sqrt{\frac{|D_1 - \omega_1|}{D_1}} (\xi_l + \zeta_n - 2D_1\tau) \mathrm{e}^{\mathrm{i}(\xi_l + \zeta_n - \omega_1\tau)} \tag{3-150a}$$

当 $D_1 > 0$ 和 $D_2 < 0$ 时,有

$$A = \pm \sqrt{-\frac{2|D_1 - \omega_1|}{D_2}} \operatorname{csch} \sqrt{\frac{|D_1 - \omega_1|}{D_1}} (\xi_l + \zeta_n - 2D_1\tau) \mathrm{e}^{\mathrm{i}(\xi_l + \zeta_n - \omega_1\tau)} \tag{3-150b}$$

当 $D_1 < 0$ 和 $D_2 > 0$ 时,有

$$A = \pm \sqrt{\frac{|D_1 - \omega_1|}{D_2}} \tanh \sqrt{-\frac{|D_1 - \omega_1|}{2D_1}} (\xi_l + \zeta_n - 2D_1\tau) \mathrm{e}^{\mathrm{i}(\xi_l + \zeta_n - \omega_1\tau)} \tag{3-150c}$$

而式(3-149)有如下解:

当 $k = \pm \pi/a_0$,$\alpha_0 > 6\beta_0$ 时,$\alpha\beta > 0$ 及 $\alpha\gamma > 0$,有

$$u(X_l, Y_m, t) = \pm A_0 \operatorname{sech}(B_0 \sqrt{(la - \lambda t)^2 + (mb - \eta t)^2}) \times \cos[la + mb + (\Omega - 2\omega)t] \tag{3-151}$$

当 $k = \pm \pi/a_0$,$\alpha_0 < 6\beta_0$,$\alpha\beta > 0$ 及 $\alpha\gamma < 0$,有

$$u(X_l,Y_m,t) = \pm A_0 \tan h \left(B_0 \sqrt{(la-\lambda t)^2 + (mb-\eta t)^2} \right) \cos\left[la+mb+(\Omega-2\omega)t \right]$$

$$(3-152)$$

所以，二维非线性单原子 Klein-Gordon 晶格与二维非线性单原子 FPU 晶格具有完全类似的局域行为，也就是说二维非线性单原子 FPU 晶格中的局域模，在二维非线性单原子 Klein-Gordon 晶格中都能找到，只是由于参数不同其在布里渊区的位置不同，这主要是因为准分立近似对于整个布里渊区都适用。其稳定性分析同一维情况类似，也具有类似的结果，只是耦合参数的值有所不同。

对于二维非线性双原子 Klein-Gordon 晶格振动中局域模的行为同二维分立双原子 FPU 晶格振动中局域模行为完全相似，这里就不进行讨论了。

3.4　非线性分子晶格中局域自陷行为

本书第 2 章利用连续极限近似方法讨论了非线性分子晶格振动中激子和声子相互作用的行为，得到了相互作用对于分子声子晶格来说相当于非线性作用，就是所谓的外部非线性，并得到了扭结孤子局域模的存在。本节在准分立近似下利用多重尺度方法求解该系统模型，讨论其局域自陷行为。

3.4.1　一维非线性分子晶格中声子与激子相互作用的局域自陷行为

1. 一维线性分子晶格中声子与激子相互作用的局域自陷行为

一维线性分子晶格中声子与激子相互作用的总哈密顿函数，在最近邻相互作用近似下为

$$H = J\sum_n \left[2|\psi|^2 - \psi_n^*(\psi_{n+1}+\psi_{n-1}) \right] + \sum_n \left[\frac{p_n^2}{2m} + \frac{1}{2}k(u_{n+1}-u_n)^2 \right] +$$

$$\chi \sum_n \left[|\psi_n|^2(u_{n+1}-u_{n-1}) \right] \qquad (3-153)$$

式中，ψ_n 为格点 n 处激子的波函数；J 为激子在相邻格点间传输的矩阵元；m,u_n,p_n 分别为分子的质量、位移和动量；k 是 Hook 系数；哈密顿函数中最后一项为声子与激子之间的相互作用；χ 为描写声子与激子相互作用强度的参量。

利用 $\dot{p}_n = \ddot{u}_n = -\partial H/\partial u_n$ 和 $i\dot{B} = \partial H/\partial B^*$，这里的 $V(u_i-u_j)$ 是 FPU 势，则分子振动位移 u_n 和激子波函数 ψ_n 的振动方程为

$$\begin{cases} m\ddot{u}_n = k(u_{n+1}+u_{n-1}-2u_n) + \chi(|\psi_{n+1}|^2 - |\psi_{n-1}|^2) \\ i\dot{\psi} = -J(\psi_{n+1}+\psi_{n-1}-2\psi_n) + \chi(u_{n+1}-u_{n-1})\psi_n \end{cases} \qquad (3-154)$$

据多重尺度方法和准分立近似方法设

$$u_n(t) = \varepsilon u^{(1)}(\xi_n,\tau,\phi_n) + \varepsilon^2 u^{(2)}(\xi_n,\tau,\phi_n) + \varepsilon^3 u^{(3)}(\xi_n,\tau,\phi_n) + \cdots$$

$$= \sum_{\gamma=1}^{\infty} \varepsilon^\gamma u^{(\gamma)}(\xi_n,\tau,\phi_n)$$

$$= \sum_{\gamma=1}^{\infty} \varepsilon^\gamma u_{n,n}^{(\gamma)}$$

$$\psi_n(t) = \varepsilon\psi^{(1)}(\xi_n,\tau,\phi_n) + \varepsilon^2\psi^{(2)}(\xi_n,\tau,\phi_n) + \varepsilon^3\psi^{(3)}(\xi_n,\tau,\phi_n) + \cdots$$

$$= \sum_{\gamma=1}^{\infty} \varepsilon^{\gamma} \psi^{(\gamma)}(\xi_n, \tau, \phi_n)$$

$$= \sum_{\gamma=1}^{\infty} \varepsilon^{\gamma} \psi_{n,n}^{(\gamma)} \qquad (3-155)$$

式中,里 ε 为有限的小参数;$u_{i,j}^{(\gamma)} = u^{(\gamma)}(\xi_i, \tau, \phi_j)$;$\psi_{i,j}^{(\gamma)} = \psi^{(\gamma)}(\xi_i, \tau, \phi_j)$;多重尺度的慢变量 $\xi_n = \varepsilon(na - \lambda t)$,$\tau = \varepsilon^2 t$,而快变量 $\phi_n = nqa - \omega t$ 表示行波的相位;q 和 ω 分别为行波的波数和频率;a 为晶格常数;λ 为待定参数

利用 Taylor 公式有

$$u_{n\pm1}^{(\gamma)} = u_{n,n\pm1}^{(\gamma)} \pm \varepsilon a \frac{\partial u_{n,n\pm1}^{(\gamma)}}{\partial \xi_n} + \frac{\varepsilon^2 a^2}{2!} \frac{\partial^2 u_{n,n\pm1}^{(\gamma)}}{\partial \xi_n^2} \pm \frac{\varepsilon^3 a^3}{3!} \frac{\partial^3 u_{n,n\pm1}^{(\gamma)}}{\partial \xi_n^3} + \cdots$$

$$u_{n\pm1} = \sum_{\gamma=1}^{\infty} \varepsilon^{\gamma} \left[\sum_{\mu=1}^{\infty} \frac{1}{\mu!} \left(\pm \varepsilon a \frac{\partial}{\partial \xi_n} \right)^{\mu} u_{n,n\pm1}^{(\gamma)} \right]$$

$$\psi_{n\pm1}^{(\gamma)} = u_{n,n\pm1}^{(\gamma)} \pm \varepsilon a \frac{\partial \psi_{n,n\pm1}^{(\gamma)}}{\partial \zeta_n} + \frac{\varepsilon^2 a^2}{2!} \frac{\partial^2 \psi_{n,n\pm1}^{(\gamma)}}{\partial \zeta_n^2} \pm \frac{\varepsilon^3 a^3}{3!} \frac{\partial^3 \psi_{n,n\pm1}^{(\gamma)}}{\partial \zeta_n^3} + \cdots$$

$$\psi_{n\pm1} = \sum_{\gamma=1}^{\infty} \varepsilon^{\gamma} \left[\sum_{\mu=1}^{\infty} \frac{1}{\mu!} \left(\pm \varepsilon a \frac{\partial}{\partial \psi_n} \right)^{\mu} u_{n,n\pm1}^{(\gamma)} \right] \qquad (3-156)$$

根据微分法则,有

$$\frac{\mathrm{d}}{\mathrm{d}t} = -\omega \frac{\partial}{\partial \phi_n} - \lambda \varepsilon \frac{\partial}{\partial \xi_n} + \varepsilon^2 \frac{\partial}{\partial \tau}$$

$$\frac{\mathrm{d}^2}{\mathrm{d}t^2} = \omega^2 \frac{\partial^2}{\partial \phi_n^2} + \lambda^2 \varepsilon^2 \frac{\partial^2}{\partial \xi_n^2} + \varepsilon^4 \frac{\partial^2}{\partial \tau^2} + 2\omega\lambda\varepsilon \frac{\partial^2}{\partial \phi_n \partial \xi_n} - 2\omega\varepsilon^2 \frac{\partial}{\partial \phi_n \partial \tau} - 2\lambda\varepsilon^3 \frac{\partial^2}{\partial \xi_n \partial \tau}$$

$$(3-157)$$

将式(3 - 155)、式(3 - 156)和式(3 - 157)代入式(3 - 154)比较 ε 的系数,获得下列方程。

$$\varepsilon: \begin{cases} \omega^2 \dfrac{\partial^2 u_{n,n}^{(1)}}{\partial \phi_n^2} - \dfrac{k}{m}(u_{n,n+1}^{(1)} + u_{n,n-1}^{(1)} - 2u_{n,n}^{(1)}) = 0 \\[2mm] -\mathrm{i}\omega \dfrac{\partial \psi_{n,n}^{(1)}}{\partial \phi_n} + J(\psi_{n,n+1}^{(1)} + \psi_{n,n-1}^{(1)} - 2\psi_{n,n}^{(1)}) = 0 \end{cases} \qquad (3-158)$$

$$\varepsilon^2: \begin{cases} \omega^2 \dfrac{\partial^2 u_{n,n}^{(2)}}{\partial \phi_n^2} - \dfrac{k}{m}(u_{n,n+1}^{(2)} + u_{n,n-1}^{(2)} - 2u_{n,n}^{(2)}) = \dfrac{ka}{m} \dfrac{\partial}{\partial \xi_n}(u_{n,n+1}^{(1)} - u_{n,n-1}^{(1)}) - 2\omega\lambda \dfrac{\partial^2 u_{n,n}^{(1)}}{\partial \phi_n \partial \xi_n} + \\[4mm] \qquad\qquad\qquad\qquad \dfrac{\chi}{m}(\mid \psi_{n,n+1}^{(1)} \mid^2 - \mid \psi_{n,n-1}^{(1)} \mid^2) \\[4mm] -\mathrm{i}\omega \dfrac{\partial \psi_{n,n}^{(2)}}{\partial \phi_n} + J(\psi_{n,n+1}^{(2)} + \psi_{n,n-1}^{(2)} - 2\psi_{n,n}^{(2)}) = -Ja \dfrac{\partial}{\partial \xi_n}(\psi_{n,n+1}^{(1)} - \psi_{n,n-1}^{(1)}) + \\[4mm] \qquad\qquad\qquad\qquad \mathrm{i}\lambda \dfrac{\partial \psi_{n,n}^{(1)}}{\partial \xi_n} + \chi(u_{n,n+1}^{(1)} - u_{n,n-1}^{(1)})\psi_{n,n}^{(1)} \end{cases}$$

$$(3-159)$$

$$\varepsilon^3:\begin{cases} \omega^2\dfrac{\partial^2 u_{n,n}^{(3)}}{\partial\phi_n^2}-\dfrac{k}{m}(u_{n,n+1}^{(3)}+u_{n,n-1}^{(3)}-2u_n^{(3)},n)=\dfrac{ka^2}{2m}\dfrac{\partial^2}{\partial\xi_n^2}(u_{n,n+1}^{(1)}+u_{n,n-1}^{(1)})+\dfrac{ka}{m}\times \\[2mm] \dfrac{\partial}{\partial\xi_n}(u_{n,n+1}^{(2)}-u_{n,n-1}^{(2)})-2\omega\lambda\dfrac{\partial^2 u_{n,n}^{(1)}}{\partial\phi_n\partial\xi_n}+\dfrac{\chi a}{m}\left(\dfrac{\partial\,|\,\psi_{n,n+1}^{(1)}\,|^2}{\partial\xi_n}+\dfrac{\partial\,|\,\psi_{n,n-1}^{(1)}\,|^2}{\partial\xi_n}\right)+2\omega\dfrac{\partial^2 u_{n,n}^{(1)}}{\partial\phi_n\partial\tau}- \\[2mm] \lambda^2\dfrac{\partial^2 u_{n,n}^{(1)}}{\partial\xi_n^2}+\dfrac{\chi}{m}(\psi_{n,n+1}^{(1)}\psi_{n,n+1}^{(2)\,*}+\psi_{n,n+1}^{(1)\,*}\psi_{n,n+1}^{(2)}-\psi_{n,n-1}^{(1)}\psi_{n,n-1}^{(2)\,*}-\psi_{n,n-1}^{(1)\,*}\psi_{n,n-1}^{(2)})- \\[2mm] \mathrm{i}\omega\dfrac{\partial\psi_{n,n}^{(3)}}{\partial\phi_n}+J(\psi_{n,n+1}^{(3)}+\psi_{n,n-1}^{(3)}-2\psi_{n,n}^{(3)})=-\dfrac{1}{2}Ja^2\dfrac{\partial^2}{\partial\xi_n^2}(\psi_{n,n+1}^{(1)}+\psi_{n,n-1}^{(1)})- \\[2mm] Ja\dfrac{\partial}{\partial\xi_n}(\psi_{n,n+1}^{(2)}-\psi_{n,n-1}^{(2)})+\mathrm{i}\lambda\dfrac{\partial\psi_{n,n}^{(2)}}{\partial\xi_n}-\mathrm{i}\dfrac{\partial\psi_{n,n}^{(1)}}{\partial\tau}+a\chi\dfrac{\partial}{\partial\xi_n}(u_{n,n+1}^{(1)}+u_{n,n-1}^{(1)})\psi_{n,n}^{(1)}+ \\[2mm] \chi(u_{n,n+1}^{(2)}-u_{n,n-1}^{(2)})\psi_{n,n}^{(1)}+\chi(u_{n,n+1}^{(1)}-u_{n,n-1}^{(1)})\psi_{n,n}^{(2)} \end{cases}$$

$$(3-160)$$

式(3-158)有如下形式的解:

$$\begin{cases} u_{n,n}^{(1)}=u_{10}(\xi_n,\tau)+u_1(\xi_n,\tau)\mathrm{e}^{\mathrm{i}\phi_n}+u_1^*(\xi_n,\tau)\mathrm{e}^{\mathrm{i}\phi_n} \\[2mm] \psi_{n,n}^{(1)}=\psi_1(\xi_n,\tau)\mathrm{e}^{\mathrm{i}\phi_n}+\psi_1^*(\xi_n,\tau)\mathrm{e}^{-\mathrm{i}\phi_n} \end{cases}\quad(3-161)$$

将式(3-161)代入式(3-158),消去久期项,有

$$\begin{cases} \omega=4J\sin^2\dfrac{qa}{2}=2\sqrt{\dfrac{k}{m}}\sin\dfrac{qa}{2} \\[3mm] \lambda=2Ja\sin qa=2a\sqrt{\dfrac{k}{m}}\cos\dfrac{qa}{2} \end{cases}\Rightarrow J=\sqrt{\dfrac{k}{m}}\Big/2\sin\dfrac{qa}{2}\quad(3-162)$$

$$\begin{cases} \omega^2\dfrac{\partial^2 u_{n,n}^{(2)}}{\partial\phi_n^2}-\dfrac{k}{m}(u_{n,n+1}^{(2)}+u_{n,n-1}^{(2)}-2u_{n,n}^{(2)})=0 \\[3mm] -\mathrm{i}\omega\dfrac{\partial\psi_{n,n}^{(2)}}{\partial\phi_n}+J(\psi_{n,n+1}^{(2)}+\psi_{n,n-1}^{(2)}-2\psi_{n,n}^{(2)})=2\mathrm{i}\chi u_1\psi_1\sin qa\,\mathrm{e}^{2\mathrm{i}\phi_n} \end{cases}\quad(3-163)$$

式(3-163)有如下形式的解:

$$\begin{cases} u_{n,n}^{(2)}=u_{20}(\xi_n,\tau)+u_2(\xi_n,\tau)\mathrm{e}^{\mathrm{i}\phi_n}+u_2^*(\xi_n,\tau)\mathrm{e}^{-\mathrm{i}\phi_n} \\[2mm] \psi_{n,n}^{(2)}=\psi_2(\xi_n,\tau)\mathrm{e}^{\mathrm{i}\phi_n}+\psi_2^*(\xi_n,\tau)\mathrm{e}^{-\mathrm{i}\phi_n}+\mathrm{i}\dfrac{\chi\sin qa}{\omega+J(\cos 2qa-1)}u_1\psi_1\mathrm{e}^{2\mathrm{i}\phi_n} \end{cases}\quad(3-164)$$

式中,u_{20},u_2,ψ_2 分别为由高次近似决定的实函数和复函数。

当只考虑振幅最低阶 u_1,ψ_1 的关系时,可令其为零,并同 $u_{n,n}^{(1)}$,$\psi_{n,n}^{(1)}$ 一并代入式(3-160),消去久期项有

$$\begin{cases} 2\chi \dfrac{\partial |\psi_1|^2}{\partial \xi_n} + ka\dfrac{\partial^2 u_{10}}{\partial \xi_n^2} = 0 \\[3mm] \mathrm{i}\dfrac{\partial u_1}{\partial \tau} + \dfrac{ka^2}{2m\omega}\cos qa\dfrac{\partial^2 u_1}{\partial \xi_n^2} - \dfrac{\chi^2\sin^2 qa}{m\omega[\omega + J(\cos 2qa - 1)]}u_1|\psi_1|^2 = 0 \\[3mm] \mathrm{i}\dfrac{\partial \psi_1}{\partial \tau} + Ja^2\cos qa\dfrac{\partial^2 \psi_1}{\partial \xi_n^2} + \dfrac{2\chi^2\sin^2 qa}{\omega + J(\cos 2qa - 1)}\psi_1|u_1|^2 - a\chi\dfrac{\partial u_{10}}{\partial \xi_n}\psi_1 = 0 \end{cases} \tag{3-165}$$

令 $u_1 = \gamma\psi_1$，有

$$\begin{cases} \mathrm{i}\dfrac{\partial u_1}{\partial \tau} + \dfrac{1}{2}Ja^2\cos qa\dfrac{\partial^2 u_1}{\partial \xi_n^2} + \dfrac{\chi^2}{4mJ^2\gamma^2\tan^2 qa\cos qa}|u_1|^2 u_1 = 0 \\[3mm] \mathrm{i}\dfrac{\partial \psi_1}{\partial \tau} + Ja^2\cos qa\dfrac{\partial^2 \psi_1}{\partial \xi_n^2} + \left[\dfrac{2\chi^2}{k} - \dfrac{\chi^2}{J}\left(1 + \dfrac{1}{\cos qa}\right)\gamma^2\right]|\psi_1|^2\psi_1 = 0 \end{cases} \tag{3-166}$$

令 $\Lambda = Ja^2\cos qa$，$\Gamma = \dfrac{\chi^2}{4mJ^2\gamma^2\tan^2 qa\cos qa}$，$\Delta = \dfrac{2\chi^2}{k} - \dfrac{\chi^2}{J}\left(1 + \dfrac{1}{\cos qa}\right)\gamma^2$，式（3-166）变为

$$\begin{cases} \mathrm{i}\dfrac{\partial u_1}{\partial \tau} + \dfrac{1}{2}\Lambda\dfrac{\partial^2 u_1}{\partial \xi_n^2} + \Gamma|u_1|^2 u_1 = 0 \\[3mm] \mathrm{i}\dfrac{\partial \psi_1}{\partial \tau} + \Lambda\dfrac{\partial^2 \psi_1}{\partial \xi_n^2} + \Delta|\psi_1|^2\psi_1 = 0 \end{cases} \tag{3-167}$$

当 $\Lambda > 0, \Gamma > 0, \Delta > 0$，该方程组有如下形式的解：

$$\begin{cases} u_{10} = \pm\sqrt{\dfrac{2\Lambda(\omega_{02} - \Lambda\kappa^2)}{\Delta^2}}\tanh\sqrt{\dfrac{(\omega_{02} - \Lambda\kappa^2)}{\Lambda}}(\xi_n - c\tau) \\[4mm] u_1 = \pm\sqrt{\dfrac{(2\omega_{01} - \Lambda\kappa^2)}{\Gamma}}\,\mathrm{sech}\sqrt{\dfrac{(2\omega_{01} - \Lambda\kappa^2)}{\Lambda}}(\xi_n - c\tau)\mathrm{e}^{\mathrm{i}(\kappa\xi_n - \omega_{01}\tau)} \\[4mm] \psi_1 = \pm\sqrt{\dfrac{(2\omega_{02} - \Lambda\kappa^2)}{\Delta}}\,\mathrm{sech}\sqrt{\dfrac{(\omega_{02} - \Lambda\kappa^2)}{\Lambda}}(\xi_n - c\tau)\mathrm{e}^{\mathrm{i}(\kappa\xi_n - \omega_{02}\tau)} \end{cases} \tag{3-168}$$

所以，式（3-154）具有如下解：

$$\begin{cases} u_n = \pm\sqrt{\dfrac{2\Lambda(2\omega_{02} - \Lambda\kappa^2)}{\Delta^2}}\tanh\sqrt{\dfrac{\varepsilon^2(\omega_{02} - \Lambda\kappa^2)}{\Lambda}}[na - (\lambda + \varepsilon c)t] \pm \\[4mm] \quad\sqrt{\dfrac{(2\omega_{01} - \Lambda\kappa^2)}{\Gamma^2}}\,\mathrm{sech}\sqrt{\dfrac{\varepsilon^2(2\omega_{01} - \Lambda\kappa^2)}{\Lambda}}[na - (\lambda + \varepsilon c)t]\times \\[4mm] \quad\cos[(\varepsilon\kappa + q)na - (\varepsilon\kappa\lambda + \varepsilon^2\omega_{01} + \omega)t] \\[4mm] \psi_1 = \pm\sqrt{\dfrac{2(\omega_{02} - \Lambda\kappa^2)}{\Delta}}\,\mathrm{sech}\sqrt{\dfrac{\varepsilon^2(\omega_{02} - \Lambda\kappa^2)}{\Lambda}}[na - (\lambda + \varepsilon c)t]\times \\[4mm] \quad\cos[(\varepsilon\kappa + q)na - (\varepsilon\kappa\lambda + \varepsilon^2\omega_{02} + \omega)t] \end{cases} \tag{3-169}$$

上述解的形状如图 3-23 所示。

130

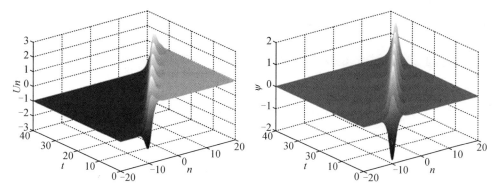

(a)分子晶格的移动分立扭结封皮呼吸子局域行为　　　(b)激子的移动分立亮呼吸子局域行为

图 3 – 23　一维线性分子晶格振动中局域模的行为

由图 3 – 23 可知,一维线性分子晶格振动,在准分立近似下考虑激子与声子的相互作用,具有移动分立扭结封皮呼吸子的局域行为。而 Davydov 孤子(激子)则变为分立亮呼吸子的形式在分子晶格中移动。激子对分子晶格的作用仍然是使分子晶格发生扭结,即与三次非线性效应相同。与连续极限近似下的结果不同的是,晶格的分立性使局域模的周期性成为显性,即为分立呼吸子的行为。

2.一维三次非线性分子晶格中声子与激子相互作用的局域自陷行为

下面进一步考虑一维分子链中晶格振动势函数的三次非简谐项引起的效应,这时声子系统的哈密顿函数为

$$H_{ph} = \frac{1}{2} \sum \left[\frac{p_n^2}{m} + k(u_{n+1} - u_n)^2 + \frac{1}{3}\alpha k(u_{n+1} - u_n)^3 \right] \tag{3 – 170}$$

这时系统的哈密顿函数为

$$H = J\sum_n \left[2|\psi_n|^2 - \psi_n^*(\psi_{n+1} + \psi_{n-1}) \right] +$$

$$\sum_n \left[\frac{p_n^2}{2m} + \frac{1}{2}k(u_{n+1} - u_n)^2 + \frac{1}{3}\alpha k(u_{n+1} - u_n)^3 \right] +$$

$$\chi \sum_n \left[|\psi_n|^2 (u_{n+1} - u_{n-1}) \right] \tag{3 – 171}$$

则分子振动位移 u_n 和激子波函数 ψ_n 的振动方程为

$$\begin{cases} m\ddot{u}_n = k(u_{n+1} + u_{n-1} - 2u_n)(1 + \alpha(u_{n+1} - u_{n-1})) + \chi(|\psi_{n+1}|^2 - |\psi_{n-1}|^2) \\ i\dot{\psi}_n = -J(\psi_{n+1} + \psi_{n-1} - 2\psi_n) + \chi(u_{n+1} - u_{n-1})\psi_n \end{cases}$$

$$\tag{3 – 172}$$

类似地,采用多重尺度方法得

$$
\begin{cases}
2\chi\dfrac{\partial\,|\,\psi_1\,|^{2}}{\partial\xi_n}+ka\dfrac{\partial^{2}u_{10}}{\partial\xi_n^{2}}+4\alpha m\left(\sin\,qa-2\cos\,qa\sin^{2}\dfrac{qa}{2}\right)\dfrac{\partial\,|\,u_1\,|^{2}}{\partial\xi_n}=0 \\[3mm]
\mathrm{i}\dfrac{\partial u_1}{\partial\tau}+\dfrac{1}{2}Ja^{2}\cos\,qa\,\dfrac{\partial^{2}u_1}{\partial\xi_n^{2}}+\dfrac{\chi^{2}}{4mJ^{2}\gamma^{2}\tan^{2}qa\cos\,qa}u_1\,|\,\psi_1\,|^{2}+4\alpha(\cos\,qa-1)u_1\dfrac{\partial u_{10}}{\partial\xi_n}- \\[3mm]
\dfrac{4m\alpha}{k}\cot\dfrac{qa}{2}\sin^{2}qa(2\sin\,qa+\cos\,qa-1)\,|\,u_1\,|^{2}u_1=0 \\[3mm]
\mathrm{i}\dfrac{\partial\psi_1}{\partial\tau}+Ja^{2}\cos\,qa\,\dfrac{\partial^{2}\psi_1}{\partial\xi_n^{2}}-\dfrac{\chi^{2}}{J}\left(1+\dfrac{1}{\cos\,qa}\right)\psi_1\,|\,u_1\,|^{2}-\alpha\chi\dfrac{\partial u_{10}}{\partial\xi_n}\psi_1+\dfrac{2m\alpha\chi}{k}\cot\dfrac{qa}{2}\sin^{2}qau_1^{2}\psi_1^{*}=0
\end{cases}
$$

$$(3-173)$$

令 $u_1=\gamma\psi_1$，有

$$
\begin{cases}
\dfrac{\partial u_{10}}{\partial\xi_n}=-\left[2\chi+4\alpha m\left(\sin\,qa-2\cos\,qa\sin^{2}\dfrac{qa}{2}\right)\gamma^{2}\Big/ka\right]\,|\,\psi_1\,|^{2}= \\[3mm]
\qquad -\left[\dfrac{2\chi}{\gamma^{2}}+4\alpha m\left(\sin\,qa-2\cos\,qa\sin^{2}\dfrac{qa}{2}\right)\right]\Big/ka\,|\,u_1\,|^{2} \\[3mm]
\mathrm{i}\dfrac{\partial u_1}{\partial\tau}+\dfrac{1}{2}Ja^{2}\cos\,qa\,\dfrac{\partial^{2}u_1}{\partial\xi_n^{2}}+\left\{\dfrac{\chi^{2}}{4mJ^{2}\gamma^{2}\tan^{2}qa\cos\,qa}+4\alpha(1-\cos\,qa)\left[\dfrac{2\chi}{\gamma^{2}}+4\alpha m(\sin\,qa-\right.\right. \\[3mm]
\left.\left. 2\cos\,qa\sin^{2}\dfrac{qa}{2}\right)\right]\Big/ka-\dfrac{4m\alpha}{k}\cot\dfrac{qa}{2}\sin^{2}qa(2\sin\,qa+\cos\,qa-1)\right\}\,|\,u_1\,|^{2}u_1=0 \\[3mm]
\mathrm{i}\dfrac{\partial\psi_1}{\partial\tau}+Ja^{2}\cos\,qa\,\dfrac{\partial^{2}\psi_1}{\partial\xi_n^{2}}\left\{-\dfrac{\chi^{2}\gamma^{2}}{J}\left(1+\dfrac{1}{\cos\,qa}\right)+\chi\left[2\chi+4\alpha m\left(\sin\,qa-2\cos\,qa\sin^{2}\dfrac{qa}{2}\right)\gamma^{2}\Big/k\right]+\right. \\[3mm]
\left.\dfrac{2m\alpha\chi\gamma^{2}}{k}\cot\dfrac{qa}{2}\sin^{2}qa\right\}\,|\,\psi_1\,|^{2}\psi_1=0
\end{cases}
$$

$$(3-174)$$

令

$$\Lambda=Ja^{2}\cos\,qa$$

$$\Gamma=\dfrac{\chi^{2}}{4mJ^{2}\gamma^{2}\tan^{2}qa\cos\,qa}+4\alpha(1-\cos\,qa)\left[\dfrac{2\chi}{\gamma^{2}}+4\alpha m\left(\sin\,qa-2\cos\,qa\sin^{2}\dfrac{qa}{2}\right)\right]\Big/ka-$$

$$\dfrac{4m\alpha}{k}\cot\dfrac{qa}{2}\sin^{2}qa(2\sin\,qa+\cos\,qa-1)$$

$$\Delta=-\dfrac{\chi^{2}\gamma^{2}}{J}\left(1+\dfrac{1}{\cos\,qa}\right)+\chi\left[2\chi+4\alpha m\left(\sin\,qa-2\cos\,qa\sin^{2}\dfrac{qa}{2}\right)\gamma^{2}\Big/k\right]+$$

$$\dfrac{2m\alpha\chi\gamma^{2}}{k}\cot\dfrac{qa}{2}\sin^{2}qa$$

则式(3-174)变为

$$
\begin{cases}
\mathrm{i}\,\dfrac{\partial u_1}{\partial \tau} + \dfrac{1}{2}\Lambda\,\dfrac{\partial^2 u_1}{\partial \xi_n^2} + \Gamma \mid u_1 \mid^2 u_1 = 0 \\[3mm]
\mathrm{i}\,\dfrac{\partial \psi_1}{\partial \tau} + \Lambda\,\dfrac{\partial^2 \psi_1}{\partial \xi_n^2} + \Delta \mid \psi_1 \mid^2 \psi_1 = 0
\end{cases}
\tag{3-175}
$$

当 $\Lambda > 0, \Gamma > 0, \Delta > 0$ 时,该方程组有如下形式的解:

$$
\begin{cases}
u_{10} = \pm\sqrt{\dfrac{2\Lambda\left(\omega_{02}-\Lambda\kappa^2\right)}{\Delta^2}}\tanh\sqrt{\dfrac{\left(\omega_{02}-\Lambda\kappa^2\right)}{\Lambda}}\left(\xi_n - c\tau\right) \\[5mm]
u_1 = \pm\sqrt{\dfrac{\left(2\omega_{01}-\Lambda\kappa^2\right)}{\Gamma}}\operatorname{sech}\sqrt{\dfrac{\left(2\omega_{01}-\Lambda\kappa^2\right)}{\Lambda}}\left(\xi_n - c\tau\right)\mathrm{e}^{\mathrm{i}\left(\kappa\xi_n - \omega_{01}\tau\right)} \\[5mm]
\psi_1 = \pm\sqrt{\dfrac{2\left(\omega_{02}-\Lambda\kappa^2\right)}{\Delta}}\operatorname{sech}\sqrt{\dfrac{\left(\omega_{02}-\Lambda\kappa^2\right)}{\Lambda}}\left(\xi_n - c\tau\right)\mathrm{e}^{\mathrm{i}\left(\kappa\xi_n - \omega_{02}\tau\right)}
\end{cases}
\tag{3-176}
$$

所以,式(3-172)具有如下形式的解:

$$
\begin{cases}
u_n = \pm\sqrt{\dfrac{2\Lambda\left(2\omega_{02}-\Lambda\kappa^2\right)}{\Delta^2}}\tanh\sqrt{\dfrac{\varepsilon^2\left(\omega_{02}-\Lambda\kappa^2\right)}{\Lambda}}\left[na-\left(\lambda+\varepsilon c\right)t\right]\pm \\[5mm]
\qquad\sqrt{\dfrac{\left(2\omega_{01}-\Lambda\kappa^2\right)}{\Gamma}}\operatorname{sech}\sqrt{\dfrac{\varepsilon^2\left(2\omega_{01}-\Lambda\kappa^2\right)}{\Lambda}}\left[na-\left(\lambda+\varepsilon c\right)t\right]\times \\[5mm]
\qquad\cos\left[\left(\varepsilon\kappa+q\right)na-\left(\varepsilon\kappa\lambda+\varepsilon^2\omega_{01}+\omega\right)t\right] \\[5mm]
\psi_1 = \pm\sqrt{\dfrac{2\left(\omega_{02}-\Lambda\kappa^2\right)}{\Delta}}\operatorname{sech}\sqrt{\dfrac{\varepsilon^2\left(\omega_{02}-\Lambda\kappa^2\right)}{\Lambda}}\left[na-\left(\lambda+\varepsilon c\right)t\right]\times \\[5mm]
\qquad\cos\left[\left(\varepsilon\kappa+q\right)na-\left(\varepsilon\kappa\lambda+\varepsilon^2\omega_{02}+\omega\right)t\right]
\end{cases}
\tag{3-177}
$$

上述解的形状也如图 3-23 所示,即分子晶格的振动在激子的作用下为移动分立扭结封皮呼吸子的局域行为,而 Davydov 孤子(激子)则变为分立亮呼吸子的形式在分子晶格中移动。

3. 一维四次非线性分子晶格中声子与激子相互作用的局域自陷行为

下面进一步考虑一维分子链中晶格振动势函数的四次非简谐项引起的效应,这时声子系统的哈密顿函数为

$$
H_{ph} = \dfrac{1}{2}\sum\left[\dfrac{p_n^2}{m} + k\left(u_{n+1}-u_n\right)^2 + \dfrac{1}{4}\beta k\left(u_{n+1}-u_n\right)^4\right]
\tag{3-178}
$$

这时系统的哈密顿函数为

$$
\begin{aligned}
H = {} & J\sum_n\left[2\mid\psi_n\mid^2 - \psi_n^*\left(\psi_{n+1}+\psi_{n-1}\right)\right] + \\
& \sum_n\left[\dfrac{p_n^2}{2m} + \dfrac{1}{2}k\left(u_{n+1}-u_n\right)^2 + \dfrac{1}{4}\beta k\left(u_{n+1}-u_n\right)^4\right] + \\
& \chi\sum_n\left[\mid\psi_n\mid^2\left(u_{n+1}-u_{n-1}\right)\right]
\end{aligned}
\tag{3-179}
$$

则分子振动位移 u_n 和激子波函数 ψ_n 的振动方程为

$$
\begin{cases}
m\ddot{u}_n = k(u_{n+1} + u_{n-1} - 2u_n) + \beta[(u_{n+1} - u_n)^3 + (u_{n-1} - u_n)^3] + \\
\qquad \chi(|\psi_{n+1}|^2 - |\psi_{n-1}|^2) \\
\mathrm{i}\dot{\psi}_n = -J(\psi_{n+1} + \psi_{n-1} - 2\psi_n) + \chi(u_{n+1} - u_{n-1})\psi_n
\end{cases}
\tag{3-180}
$$

类似地，采用多重尺度方法得

$$
\begin{cases}
2\chi \dfrac{\partial |\psi_1|^2}{\partial \xi_n} + ka \dfrac{\partial^2 u_{10}}{\partial \xi_n^2} = 0 \\[2mm]
\mathrm{i}\dfrac{\partial u_1}{\partial \tau} + \dfrac{ka^2}{2m\omega}\cos qa \dfrac{\partial^2 u_1}{\partial \xi_n^2} - \dfrac{\chi^2 \sin^2 qa}{m\omega[\omega + J(\cos 2qa - 1)]}u_1|\psi_1|^2 - 24\sin^2 \dfrac{qa}{2}u_1|u_1|^2 = 0 \\[2mm]
\mathrm{i}\dfrac{\partial \psi_1}{\partial \tau} + Ja^2\cos qa \dfrac{\partial^2 \psi_1}{\partial \xi_n^2} + \dfrac{2\chi^2 \sin^2 qa}{\omega + J(\cos 2qa - 1)}\psi_1|u_1|^2 - a\chi\dfrac{\partial u_{10}}{\partial \xi_n}\psi_1 = 0
\end{cases}
\tag{3-181}
$$

令 $u_1 = \gamma\psi_1$，有

$$
\begin{cases}
\mathrm{i}\dfrac{\partial u_1}{\partial \tau} + \dfrac{1}{2}Ja^2\cos qa \dfrac{\partial^2 u_1}{\partial \xi_n^2} + \left(\dfrac{\chi^2}{4mJ^2\gamma^2\tan^2 qa\cos qa} - 24\sin^2 \dfrac{qa}{2}\right)|u_1|^2 u_1 = 0 \\[2mm]
\mathrm{i}\dfrac{\partial \psi_1}{\partial \tau} + Ja^2\cos qa \dfrac{\partial^2 \psi_1}{\partial \xi_n^2} + \left[\dfrac{2\chi^2}{k} - \dfrac{\chi^2}{J}\left(1 + \dfrac{1}{\cos qa}\right)\gamma^2\right]|\psi_1|^2 \psi_1 = 0
\end{cases}
\tag{3-182}
$$

令 $\Lambda = Ja^2\cos qa$，$\Gamma = \dfrac{\chi^2}{4mJ^2\gamma^2\tan^2 qa\cos qa} - 24\sin^2 \dfrac{qa}{2}$，$\Delta = \dfrac{2\chi^2}{k} - \dfrac{\chi^2}{J}\left(1 + \dfrac{1}{\cos qa}\right)\gamma^2$，有

$$
\begin{cases}
\mathrm{i}\dfrac{\partial u_1}{\partial \tau} + \dfrac{1}{2}\Lambda \dfrac{\partial^2 u_1}{\partial \xi_n^2} + \Gamma|u_1|^2 u_1 = 0 \\[2mm]
\mathrm{i}\dfrac{\partial \psi_1}{\partial \tau} + \Lambda \dfrac{\partial^2 \psi_1}{\partial \xi_n^2} + \Delta|\psi_1|^2 \psi_1 = 0
\end{cases}
\tag{3-183}
$$

当 $\Lambda > 0$，$\Gamma > 0$，$\Delta > 0$，该方程组有如下形式的解：

$$
\begin{cases}
u_{10} = \pm\sqrt{\dfrac{2\Lambda(\omega_{02} - \Lambda\kappa^2)}{\Delta^2}}\tanh\sqrt{\dfrac{(\omega_{02} - \Lambda\kappa^2)}{\Lambda}}(\xi_n - c\tau) \\[2mm]
u_1 = \pm\sqrt{\dfrac{(2\omega_{01} - \Lambda\kappa^2)}{\Gamma}}\operatorname{sech}\sqrt{\dfrac{(2\omega_{01} - \Lambda\kappa^2)}{\Lambda}}(\xi_n - c\tau)\mathrm{e}^{\mathrm{i}(\kappa\xi_n - \omega_{01}\tau)} \\[2mm]
\psi_1 = \pm\sqrt{\dfrac{2(\omega_{02} - \Lambda\kappa^2)}{\Delta}}\operatorname{sech}\sqrt{\dfrac{(\omega_{02} - \Lambda\kappa^2)}{\Lambda}}(\xi_n - c\tau)\mathrm{e}^{\mathrm{i}(\kappa\xi_n - \omega_{02}\tau)}
\end{cases}
\tag{3-184}
$$

所以，式（3-180）具有如下形式的解：

$$
\begin{aligned}
u_n = {}& \pm\sqrt{\dfrac{2\Lambda(\omega_{02} - \Lambda\kappa^2)}{\Delta^2}}\tanh\sqrt{\dfrac{\varepsilon^2(\omega_{02} - \Lambda\kappa^2)}{\Lambda}}[na - (\lambda + \varepsilon c)t] \\
& \pm\sqrt{\dfrac{(2\omega_{01} - \Lambda\kappa^2)}{\Gamma}}\operatorname{sech}\sqrt{\dfrac{\varepsilon^2(2\omega_{01} - \Lambda\kappa^2)}{\Lambda}}[na - (\lambda + \varepsilon c)t]\times \\
& \cos[(\varepsilon\kappa + q)na - (\varepsilon\kappa\lambda + \varepsilon^2\omega_{01} + \omega)t]
\end{aligned}
$$

$$\psi_1 = \pm \sqrt{\frac{2(\omega_{02} - \Lambda\kappa^2)}{\Delta}} \, \mathrm{sech} \sqrt{\frac{\varepsilon^2(\omega_{02} - \Lambda\kappa^2)}{\Lambda}} \left[na - (\lambda + \varepsilon c)t \right] \times$$

$$\cos\left[(\varepsilon\kappa + q)na - (\varepsilon\kappa\lambda + \varepsilon^2\omega_{01} + \omega)t \right] \qquad (3-185)$$

上述解的形状也如图 3-23 所示,即分子晶格的振动在激子的作用下为移动分立扭结封皮呼吸子的局域行为。而 Davydov 孤子(激子)则变为分立亮呼吸子的形式在分子晶格中移动。

4. 一维三、四次非线性分子晶格中声子与激子相互作用的局域自陷行为

类似地,采用多重尺度方法得

$$u_n = \pm \sqrt{\frac{2\Lambda(\omega_{02} - \Lambda\kappa^2)}{\Delta^2}} \, \tanh \sqrt{\frac{\varepsilon^2(\omega_{02} - \Lambda\kappa^2)}{\Lambda}} \left[na - (\lambda + \varepsilon c)t \right] \pm$$

$$\sqrt{\frac{(2\omega_{01} - \Lambda\kappa^2)}{\Gamma}} \, \mathrm{sech} \sqrt{\frac{\varepsilon^2(2\omega_{01} - \Lambda\kappa^2)}{\Lambda}} \left[na - (\lambda + \varepsilon c)t \right] \times$$

$$\cos\left[(\varepsilon\kappa + q)na - (\varepsilon\kappa\lambda + \varepsilon^2\omega_{01} + \omega)t \right]$$

$$\psi_1 = \pm \sqrt{\frac{2(\omega_{02} - \Lambda\kappa^2)}{\Delta}} \, \mathrm{sech} \sqrt{\frac{\varepsilon^2(\omega_{02} - \Lambda\kappa^2)}{\Lambda}} \left[na - (\lambda + \varepsilon c)t \right] \times$$

$$\cos\left[(\varepsilon\kappa + q)na - (\varepsilon\kappa\lambda + \varepsilon^2\omega_{02} + \omega)t \right] \qquad (3-186)$$

式中,

$$\Lambda = Ja^2 \cos qa$$

$$\Gamma = \frac{\chi^2}{4mJ^2\gamma^2 \tan^2 qa \cos qa} + 4\alpha(1 - \cos qa)\left[\frac{2\chi}{\gamma^2} + 4\alpha m\left(\sin qa - 2\cos qa \sin^2 \frac{qa}{2} \right) \right] \Big/ ka -$$

$$\frac{4m\alpha}{k} \cot \frac{qa}{2} \sin^2 qa \,(2\sin qa + \cos qa - 1) - 24\sin^2 \frac{qa}{2}$$

$$\Delta = -\frac{\chi^2\gamma^2}{J}\left(1 + \frac{1}{\cos qa} \right) + \chi\left[2\chi + 4\alpha m\left(\sin qa - 2\cos qa \sin^2 \frac{qa}{2} \right)\gamma^2 \Big/ k \right] +$$

$$\frac{2m\alpha\chi\gamma^2}{k} \cot \frac{qa}{2} \sin^2 qa$$

上述解的形状也如图 3-23 所示,即分子晶格的振动在激子的作用下为移动分立扭结封皮呼吸子的局域行为,而 Davydov 孤子(激子)则变为分立亮呼吸子的形式在分子晶格中移动。

通过上面的讨论可知,对于一维分子晶格,在准分立近似下,考虑激子与声子相互作用时,其线性晶格具有移动分立扭结封皮呼吸子的局域行为,三次、四次及混合非线性分子晶格也有移动分立扭结封皮呼吸子的局域行为,而 Davydov 孤子(激子)则变为分立亮呼吸子的形式在分子晶格中移动。

3.4.2　二维非线性分子晶格中声子与激子相互作用的局域自陷行为

1. 二维线性分子晶格中声子与激子相互作用的局域自陷行为

二维线性分子晶格中声子与激子相互作用的总哈密顿函数,在最近邻相互作用近似下为

$$
\begin{aligned}
H = {} & J_1 \sum^{l,m} \left[\, 2\,|\psi_{l,m}|^2 - \psi_{l,m}^*(\psi_{l+1,m} + \psi_{l-1,m})\,\right] + \\
& J_m \sum^{l,m} \left[\, 2\,|\psi_{l,m}|^2 - \psi_{l,m}^*(\psi_{l,m+1} + \psi_{l,m-1})\,\right] + \\
& \sum^{l,m} \left[\, \frac{p_{l,m}^2}{2M} + \frac{1}{2}k_l(u_{l+1,m} + u_{l-1,m} - u_{l,m})^2 \,\right] + \\
& \sum^{l,m} \left[\, \frac{1}{2}k_m(u_{l,m+1} + u_{l,m-1} - u_{l,m})^2 \,\right] + \\
& \chi_l \sum^{l,m} \left[\, |\psi_{l,m}|^2 (u_{l+1,m} - u_{l-1,m}) \,\right] + \\
& \chi_m \sum^{l,m} \left[\, |\psi_{l,m}|^2 (u_{l,m+1} - u_{l,m-1}) \,\right]
\end{aligned}
\tag{3-187}
$$

式中,$\psi_{l,m}$ 为格点 (l,m) 处激子的波函数;J_l 和 J_m 为激子在相邻格点间传输的矩阵元;M,$u_{l,m}$,$p_{l,m}$ 分别为分子的质量、位移和动量;k_l 和 k_m 为耦合系数;哈密顿函数中最后一项是声子与激子之间的相互作用;χ_l 和 χ_m 是描写声子与激子相互作用强度的参量。

利用 $\dot{p}_{l,m} = \ddot{u}_{l,m} = -\partial H/\partial u_{l,m}$ 和 $\mathrm{i}\dot{B} = \partial H/\partial B^*$,可以得到关于分子振动位移 $u_{l,m}$ 和激子波函数 $\psi_{l,m}$ 的振动方程为

$$
\begin{cases}
M\ddot{u}_{l,m} = k_l(u_{l+1,m} + u_{l-1,m} - 2u_{l,m}) + k_m(u_{l,m+1} + u_{l,m-1} - 2u_{l,m}) + \\
\quad\quad \chi_l(\,|\psi_{l+1,m}|^2 - |\psi_{l-1,m}|^2) + \chi_m(\,|\psi_{l,m+1}|^2 - |\psi_{l,m-1}|^2) \\
\mathrm{i}\dot{\psi}_{l,m} = -J_l(\psi_{l+1,m} + \psi_{l-1,m} - 2\psi_{l,m}) - J_m(\psi_{l,m+1} + \psi_{l,m-1} - 2\psi_{l,m}) + \\
\quad\quad \chi_l(u_{l+1,m} - u_{l-1,m})\psi_{l,m} + \chi_m(u_{l,m+1} - u_{l,m-1})\psi_{l,m}
\end{cases}
\tag{3-188}
$$

据多重尺度方法和准分立近似方法设

$$
\begin{aligned}
u_{l,m}(t) &= \varepsilon u^{(1)}(\xi_l,\zeta_m,\tau,\phi_{l,m}) + \varepsilon^2 u^{(2)}(\xi_l,\zeta_m,\tau,\phi_{l,m}) + \cdots \\
&= \sum_{\gamma=1}^{\infty} \varepsilon^\gamma u^{(\gamma)}(\xi_l,\zeta_m,\tau,\phi_{l,m}) \\
&= \sum_{\gamma=1}^{\infty} \varepsilon^\gamma u_{lm,lm}^{(\gamma)} \\
\psi_{l,m}(t) &= \varepsilon \psi^{(1)}(\xi_l,\zeta_m,\tau,\phi_{l,m}) + \varepsilon^2 \psi^{(2)}(\xi_l,\zeta_m,\tau,\phi_{l,m}) + \cdots \\
&= \sum_{\gamma=1}^{\infty} \varepsilon^\gamma \psi^{(\gamma)}(\xi_l,\zeta_m,\tau,\phi_{l,m}) \\
&= \sum_{\gamma=1}^{\infty} \varepsilon^\gamma \psi_{lm,lm}^{(\gamma)}
\end{aligned}
\tag{3-189}
$$

式中,ε 为有限的小参数;$u_{lm,lm}^{(\gamma)} = u^{(\gamma)}(\xi_l,\zeta_m,\tau,\phi_{l,m})$;$\psi_{lm,lm}^{(\gamma)} = \psi^{(\gamma)}(\xi_l,\zeta_m,\tau,\phi_{l,m})$;多重尺

度的慢变量 $\xi_l = \varepsilon(la - \lambda t)$，$\zeta_m = \varepsilon(mb - \eta t)$，$\tau = \varepsilon^2 t$，而快变量 $\phi_{l,m} = nq_l a + mq_m b - \omega t$ 表示行波的相位，q_l, q_m, ω 分别为行波的波数和频率，a, b 为晶格常数，λ, η 为待定参数。

利用 Taylor 公式有

$$u_{l\pm1,m}^{(\gamma)} = u_{lm,(l\pm1)m}^{(\gamma)} \pm \varepsilon a \frac{\partial u_{lm,(l\pm1)m}^{(\gamma)}}{\partial \xi_l} + \frac{\varepsilon^2 a^2}{2!} \frac{\partial^2 u_{lm,(l\pm1)m}^{(\gamma)}}{\partial \xi_l^2} \pm \frac{\varepsilon^3 a^3}{3!} \frac{\partial^3 u_{lm,(l\pm1)m}^{(\gamma)}}{\partial \xi_l^3} + \cdots$$

$$u_{l\pm1,m} = \sum_{\gamma=1}^{\infty} \varepsilon^{\gamma} \left[\sum_{\mu=1}^{\infty} \frac{1}{\mu!} \left(\pm \varepsilon a \frac{\partial}{\partial \xi_l} \right)^{\mu} u_{lm,(l\pm1)m}^{(\gamma)} \right]$$

$$u_{l,m\pm1}^{(\gamma)} = u_{lm,l(m\pm1)}^{(\gamma)} \pm \varepsilon a \frac{\partial u_{lm,l(m\pm1)}^{(\gamma)}}{\partial \zeta_l} + \frac{\varepsilon^2 a^2}{2!} \frac{\partial^2 u_{lm,l(m\pm1)}^{(\gamma)}}{\partial \zeta_m^2} \pm \frac{\varepsilon^3 a^3}{3!} \frac{\partial^3 u_{lm,l(m\pm1)}^{(\gamma)}}{\partial \zeta_m^3} + \cdots$$

$$u_{l,m\pm1} = \sum_{\gamma=1}^{\infty} \varepsilon^{\gamma} \left[\sum_{\mu=0}^{\infty} \frac{1}{\mu!} \left(\pm \varepsilon a \frac{\partial}{\partial \zeta_m} \right)^{\mu} u_{lm,l(m\pm1)}^{(\gamma)} \right]$$

$$\psi_{l\pm1,m}^{(\gamma)} = \psi_{lm,(l\pm1)m}^{(\gamma)} \pm \varepsilon a \frac{\partial \psi_{lm,(l\pm1)m}^{(\gamma)}}{\partial \xi_l} + \frac{\varepsilon^2 a^2}{2!} \frac{\partial^2 \psi_{lm,(l\pm1)m}^{(\gamma)}}{\partial \xi_l^2} \pm \frac{\varepsilon^3 a^3}{3!} \frac{\partial^3 \psi_{lm,(l\pm1)m}^{(\gamma)}}{\partial \xi_l^3} + \cdots$$

$$\psi_{l\pm1,m} = \sum_{\gamma=1}^{\infty} \varepsilon^{\gamma} \left[\sum_{\mu=1}^{\infty} \frac{1}{\mu!} \left(\pm \varepsilon a \frac{\partial}{\partial \xi_l} \right)^{\mu} \psi_{lm,(l\pm1)m}^{(\gamma)} \right]$$

$$\psi_{l,m\pm1}^{(\gamma)} = \psi_{lm,l(m\pm1)}^{(\gamma)} \pm \varepsilon a \frac{\partial \psi_{lm,l(m\pm1)}^{(\gamma)}}{\partial \zeta_l} + \frac{\varepsilon^2 a^2}{2!} \frac{\partial^2 \psi_{lm,l(m\pm1)}^{(\gamma)}}{\partial \zeta_m^2} \pm \frac{\varepsilon^3 a^3}{3!} \frac{\partial^3 \psi_{lm,l(m\pm1)}^{(\gamma)}}{\partial \zeta_m^3} + \cdots$$

$$\psi_{l,m\pm1} = \sum_{\gamma=1}^{\infty} \varepsilon^{\gamma} \left[\sum_{\mu=0}^{\infty} \frac{1}{\mu!} \left(\pm \varepsilon a \frac{\partial}{\partial \zeta_m} \right)^{\mu} \psi_{lm,l(m\pm1)}^{(\gamma)} \right] \tag{3-190}$$

根据微分法则有

$$\frac{\mathrm{d}}{\mathrm{d}t} = -\omega \frac{\partial}{\partial \phi_{l,m}} - \lambda\varepsilon \frac{\partial}{\partial \xi_l} - \eta\varepsilon \frac{\partial}{\partial \zeta_m} + \varepsilon^2 \frac{\partial}{\partial \tau}$$

$$\frac{\mathrm{d}^2}{\mathrm{d}t^2} = \omega^2 \frac{\partial^2}{\partial \phi_{l,m}^2} + 2\lambda\omega\varepsilon \frac{\partial^2}{\partial \phi_{l,m} \partial \xi_l} + 2\eta\omega\varepsilon \frac{\partial^2}{\partial \phi_{l,m} \partial \zeta_m} - 2\omega\varepsilon^2 \frac{\partial^2}{\partial \phi_{l,m} \partial \tau} + \lambda^2\varepsilon^2 \frac{\partial^2}{\partial \xi_l^2} +$$

$$\eta^2\varepsilon^2 \frac{\partial^2}{\partial \zeta_m^2} + 2\lambda\eta\varepsilon^3 \frac{\partial^2}{\partial \xi_l \partial \zeta_m} - 2\lambda\varepsilon^3 \frac{\partial^2}{\partial \xi_l \partial \tau} - 2\eta\varepsilon^3 \frac{\partial^2}{\partial \zeta_m \partial \tau} + \varepsilon^4 \frac{\partial^2}{\partial \tau^2} \tag{3-191}$$

将式(3-189)、式(3-190)和式(3-191)代入式(3-188)比较 ε 的系数，获得下列方程。

$$\varepsilon: \begin{cases} \omega^2 \dfrac{\partial^2 u_{lm,lm}^{(1)}}{\partial \phi_{l,m}^2} - \dfrac{k_l}{M} \left(u_{lm,(l+1)m}^{(1)} + u_{lm,(l-1)m}^{(1)} - 2u_{lm,lm}^{(1)} \right) - \\[2mm] \dfrac{k_m}{M} \left(u_{lm,l(m+1)}^{(1)} + u_{lm,l(m-1)}^{(1)} - 2u_{lm,lm}^{(1)} \right) = 0 \\[2mm] -i\omega \dfrac{\partial \psi_{lm,lm}^{(1)}}{\partial \phi_{l,m}} + J_l \left(\psi_{lm,(l+1)m}^{(1)} + \psi_{lm,(l-1)m}^{(1)} - 2\psi_{lm,lm}^{(1)} \right) + \\[2mm] J_m \left(\psi_{lm,l(m+1)}^{(1)} + \psi_{lm,l(m-1)}^{(1)} - 2\psi_{lm,lm}^{(1)} \right) = 0 \end{cases} \tag{3-192}$$

137

$$\varepsilon^2: \begin{cases} \omega^2 \dfrac{\partial^2 u_{lm,lm}^{(2)}}{\partial \phi_{l,m}^2} - \dfrac{k_l}{M}(u_{lm,(l+1)m}^{(2)} + u_{lm,(l-1)m}^{(2)} - 2u_{lm,lm}^{(2)}) - \\[3mm] \dfrac{k_m}{M}(u_{lm,l(m+1)}^{(2)} + u_{lm,l(m-1)}^{(2)} - 2u_{lm,lm}^{(2)}) = \dfrac{k_l a}{M} \dfrac{\partial}{\partial \xi_l}(u_{lm,(l+1)m}^{(1)} - u_{lm,(l-1)m}^{(1)}) + \\[3mm] \dfrac{k_m b}{M} \dfrac{\partial}{\partial \zeta_m}(u_{lm,l(m+1)}^{(1)} - u_{lm,l(m-1)}^{(1)}) - 2\omega\lambda \dfrac{\partial^2 u_{lm,lm}^{(1)}}{\partial \phi_{l,m}\partial \xi_l} - 2\omega\eta \dfrac{\partial^2 u_{lm,lm}^{(1)}}{\partial \phi_{l,m}\partial \zeta_m} + \\[3mm] \dfrac{\chi_l}{M}(|\psi_{lm,(l+1)m}^{(1)}|^2 - |\psi_{lm,(l-1)m}^{(1)}|^2) + \dfrac{\chi_m}{M}(|\psi_{lm,l(m+1)}^{(1)}|^2 - |\psi_{lm,l(m-1)}^{(1)}|^2) - \\[3mm] \mathrm{i}\omega \dfrac{\partial^2 \psi_{lm,lm}^{(2)}}{\partial \phi_{l,m}^2} + J_l(\psi_{lm,(l+1)m}^{(2)} + \psi_{lm,(l-1)m}^{(2)} - 2\psi_{lm,lm}^{(2)}) + \\[3mm] J_m(\psi_{lm,l(m+1)}^{(2)} + \psi_{lm,l(m-1)}^{(2)} - 2\psi_{lm,lm}^{(2)}) = -J_l a \dfrac{\partial}{\partial \xi_l}(\psi_{lm,(l+1)m}^{(1)} - \psi_{lm,(l-1)m}^{(1)}) - \\[3mm] J_m b \dfrac{\partial}{\partial \zeta_m}(\psi_{lm,l(m+1)}^{(1)} - \psi_{lm,l(m-1)}^{(1)}) + \mathrm{i}\lambda \dfrac{\partial \psi_{lm,lm}^{(1)}}{\partial \xi_l} + \mathrm{i}\eta \dfrac{\partial \psi_{lm,lm}^{(1)}}{\partial \zeta_m} + \\[3mm] \chi_l(u_{lm,(l+1)m}^{(1)} - u_{lm,(l-1)m}^{(1)})\psi_{lm,lm}^{(1)} + \chi_m(u_{lm,l(m+1)}^{(1)} - u_{lm,l(m-1)}^{(1)})\psi_{lm,lm}^{(1)} \end{cases} \quad (3-193)$$

$$\varepsilon^3: \begin{cases} \omega^2 \dfrac{\partial^2 u_{lm,lm}^{(3)}}{\partial \phi_{l,m}^2} - \dfrac{k_l}{M}(u_{lm,(l+1)m}^{(3)} + u_{lm,(l-1)m}^{(3)} - 2u_{lm,lm}^{(3)}) - \\[3mm] \dfrac{k_m}{M}(u_{lm,l(m+1)}^{(3)} + u_{lm,l(m-1)}^{(3)} - 2u_{lm,lm}^{(3)}) = \dfrac{k_l a^2}{2M} \dfrac{\partial^2}{\partial \xi_l^2}(u_{lm,(l+1)m}^{(1)} + u_{lm,(l-1)m}^{(1)}) + \\[3mm] \dfrac{k_m b^2}{2M} \dfrac{\partial^2}{\partial \zeta_m^2}(u_{lm,l(m+1)}^{(1)} + u_{lm,l(m-1)}^{(1)}) + \dfrac{k_l a}{M} \dfrac{\partial}{\partial \xi_l}(u_{lm,(l+1)m}^{(2)} - u_{lm,(l-1)m}^{(2)}) + \\[3mm] \dfrac{k_m b}{2M} \dfrac{\partial}{\partial \zeta_m}(u_{lm,l(m+1)}^{(2)} - u_{lm,l(m-1)}^{(2)}) - 2\omega\lambda \dfrac{\partial^2 u_{lm,lm}^{(1)}}{\partial \phi_{l,m}\partial \xi_l} - 2\omega\eta \dfrac{\partial^2 u_{lm,lm}^{(1)}}{\partial \phi_{l,m}\partial \zeta_m} + \\[3mm] \dfrac{\chi_l a}{M}\left(\dfrac{\partial |\psi_{lm,(l+1)m}^{(1)}|^2}{\partial \xi_l} + \dfrac{\partial |\psi_{lm,(l-1)m}^{(1)}|^2}{\partial \xi_l}\right) + \dfrac{\chi_m b}{M}\left(\dfrac{\partial |\psi_{lm,l(m+1)}^{(1)}|^2}{\partial \zeta_m} + \dfrac{\partial |\psi_{lm,l(m+1)}^{(1)}|^2}{\partial \zeta_m}\right) + \\[3mm] 2\omega \dfrac{\partial^2 u_{lm,lm}^{(1)}}{\partial \phi_{l,m}\partial \tau} - \lambda^2 \dfrac{\partial^2 u_{lm,lm}^{(1)}}{\partial \xi_l^2} - \eta^2 \dfrac{\partial^2 u_{lm,lm}^{(1)}}{\partial \zeta_m^2} + 2\lambda\eta \dfrac{\partial^2 u_{lm,lm}^{(1)}}{\partial \xi_l\partial \zeta_m} + \dfrac{\chi_l}{M}(\psi_{lm,(l+1)m}^{(1)}\psi_{lm,(l+1)m}^{(2)*} + \\[3mm] \psi_{lm,(l+1)m}^{(1)*}\psi_{lm,(l+1)m}^{(2)} - \psi_{lm,(l-1)m}^{(1)}\psi_{lm,(l-1)m}^{(2)*} - \psi_{lm,(l-1)m}^{(1)*}\psi_{lm,(l-1)m}^{(2)}) \cdot \\[3mm] \dfrac{\chi_m}{M}(\psi_{lm,l(m+1)}^{(1)}\psi_{lm,l(m+1)}^{(2)*} + \psi_{lm,l(m+1)}^{(1)*}\psi_{lm,l(m-1)}^{(1)} - \psi_{lm,l(m-1)}^{(1)}\psi_{lm,l(m-1)}^{(2)*} - \\[3mm] \psi_{lm,l(m-1)}^{(1)*}\psi_{lm,l(m-1)}^{(2)} - \mathrm{i}\omega \dfrac{\partial u_{lm,lm}^{(3)}}{\partial \phi_{l,m}} + J_l(\psi_{lm,(l+1)m}^{(3)} + \psi_{lm,(l-1)m}^{(3)} - 2\psi_{lm,lm}^{(3)}) + \\[3mm] J_m(\psi_{lm,l(m+1)}^{(3)} + \psi_{lm,l(m-1)}^{(3)} - 2\psi_{lm,lm}^{(3)}) = -\dfrac{1}{2}J_l a^2 \dfrac{\partial^2}{\partial \xi_l^2}(\psi_{lm,(l+1)m}^{(1)} + \psi_{lm,(l-1)m}^{(1)}) - \\[3mm] \dfrac{1}{2}J_m b^2 \dfrac{\partial^2}{\partial \zeta_m^2}(\psi_{lm,l(m+1)}^{(1)} + \psi_{lm,l(m-1)}^{(1)}) - J_l a \dfrac{\partial}{\partial \xi_l}(\psi_{lm,(l+1)m}^{(1)} - \psi_{lm,(l-1)m}^{(2)}) - J_m b \dfrac{\partial}{\partial \zeta_m} + \\[3mm] \mathrm{i}\lambda \dfrac{\partial \psi_{lm,lm}^{(2)}}{\partial \xi_l} + \mathrm{i}\eta \dfrac{\partial \psi_{lm,lm}^{(2)}}{\partial \zeta_m} - \mathrm{i}\dfrac{\partial \psi_{lm,lm}^{(1)}}{\partial \tau} + a\chi_l \dfrac{\partial}{\partial \xi_l}(u_{lm,(l+1)m}^{(1)} + u_{lm,(l-1)m}^{(1)})\psi_{lm,lm}^{(1)} + \\[3mm] b\chi_m \dfrac{\partial}{\partial \xi_l}(u_{lm,l(m+1)}^{(1)} + u_{lm,l(m-1)}^{(1)})\psi_{lm,lm}^{(1)} + \chi_l(u_{lm,(l+1)m}^{(2)} - u_{lm,(l-1)m}^{(2)})\psi_{lm,lm}^{(1)} + \\[3mm] \chi_m(u_{lm,l(m+1)}^{(2)} - u_{lm,l(m-1)}^{(2)})\psi_{lm,lm}^{(1)} + \chi_l(u_{lm,(l+1)m}^{(1)} - u_{lm,(l-1)m}^{(1)})\psi_{lm,lm}^{(2)} + \\[3mm] \chi_m(u_{lm,l(m+1)}^{(1)} - u_{lm,l(m-1)}^{(1)})\psi_{lm,lm}^{(2)} \end{cases}$$

$$(3-194)$$

式(3-192)有如下形式的解：

$$\begin{cases} u_{lm,lm}^{(1)} = u_{10}(\xi_l,\zeta_m,\tau) + u_1(\xi_l,\zeta_m,\tau)\,\mathrm{e}^{\mathrm{i}\phi_{lm}} + u_1^*(\xi_l,\zeta_m,\tau)\,\mathrm{e}^{-\mathrm{i}\phi_{lm}} \\ \psi_{lm,lm}^{(1)} = \psi_1(\xi_l,\zeta_m,\tau)\,\mathrm{e}^{\mathrm{i}\phi_{lm}} + \psi_1^*(\xi_l,\zeta_m,\tau)\,\mathrm{e}^{-\mathrm{i}\phi_m} \end{cases} \tag{3-195}$$

将式(3-195)式代入式(3-193)，消去久期项，有

$$\begin{cases} \omega = 4J_l\sin^2\dfrac{q_l a}{2} + 4J_m\sin^2\dfrac{q_m b}{2} = 2\sqrt{\dfrac{k_l}{M}\sin^2\dfrac{q_l a}{2} + \dfrac{k_m}{M}\sin^2\dfrac{q_m b}{2}} \\ \lambda = 2J_l a\sin q_l a = \dfrac{2k_l a}{\omega M}\sin q_l a,\ \eta = 2J_m b\sin q_m b = \dfrac{2q_m b}{\omega M}\sin q_m b \end{cases} \tag{3-196}$$

$$\begin{cases} \omega^2\dfrac{\partial^2 u_{lm,lm}^{(2)}}{\partial\phi_{l,m}^2} - \dfrac{k_1}{M}(u_{lm,(l+1)m}^{(2)} + u_{lm,(l-1)m}^{(2)} - 2u_{lm,lm}^{(2)}) - \\ \dfrac{k_m}{M}(u_{lm,l(m+1)}^{(2)} + u_{lm,l(m-1)}^{(2)} - 2u_{lm,lm}^{(2)}) = 0 \\ -\mathrm{i}\omega\dfrac{\partial\psi_{lm,lm}^{(2)}}{\partial\phi_{l,m}} + J_l(\psi_{lm,(l+1)m}^{(2)} + \psi_{lm,(l-1)m}^{(2)} - 2\psi_{lm,lm}^{(2)}) + \\ J_m(\psi_{lm,l(m+1)}^{(2)} + \psi_{lm,l(m-1)}^{(2)} - 2\psi_{lm,lm}^{(2)}) = 2\mathrm{i}(\chi_i\sin q_l a + \chi_m\sin q_m b)u_1\psi_1\mathrm{e}^{2\mathrm{i}\phi_{lm}} \end{cases} \tag{3-197}$$

式(3-197)有如下形式的解：

$$\begin{cases} u_{lm,lm}^{(2)} = u_{20}(\xi_l,\zeta_m,\tau) + u_2(\xi_l,\zeta_m,\tau)\mathrm{e}^{\mathrm{i}\phi_{lm}} + u_2^*(\xi_l,\zeta_m,\tau)\mathrm{e}^{-\mathrm{i}\phi_{lm}} \\ \psi_{lm,lm}^{(2)} = \psi_2(\xi_l,\zeta_m,\tau)\mathrm{e}^{\mathrm{i}\phi_{lm}} + \psi_2^*(\xi_l,\zeta_m,\tau)\mathrm{e}^{-\mathrm{i}\phi_{lm}} + \\ \qquad \mathrm{i}\Big[\dfrac{\chi_l\sin q_l a}{\omega + J_l(\cos 2q_l a - 1)} + \dfrac{\chi_m\sin q_m b}{\omega + J_m(\cos 2q_m b - 1)}\Big]u_1\psi_1\mathrm{e}^{2\mathrm{i}\phi_{lm}} \end{cases} \tag{3-198}$$

式中，u_{20},u_2,ψ_2 分别为由高次近似决定的实函数和复函数，当只考虑振幅最低阶 u_1,ψ_1 的关系时，可令其为零，并同 $u_{lm,lm}^{(1)},\psi_{lm,lm}^{(1)}$ 一并代入式(3-194)消去久期项有

$$\begin{cases} \dfrac{2\chi_l a}{M}\dfrac{\partial|\psi_1|^2}{\partial\xi_l} + \dfrac{2\chi_m b}{M}\dfrac{\partial|\psi_1|^2}{\partial\zeta_m} + \Big(\dfrac{k_l a^2}{2M} - \lambda^2\Big)\dfrac{\partial^2 u_{10}}{\partial\xi_l^2} - 2\lambda\eta\dfrac{\partial^2 u_{10}}{\partial\xi_l\partial\zeta_m} + \Big(\dfrac{k_m b^2}{2M} - \eta^2\Big)\dfrac{\partial^2 u_{10}}{\partial\zeta_m^2} = 0 \\ \mathrm{i}\dfrac{\partial u_1}{\partial\tau} + \dfrac{k_l a^2\cos q_l a - M\lambda^2}{2M\omega}\dfrac{\partial^2 u_1}{\partial\xi_l^2} - \dfrac{\lambda\eta}{\omega}\dfrac{\partial^2 u_1}{\partial\xi_l\partial\zeta_m} + \dfrac{k_m b^2\cos q_m b - M\eta^2}{2M\omega}\dfrac{\partial^2 u_1}{\partial\zeta_m^2} - \\ \Big\{\dfrac{\chi_l^2\sin^2 q_l a}{M\omega[\omega + J_l(\cos 2q_l a - 1)]} + \dfrac{\chi_m^2\sin^2 q_m b}{M\omega[\omega + J_m(\cos 2q_m b - 1)]}\Big\}u_1|\psi_1|^2 = 0 \\ \mathrm{i}\dfrac{\partial\psi_1}{\partial\tau} + J_l a^2\cos q_l a\dfrac{\partial^2\psi_1}{\partial\xi_l^2} + J_m b^2\cos k_m b\dfrac{\partial^2\psi_1}{\partial\zeta_m^2} - a\chi_l\dfrac{\partial u_{10}}{\partial\xi_l}\psi_l - b\chi_m\dfrac{\partial u_{10}}{\partial\zeta_m}\psi_1 + \\ \Big[\dfrac{2\chi_l^2\sin^2 q_l a}{\omega + J_l(\cos 2q_l a - 1)} + \dfrac{2\chi_m^2\sin^2 q_m b}{\omega + J_m(\cos 2q_m b - 1)}\Big]\psi_1|u_1|^2 = 0 \end{cases} \tag{3-199}$$

当 $\eta = 2J_m b\sin q_m b = 0$ 时，式(3-199)变为

$$
\begin{cases}
\dfrac{2\chi_l a}{M}\dfrac{\partial|\psi_1|^2}{\partial\xi_l}+\dfrac{2\chi_m b}{M}\dfrac{\partial|\psi_1|^2}{\partial\zeta_m}+\left(\dfrac{k_l a^2}{2M}-\lambda^2\right)\dfrac{\partial^2 u_{10}}{\partial\xi_l^2}+\dfrac{k_m b^2}{2M}\dfrac{\partial^2 u_{10}}{\partial\zeta_m^2}=0\\[3mm]
i\dfrac{\partial u_1}{\partial\tau}+\dfrac{k_l a^2\cos q_l a-M\lambda^2}{2M\omega}\dfrac{\partial^2 u_1}{\partial\xi_l^2}+\dfrac{k_m b^2}{2M\omega}\dfrac{\partial^2 u_1}{\partial\zeta_m^2}-\dfrac{\chi_l^2\sin^2 q_l a}{M\omega[\omega+J_l(\cos 2q_l a-1)]}u_1|\psi_1|^2=0\\[3mm]
i\dfrac{\partial\psi_1}{\partial\tau}+J_l a^2\cos q_l a\dfrac{\partial^2\psi_1}{\partial\xi_l^2}+J_m b^2\dfrac{\partial^2\psi_1}{\partial\zeta_m^2}-a\chi_l\dfrac{\partial u_{10}}{\partial\xi_l}\psi_1-b\chi_m\dfrac{\partial u_{10}}{\partial\zeta_m}\psi_1+\\[3mm]
\dfrac{2\chi_l^2\sin^2 q_l a}{\omega+J_l(\cos 2q_l a-1)}\psi_1|u_1|^2=0
\end{cases}
$$

$$(3-200)$$

令 $u_1=\gamma\psi_1$，考虑 $\dfrac{2M\lambda^2-k_l a^2}{4\chi_l a}\dfrac{\partial u_{10}}{\partial\xi_l}=-\dfrac{k_m a}{4\chi_m}\dfrac{\partial u_{10}}{\partial\zeta_m}=|\psi_1|^2$，有

$$
\begin{cases}
i\dfrac{\partial u_1}{\partial\tau}+\dfrac{k_l a^2\cos q_l a-M\lambda^2}{2M\omega}\dfrac{\partial^2 u_1}{\partial\xi_l^2}+\dfrac{k_m b^2}{2M\omega}\dfrac{\partial^2 u_1}{\partial\zeta_m^2}-\dfrac{\chi_l^2\sin^2 q_l a}{M\omega[\omega+J_l(\cos 2q_l a-1)]\gamma^2}|u_1|^2 u_1=0\\[3mm]
i\dfrac{\partial\psi_1}{\partial\tau}+J_l a^2\cos q_l a\dfrac{\partial^2\psi_1}{\partial\xi_l^2}+J_m b^2\dfrac{\partial^2\psi_1}{\partial\zeta_m^2}+\left[\dfrac{4\chi_m^2}{k_m}-\dfrac{4\chi_l^2 a^2}{2M\lambda_2-k_l a^2}+\right.\\[3mm]
\left.\dfrac{2\chi_l^2\gamma^2\sin^2 q_l a}{\omega+J_l(\cos 2q_l a-1)}\right]\psi_1|\psi_1|^2=0
\end{cases}
$$

$$(3-201)$$

令 $\Lambda_1=\dfrac{k_l a^2\cos q_l a-M\lambda^2}{2M\omega}$，$\Delta_1=\dfrac{k_m b^2}{2M\omega}$，$\Gamma_1=\dfrac{\chi_l^2\sin^2 q_l a}{M\omega[\omega+J_l(\cos 2q_l a-1)]\gamma^2}$，$\Lambda_2=$

$J_l a^2\cos q_l a$，$\Delta_2=J_m b^2$，$\Gamma_2=\dfrac{4\chi_m^2}{k_m}-\dfrac{4\chi_l^2 a^2}{2M\lambda_2-k_l a^2}+\dfrac{2\chi_l^2\gamma^2\sin^2 q_l a}{\omega+J_l(\cos 2q_l a-1)}$，式（3-201）变为

$$
\begin{cases}
i\dfrac{\partial u_1}{\partial\tau}+\Lambda_1\dfrac{\partial^2 u_1}{\partial\xi_l^2}+\Delta_1\dfrac{\partial^2 u_1}{\partial\zeta_m^2}+\Gamma_1|u_1|^2 u_1=0\\[3mm]
i\dfrac{\partial\psi_1}{\partial\tau}+\Lambda_2\dfrac{\partial^2\psi_1}{\partial\xi_l^2}+\Delta^2\dfrac{\partial^2\psi_1}{\partial\zeta_m^2}+\Gamma_2|\psi_1|^2\psi_1=0
\end{cases}
$$

$$(3-202)$$

当 $\Lambda_1\Delta_1>0$，$\Lambda_1\Gamma_1>0$ 和 $\Lambda_2\Delta_2>0$，$\Lambda_2\Gamma_2>0$，该方程组有如下形式的解：

$$
\begin{cases}
u_{10}=\pm A_0/B_0\tanh\left[B_0\sqrt{(la-\lambda t)^2+m^2 b^2}\right]\\[2mm]
u_1=\pm A_0\,\mathrm{sech}\left[B_0\sqrt{(la-\lambda t)^2+m^2 b^2}\right]e^{i\Omega t}\\[2mm]
\psi_1=\pm C_0\,\mathrm{sech}\left[B_0\sqrt{(la-\lambda t)^2+m^2 b^2}\right]e^{i\Omega t}
\end{cases}
$$

$$(3-203)$$

所以，式（3-188）具有如下形式的解：

$$
\begin{cases}
u_n=\pm A_0/B_0\tanh\left[B_0\sqrt{(la-\lambda t)^2+m^2 b^2}\right]\pm A_0\,\mathrm{sech}\times\\[2mm]
\left[B_0\sqrt{(la-\lambda t)^2+m^2 b^2}\right]\cdot\cos\left[q_l la+q_m mb-(\Omega+\omega)t\right]\\[2mm]
\psi_1=\pm C_0\,\mathrm{sech}\left[B_0\sqrt{(la-\lambda t)^2+m^2 b^2}\right]\cos\left[q_l la+q_m mb-(\Omega+\omega)t\right]
\end{cases}
$$

$$(3-204)$$

140

上述解的形状如图 3 – 24 所示

由图 3 – 24 我们可知二维线性分子晶格振动在准分立近似下,考虑激子与声子的相互作用,具有移动分立呼吸子的局域行为,而 Davydov 孤子(激子)则变为分立呼吸子的形式在分子晶格中移动。与连续极限近似下的结果不同的是,晶格的分立性使局域模的周期性成为显性,即为分立呼吸子的行为。

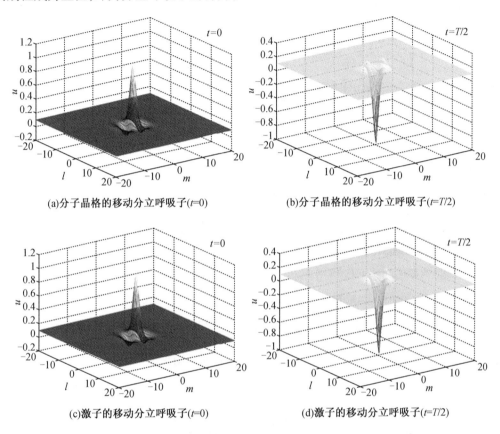

(a)分子晶格的移动分立呼吸子($t=0$)　　　　(b)分子晶格的移动分立呼吸子($t=T/2$)

(c)激子的移动分立呼吸子($t=0$)　　　　(d)激子的移动分立呼吸子($t=T/2$)

图 3 – 24　二维线性分子晶格振动中局域模的行为

2. 二维三次非线性分子晶格中声子与激子相互作用的局域自陷行为

该系统的振动方程组为

$$
\begin{cases}
M\ddot{u}_{l,m} = k_l(u_{l+1,m} + u_{l-1,m} - 2u_{l,m}) + k_m(u_{l,m+1} + u_{l,m-1} - 2u_{l,m}) + \\
\alpha_l[(u_{l+1,m} - u_{l,m})^2 - (u_{l-1,m} - u_{l,m})^2] + \alpha_m[(u_{l,m+1} - u_{l,m})^2 - \\
(u_{l,m-1} - u_{l,m})^2] + \chi_l(|\psi_{l+1,m}|^2 - |\psi_{l-1,m}|^2) + \chi_m(|\psi_{l,m+1}|^2 - |\psi_{l,m-1}|^2) \\
i\dot{\psi}_{l,m} = -J_l(\psi_{l+1,m} + \psi_{l-1,m} - 2\psi_{l,m}) - J_m(\psi_{l,m+1} + \psi_{l,m-1} - 2\psi_{l,m}) + \\
\chi_l(u_{l+1,m} - u_{l-1,m})\psi_{l,m} + \chi_m(u_{l,m+1} - u_{l,m-1})\psi_{l,m}
\end{cases} \quad (3-205)
$$

类似地,采用多重尺度方法得

$$
\begin{cases}
\dfrac{2\chi_l a}{M}\dfrac{\partial\,|\,\psi_1\,|^2}{\partial\xi_l}+\dfrac{2\chi_m b}{M}\dfrac{\partial\,|\,\psi_1\,|^2}{\partial\zeta_m}+\left(\dfrac{k_l a}{2M}-\lambda^2\right)\dfrac{\partial^2 u_{10}}{\partial\xi_l^2}-2\lambda\eta\dfrac{\partial^2 u_{10}}{\partial\xi_l\partial\zeta_m}+\\[2mm]
\left(\dfrac{k_m b^2}{2M}-\eta^2\right)\dfrac{\partial^2 u_{10}}{\partial\zeta_m^2}+4\alpha_l a\left[\cos q_l a(\cos q_l a-1)+\sin q_l a\right]\dfrac{\partial\,|\,u_1\,|^2}{\partial\xi_l}+\\[2mm]
4\alpha_m b\left[\cos q_m b(\cos q_m b-1)+\sin q_m b\right]\dfrac{\partial\,|\,u_1\,|^2}{\partial\zeta_m}=0\\[2mm]
\mathrm{i}\dfrac{\partial u_1}{\partial\tau}+\dfrac{k_l a^2\cos q_l a-M\lambda^2}{2M\omega}\dfrac{\partial^2 u_1}{\partial\xi_l^2}-\dfrac{\lambda\eta}{\omega}\dfrac{\partial^2 u_1}{\partial\xi_l\partial\zeta_m}+\dfrac{k_m b^2\cos q_m b-M\eta^2}{2M\omega}\dfrac{\partial^2 u_1}{\partial\zeta_m^2}+\\[2mm]
\dfrac{2\alpha_l a}{\omega}(\cos q_l a-1)u_1\dfrac{\partial u_{10}}{\partial\xi_l}+\dfrac{2\alpha_m b}{\omega}(\cos q_m b-1)u_1\dfrac{\partial u_{10}}{\partial\zeta_m}-\\[2mm]
\left\{\dfrac{\chi_l^2\sin^2 q_l a}{M\omega[\omega+J_l(\cos 2q_l a-1)]}+\dfrac{\chi_m^2\sin^2 q_m b}{M\omega[\omega+J_m(\cos 2q_m b-1)]}\right\}u_1\,|\,\psi_1\,|^2-\\[2mm]
\left[\dfrac{2\alpha_l M}{k_l\omega}\cot\dfrac{q_l a}{2}\sin 2q_l a(\cos q_l a-1)+\dfrac{2\alpha_m M}{k_m\omega}\cot\dfrac{q_m b}{2}\sin 2q_m b(\cos q_m b-1)\right]\cdot\\[2mm]
|\,u_1\,|^2 u_1-\left[\dfrac{4\alpha_l M}{k_l\omega}\cot\dfrac{q_l a}{2}\sin^3 q_l a+\dfrac{4\alpha_m M}{k_m\omega}\cot\dfrac{q_m b}{2}\sin^3 q_m b\right]|\,u_1\,|^2 u_1=0\\[2mm]
\mathrm{i}\dfrac{\partial\psi_1}{\partial\tau}+J_l a^2\cos q_l a\dfrac{\partial^2\psi_1}{\partial\xi_l^2}+J_m b^2\cos k_m b\dfrac{\partial^2\psi_1}{\partial\zeta_m^2}-a\chi_l\dfrac{\partial u_{10}}{\partial\xi_l}\psi_1-b\chi_m\dfrac{\partial u_{10}}{\partial\zeta_m}\psi_1+\\[2mm]
\left[\dfrac{2\chi_l^2\sin^2 q_l a}{\omega+J_l(\cos 2q_l a-1)}+\dfrac{2\chi_m^2\sin^2 q_m b}{\omega+J_m(\cos 2q_m b-1)}\right]\psi_1\,|\,u_1\,|^2+\\[2mm]
\left[\dfrac{2\alpha_l M\chi_l}{k_l}\cot\dfrac{q_l a}{2}\sin 2q_l a+\dfrac{2\alpha_m M\chi_m}{k_m}\cot\dfrac{q_m b}{2}\sin 2q_m b\right]u_1^2\psi_1^*=0
\end{cases}\tag{3-206}
$$

当 $\eta=2J_m b\sin q_m b=0$ 时,式(3-206)变为

$$
\begin{cases}
\dfrac{2\chi_l a}{M}\dfrac{\partial\,|\,\psi_1\,|^2}{\partial\xi_l}+\dfrac{2\chi_m b}{M}\dfrac{\partial\,|\,\psi_1\,|^2}{\partial\zeta_m}+\left(\dfrac{k_l a^2}{2M}-\lambda^2\right)\dfrac{\partial^2 u_{10}}{\partial\xi_m^2}+\dfrac{k_m b^2}{2M}\dfrac{\partial^2 u_{10}}{\partial\zeta_m^2}+\\[2mm]
4\alpha_l a\left[\cos q_l a-1)+\sin q_l a\right]\dfrac{\partial\,|\,u_1\,|^2}{\partial\xi_l}+8\alpha_m b\dfrac{\partial\,|\,u_1\,|^2}{\partial\zeta_m}=0\\[2mm]
\mathrm{i}\dfrac{\partial u_1}{\partial\tau}+\dfrac{k_l a^2\cos q_l a-M\lambda^2}{2M\omega}\dfrac{\partial^2 u_1}{\partial\xi_l^2}-\dfrac{k_m b^2}{2M\omega}\dfrac{\partial^2 u_1}{\partial\zeta_m^2}+\dfrac{2\alpha_l a}{\omega}(\cos q_l a-1)u_1\dfrac{\partial u_{10}}{\partial\xi_l}-\\[2mm]
\dfrac{4\alpha_m b}{\omega}u_1\dfrac{\partial u_{10}}{\partial\zeta_m}-\dfrac{\chi_l^2\sin^2 q_l a}{M\omega[\omega+J_l(\cos 2q_l a-1)]}u_1\,|\,\psi_1\,|^2+\dfrac{8\alpha_l M}{k_l\omega}\cot\dfrac{q_l a}{2}\times\\[2mm]
\sin^2\dfrac{q_l a}{2}\sin q_l a\,|\,u_1\,|^2 u_1=0\\[2mm]
\mathrm{i}\dfrac{\partial\psi_1}{\partial\tau}+J_l a^2\cos q_l a\dfrac{\partial^2\psi_1}{\partial\xi_l^2}+J_m b^2\cos k_m b\dfrac{\partial^2\psi_1}{\partial\zeta_m^2}-a\chi_l\dfrac{\partial u_{10}}{\partial\xi_l}\psi_1-b\chi_m\dfrac{\partial u_{10}}{\partial\zeta_m}\psi_1+\\[2mm]
\dfrac{2\chi_l^2\sin^2 q_l a}{\omega+J_l(\cos 2q_l a-1)}\psi_1\,|\,u_1\,|^2+\dfrac{2\alpha_l M\chi_l}{k_l}\cot\dfrac{q_l a}{2}\sin 2q_l a u_1^2\psi_1^*=0
\end{cases}\tag{3-207}
$$

令 $u_1 = \gamma\psi_1$，考虑 $\dfrac{2M\lambda - k_l a^2}{4\chi_l a + 8M\alpha_l a\gamma^2[\cos q_l a(\cos q_l a - 1) + \sin q_l a]}\dfrac{\partial u_{10}}{\partial \xi_l} = -\dfrac{k_m b^2}{4\chi_m b + 16M\alpha_m b\gamma^2}$ ·

$\dfrac{\partial u_{10}}{\partial \zeta_m} = |\psi_1|^2$ 有

$$\begin{cases} \mathrm{i}\dfrac{\partial u_1}{\partial \tau} + \dfrac{k_l a^2 \cos q_l a - M\lambda^2}{2M\omega}\dfrac{\partial^2 u_1}{\partial \xi_l^2} - \dfrac{k_m b^2}{2M\omega}\dfrac{\partial^2 u_1}{\partial \zeta_m^2} + \\[2mm] \dfrac{8\alpha_l a(\cos q_l a - 1)\{\chi_l a + 2M\alpha_l a\gamma^2[\cos q_l a(\cos q_l a - 1) + \sin q_l a]\}}{\omega(2M\lambda^2 - k_l a^2)\gamma^2}|u_1|^2 u_1 + \\[2mm] \dfrac{4\alpha_m(4\chi_m + 16M\alpha_m\gamma^2)}{k_m\omega\gamma^2}|u_1|^2 u_1 - \dfrac{\chi_l^2 \sin^2 q_l a}{M\omega[\omega + J_l(\cos 2q_l a - 1)]\gamma^2}|u_1|^2 u_1 + \\[2mm] \dfrac{8\alpha_l M}{k_l\omega}\cot\dfrac{q_l a}{2}\sin^2\dfrac{q_l a}{2}\sin q_l a\,|u_1|^2 u_1 = 0 \\[4mm] \mathrm{i}\dfrac{\partial \psi_1}{\partial \tau} + J_l a^2 \cos q_l a\dfrac{\partial^2 \psi_1}{\partial \xi_l^2} + J_m b^2 \cos k_m b\dfrac{\partial^2 \psi_1}{\partial \zeta_m^2} - \\[2mm] \dfrac{a^2\chi_l\{4\chi_l + 8M\alpha_l\gamma^2[\cos q_l a(\cos q_l a - 1) + \sin q_l a]\}}{2M\lambda^2 - k_l a^2}|\psi_1|^2 \psi_1 - \\[2mm] \dfrac{\chi_m(4\chi_m + 16M\alpha_m\gamma^2)}{k_m}|\psi_1|^2 \psi_1 + \dfrac{2\chi_l^2\gamma^2 \sin^2 q_l a}{\omega + J_l(\cos 2q_l a - 1)}|\psi_1|^2 \psi_1 + \\[2mm] \dfrac{2\alpha_l M\chi_l\gamma^2}{k_l}\cot\dfrac{q_l a}{2}\sin 2q_l a\,|\psi_1|^2 \psi_1 = 0 \end{cases} \tag{3 - 208}$$

令 $\Lambda_1 = \dfrac{k_l a^2 \cos q_l a - M\lambda^2}{2M\omega}$，$\Delta_1 = -\dfrac{k_m b^2}{2M\omega}$，$\Lambda_2 = J_l a^2 \cos q_l a$，$\Delta_2 = J_m b^2$，$\Gamma_1 =$

$-\dfrac{\chi_l^2 \sin^2 q_l a}{M\omega[\omega + J_l(\cos 2q_l a - 1)]\gamma^2} + \dfrac{8\alpha_l a(\cos q_l a - 1)\{\chi_l a + 2M\alpha_l a\gamma^2[\cos q_l a(\cos q_l a - 1) + \sin q_l a]\}}{\omega(2M\lambda^2 - k_l a^2)\gamma^2} +$

$\dfrac{4\alpha_m(4\chi_m + 16M\alpha_m\gamma^2)}{k_m\omega\gamma^2} + \dfrac{8\alpha_l M}{k_l\omega}\cot\dfrac{q_l a}{2}\sin^2\dfrac{q_l a}{2}\sin q_l a$，$\Gamma_2 = \dfrac{2\chi_l^2\gamma^2 \sin^2 q_l a}{\omega + J_l(\cos 2q_l a - 1)} -$

$\dfrac{a^2\chi_l\{4\chi_l + 8M\alpha_l\gamma^2[\cos q_l a(\cos q_l a - 1) + \sin q_l a]\}}{2M\lambda^2 - k_l a^2} + \dfrac{2\alpha_l M\chi_l\gamma^2}{k_l}\cot\dfrac{q_l a}{2}\sin 2q_l a -$

$\dfrac{\chi_m(4\chi_m + 16M\alpha_m\gamma^2)}{k_m}$

式(3 - 201)变为

$$\begin{cases} \mathrm{i}\dfrac{\partial u_1}{\partial \tau} + \Lambda_1\dfrac{\partial^2 u_1}{\partial \xi_l^2} + \Delta_1\dfrac{\partial^2 u_1}{\partial \zeta_m^2} + \Gamma_1|u_1|^2 u_1 = 0 \\[3mm] \mathrm{i}\dfrac{\partial \psi_1}{\partial \tau} + \Lambda_2\dfrac{\partial^2 \psi_1}{\partial \xi_l^2} + \Delta_2\dfrac{\partial^2 \psi_1}{\partial \zeta_m^2} + \Gamma_2|\psi_1|^2 \psi_1 = 0 \end{cases} \tag{3 - 209}$$

当 $\Lambda_1\Delta_1 > 0, \Lambda_1\Gamma_1 > 0$ 和 $\Lambda_2\Delta_2 > 0, \Lambda_2\Gamma_2 > 0$，该方程组有如下形式的解：

$$\begin{cases} u_{10} = \pm A_0 / B_0 \tanh \left[B_0 \sqrt{(la - \lambda t)^2 + m^2 b^2} \right] \\ u_1 = \pm A_0 \operatorname{sech} \left[B_0 \sqrt{(la - \lambda t)^2 + m^2 b^2} \right] e^{i\Omega t} \\ \psi_1 = \pm C_0 \operatorname{sech} \left[B_0 \sqrt{(la - \lambda t)^2 + m^2 b^2} \right] e^{i\Omega t} \end{cases} \quad (3-210)$$

所以,式(3-205)具有如下形式的解:

$$\begin{cases} u_n = \pm A_0 / B_0 \tanh \left[B_0 \sqrt{(la - \lambda t)^2 + m^2 b^2} \right] \pm A_0 \operatorname{sech} \times \\ \qquad \left[B_0 \sqrt{(la - \lambda t)^2 + m^2 b^2} \right] \cos \left[q_l la + q_m mb - (\Omega + \omega)t \right] \\ \psi_1 = \pm C_0 \operatorname{sech} \left[B_0 \sqrt{(la - \lambda t)^2 + m^2 b^2} \right] \cos \left[q_l la + q_m mb - (\Omega + \omega)t \right] \end{cases} \quad (3-211)$$

上述解的形状也如图 3-24 所示,即二维三次非线性分子晶格的振动在准分立近似下,考虑激子与声子的相互作用,也具有移动分立呼吸子的局域行为,Davydov 孤子(激子)也变为分立呼吸子的形式在分子晶格中移动。同线性分子晶格的情况类似。

3. 二维四次非线性分子晶格中声子与激子相互作用的局域自陷行为

该系统的振动方程组为

$$\begin{cases} M\ddot{u}_{l,m} = k_l (u_{l+1,m} + u_{l-1,m}) + k_m (u_{l,m+1} + u_{l,m-1} - 2u_{l,m}) + \\ \qquad \beta_l \left[(u_{l+1,m} - u_{l,m})^3 + (u_{l-1,m} - u_{l,m})^3 \right] + \\ \qquad \beta_m \left[(u_{l,m+1} - u_{l,m})^3 + (u_{l,m+1} - u_{l,m})^3 \right] + \\ \qquad \chi_l (|\psi_{l+1,m}|^2 - |\psi_{l-1,m}|^2) + \chi_m (|\psi_{l,m+1}|^2 - |\psi_{l,m-1}|^2) \\ i\dot{\psi}_{l,m} = -J_l (\psi_{l+1,m} + \psi_{l-1,m} - 2\psi_{l,m}) - \\ \qquad J_m (\psi_{l,m+1} + \psi_{l,m-1} - 2\psi_{l,m}) + \chi_l (u_{l+1,m} - u_{l-1,m})\psi_{l,m} + \\ \qquad \chi_m (u_{l,m+1} - u_{l,m1})\psi_{l,m} \end{cases} \quad (3-212)$$

$$\begin{cases} \dfrac{2\chi_l a}{M} \dfrac{\partial |\psi_1|^2}{\partial \xi_l} + \dfrac{2\chi_m b}{M} \dfrac{\partial |\psi_1|^2}{\partial \zeta_m} + \left(\dfrac{k_l a^2}{2M} - \lambda^2 \right) \dfrac{\partial^2 u_{10}}{\partial \xi_l^2} - 2\lambda\eta \dfrac{\partial^2 u_{10}}{\partial \xi_l \partial \zeta_m} + \\ \left(\dfrac{q_m b^2}{2M} - \eta^2 \right) \dfrac{\partial^2 u_{10}}{\partial \zeta_m^2} = 0 \\ i\dfrac{\partial u_1}{\partial \tau} + \dfrac{k_l a^2 \cos q_l a - M\lambda^2}{2M\omega} \dfrac{\partial^2 u_1}{\partial \xi_l^2} - \dfrac{\lambda\eta}{\omega} \dfrac{\partial^2 u_1}{\partial \xi_l \partial \zeta_m} + \dfrac{k_m b^2 \cos q_m b - M\eta^2}{2M\omega} \dfrac{\partial^2 u_1}{\partial \zeta_m^2} - \\ \left\{ \dfrac{\chi_l^2 \sin^2 q_l a}{M\omega [\omega + J_l (\cos 2q_l a - 1)]} + \dfrac{\chi_m^2 \sin^2 q_m b}{M\omega [\omega + J_m (\cos 2q_m b - 1)]} \right\} u_1 |\psi_1|^2 - \\ \left(24 \dfrac{\beta_l}{M\omega} \sin^4 \dfrac{q_l a}{2} + 24 \dfrac{\beta_m}{M\omega} \sin^4 \dfrac{q_m b}{2} \right) u_1 |u_1|^2 = 0 \\ i\dfrac{\partial \psi_1}{\partial \tau} + J_l a^2 \cos q_l a \dfrac{\partial^2 \psi_1}{\partial \xi_l^2} + J_m b^2 \cos k_m b \dfrac{\partial^2 \psi_1}{\partial \zeta_m^2} - a\chi_l \dfrac{\partial u_{10}}{\partial \xi_l} \psi_1 - b\chi_m \dfrac{\partial u_{10}}{\partial \zeta_m} \psi_1 + \\ \left[\dfrac{2\chi_l^2 \sin^2 q_l a}{\omega + J_l (\cos 2q_l a - 1)} + \dfrac{2\chi_m^2 \sin^2 q_m b}{\omega + J_m (\cos 2q_m b - 1)} \right] \psi_1 |u_1|^2 = 0 \end{cases} \quad (3-213)$$

当 $\eta = 2J_m b\sin q_m b = 0$ 时,式(3-213)变为

144

$$\begin{cases} \dfrac{2\chi_l a}{M}\dfrac{\partial |\psi|^2}{\partial \xi_l} + \dfrac{2\chi_m b}{M}\dfrac{\partial |\psi_1|^2}{\partial \zeta_m} + \left(\dfrac{k_l a^2}{2M} - \lambda^2\right)\dfrac{\partial^2 u_{10}}{\partial \xi_l^2} + \dfrac{k_m b^2}{2M}\dfrac{\partial^2 u_{10}}{\partial \zeta_m^2} = 0 \\[3mm] \mathrm{i}\dfrac{\partial u_1}{\partial \tau} + \dfrac{k_l a^2 \cos q_l a - M\lambda^2}{2M\omega}\dfrac{\partial^2 u_1}{\partial \xi_l^2} + \dfrac{k_m b^2}{2M\omega}\dfrac{\partial^2 u_1}{\partial \zeta_m^2} - \dfrac{\chi_l^2 \sin^2 q_l a}{M\omega[\omega + J_l(\cos 2q_l a - 1)]} \cdot \\[3mm] u_1 |\psi_1|^2 - \left(24\dfrac{\beta_l}{M\omega}\sin^4\dfrac{q_l a}{2} + 24\dfrac{\beta_m}{M\omega}\right) u_1 |u_1|^2 = 0 \\[3mm] \mathrm{i}\dfrac{\partial \psi_1}{\partial \tau} + J_l a^2 \cos q_l a\dfrac{\partial^2 \psi_1}{\partial \xi_l^2} + J_m b^2\dfrac{\partial^2 \psi_1}{\partial \zeta_m^2} - a\chi_l\dfrac{\partial u_{10}}{\partial \xi_l}\psi_1 - b\chi_m\dfrac{\partial u_{10}}{\partial \zeta_m}\psi_1 + \\[3mm] \dfrac{2\chi_l^2 \sin^2 q_l a}{\omega + J_l(\cos 2q_l a - 1)}\psi_1 |u_1|^2 = 0 \end{cases} \tag{3-214}$$

令 $u_1 = \gamma\psi_1$，考虑 $\dfrac{2M\lambda^2 - k_l a^2}{4\chi_l a}\dfrac{\partial u_{10}}{\partial \xi_l} = -\dfrac{k_m a}{4\chi_m}\dfrac{\partial u_{10}}{\partial \zeta_m} = |\psi_1|^2$，有

$$\begin{cases} \mathrm{i}\dfrac{\partial u_1}{\partial \tau} + \dfrac{k_l a^2 \cos q_l a - M\lambda^2}{2M\omega}\dfrac{\partial^2 u_1}{\partial \xi_l^2} + \dfrac{k_m b^2}{2M\omega}\dfrac{\partial^2 u_1}{\partial \zeta_m^2} - \\[3mm] \left[\dfrac{\chi_l^2 \sin^2 q_l a}{M\omega[\omega + J_l(\cos 2q_l a - 1)]\gamma^2} + \left(24\dfrac{\beta_l}{M\omega}\sin^4\dfrac{q_l a}{2} + 24\dfrac{\beta_m}{M\omega}\right)\right]|u_1|^2 u_1 = 0 \\[3mm] \mathrm{i}\dfrac{\partial \psi_1}{\partial \tau} + J_l a^2 \cos q_l a\dfrac{\partial^2 \psi_1}{\partial \xi_l^2} + J_m b^2\dfrac{\partial^2 \psi_1}{\partial \zeta_m^2} + \\[3mm] \left[\dfrac{4\chi_m^2}{k_m} - \dfrac{4\chi_l^2 a^2}{2M\lambda_2 - k_l a^2} + \dfrac{2\chi_l^2 \gamma^2 \sin^2 q_l a}{\omega + J_l(\cos 2q_l a - 1)}\right]\psi_1 |\psi_1|^2 = 0 \end{cases} \tag{3-215}$$

令 $\Lambda_1 = \dfrac{k_l a^2 \cos q_l a - M\lambda^2}{2M\omega}$，$\Delta_1 = \dfrac{k_m b^2}{2M\omega}$，$\Gamma_1 = -\left[\dfrac{\chi_l^2 \sin^2 q_l a}{M\omega[\omega + J_l(\cos 2q_l a - 1)]\gamma^2} + \right.$

$\left. \left(24\dfrac{\beta_l}{M\omega}\sin^4\dfrac{q_l a}{2} + 24\dfrac{\beta_m}{M\omega}\right)\right]$，$\Lambda_2 = J_l a^2 \cos q_l a$，$\Delta_2 = J_m b^2$，$\Gamma_2 = \dfrac{4\chi_m^2}{k_m} - \dfrac{4\chi_l^2 a^2}{2M\lambda_2 - k_l a^2} + $

$\dfrac{2\chi_l^2 \gamma^2 \sin^2 q_l a}{\omega + J_l(\cos 2q_l a - 1)}$，式（3-215）变为

$$\begin{cases} \mathrm{i}\dfrac{\partial u_1}{\partial \tau} + \Lambda_1\dfrac{\partial^2 u_1}{\partial \xi_l^2} + \Delta_1\dfrac{\partial^2 u_1}{\partial \zeta_m^2} + \Gamma_1 |u_1|^2 u_1 = 0 \\[3mm] \mathrm{i}\dfrac{\partial \psi_1}{\partial \tau} + \Lambda_2\dfrac{\partial^2 \psi_1}{\partial \xi_l^2} + \Delta_2\dfrac{\partial^2 \psi_1}{\partial \zeta_m^2} + \Gamma_2 |\psi_1|^2 \psi_1 = 0 \end{cases} \tag{3-216}$$

当 $\Lambda_1\Delta_1 > 0$，$\Lambda_1\Gamma_1 > 0$ 和 $\Lambda_2\Delta_2 > 0$，$\Lambda_2\Gamma_2 > 0$，该方程组有如下形式的解：

$$\begin{cases} u_{10} = \pm A_0 / B_0 \tanh\left[B_0\sqrt{(la - \lambda t)^2 + m^2 b^2}\right] \\[3mm] u_1 = \pm A_0 \mathrm{sech}\left[B_0\sqrt{(la - \lambda t)^2 + m^2 b^2}\right]\mathrm{e}^{\mathrm{i}\Omega t} \\[3mm] \psi_1 = \pm C_0 \mathrm{sech}\left[B_0\sqrt{(la - \lambda t)^2 + m^2 b^2}\right]\mathrm{e}^{\mathrm{i}\Omega t} \end{cases} \tag{3-217}$$

所以，式（3-212）具有如下形式的解：

$$\begin{cases} u_n = \pm A_0/B_0 \tanh\left[B_0 \sqrt{(la-\lambda t)^2 + m^2 b^2} \right] \pm A_0 \mathrm{sech} \cdot \\ \qquad \left[B_0 \sqrt{(la-\lambda t)^2 + m^2 b^2} \right] \cdot \cos\left[q_l la + q_m mb - (\Omega+\omega)t \right] \\ \psi_1 = \pm C_0 \mathrm{sech}\left[B_0 \sqrt{(la-\lambda t)^2 + m^2 b^2} \right] \cdot \cos\left[q_l la + q_m mb - (\Omega+\omega)t \right] \end{cases} \tag{3-218}$$

上述解的形状也如图 3 – 24 所示。即二维四次非线性分子晶格振动在准分立近似下,考虑激子与声子的相互作用,也具有移动分立呼吸子的局域行为,Davydov 孤子(激子)也变为分立呼吸子的形式在分子晶格中移动。同线性分子晶格的情况类似。

4. 二维三、四次非线性分子晶格中声子与激子相互作用的局域自陷行为

该系统的振动方程组为

$$\begin{cases} M\ddot{u}_{l,m} = k_l(u_{l+1,m}+u_{l-1,m}-2u_{l,m}) + k_m(u_{l,m+1}+u_{l,m-1}-2u_{l,m}) + \\ \qquad \alpha_l\left[(u_{l+1,m}-u_{l,m})^2 + (u_{l-1,m}-u_{l,m})^2 \right] + \\ \qquad \alpha_m\left[(u_{l,m+1}-u_{l,m})^2 + (u_{l,m-1}-u_{l,m})^2 \right] + \\ \qquad \beta_l\left[(u_{l+1,m}-u_{l,m})^3 + (u_{l-1,m}-u_{l,m})^3 \right] + \\ \qquad \beta_m\left[(u_{l,m+1}-u_{l,m})^2 + (u_{l,m-1}-u_{l,m})^3 \right] + \\ \qquad \chi_l(|\psi_{l+1,m}|^2 - |\psi_{l-1,m}|^2) + \chi_m(|\psi_{l,m+1}|^2 - |\psi_{l,m-1}|^2) \\ i\dot{\psi}_{l,m} = -J_l(\psi_{l+1,m}+\psi_{l-1,m}-2\psi_{l,m}) - \\ \qquad J_m(\psi_{l,m+1}+\psi_{l,m-1}-2\psi_{l,m}) + \\ \qquad \chi_l(u_{l+1,m}-u_{l-1,m})\psi_{l,m} + \chi_m(u_{l,m+1}-u_{l,m-1})\psi_{l,m} \end{cases} \tag{3-219}$$

利用多重尺度方法有

$$\begin{cases} i\dfrac{\partial u_1}{\partial \tau} + \Lambda_1 \dfrac{\partial^2 u_1}{\partial \xi_l^2} + \Delta_1 \dfrac{\partial^2 u_1}{\partial \zeta_m^2} + \Gamma_1 |u_1|^2 u_1 = 0 \\ i\dfrac{\partial \psi_1}{\partial \tau} + \Lambda_2 \dfrac{\partial^2 \psi_1}{\partial \xi_l^2} + \Delta_2 \dfrac{\partial^2 \psi_1}{\partial \zeta_m^2} + \Gamma_2 |\psi_1|^2 \psi_1 = 0 \end{cases} \tag{3-220}$$

式中,$\Lambda_1 = \dfrac{k_l a^2 \cos q_l a - M\lambda^2}{2M\omega}$,$\Delta_1 = -\dfrac{k_m b^2}{2M\omega}$,$\Lambda_2 = J_l a^2 \cos q_l a$,$\Delta_2 = J_m b^2$,$\Gamma_1 =$

$-\dfrac{\chi_l^2 \sin^2 q_l a}{M\omega[\omega + J_l(\cos 2q_l a - 1)]\gamma^2} + \dfrac{8\alpha_l a(\cos q_l a - 1)\{\chi_l a + 2M\alpha_l a\gamma^2[\cos q_l a(\cos q_l a - 1) + \sin q_l a]\}}{\omega(2M\lambda^2 - k_l a^2)\gamma^2} +$

$\dfrac{4\alpha_m(4\chi_m + 16M\alpha_m\gamma^2)}{k_m\omega\gamma^2} + \dfrac{8\alpha_l M}{k_l\omega} \cot\dfrac{q_l a}{2} \sin^2\dfrac{q_l a}{2} \sin q_l a$,$\Gamma_2 = \dfrac{2\chi_l^2\gamma^2\sin^2 q_l a}{\omega + J_l(\cos 2q_l a - 1)} -$

$\dfrac{a^2\chi_l\{4\chi_l + 8M\alpha_l\gamma^2[\cos q_l a(\cos q_l a - 1) + \sin q_l a]\}}{2M\lambda^2 - k_l a^2} + \dfrac{2\alpha_l M\chi_l\gamma^2}{k_l} \cot\dfrac{q_l a}{2} \sin 2q_l a -$

$\dfrac{\chi_m(4\chi_m + 16M\alpha_m\gamma^2)}{k_m}$

当 $\Lambda_1\Delta_1 > 0, \Lambda_1\Gamma_1 > 0$ 和 $\Lambda_2\Delta_2 > 0, \Lambda_2\Gamma_2 > 0$,该方程组有如下形式的解:

$$
\begin{cases}
u_{10} = \pm A_0 / B_0 \tanh \left[B_0 \sqrt{(la - \lambda t)^2 + m^2 b^2} \right] \\
u_1 = \pm A_0 \mathrm{sech} \left[B_0 \sqrt{(la - \lambda t)^2 + m^2 b^2} \right] \mathrm{e}^{\mathrm{i}\Omega t} \\
\psi_1 = \pm C_0 \mathrm{sech} \left[B_0 \sqrt{(la - \lambda t)^2 + m^2 b^2} \right] \mathrm{e}^{\mathrm{i}\Omega t}
\end{cases}
\tag{3 - 221}
$$

所以,方程组(3 - 219)具有如下的解:

$$
\begin{cases}
u_n = \pm A_0 / B_0 \tanh \left[B_0 \sqrt{(la - \lambda t)^2 + m^2 b^2} \right] \pm \\
\quad A_0 \mathrm{sech} \left[B_0 \sqrt{(la - \lambda t)^2 + m^2 b^2} \right] \cos \left[q_l la + q_m mb - (\Omega + \omega) t \right] \\
\psi_1 = \pm C_0 \mathrm{sech} \left[B_0 \sqrt{(la - \lambda t)^2 + m^2 b^2} \right] \cos \left[q_l la + q_m mb - (\Omega + \omega) t \right]
\end{cases}
\tag{3 - 222}
$$

上述解的形状也如图 3 - 24 所示。即二维三、四次非线性分子晶格振动在准分立近似下,考虑激子与声子的相互作用,也具有移动分立呼吸子的局域行为,Davydov 孤子(激子)也变为分立呼吸子的形式在分子晶格中移动。同线性分子晶格的情况类似。

3.5　本章小结

通过本章上述的讨论可以得出如下结论。

1. 对于 FPU 晶格

(1)一维非线性单原子 α - FPU 晶格的激发由两部分组成:一部分是呼吸子(亮孤子与格波结合),另一部分是扭结孤子($\alpha > 0$)或反扭结孤子($\alpha < 0$),使晶格发生扭曲。它的中心位置也在 $n = n_0$ 处,晶格的整个振动结构是不对称的。不对称的结果来自系统的三次非线性。当 $\alpha = 0$ 时,α 模型变为典型的简谐波动方程,非线性效应消失。

(2)对于一维分立双原子 FPU 模型来说,一维非线性单原子的 FPU 模型中的局域模这里都有,只不过是成对出现的,而且还可以出现在禁带当中。同单原子一样,各局域模在布里渊区边界为静止的局域模,而在其他区域则为运动的局域模。

(3)二维非线性单原子 α - FPU 晶格振动中只存在二维暗分立孤子链和二维暗分立线呼吸子;二维非线性单原子 β - FPU 晶格振动中只存在二维亮分立孤子链和二维亮分立线呼吸子;而二维非线性单原子 $\alpha \& \beta$ - FPU 晶格振动中则除了存在上述的二维亮、暗分立孤子链和二维亮、暗分立线呼吸子外还有二维亮、暗分立呼吸子。二维分立双原子 FPU 模型同一维分立双原子模型在准分立近似下有类似的结论。

2. 对于 Klein-Gordon 晶格

(1)在一维非线性单原子 Klein-Gordon 晶格中存在分立亮呼吸子和分立暗呼吸子。由于最后的薛定谔方程中的参数与 $\sin(ka/2)$ 符号密切相关,因此分立亮呼吸子和分立暗呼吸子不能够在布里渊区的同一位置发现。两种局域模的稳定性与耦合参数 χ_c 密切相关,在耦合参数小于等于临界值时,两种内部局域模是稳定的,超过临界值就会出现分岔现象,即周期性呼吸子将退化为准周期性呼吸子或混沌呼吸子(将在第 4 章中有所讨论)。

（2）一维非线性双原子 Klein-Gordon 晶格在准分立近似下采用多重尺度方法讨论一维分立双原子 FPU 晶格类似，得到其振动可由非线性薛定谔方程来描述的结论，所以其与一维分立双原子 FPU 晶格具有相同的局域行为，只是参数不同，局域模的情况略有差异，但因为准分立近似适用于整个布里渊区，所以各种局域模均能找到，只是不同晶格模型的相应局域模在布里渊区的位置不同。具体结论如下。

①当 $\omega_0 \neq 0$ 时，这个双原子晶格的动力学性质由非线性薛定谔方程来描述，$-\pi/a < q \leqslant \pi/a$。在声学模型和光学模型方程之间的对称性使计算变得非常容易。

②对于光学模型，在 $q = 0$ 时得到了 MKdV 方程，单个孤子、扭结孤子、呼吸子和双孤子等众多局域模出现在这个系统中。

③由于准分立近似可以应用于整个布里渊区，所以在 $q = 0$ 和 $q = \pm\pi/a$ 时获得禁带孤子和共振的扭结孤子。而禁带孤子和共振的扭结孤子也可通过试验观察到。

④当行波的波数接近布里渊区边界时，由于非线性在位势，两个原子之间的扭结孤子由质量不同造成的差异变得很小。

（3）二维非线性单原子 Klein-Gordon 晶格与二维非线性单原子 FPU 晶格具有完全类似的局域行为，也就是说二维非线性单原子 FPU 晶格中的局域模，在二维非线性单原子 Klein-Gordon 晶格中都能找得到，只是由于参数不同其在布里渊区的位置不同，这主要是因为准分立近似对于整个布里渊区都适用。其稳定性分析同一维情况类似，也具有类似的结果，只是耦合参数的值有所不同。对于二维双原子 Klein-Gordon 晶格振动中局域模的行为同二维分立双原子 FPU 晶格振动中局域模行为完全相似。

3. 对于非线性分子晶格

（1）通过上面的讨论可知，一维分子晶格在准分立近似下，考虑激子与声子相互作用时，其线性、三次、四次及混合非线性分子晶格都具有移动分立扭结封皮呼吸子的局域行为，而 Davydov 孤子（激子）则变为分立亮呼吸子的形式在分子晶格中移动。

（2）二维分子晶格在准分立近似下，考虑激子与声子相互作用时，其线性、三次、四次及混合非线性分子晶格都具有移动分立呼吸子的局域行为，而 Davydov 孤子（激子）则变为分立呼吸子的形式在分子晶格中移动。与连续极限近似下的结果不同的是，晶格的分立性使局域模的周期性成为显性，即为分立呼吸子的行为。

综上所述可以得出以下结论

（1）在准分立近似下，晶格的非线性振动都将导致非线性薛定谔方程系列，由于准分立近似将封皮部分看作是连续的，而时间快变量则是分立的，所以形成封皮局域解的形式。封皮由局域模构成，而内部则是格波，由于格波在空间上和时间上都具有周期性，因此在准分立近似下求得的局域模大多具有周期性，即为封皮呼吸子。同时，由于导出的非线性薛定谔方程参数与线性色散关系密切相关，所以，在布里渊区边界和中心存在的都是呼吸子而且是静止的，在其他区域则是运动的局域模。而且准分立近似对整个布里渊区都适用，所以比连续极限下存在更丰富的局域模。

（2）于同一模型的一维、二维各向同性晶格的非线性振动具有非常类似的局域行为。这主要是二维各向同性晶格由于其各向同性性质，使其沿着对角线方向与一维情况非常类似。

（3）Klein-Gordon 晶格由于其在位势大多具有周期性，而这些函数又都在一定条件下具有延拓性，因此其局域模周期性比 FPU 晶格的要强，在 Klein-Gordon 晶格中周期解比 FPU 晶格的要丰富。

（4）分子晶格由于考虑了激子与声子的相互作用，这个作用相当于非线性，因此在考虑这个相互作用时，分子简谐晶格也具有局域模。这个相互作用被称为外部非线性，而晶格自身的非线性被称为内部非线性。这也就是说对于简谐分子晶格和非简谐分子晶格的准分立模型，在考虑激子与声子相互作用时同样存在自陷态。

（5）由于在准分立近似下，考虑了一定的分立性（格波），因此非线性分立晶格的部分分立特性在结果中比采用连续极限近似有了更多的体现，如分立的亮、暗孤子链，分立的亮、暗线呼吸子，分立的亮、暗呼吸子等都是分立晶格才有的。因此准分立近似比连续极限近似更接近真实的非线性晶格模型。

第4章　分立非线性晶格振动中局域模的行为

对于自然界中大多数系统来说,非线性和分立性是其内在的特性,而分立呼吸子则是非线性分立系统中非常重要的局域激发。所以,分立呼吸子在物理学、化学、生物学等众多领域得到了广泛应用。例如,在约瑟夫森结网络、耦合非线性波导、反铁磁层结构、神经系统信号的传输以及 DAN 和蛋白质结构都存在分立的呼吸子局域模。本章首先介绍分立非线性晶格振动中局域激发研究的进展,而后分别讨论了分立的非线性 FPU 晶格、非线性 Klein-Gordon 晶格和非线性分子晶格当考虑激子与声子相互作用时的局域激发及稳定性。

4.1　研　究　进　展

最先报道耦合非简谐一维振子链中内部局域激发的是 Ovchinnikov(在 1969 年),Kosevich 和 Kovalev 在 1974 年也报道了类似的结果。但是,由于分立系统的分立性和非线性使得分立模型很难求解出精确的解,因此人们开始利用各种近似的手段来研究非线性晶格的振动情况,如前面利用的连续极限近似和准分立近似就是两个主要的近似。因此,在很长一段时间以后, 1988 年,Sievers 和 Takeno 才再次捡起这个论题,著名的 FPU 链也获得了局域激发。而最先研究各种模式稳定性的则是 Page 和 Sandusky,始于 1990 年。

从 20 世纪 90 年代开始,大量的研究团体开始利用数学手段详细地研究这些局域激发的性质。在 1996 年到 1998 年之间,Flach 和 Willis 完成了关于分立呼吸子的一篇综述性论文《分立的呼吸子》。从那时起大量更为完善的数学方法由 Aubry 等学者应用到局域激发的理论研究之中,创建了反可积极限和反连续极限理论。该理论利用函数延拓性质从反可积极限和反连续极限出发,严格地给出了分立呼吸子、准周期分立呼吸子在弱耦合振子的哈密顿函数网络中存在的数学证明,同时还创建了线性稳定性分析带理论,带理论直观地给出了三种不稳定情况,并改善了卡恩标准,进一步完善了线性稳定性分析理论。最重要的是从 1998 年开始,对于各种系统的实验研究启动了,由分立性和非线性引起的局域化概念得到了充分的证实。2005 至 2008 年 Flach 等学者又回到原始的 FPU 问题的环境研究内部局域激发的问题,即在简正模空间研究其能量的局域性,利用数值计算和数学方法得到了 q 呼吸子,即在简正模 q 空间按指数局域化。在时间上具有周期性的新的内部局域激发,更加准确地解释了 FPU 问题最初能量只集中在少数几个模式上的原因。

到了 20 世纪末,分立的非线性分子晶格引起了人们的注意,对它的研究取得了非常大的进展,进入 21 世纪,电子与声子相互作用的各类极化呼吸子局域模出现在大量的文献中。也正是非线性分子晶格振动在生物学 DNA 和蛋白质等结构中能量传输方面的广泛应用,推进了生物信号传输理论的快速发展。非线性晶格振动的呼吸子基本理论在超导体的约瑟夫森结网络非线性结构中的应用,从理论和实验上都得到了旋转呼吸子的存在以及其电流和电压的依赖关系。旋转呼吸子态相当于少数几个结处于阻抗状态,而其他所有结都围绕超导态振动。这些振动由耦合阻抗结引起,所有的旋转和振动由一个函数的频率 Ω_b 来描述。同时通过对约瑟夫森结网络中呼吸子与空腔谐振模型的强相互作用的研究,得到了旋转呼吸子对空腔谐振模型共振散射的特性,即色散保证了呼吸子在散射过程中的稳定性。非线性晶格振动的呼吸子基本理论在耦合的光波导管列共振光的散射中的应用,得到了局域状态的直观控制,通过检测光密度沿传播距离的演化来观测实际动力学的传播,因此分立呼吸子不同的引人兴趣的动力学性质得到了检测,并观察到了调制的不稳定性。AlGaAs 波导列中高局域分立孤子和传播的波包的相互作用性质得到了进一步的研究。同时,分立呼吸子对共振波的散射也通过实验被观察到。另外,非线性晶格振动的呼吸子基本理论在光晶格中超冷原子特性、反铁磁层结构、分子和固体中局域原子振动、生物体中神经信号的传输以及从动的微观动力学支架列的研究中都得到了广泛的应用并取得很大进展,这表明了非线性晶格振动理论具有广泛的应用前景和进一步研究的价值。

4.2 分立非线性 FPU 晶格振动中局域模的行为

4.2.1 分立的一维非线性单原子 FPU 晶格振动中局域模的行为

1. 分立的一维非线性单原子 α – FPU 晶格振动中的分立呼吸子及其线性稳定性

对于分立的一维非线性单原子 α – FPU 晶格,在最近邻相互作用近似下,系统的哈密顿函数为

$$H = \sum_n \left[\frac{p_n^2}{2M} + \frac{1}{2}K(u_{n+1} - u_n)^2 + \frac{1}{3}\alpha(u_{n+1} - u_n)^3 \right] \tag{4-1}$$

式中,M, p_n, u_n 分别为第 n 个原子的质量、动量和离开平衡位置的位移;K 和 α 分别为简谐和立方非线性耦合常数。

利用 $\dot{p}_n = M\ddot{u}_n = -\partial H/\partial u_n$,可得系统的振动方程为

$$\frac{d^2 u_n}{dt^2} = K(u_{n+1} + u_{n-1} - 2u_n) + \alpha[(u_{n+1} - u_n)^2 - (u_{n-1} - u_n)^2] \tag{4-2}$$

这里取 $M = 1$,式(4 - 2)的解可以写成一个纯空间部分和时间部分的乘积,即

$$u_n = u_n^0 \cos \omega t \qquad (4-3)$$

利用旋转波近似,式(4-2)可以写成

$$K(u_{n+1}^0 + u_{n-1}^0 - 2u_n^0) \pm \frac{\sqrt{2}\alpha}{2}\big[(u_{n+1}^0 - u_n^0)^2 - (u_{n-1}^0 - u_n^0)^2\big] + \omega^2 u_n^0 = 0 \qquad (4-4)$$

式(4-4)解的数值结果如图4-1所示。

由图4-1可知,分立的一维非线性单原子 α - FPU 晶格振动中存在两种分立呼吸子,一种是对称呼吸子,另一种是反对称呼吸子。利用 Aubry 线性稳定性分析理论可得到上述两种分立呼吸子均具有稳定区域的结论。

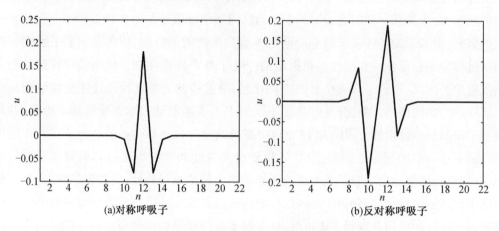

(a)对称呼吸子   (b)反对称呼吸子

图 4 - 1   式(4 - 4)解的数值结果

2. 分立的一维非线性单原子 β - FPU 晶格振动中的分立呼吸子及其线性稳定性

对于分立的一维非线性单原子 β - FPU 晶格,在最近邻相互作用近似下,系统的哈密顿函数为

$$H = \sum_n \left[\frac{p_n^2}{2M} + \frac{1}{2}K(u_{n+1} - u_n)^2 + \frac{1}{4}\beta(u_{n+1} - u_n)^4 \right] \qquad (4-5)$$

式中, M, p_n, u_n 分别为第 n 个原子的质量、动量和离开平衡位置的位移; K 和 α 分别为简谐和立方非线性耦合常数。

利用 $\dot{p}_n = M\ddot{u}_n = -\partial H/\partial u_n$,可得系统的振动方程为

$$\frac{\mathrm{d}^2 u_n}{\mathrm{d}t^2} = K(u_{n+1} + u_{n-1} - 2u_n) + \beta\big[(u_{n+1} - u_n)^3 - (u_{n-1} - u_n)^3\big] \qquad (4-6)$$

这里取 $M = 1$,式(4-5)的解可以写成一个纯空间部分和时间部分的乘积,即

$$u_n = u_n^0 \cos \omega t \qquad (4-7)$$

利用旋转波近似,式(4-6)可以写成

$$K(u_{n+1}^0 + u_{n-1}^0 - 2u_n^0) \pm \frac{\beta}{2}\big[(u_{n+1}^0 - u_n^0)^3 - (u_{n-1}^0 - u_n^0)^3\big] + \omega^2 u_n^0 = 0 \qquad (4-8)$$

式(4-8)解的数值结果如图4-2所示。

由图4-2可知,分立的一维非线性单原子β-FPU晶格振动中存在两种分立呼吸子,一种是对称呼吸子,另一种是反对称呼吸子。

上述两种分立呼吸子均具有稳定区域。

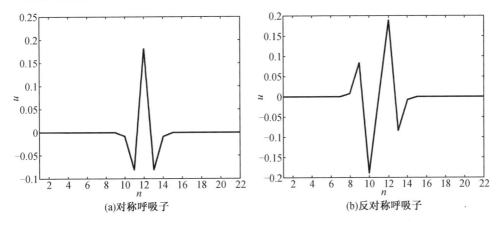

(a)对称呼吸子　　　　　　　　(b)反对称呼吸子

图4-2　式(4-8)解的数值结果

3. 分立的一维非线性单原子β-FPU晶格振动中分立的紧致呼吸子和呼吸子晶格及其线性稳定性

本部分利用试探解的方法在分立的一维非线性单原子β-FPU晶格振动中寻找分立的紧致呼吸子及呼吸子晶格。该系统的哈密顿函数为

$$H = \sum \left[\frac{1}{2}\dot{u}_n^2 + \frac{1}{2}\omega_0^2(u_{n+1} - u_n)^2 + \frac{1}{4}\beta(u_{n+1} - u_n)^4 \right] \tag{4-9}$$

式中,u_n为第n个原子离开平衡位置的位移;ω_0^2和β分别为控制线性与非线性耦合强度的参数。

则系统的振动方程为

$$\ddot{u}_0 = \omega_0^2(u_{n+1} + u_{n-1} - 2u_n) + \beta\left[(u_{n+1} - u_n)^3 - (u_n - u_{n-1})^3 \right] \tag{4-10}$$

假定式(4-10)具有如下形式的解:

$$u_n(t) = (-1)^n \cos q(n - n_0) G(t) \tag{4-11}$$

将式(4-11)代入式(4-10)得到

$$\ddot{G} + 2\omega_0^2(\cos q + 1)G + CG^3 = 0 \tag{4-12}$$

$$4\beta(2\cos^3 q + 3\cos^2 q - 1)\Phi_n^2 + 6\beta(\cos q + 1)\sin^2 q - C = 0 \tag{4-13}$$

式中,C为待定常数。

当$C > 0$时,式(4-12)有如下解:

$$G = G_0 \text{cn}(\omega_b t, m) \tag{4-14}$$

式中,cn为Jacobian椭圆函数;模量$m^2 = \dfrac{CG_0^2}{2\left[2\omega_0^2(\cos q + 1) + CG_0^2\right]}$;频率

$\omega_b = \sqrt{2\omega_0^2(\cos q + 1) + CG_0^2}$。

当 $C < 0$ 时，式(4-12)有如下解：

$$G = G_0 \text{sn}(\omega_b t, m) \qquad (4-15)$$

式中，sn 为 Jacobian 椭圆函数；模量 $m^2 = -\dfrac{CG_0^2}{2[2\omega_0^2(\cos q + 1) + CG_0^2]}$；频率 $\omega_b = \sqrt{2\omega_0^2(\cos q + 1) + CG_0^2/2}$。

所以式(4-13)要求

$$2\cos^3 q + 3\cos^2 q - 1 = 0 \qquad (4-16)$$

$$C = 6\beta(\cos q + 1)\sin^2 q \qquad (4-17)$$

当 $\beta > 0, C > 0$ 时，式(4-10)有如下解：

$$u_n = (-1)^n G_0 \cos[q(n - n_0)] \text{cn}(\omega_b t, m) \qquad (4-18)$$

当 $\beta < 0, C < 0$ 时，式(4-10)有如下解：

$$u_n = (-1)^n G_0 \cos[q(n - n_0)] \text{sn}(\omega_b t, m) \qquad (4-19)$$

式(4-16)的函数关系如图4-3所示。

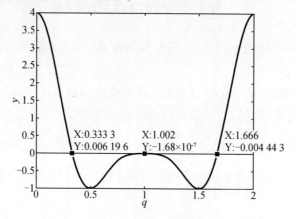

图4-3　式(4-16)的函数关系

由图4-3可知式(4-16)只在 q 取下列数值时有解：

$$q = 2l\pi + \frac{\pi}{3}, l = 0, 1, 2, \cdots \qquad (4-20\text{a})$$

$$q = (2l + 1)\pi, l = 0, 1, 2, \cdots \qquad (4-20\text{b})$$

$$q = 2l\pi + \frac{5\pi}{3}, l = 0, 1, 2, \cdots \qquad (4-20\text{c})$$

式(4-16)有实数解暗示着式(4-10)有式(4-18)和式(4-19)形式的解。式(4-18)和式(4-19)随时间在空间的演化如图4-4所示。

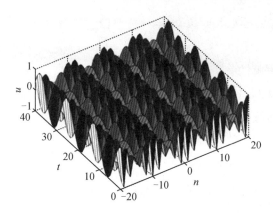

图 4 - 4　式(4 - 18)和式(4 - 19)随时间在空间的演化

可见这种解是在晶格整个空间周期排列的呼吸子列,即呼吸子晶格。

如果对式(4 - 18)和式(4 - 19)做如下限制:

$$u_n = (-1)^n G_0 \cos[q(n-n_0)] \operatorname{cn}(\omega_b t, m), \ |n-n_0| \leqslant \frac{\pi}{2q} \qquad (4-21\mathrm{a})$$

$$u_n = (-1)^n G_0 \cos[q(n-n_0)] \operatorname{sn}(\omega_b t, m), \ |n-n_0| \leqslant \frac{\pi}{2q} \qquad (4-21\mathrm{b})$$

且其他情况下 $u_n(t) = 0$。

这时式(4 - 10)的解为分立的紧致呼吸子。分立的紧致呼吸子及其随时间在空间的演化如图 4 - 5 所示。

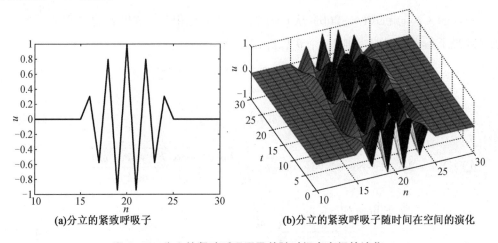

(a)分立的紧致呼吸子　　　　　　**(b)分立的紧致呼吸子随时间在空间的演化**

图 4 - 5　分立的紧致呼吸子及其随时间在空间的演化

通过上面的讨论,可知在分立的一维非线性单原子 β - FPU 晶格振动中存在分立的紧致呼吸子和呼吸子晶格。

下面对其进行线性稳定性分析。根据 Aubry 线性稳定理论引入变换 $u_n(t) \rightarrow u_n(t) + \varepsilon_n(t)$,则式(4 - 10)的线性化方程为

$$\ddot{\varepsilon}_n = \omega_0^2 (\varepsilon_{n+1} + \varepsilon_{n-1} - 2\varepsilon_n) + 3\beta [(u_{n+1} - u_n)^2 (\varepsilon_{n+1} - \varepsilon_n) - (u_n - u_{n-1})^2 (\varepsilon_n - \varepsilon_{n-1})]$$

$$(4-22)$$

式中，ε_n 为动力学方程解的一个小的微扰。

式(4-10)的解 $u_n(t)$ 在式(4-22)没有随时间无限增大的解 $\varepsilon_n(t)$ 时就可以说是线性稳定的。同前面的讨论类似，有

$$\varepsilon_n(t) = a_n \mathrm{e}^{\mathrm{i}\theta_n(t)} \qquad (4-23)$$

式中，$\theta_n(t)$ 和本征模 a_n 由特征方程

$$-\omega_0^2 (a_{n+1} + a_{n-1} - 2a_n) - 3K_4 [(u_{n+1} - u_n)^2 (a_{n+1} - a_n) - (u_n - u_{n-1})^2 (a_n - a_{n-1})]$$

$$= \left[\left(\frac{\partial \theta}{\partial t} \right)^2 - \mathrm{i} \frac{\partial^2 \theta}{\partial t^2} \right] a_n \qquad (4-24)$$

来决定。

可设

$$a_n = \mathrm{e}^{\mathrm{i}kn} \qquad (4-25)$$

式(4-22)可以改写为

$$\left(\frac{\partial \theta_n}{\partial t} \right)^2 = \omega_0^2 (1 - \cos k) - 6\beta G^2 [\Phi_n^2 (\cos q - 1)^2 (\cos k - 1) +$$

$$\sin^2 q (n - n_0) \sin^2 q (\cos k - 1)] \qquad (4-26a)$$

$$\frac{\partial^2 \theta_n}{\partial t^2} = 2G\Phi_n \sin q (n - n_0)(\cos q - 1) \sin q \sin k \qquad (4-26b)$$

对式(4-26a)式(4-26b) 从 $t=0$ 到 $t=t_b$ 进行积分，这里 t_b 是分立的紧致呼吸子和呼吸子晶格的周期。则 $2N$ 个 $\theta_n(t)$ 由下式给出：

$$\theta_n(t_b) = \frac{12\beta G_0^2 \Phi_n \sin q(n - n_0)(\cos q - 1) \sin q \sin k}{\omega_b} \times$$

$$\left(\frac{1}{4} \omega_b t_b^2 - \frac{1}{4\omega} \cos^2 \omega_b t_b \right) \qquad (4-27a)$$

$$\theta_n(t_b) = -2\omega_0^2 (1 - \cos k) \sqrt{1 - \cos^2 \omega_b t_b} \sqrt{\frac{2\omega_0^2 (1 - \cos k) + b\cos^2 \omega_b t_b}{2\omega_0^2 (1 - \cos k)}} \times$$

$$\frac{\mathrm{EllipticE} \left(\cos \omega_b t_b, \sqrt{\frac{-b}{\omega_0^2}} \right)}{\omega_b \sin \omega_b t_b \sqrt{2\omega_0^2 (1 - \cos k) + b\cos^2 \omega t_b}} \qquad (4-27b)$$

式中，$b = 6\beta G_0^2 [\Phi_n^2 (\cos q - 1)^2 + \sin^2 q(n - n_0) \sin^2 q](1 - \cos k)$；$\mathrm{EllipticE} \left(\cos \omega t_b, \sqrt{\frac{-b}{\omega_0^2}} \right)$

为第二类 Jacobian 椭圆函数。

由式 (4-27a) 和式(4-27b) 可知实数 $\theta_n(t)$ 要求 $2\omega_0^2 (1 - \cos k) + b\cos^2 \omega_b t_b > 0$ 和 $b < 0$，因此 $\beta < 0$，获得分立的紧致呼吸子和呼吸子晶格的线性稳定条件为当 $\beta < 0$ 时，有

$$|\beta| < \frac{\omega_0^2}{3G_0^2[\Phi_n^2(\cos q-1)^2+\sin^2(n-n_0)\sin^2 q]\cos^2\omega_b t_b} \qquad (4-28)$$

如果 β 满足式(4-28)，则分立的紧致呼吸子和呼吸子晶格是线性稳定的。

4. 分立的一维非线性单原子 $\alpha\&\beta$ – FPU 晶格振动中的分立呼吸子及其线性稳定性

对于分立的一维非线性单原子 $\alpha\&\beta$ – FPU 晶格，在最近邻相互作用近似下，系统的哈密顿函数为

$$H = \sum_n \left[\frac{p_n^2}{2M} + \frac{1}{2}K(u_{n+1}-u_n)^2 + \frac{1}{3}\alpha(u_{n+1}-u_n)^3 + \frac{1}{4}\beta(u_{n+1}-u_n)^4\right] \qquad (4-29)$$

式中，M,p_n,u_n 分别为第 n 个原子的质量、动量和离开平衡位置的位移；K 和 α 分别为简谐和立方非线性耦合常数。

利用 $\dot p_n = M\ddot u_n = -\partial H/\partial u_n$，可得系统的振动方程为

$$\frac{\mathrm{d}^2 u_n}{\mathrm{d}t^2} = K(u_{n+1}+u_{n-1}-2u_n) + \beta\left[(u_{n+1}-u_n)^3 - (u_{n-1}-u_n)^3\right] \qquad (4-30)$$

这里取 $M=1$，式(4-30)的解可以写成一个纯空间部分和时间部分的乘积，即

$$u_n = u_n^0\cos \omega t \qquad (4-31)$$

利用旋转波近似，式(4-30)可以写成

$$\frac{K}{2}(u_{n+1}^0+u_{n-1}^0-2u_n^0) \pm \frac{\sqrt{2}\alpha}{4}\left[(u_{n+1}^0-u_n^0)^2-(u_{n-1}^0-u_n^0)^2\right] +$$

$$\frac{\beta}{4}\left[(u_{n+1}^0-u_n^0)^3-(u_{n-1}^0-u_n^0)^3\right] + \omega^2 u_n^0 = 0 \qquad (4-32)$$

式(4-32)解的数值结果如图4-6所示。

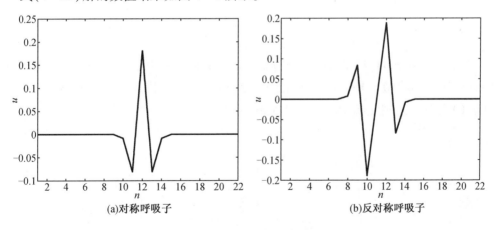

(a)对称呼吸子　　　　　　　　(b)反对称呼吸子

图 4-6　式(4-32)解的数值结果

由图4-6可知，分立的一维非线性单原子 $\alpha\&\beta$ – FPU 晶格振动中存在两种分立呼吸子，另一种是对称呼吸子，一种是反对称呼吸子。上述两种分立呼吸子均具有稳定区域。

4.2.2　分立的一维非线性双原子 FPU 晶格振动中局域模的行为

分立的一维非线性双原子 β – FPU 晶格振动中的分立禁带呼吸子及其线性稳定性如下。

分立的一维非线性双原子 β – FPU 晶格系统的哈密顿函数为

$$H = \sum_s \frac{1}{2} M\dot{u}_{2n}^2 + \frac{1}{2} m\dot{u}_{2n+1}^2 + W(u_{2n} - u_{2n+1}) + W(u_{2n+1} - u_{2n+2}) \qquad (4-33)$$

式中，$W(r)$ 为相互作用势

M 和 m 分别为重原子和轻原子的质量；u_{2n} 和 u_{2n+1} 分别为重原子和轻原子离开平衡位置的位移；K 和 β 分别为线性和四次非线性耦合参数；

$$W(r) = \frac{K}{2}r^2 + \frac{\beta}{4}r^4 \qquad (4-34)$$

此系统的振动方程为

$$M\ddot{u}_{2n} = K(u_{2n+1} - 2u_{2n} + u_{2n-1}) + \beta[(u_{2n+1} - u_{2n})^3 - (u_{2n} - u_{2n-1})^3] \qquad (4-35)$$

$$m\ddot{u}_{2n} = K(u_{2n+2} - 2u_{2n+1} + u_{2n}) + \beta[(u_{2n+2} - u_{2n+1})^3 - (u_{2n+1} - u_{2n})^3] \qquad (4-36)$$

采用局域非简谐近似和旋转波近似，设分立禁带呼吸子具有如下形式：

$$u_n(t) = u_n^0 \cos \omega t \qquad (4-37)$$

将式(4 – 37)分别代入式(4 – 35)和式(4 – 36)有

$$\omega_b\left(\omega_b + \frac{2}{\sqrt{\gamma}-1}\right)v_{2n}^0 + C(v_{2n+1}^0 + v_{2n-1}^0) + \frac{gC}{2}[(v_{2n+1}^0 - v_{2n}^0)^3 - (v_{2n}^0 - v_{2n-1}^0)^3] = 0 \quad (4-38)$$

$$(\omega_b - 1)\left(\omega_b + \frac{\sqrt{\gamma}+1}{\sqrt{\gamma}-1}\right)v_{2n+1}^0 + \gamma C(v_{2n+2}^0 + v_{2n}^0) +$$

$$\frac{gC\gamma}{2}[(v_{2n+2}^0 - v_{2n+1}^0)^3 - (v_{2n+1}^0 - v_{2n}^0)^3] = 0 \qquad (4-39)$$

式中，$v_n^0 = \dfrac{u_n^0}{a}$；$\gamma = \dfrac{M}{m}$；$C = \dfrac{1}{(\sqrt{\gamma}-1)^2(2+gv_0')}$；$g = \dfrac{\beta a^2}{K}$；$w_b$ 为分立禁带呼吸子的频率。

Maniadis、Zolotaryuk 和 Tsironis 给出了分立的一维非线性双原子 β – FPU 晶格振动中存在的四种分立禁带呼吸子模。它们分别是 LS 模(轻原子中心对称模)、HS 模(重原子中心对称模)、LA 模(轻原子中心反对称模)和 HA 模(重原子中心反对称模)，如图 4 – 7 所示。

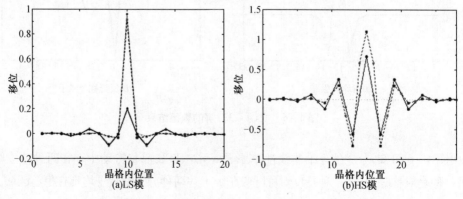

(a)LS模　　　(b)HS模

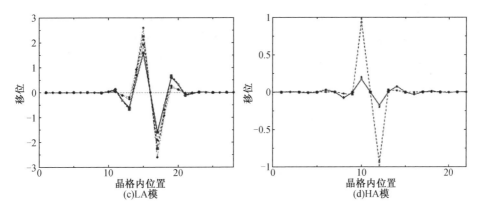

(c)LA模　　　　　　　　　　(d)HA模

图 4 – 7　四种分立禁带呼吸子的形式

利用不同技术得到的四种形式的分立禁带呼吸子的存在及线性稳定性表 4 – 1。

表 4 – 1　利用不同技术得到的四种形式分立禁带呼吸子的存在及线性稳定性

模	非简谐性	禁带分岔起始处	解析近似	精确数值	线性稳定性
LS	软	光学带	整个禁带里	整个禁带里	在光学带附近稳定
HS	硬	声学带	接近声带	接近声带	在声学带附近稳定
LA	硬	声学带	整个禁带里	接近声带	在声学带附近稳定
HA	软	光学带	整个禁带里	整个禁带里	整个禁带里都不稳定

这里只利用 HS 模来分析各种参数对分立禁带呼吸子的影响。

（1）不同质量比例对 HS 模空间局域性的影响

由 4 – 8 可知,一维分立禁带呼吸子的空间形状与质量的比例密切相关,即比例越大局域性越好。这主要是因为随着质量比例增加分立的一维非线性双原子 FPU 模型中最近邻原子之间的相互作用减弱。

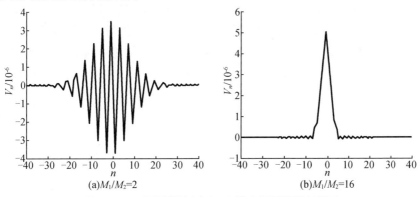

(a)$M_1/M_2 = 2$　　　　　　　　(b)$M_1/M_2 = 16$

图 4 – 8　不同质量比例对 HS 模空间局域性的影响

（2）硬四次非线性耦合参数对 HS 模空间局域性的影响

由图 4 - 9 可知分立禁带呼吸子的空间局域性与硬四次非线性耦合参数密切相关。

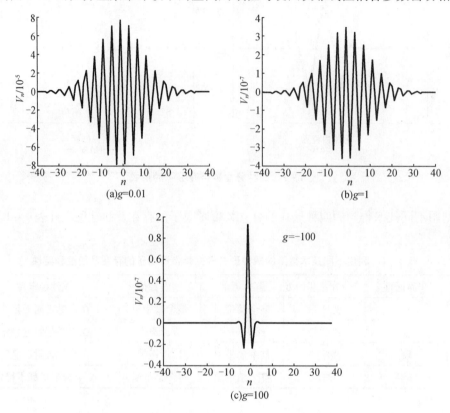

图 4 - 9　硬四次非线性耦合参数对 HS 模空间局域性的影响

（3）软四次非线性耦合参数对 HS 模空间局域性的影响

软四次非线性耦合参数对 HS 模空间局域性的影响如图 4 - 10 所示。

通过上面讨论可知:分立的一维非线性双原子 β - FPU 晶格振动中存在四种分立禁带呼吸子。除了 HA 模在整个禁带中不稳定外,其他的模都有稳定的区域。这些分立禁带呼吸子的空间局域性与质量比例、四次非线性耦合参数 β 密切相关,随着质量比例和 β 增加其局域性增强。这说明随着质量比例的增加轻原子对重原子的影响减弱,而非线性项的作用主要是使解在空间局域化,所以非线性耦合参数增大,非线性增强,局域化就增强。

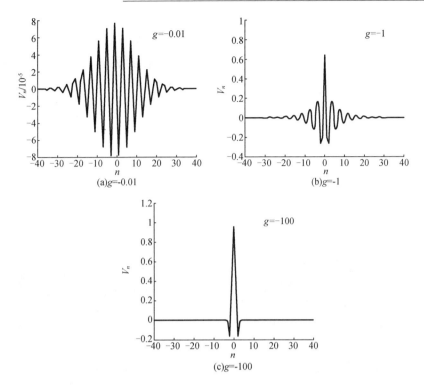

(a)g=-0.01　　　(b)g=-1

(c)g=-100

图 4 – 10　软四次非线性耦合参数对 HS 模空间局域性的影响

4.2.3　分立的二维非线性单原子 FPU 晶格振动中局域模的行为

1. 分立的二维非线性单原子 α – FPU 晶格振动中的分立呼吸子及其线性稳定性

对于分立的二维非线性单原子 α – FPU 晶格,在最近邻相互作用近似下,系统的哈密顿函数为

$$H = \sum_{l,n} \left\{ \frac{p_{l,n}^2}{2M_{l,n}} + \frac{1}{2}K[(u_{l+1,n} - u_{l,n})^2 + (u_{l,n+1} - u_{l,n})^2] + \frac{1}{3}\alpha[(u_{l+1,n} - u_{l,n})^3 + (u_{l,n+1} - u_{l,n})^3] \right\} \tag{4-40}$$

式中,$M, p_{l,n}, u_{l,n}$ 分别为第 (l,n) 个原子的质量、动量和离开平衡位置的位移;K 和 α 分别为简谐和立方非线性耦合常数。

利用 $\dot{p}_{l,n} = M\ddot{u}_{l,n} = -\partial H/\partial u_{l,n}$,可得系统的振动方程为

$$\frac{\mathrm{d}^2 u_{l,n}}{\mathrm{d}t^2} = K(u_{l+1,n} + u_{l-1,n} + u_{l,n+1} + u_{l,n-1} - 4u_{l,n}) + \alpha[(u_{l+1,n} - u_{l,n})^2 - (u_{l-1,n} - u_{l,n})^2 + (u_{l,n+1} - u_{l,n})^2 - (u_{l,n-1} - u_{l,n})^2] \tag{4-41}$$

这里取 $M = 1$。采用局域非简谐近似和旋转波近似,设分立呼吸子具有如下形式:

$$u_{l,n} = u_{l,n}^0 \cos \omega t \tag{4-42}$$

则式(4 – 41)可以写成

$$\frac{K}{2}(u_{l+1,n}^0 + u_{l-1,n}^0 + u_{l,n+1}^0 - 4u_{l,n}^0) + \omega^2 u_{n,l}^0 \pm \frac{\sqrt{2}\,\alpha}{4}[(u_{l+1,n}^0 - u_{l,n}^0)^2 -$$

$$(u_{l-1,n}^0 - u_{l,n}^0)^2 + (u_{l,n+1}^0 - u_{l,n}^0)^2 - (u_{l,n-1}^0 - u_{l,n}^0)^2] = 0 \qquad (4-43)$$

式(4-43)解的数值结果如图4-11所示。

由图4-11可知,分立的二维非线性单原子 α-FPU 晶格振动中存在三种分立呼吸子,一种是对称呼吸子,一种是镜面对称呼吸子,一种是反对称呼吸子。其线性稳定性分析过程与前述类似,上述三种分立呼吸子均具有稳定区域。

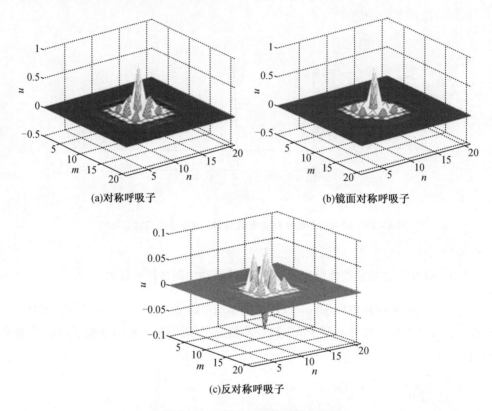

(a)对称呼吸子   (b)镜面对称呼吸子

(c)反对称呼吸子

图4-11 式(4-43)解的数值结果

2. 分立的二维非线性单原子 β-FPU 晶格振动中的分立呼吸子及其线性稳定性

对于分立的二维非线性单原子 β-FPU 晶格,在最近邻相互作用近似下,系统的哈密顿函数为

$$H = \sum_{l,n}\left\{\frac{p_{l,n}^2}{2M_{l,n}} + \frac{1}{2}K[(u_{l+1,n} - u_{l,n})^2 + (u_{l,n+1} - u_{l,n})^2] + \right.$$

$$\left.\frac{1}{4}\beta[(u_{l+1,n} - u_{l,n})^4 + (u_{l,n+1} - u_{l,n})^4]\right\} \qquad (4-44)$$

式中, $M, p_{l,n}, u_{l,n}$ 分别为第 (l,n) 个原子的质量、动量和离开平衡位置的位移; K 和 α 分别为简谐和立方非线性耦合常数。

利用 $\dot{p}_{l,n} = M\ddot{u}_{l,n} = -\partial H/\partial u_{l,n}$，可得系统的振动方程为

$$\frac{\mathrm{d}^2 u_{l,n}}{\mathrm{d}t^2} = K(u_{l+1,n} + u_{l-1,n} + u_{l,n+1} + u_{l,n-1} - 4u_{l,n}) + \beta\big[(u_{l+1,n} - u_{l,n})^3 +$$

$$(u_{l-1,n} - u_{l,n})^3 + (u_{l,n+1} - u_{l,n})^3 + (u_{l,n-1} - u_{l,n})^3\big] \tag{4-45}$$

这里取 $M = 1$，采用局域非简谐近似和旋转波近似，设分立禁带呼吸子具有如下形式：

$$u_{l,n} = u_{l,n}^0 \cos\omega t \tag{4-46}$$

则式(4-45)可以写成

$$K(u_{l+1,n}^0 + u_{l-1,n}^0 + u_{l,n+1}^0 + u_{l,n-1}^0 - 4u_{n,l}^0) + \omega^2 u_{n,l}^0 + \frac{\beta}{2}\big[(u_{l+1,n}^0 - u_{l,n}^0)^3 -$$

$$(u_{l-1,n}^0 - u_{l,n}^0)^3 + (u_{l,n+1}^0 - u_{l,n}^0)^3 - (u_{l,n-1}^0 - u_{l,n}^0)^3\big] = 0 \tag{4-47}$$

式(4-47)解的数值结果如图4-11所示。而由图4-11可知分立的二维非线性单原子 β-FPU晶格振动中存在三种分立呼吸子，一种是对称呼吸子，一种是镜面对称呼吸子，一种是反对称呼吸子。其线性稳定性分析过程与前述类似，上述三种分立呼吸子均具有稳定区域。

3. 分立的二维非线性单原子 β-FPU晶格振动中的呼吸子晶格和分立的紧致呼吸子及其线性稳定性

本部分利用试探解的方法在分立的二维非线性单原子 β-FPU晶格振动中寻找呼吸子晶格和分立的紧致呼吸子。该系统的哈密顿函数为

$$H = \sum_{n,m}\Big\{\frac{1}{2}\dot{u}_{n,m}^2 + \frac{1}{2}\omega_0^2\big[(u_{n+1,m} - u_{n,m})^2 + (u_{n,m+1} - u_{n,m})^2\big] +$$

$$\frac{1}{4}\beta\big[(u_{n+1,m} - u_{n,m})^4 + (u_{n,m+1} - u_{n,m})^4\big]\Big\} \tag{4-48}$$

式中，$u_{n,m}$ 为第 (n,m) 个原子离开平衡位置的位移；ω_0^2 和 β 分别为控制线性和非线性耦合强度的参数。

则系统的振动方程为

$$\ddot{u}_{n,m} = \omega_0^2(u_{n+1,m} + u_{n-1,m} + u_{n,m+1} + u_{n,m-1} - 4u_{n,m}) + \beta\big[(u_{n+1,m} - u_{n,m})^3 -$$

$$(u_{n,m} - u_{n-1,m})^3 + (u_{n,m+1} - u_{n,m})^3 - (u_{n,m} - u_{n,m-1})^3\big] \tag{4-49}$$

假定该方程有如下形式的解：

$$u_{n,m}(t) = (-1)^{n+m}\Phi_{n,m}G(t) \tag{4-50}$$

式中，$\Phi_{n,m} = \cos[q_n(n - n_0) + q_m(m - m_0)]$。

将式(4-50)代入式(4-49)有

$$\ddot{G} + 2\omega_0^2(\cos q_n + \cos q_m + 2)G + CG^3 = 0 \tag{4-51a}$$

$$4\beta\big[(2\cos^3 q_n + 3\cos^2 q_n - 1) + (2\cos^3 q_m + 3\cos^2 q_m - 1)\big]\Phi_{n,m}^2 +$$

$$6\beta\big[(\cos q_n + 1)\sin^2 q_n + (\cos q_m + 1)\sin^2 q_m\big] - C = 0 \tag{4-51b}$$

式中，C 为待定常数。

当 $C > 0$ 时,式(4-51a)的解为

$$G = G_0 \mathrm{cn}(\omega_b t, l) \tag{4-52}$$

式中,cn 为 Jacobian 椭圆函数;模量 $l^2 = \dfrac{CG_0^2}{2[2\omega_0^2(\cos q_n + \cos q_m + 1) + CG_0^2]}$;频率 $\omega_b = \sqrt{2\omega_0^2(\cos q_n + \cos q_m + 1) + CG_0^2}$。

当 $C < 0$ 时,式(4-51a)的解为

$$G = G_0 \mathrm{sn}(\omega_b t, l) \tag{4-53}$$

式中,sn 为 Jacobian 椭圆函数;模量 $l^2 = -\dfrac{CG_0^2}{2[2\omega_0^2(\cos q_n + \cos q_m + 1) + CG_0^2]}$;频率 $\omega_b = \sqrt{2\omega_0^2(\cos q_n + \cos q_m + 1) + CG_0^2/2}$。

式(4-51b)有实数解要求

$$2\cos^3 q_n + 3\cos^2 q_n + 2\cos^3 q_m + 3\cos^2 q_m - 2 = 0 \tag{4-54a}$$

$$C = 6\beta[(\cos q_n + 1)\sin^2 q_n + (\cos q_m + 1)\sin^2 q_m] \tag{4-54b}$$

因此,当 $\beta > 0, C > 0$ 时,式(4-49)有如下形式的解:

$$u_{n,m} = (-1)^{n+m} G_0 \cos[q_n(n - n_0) + q_m(m - m_0)]\mathrm{cn}(\omega_b t, l) \tag{4-55}$$

当 $\beta < 0, C < 0$ 时,式(4-49)有如下形式的解:

$$u_{n,m} = (-1)^{n+m} G_0 \cos[q_n(n - n_0) + q_m(m - m_0)]\mathrm{sn}(\omega_b t, l) \tag{4-56}$$

式(4-54a)的函数关系如图4-12所示。

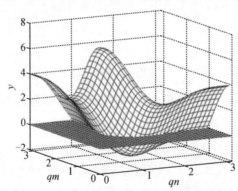

图4-12　式(4-54a)的函数关系

由图4-12可以知道式(4-54a)确实有实数解,而这暗示式(4-49)有式(4-55)和式(4-56)形式的解,式(4-55)和式(4-56)随时间在空间的演化如图4-13所示。

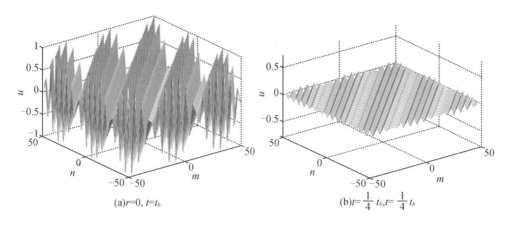

(a)$r=0$, $t=t_b$　　　　　　　　(b)$t=\frac{1}{4}t_b$, $t=\frac{1}{4}t_b$

图 4 – 13　式(4 – 55)和式(4 – 56)随时间在空间的演化

由图 4 – 13 可知式(4 – 55)和式(4 – 56)是呼吸子晶格。

如果对式(4 – 55)和式(4 – 56)做如下限制：

$$u_{n,m} = (-1)^{n+m} G_0 \cos\left[q_n(n-n_0) + q_m(m-m_0)\right] \mathrm{cn}(\omega_b t, l), \quad |n-n_0| \leqslant \frac{\pi}{2q_n},$$

$$|m-m_0| \leqslant \frac{\pi}{2q_m} \tag{4-57a}$$

$$u_{n,m} = (-1)^{n+m} G_0 \cos\left[q_n(n-n_0) + q_m(m-m_0)\right] \mathrm{sn}(\omega_b t, l), \quad |n-n_0| \leqslant \frac{\pi}{2q_n},$$

$$|m-m_0| \leqslant \frac{\pi}{2q_m} \tag{4-57b}$$

且其他情况时 $u_{n,m}(t) = 0$。

则式(4 – 49)有式(4 – 57a)和式(4 – 57b)形式的解,分立的紧致呼吸子,随时间在空间的演化如图 4 – 14 所示。

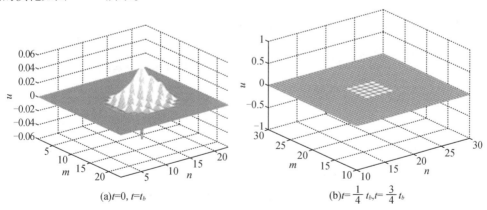

(a)$t=0$, $t=t_b$　　　　　　　　(b)$t=\frac{1}{4}t_b$, $t=\frac{3}{4}t_b$

图 4 – 14　分立的紧致呼吸子随时间在空间的演化

下面用 Aubry 的线性稳定性分析理论来分析解的线性稳定性。类似地,引入变换 $u_{n,m}(t) \rightarrow u_{n,m}(t) + \varepsilon_{n,m}(t)$,则式(4 – 49)的线性化方程为

$$\ddot{\varepsilon}_n = \omega_0^2 (\varepsilon_{n+1,m} + \varepsilon_{n-1,m} + \varepsilon_{n,m+1} + \varepsilon_{n,m-1} - 4\varepsilon_{n,m}) +$$

$$3\beta [(u_{n+1,m} - u_{n,m})^2 (\varepsilon_{n+1,m} - \varepsilon_{n,m}) - (u_{n,m} - u_{n-1,m})^2 (\varepsilon_{n,m} - \varepsilon_{n-1,m})] +$$

$$3\beta [(u_{n,m+1} - u_{n,m})^2 (\varepsilon_{n,m+1} - \varepsilon_{n,m}) - (u_{n,m} - u_{n,m-1})^2 (\varepsilon_{n,m} - \varepsilon_{n,m-1})] \qquad (4-58)$$

设式(4-58)具有如下解的形式：

$$\varepsilon_{n,m}(t) = a_{n,m} e^{i\theta_{n,m}(t)} \qquad (4-59)$$

$\theta_{n,m}(t)$ 和 $a_{n,m}$ 满足下列方程：

$$-\omega_0^2 (a_{n+1,m} + a_{n-1,m} + a_{n,m+1} + a_{n,m-1} - 4a_{n,m}) -$$

$$3\beta [(u_{n+1,m} - u_{n,m})^2 (a_{n+1,m} - a_{n,m}) - (u_{n,m} - u_{n-1,m})^2 (a_{n,m} - a_{n-1,m})] -$$

$$3\beta [(u_{n,m+1} - u_{n,m})^2 (a_{n,m+1} - a_{n,m}) - (u_{n,m} - u_{n,m-1})^2 (a_{n,m} - a_{n,m-1})]$$

$$= \left[\left(\frac{\partial \theta_{n,m}}{\partial t} \right)^2 - i \frac{\partial^2 \theta_{n,m}}{\partial t^2} \right] a_{n,m} \qquad (4-60)$$

再设

$$a_{n,m} = e^{i(k_n n + k_m m)} \qquad (4-61)$$

则式(4-58)变为

$$\left(\frac{\partial \theta_{n,m}}{\partial t} \right)^2 = 2\omega_0^2 (2 - \cos k_n - \cos k_m) + 6\beta G^2 \{ \Phi_{n,m}^2 (\cos q_n - 1)^2 \times$$

$$[(1 - \cos k_n) + (1 - \cos k_m)] + (1 - \Phi_{n,m}^2) \times$$

$$[\sin^2 q_n (1 - \cos k_n) + \sin^2 q_m (1 - \cos k_m)] \} \qquad (4-62a)$$

$$\frac{\partial^2 \theta_{n,m}}{\partial t^2} = 8\beta G^2 \Phi_{n,m} \sin [q_n (n - n_0) + q_m (m - m_0)] \times$$

$$[(\cos q_n - 1) \sin q_n \sin k_n + (\cos q_m - 1) \sin q_m \sin k_m] \qquad (4-62b)$$

对式(4-62a)和式(4-62b)从 $t=0$ 到 $t=t_b$ 进行积分有

$$\theta_{n,m}(t_b) = \frac{6a}{\omega_b} \left(\frac{1}{4} \omega_b t_b^2 - \frac{1}{4\omega} \cos^2 \omega_b t_b \right) \qquad (4-63a)$$

$$\theta_n(t_b) = -c \sqrt{1 - \cos^2 \omega_b t_b} \cdot \sqrt{\frac{c + b\cos^2 \omega_b t_b}{c}} + \frac{\text{EllipticE} \left(\cos \omega_b t_b, \sqrt{\frac{-b}{\omega_0^2}} \right)}{\omega_b \sin \omega_b t_b \sqrt{c + b\cos^2 \omega t_b}} \qquad (4-63b)$$

式中，$a = 8\beta G_0^2 \Phi_{n,m} \sin [q_n (n - n_0) + q_m (m - m_0)] [(\cos q_n - 1) \sin q_n \sin k_n + (\cos q_m - 1) \cdot \sin q_m \sin k_m]$，$b = 6\beta G_0^2 \{ \Phi_{n,m}^2 (\cos q_n - 1)^2 [(1 - \cos k_n) + (1 - \cos k_m)] + (1 - \Phi_{n,m}^2) \cdot [\sin^2 q_n (1 - \cos k_n) + \sin^2 q_m (1 - \cos k_m)] \}$，$c = 2\omega_0^2 (2 - \cos k_n - \cos k_m)$ 和 $\text{EllipticE} \left(\cos \omega_b t_b, \sqrt{\frac{-b}{\omega_0^2}} \right)$ 为第二类 Jacobian 椭圆函数。由式(4-63a)和式(4-63b)，可知 $\theta_{n,m}(t)$ 为实数要求 $c + b\cos^2 \omega_b t_b > 0$ 和 $b < 0$，因此 $\beta < 0$，获得解的线性稳定条件如下。

当 $\beta < 0$ 时，

$$|\beta| < \frac{2\omega_0^2(2 - \cos k_n - \cos k_m)}{3\beta G_0^2\{\Phi_{n,m}^2(\cos q_n - 1)^2[(1 - \cos k_n) + (1 - \cos k_m)] + (1 - \Phi_{n,m}^2)[\sin^2 q_n(1 - \cos k_n) + \sin^2 q_m(1 - \cos k_m)]\}}$$

$$(4-64)$$

所以如果 β 满足式(4-64)，则式(4-49)的解呼吸子晶格和分立的紧致呼吸子就是线性稳定的。

4. 分立的二维非线性单原子 $\alpha\&\beta$ - FPU 晶格振动中的分立呼吸子及其线性稳定性

对于分立的二维非线性单原子 $\alpha\&\beta$ - FPU 晶格，在最近邻相互作用近似下，系统的哈密顿函数为

$$H = \sum_{l,n}\left\{\frac{p_{l,n}^2}{2M} + \frac{1}{2}K[(u_{l+1,n} - u_{l,n})^2 + (u_{l,n+1} - u_{l,n})^2] + \right.$$

$$\frac{1}{3}\alpha[(u_{l+1,n} - u_{l,n})^3 + (u_{l,n+1} - u_{l,n})^3] +$$

$$\left.\frac{1}{4}\beta[(u_{l+1,n} - u_{l,n})^4 + (u_{l,n+1} - u_{l,n})^4]\right\} \quad (4-65)$$

式中，$M, p_{l,n}, u_{l,n}$ 分别为第 (l,n) 个原子的质量、动量和离开平衡位置的位移。K 和 α 分别为简谐和立方非线性耦合常数。

利用 $\dot{p}_{l,n} = M\ddot{u}_{l,n} = -\partial H/\partial u_{l,n}$，可得系统的振动方程为

$$\frac{\mathrm{d}^2 u_{l,n}}{\mathrm{d}t^2} = K(u_{l+1,n} + u_{l-1,n} + u_{l,n+1} + u_{l,n-1} - 4u_{l,n}) +$$

$$\alpha[(u_{l+1,n} - u_{l,n})^2 - (u_{l-1,n} - u_{l,n})^2 + (u_{l,n+1} - u_{l,n})^2 - (u_{l,n-1} - u_{l,n})^2] +$$

$$\beta[(u_{l+1,n} - u_{l,n})^3 + (u_{l-1,n} - u_{l,n})^3 + (u_{l,n+1} - u_{l,n})^3 - (u_{l,n-1} - u_{l,n})^3] \quad (4-66)$$

这里取 $M = 1$，采用局域非简谐近似和旋转波近似，设分立呼吸子具有如下形式：

$$u_{l,n} = u_{l,n}^0 \cos \omega t \quad (4-67)$$

则式(4-66)可以写成

$$\frac{K}{2}(u_{l+1,n}^0 + u_{l-1,n}^0 + u_{l,n+1}^0 + u_{l,n-1}^0 - 4u_{l,n}^0) + \omega^2 u_{n,l}^0 \pm$$

$$\frac{\sqrt{2}\alpha}{4}[(u_{l+1,n}^0 - u_{l,n}^0)^2 - (u_{l-1,n}^0 - u_{l,n}^0)^2 + (u_{l,n+1}^0 - u_{l,n}^0)^2 - (u_{l,n-1}^0 - u_{l,n}^0)^2] +$$

$$\frac{\beta}{4}[(u_{l+1,n}^0 - u_{l,n}^0)^3 - (u_{l-1,n}^0 - u_{l,n}^0)^3 + (u_{l,n+1}^0 - u_{l,n}^0)^3 - (u_{l,n-1}^0 - u_{l,n}^0)^3] = 0 \quad (4-68)$$

分立的二维非线性单原子 $\alpha\&\beta$ - FPU 晶格振动中存在三种分立呼吸子，一种是对称呼吸子，一种是镜面对称呼吸子，一种是反对称呼吸子。上述三种分立呼吸子均具有稳定区域。

4.2.4　分立的二维非线性双原子 FPU 晶格振动中局域模的行为

分立的二维非线性双原子 β - FPU 晶格振动中的二维分立禁带呼吸子及其线性稳定

性如下。

该系统的哈密顿函数为

$$H = \sum_{m,n} \left[\frac{1}{2} M_1 \dot{u}_{2m-1,2n-1}^2 + \frac{1}{2} M_2 \dot{u}_{2m,2n}^2 + \frac{1}{2}\lambda (u_{2m,2n} - u_{2m-1,2n-1})^2 + \right.$$

$$\frac{1}{2}\lambda (u_{2m+1,2n+1} - u_{2m,2n})^2 + \frac{1}{2}\beta (u_{2m,2n} - u_{2m-1,2n-1})^4 +$$

$$\left. \frac{1}{2}\beta (u_{2m+1,2n+1} - u_{2m,2n})^4 \right] \tag{4-69}$$

式中，M_1 和 M_2 分别为重原子和轻原子的质量；$u_{2m-1,2n-1}$ 和 $u_{2m,2n}$ 分别为在第 (m,n) 个元胞内重原子和轻原子离开平衡位置的位移；λ 和 β 分别为线性耦合参数和非线性耦合参数。

系统的振动方程为

$$M_1 \ddot{u}_{2m-1,2n-1} = \lambda (u_{2m,2n} + u_{2m-2,2n-2} + u_{2m-2,2n} + u_{2m,2n-2} - 4u_{2m-1,2n-1}) +$$

$$\beta [(u_{2m,2n} - u_{2m-1,2n-1})^3 - (u_{2m-1,2n-1} - u_{2m-2,2n-2})^3 +$$

$$(u_{2m,2n-2} - u_{2m-1,2n-1})^3 - (u_{2m-1,2n-1} - u_{2m-2,2n})^3] \tag{4-70a}$$

$$M_2 \ddot{u}_{2m,2n} = \lambda (u_{2m+1,2n+1} + u_{2m-1,2n-1} + u_{2m-1,2n+1} + u_{2m+1,2n-1} - 4u_{2m,2n}) +$$

$$\beta [(u_{2m+1,2n+1} - u_{2m,2n})^3 - (u_{2m,2n} - u_{2m-1,2n-1})^3 +$$

$$(u_{2m+1,2n-1} - u_{2m,2n})^3 - (u_{2m,2n} - u_{2m-1,2n+1})^3] \tag{4-70b}$$

晶格声子线性色散关系为

$$\omega^2 = \frac{\lambda}{M_1 M_2} \left[(M_1 + M_2) \pm \sqrt{M_1^2 + M_2^2 + 2M_1 M_2 \cos 4qa_0} \right] \tag{4-71}$$

式中，"$-$"（"$+$"）表示声学（光学）带，声子色散关系图如图 4-15 所示。

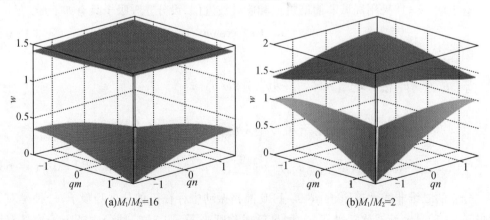

(a)$M_1/M_2=16$ (b)$M_1/M_2=2$

图 4-15　声子色散关系图

用 $\omega_1, \omega_2, \omega_3$ 和 ω_4 定义禁带边缘：

$$\begin{cases} \omega_1 = 0,(q \to 0) \\ \omega_2 = \sqrt{\dfrac{2\lambda}{M_1}},\left(q = \pm \dfrac{\pi}{4a_0}\right) \\ \omega_3 = \sqrt{\dfrac{2\lambda}{M_2}},\left(q = \pm \dfrac{\pi}{4a_0}\right) \\ \omega_4 = \sqrt{\dfrac{2\lambda}{\mu}},(q \to 0) \end{cases} \tag{4-72}$$

式中，$\mu = \dfrac{M_1 M_2}{M_1 + M_2}$ 且 $M_1 > M_2$。

声学带频率位于 ω_1 和 ω_2 之间，而光学带频率则位于 ω_3 和 ω_4 之间。ω_2 和 ω_3 分别为禁带的底边和上边。由图 4-15 可知随着质量比例增大禁带变窄。

假定式(4-70)具有如下形式的解：

$$\begin{cases} u_{2m-1,2n-1}(t) = u_{2m-1,2n-1}^0 \cos \omega t \\ u_{2m,2n}(t) = u_{2m,2n}^0 \cos \omega t \end{cases} \tag{4-73}$$

则式(4-70a)和式(4-70b)可写为

$$\left(\frac{\omega^2}{\omega_2^2} - 1\right) u_{2m-1,2n-1}^0 + \frac{1}{2}(u_{2m,2n}^0 + u_{2m-2,2n-2}^0 + u_{2m-2,2n}^0 + u_{2m,2n-2}^0 - 2u_{2m-1,2n-1}^0) +$$

$$\frac{\beta}{4\lambda}[(u_{2m,2n}^0 - u_{2m-1,2n-1}^0)^3 - (u_{2m-1,2n-1}^0 - u_{2m-2,2n-2}^0)^3 + (u_{2m,2n-2}^0 - u_{2m-1,2n-1}^0)^3 -$$

$$(u_{2m-1,2n-1}^0 - u_{2m-2,2n}^0)^3] = 0 \tag{4-74a}$$

$$\left(\frac{\omega^2}{\omega_3^2} - 1\right) u_{2m,2n}^0 + \frac{1}{2}(u_{2m+1,2n+1}^0 + u_{2m-1,2n-1}^0 + u_{2m+1,2n-1}^0 + u_{2m-1,2n+1}^0 - 2u_{2m,2n}^0) +$$

$$\frac{\beta}{4\lambda}[(u_{2m+1,2n+1}^0 - u_{2m,2n}^0)^3 - (u_{2m,2n}^0 - u_{2m-1,2n-1}^0)^3 + (u_{2m+1,2n-1}^0 - u_{2m,2n}^0)^3 -$$

$$(u_{2m,2n}^0 - u_{2m-1,2n+1}^0)^3] = 0 \tag{4-74b}$$

式(4-74a)和式(4-74b)解的数值结果如图 4-16 所示。

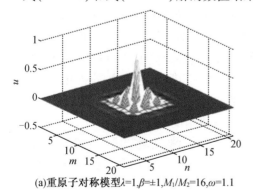 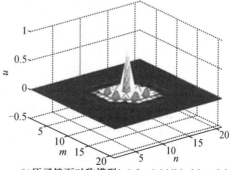

(a)重原子对称模型$\lambda=1,\beta=\pm1,M_1/M_2=16,\omega=1.1$　　(b)原子镜面对称模型$\lambda=1,\beta=\pm1,M_1/M_2=16,\omega=1.1$

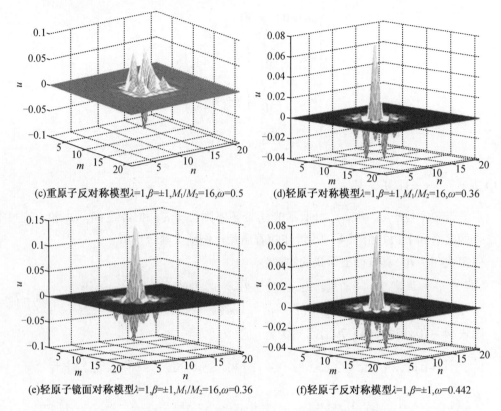

(c)重原子反对称模型λ=1,β=±1,M_1/M_2=16,ω=0.5   (d)轻原子对称模型λ=1,β=±1,M_1/M_2=16,ω=0.36

(e)轻原子镜面对称模型λ=1,β=±1,M_1/M_2=16,ω=0.36   (f)轻原子反对称模型λ=1,β=±1,ω=0.442

图 4 – 16   式(4 – 74a)和式(4 – 74b)解的数值结果

根据数值结果,可知在分立的二维非线性双原子 β - FPU 面心四方晶格中二维分立禁带呼吸子是存在的,有以下六种对称类型。

(1)以轻原子为中心的空间对称的二维分立禁带呼吸子,叫作 LS 模。

(2)以轻原子为中心的空间镜面对称的二维分立禁带呼吸子,叫作 LMS 模。

(3)以轻原子为中心的空间反对称的二维分立禁带呼吸子,叫作 LA 模。

(4)以重原子为中心的空间对称的二维分立禁带呼吸子,叫作 HS 模。

(5)以重原子为中心的空间镜面对称的二维分立禁带呼吸子,叫作 HMS 模。

(6)以重原子为中心的空间反对称的二维分立禁带呼吸子,叫作 HA 模。

对于 LS, LA, HS 和 HS 模已经在分立的一维非线性双原子 β - FPU 晶格中发现,但 LMS 和 HMS 模只存在于分立的二维非线性双原子 β - FPU 面心四方晶格中。这主要由分立的二维非线性双原子 β - FPU 面心四方晶格的结构决定。二维分立禁带呼吸子空间形状与质量比例和四次非线性耦合参数的关系与一维情况完全相同。

下面根据 Aubry 理论分析这六种模的线性稳定性问题,为此,引入变换 $u_{2m-1,2n-1}(t)$ $\rightarrow u_{2m-1,2n-1}(t) + \varepsilon_{2m-1,2n-1}(t)$ 和 $u_{2m,2n}(t) \rightarrow u_{2m,2n}(t) + \varepsilon_{2m,2n}(t)$,则式(4 – 70)的线性化方程为

$$M_1 \ddot{\varepsilon}_{2m-1,2n-1} = \lambda(\varepsilon_{2m,2n} + \varepsilon_{2m-2,2n-2} + \varepsilon_{2m-2,2n} + \varepsilon_{2m,2n-2} - 4\varepsilon_{2m-1,2n-1}) -$$
$$3\beta[(u_{2m,2n} - u_{2m-1,2n-1})^2(\varepsilon_{2m,2n} - \varepsilon_{2m-1,2n-1}) +$$

170

$$(u_{2m-1,2n-1} - u_{2m-2,2n-2})^2 (\varepsilon_{2m-1,2n-1} - \varepsilon_{2m-2,2n-2}) +$$
$$(u_{2m,2n-2} - u_{2m-1,2n-1})^2 (\varepsilon_{2m,2n-2} - \varepsilon_{2m-1,2n-1}) +$$
$$(u_{2m-1,2n-1} - u_{2m-2,2n})^2 (\varepsilon_{2m-1,2n-1} - \varepsilon_{2m-2,2n})] \tag{4-75a}$$

$$M_2 \ddot{\varepsilon}_{2m,2n} = \lambda (\varepsilon_{2m+1,2n+1} + \varepsilon_{2m-1,2n-1} + \varepsilon_{2m-1,2n+1} + \varepsilon_{2m+1,2n-1} - 4\varepsilon_{2m,2n}) -$$
$$3\beta [(u_{2m+1,2n+1} - u_{2m,2n})^2 (\varepsilon_{2m+1,2n+1} - \varepsilon_{2m,2n}) + (u_{2m,2n} - u_{2m-1,2n-1})^2 \times$$
$$(\varepsilon_{2m,2n} - \varepsilon_{2m-1,2n-1}) + (u_{2m+1,2n-1} - u_{2m,2n})^2 (\varepsilon_{2m+1,2n-1} - \varepsilon_{2m,2n}) +$$
$$(u_{2m,2n} - u_{2m-1,2n+1})^2 (\varepsilon_{2m,2n} - \varepsilon_{2m-1,2n+1})] \tag{4-75b}$$

利用 Floquet 稳定性分析这些模,只有 HA 模对于整个禁带是不稳定的,主要原因是 HA 模是多位呼吸子,当中心的重原子静止时,与它最近邻轻原子振动出相模。从物理意义上讲,重原子对轻原子运动干扰强烈,轻原子很容易被拉入振子的运动。其他模都存在稳定的区域,同一维情况基本相同。

4.3　分立 Klein-Gordon 晶格振动中局域模的行为

分立 Klein-Gordon 晶格关于含有线性相互作用势的情况的讨论同分立 FPU 晶格的情况类似,这里就不做讨论了。

4.3.1　分立的一维非线性单原子 Klein-Gordon 晶格振动中局域模的行为

1. 分立的一维非线性单原子 cubic-Klein-Gordon 晶格振动中的周期、准周期和混沌分立呼吸子及其线性稳定性

该系统的哈密顿函数为

$$H = \sum \left[\frac{1}{2} \dot{u}_n^2 + V(u_n) + \frac{K_3}{3} (u_{n+1} - u_n)^3 \right] \tag{4-76}$$

式中,u_n 为第 n 个原子离开平衡位置的位移;K_3 为控制非线性耦合强度的参数;$V(u_n)$ 为在位势。

$$V(u_n) = \frac{1}{2} \omega_0^2 u_n^2 + \frac{1}{3} \alpha u_n^3 \tag{4-77}$$

系统的振动方程为

$$\ddot{u}_n = -\omega_0^2 u_n - \alpha u_n^2 + K_3 [(u_{n+1} - u_n)^2 - (u_n - u_{n-1})^2] \tag{4-78}$$

设式(4-78)具有如下形式的解:

$$u_n(t) = (-1)^n \Phi_n G(t) \tag{4-79}$$

则式(4-78)可写为

$$\ddot{G} + \omega_0^2 G + CG^2 = 0 \tag{4-80a}$$

$$K_3 [(\Phi_{n+1} + \Phi_n)^2 + (\Phi_n + \Phi_{n-1})^2] + \alpha \Phi_n^2 - C\Phi_n = 0 \tag{4-80b}$$

式中,C 为待定常数。

式(4-80b)解的数值结果如图 4-17 所示。

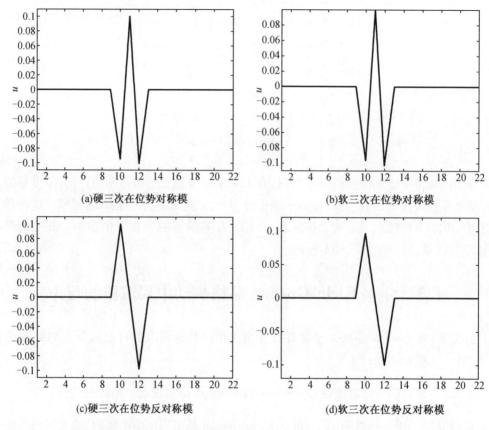

(a)硬三次在位势对称模 (b)软三次在位势对称模

(c)硬三次在位势反对称模 (d)软三次在位势反对称模

图 4 - 17 式(4 - 80b)解的数值结果($K_3 = 0.01$, $|\alpha| = 0.01$, $C = 0.1$)

由图 4 - 17 可知,分立的一维非线性单原子 cubic-Klein-Gordon 晶格振动中存在局域模,而且有两种,一种是对称模,另一种是反对称模。从图 4 - 17 中可以看出软在位势和硬在位势对局域模没有多大影响。

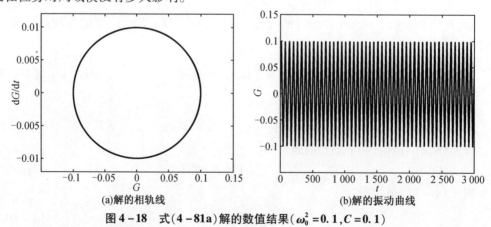

(a)解的相轨线 (b)解的振动曲线

图 4 - 18 式(4 - 81a)解的数值结果($\omega_0^2 = 0.1$, $C = 0.1$)

式(4 - 80a)解的数值结果如图 4 - 18 所示。

由图 4 - 18 可知分立的一维非线性单原子 cubic-Klein-Gordon 晶格振动中存在稳定的分立呼吸子。如果在在位势线性项前加上周期驱动参数,式(4 - 79)变为

$$\ddot{u}_n = -\omega_0^2[1 - \lambda\cos(\omega_d t)]u_n - \alpha u^2 + K_3[(u_{n+1} - u_n)^2 - (u_{n-1} - u_n)^2] \quad (4-81)$$

式中，λ 和 ω_d 分别为驱动振幅和频率。

这个参数驱动可以在实验中实现，其主要优点是加入的驱动参数不影响代表空间的代数方程式(4-80b)。而代表时间的微分方程式(4-80a)变为

$$\ddot{G}(t) + \omega_0^2[1 - \lambda\cos(\omega_d t)]G(t) = -CG(t)^2 \quad (4-82)$$

对应的数值结果如图 4-19 所示。

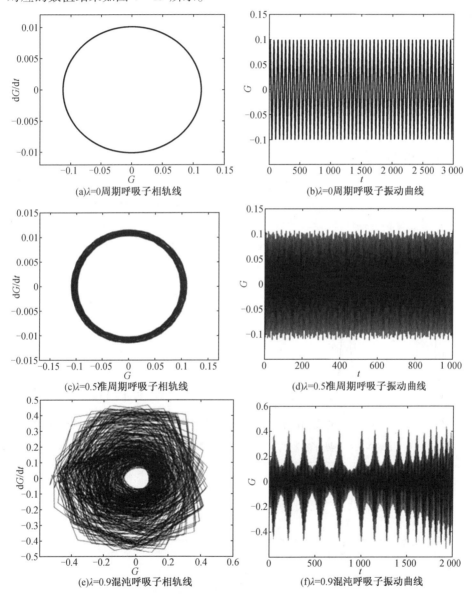

(a)$\lambda=0$ 周期呼吸子相轨线　　　　　　(b)$\lambda=0$ 周期呼吸子振动曲线

(c)$\lambda=0.5$ 准周期呼吸子相轨线　　　　(d)$\lambda=0.5$ 准周期呼吸子振动曲线

(e)$\lambda=0.9$ 混沌呼吸子相轨线　　　　　(f)$\lambda=0.9$ 混沌呼吸子振动曲线

图 4-19　式(4-82)的数值结果($C=1,\omega_0^2=0.8$)

由图 4-19 可知分立的一维非线性单原子 cubic-Klein-Gordon 晶格振动中存在周期、准周期和混沌分立呼吸子。可以通过驱动参数来控制其线性稳定性。

2. 分立的一维非线性单原子 quartic-Klein-Gordon 晶格振动中的周期、准周期和混沌分立呼吸子及其线性稳定性

该系统的哈密顿函数为

$$H = \sum \left[\frac{1}{2}\dot{u}_n^2 + V(u_n) + \frac{K_4}{4}(u_{n+1} - u_n)^4 \right] \quad (4-83)$$

式中，u_n 为第 n 个原子离开平衡位置的位移；K_4 为控制非线性耦合强度的参数；$V(u_n)$ 为在位势。

$$V(u_n) = \frac{1}{2}\omega_0^2 u_n^2 + \frac{1}{4}\beta u_n^4 \quad (4-84)$$

系统的振动方程为

$$\ddot{u}_n = -\omega_0^2 u_n - \beta u_n^3 + K_4 \left[(u_{n+1} - u_n)^3 - (u_n - u_{n-1})^3 \right] \quad (4-85)$$

设式(4-85)具有如下形式的解：

$$u_n(t) = (-1)^n \Phi_n G(t) \quad 4-86)$$

则式(4-85)可写为

$$\ddot{G} + \omega_0^2 G + CG^3 = 0 \quad (4-87)$$

$$K_4 \left[(\Phi_{n+1} + \Phi_n)^3 + (\Phi_n + \Phi_{n-1})^3 \right] + \beta \Phi_n^3 - C\Phi_n = 0 \quad (4-88)$$

式中，C 为待定常数。

式(4-88)解的数值结果如图 4-20 所示。

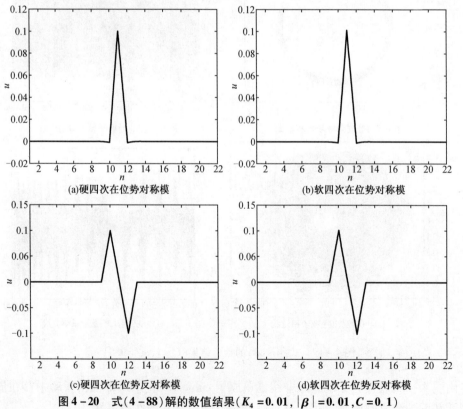

(a)硬四次在位势对称模　　　　(b)软四次在位势对称模

(c)硬四次在位势反对称模　　　　(d)软四次在位势反对称模

图 4-20　式(4-88)解的数值结果($K_4 = 0.01$, $|\beta| = 0.01$, $C = 0.1$)

174

由图 4 - 20 可知,分立的一维非线性单原子 quartic-Klein-Gordon 晶格振动中存在局域模,而且有两种,一种是对称模,另一种是反对称模。从图 4 - 21 中可以看出软在位势和硬在位势对局域模没有多大影响。

式(4 - 87)解的数值结果如图 4 - 21 所示。

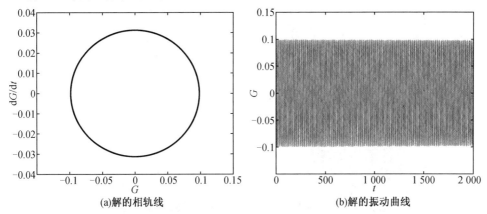

$$\text{(a)解的相轨线} \qquad \text{(b)解的振动曲线}$$

图 4 - 21　式(4 - 88a)解的数结果($\omega_0^2 = 0.1, C = 0.1$)

由图 4 - 21 可知分立的一维非线性单原子 quartic-Klein-Gordon 晶格振动中存在稳定的分立呼吸子。如果在在位势线性项前加上周期驱动参数,式(4 - 85)变为

$$\ddot{u}_n = -\omega_0^2 [1 - \lambda\cos(\omega_d t)] u_n - \beta u^2 + K_4 [(u_{n+1} - u_n)^3 - (u_{n-1} - u_n)^3] \qquad (4-89)$$

式中,λ 和 ω_d 分别为驱动振幅和频率。

这个参数驱动可以在实验中实现,其主要优点是加入的驱动参数不影响代表空间的代数方程式(4 - 88)。而代表时间的微分方程式(4 - 80a)变为

$$\ddot{G}(t) + \omega_0^2 [1 - \lambda\cos(\omega_d t)] G(t) = -CG(t)^3 \qquad (4-90)$$

对应的数值结果如图 4 - 22 所示

从图 4 - 22 中可以知道分立的一维非线性单原子 quartic-Klein-Gordon 晶格振动中存在周期、准周期和混沌分立呼吸子。可以通过驱动参数来控制其线性稳定性。

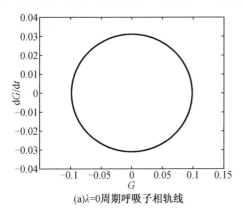
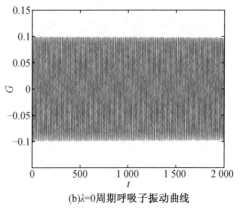

$$\text{(a)}\lambda=0\text{周期呼吸子相轨线} \qquad \text{(b)}\lambda=0\text{周期呼吸子振动曲线}$$

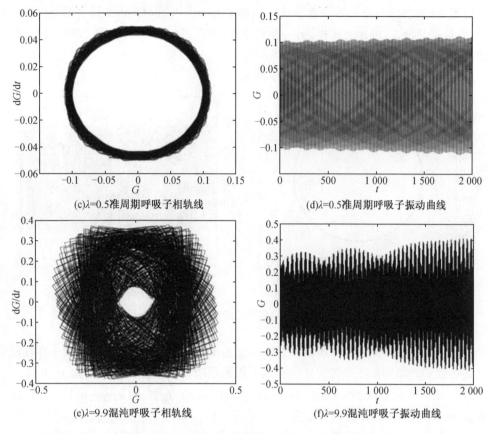

(c)$\lambda=0.5$准周期呼吸子相轨线

(d)$\lambda=0.5$准周期呼吸子振动曲线

(e)$\lambda=9.9$混沌呼吸子相轨线

(f)$\lambda=9.9$混沌呼吸子振动曲线

图 4 – 22　式（4 – 90）的数值结果（$C=1$，$\omega_0^2=0.8$）

3. 分立的一维非线性单原子 quartic-Klein-Gordon 晶格振动中分立的紧致呼吸子和呼吸子晶格及其线性稳定性

该系统的哈密顿函数为

$$H = \sum \left[\frac{1}{2}\dot{u}_n^2 + V(u_n) + \frac{K_4}{4}(u_{n+1} - u_n)^4 \right] \qquad (4 - 91)$$

式中，u_n 为第 n 个原子离开平衡位置的位移；K_4 为控制非线性耦合强度的参数；$V(u_n)$ 为在位势。

$$V(u_n) = \frac{1}{2}\omega_0^2 u_n^2 + \frac{1}{4}\beta u_n^4 \qquad (4 - 92)$$

系统的振动方程为

$$\ddot{u}_n = -\omega_0^2 u_n - \beta u_n^3 + K_4 \left[(u_{n+1} - u_n)^3 - (u_n - u_{n-1})^3 \right] \qquad (4 - 93)$$

设式（4 – 93）具有如下形式的解：

$$u_n(t) = (-1)^n \Phi_n G(t) \qquad (4 - 94)$$

则式（4 – 93）可写为

$$\ddot{G} + \omega_0^2 G + CG^3 = 0 \qquad (4 - 95a)$$

$$K_4 \left[(\Phi_{n+1} + \Phi_n)^3 + (\Phi_n + \Phi_{n-1})^3 \right] + \beta \Phi_n^3 - C\Phi_n = 0 \qquad (4 - 95b)$$

式中, C 为待定常数。

当 $C > 0$ 时, 有

$$G = G_0 \mathrm{cn}(\omega t, m) \tag{4-96}$$

式中, cn 为 Jacobian 椭圆函数; 模量 $m^2 = \dfrac{CG_0^2}{2(\omega_0^2 + CG_0^2)}$; 频率 $\omega = \sqrt{\omega_0^2 + CG_0^2}$。

当 $C < 0$ 时, 有

$$G = G_0 \mathrm{sn}(\omega t, m) \tag{4-97}$$

式中, sn 为 Jacobian 椭圆函数; 模量 $m^2 = -\dfrac{CG_0^2}{2(\omega_0^2 + CG_0^2)}$; 频率 $\omega = \sqrt{\omega_0^2 + CG_0^2/2}$。

再设式(4-95b)具有如下形式的解:

$$\Phi_n = \cos[q(n - n_0)], \quad |n - n_0| < \pi/2q \tag{4-98}$$

其他情况 $\Phi_n = 0$, q 和 n_0 是波矢和激发的初始位置。代入式(4-95b)有

$$6K_4(\cos q + 1)\sin^2 q + \Phi_n^2[4K_4(2\cos^3 q + 3\cos^2 q - 1) + \beta] - C = 0 \tag{4-99}$$

因此有

$$(2\cos^3 q + 3\cos^2 q - 1) + \frac{\beta}{4K_4} = 0 \tag{4-100a}$$

$$C = 6K_4(\cos q + 1)\sin^2 q \tag{4-100b}$$

当 $K_4 > 0, C > 0$ 时,

$$u_n = (-1)^n G_0 \cos[q(n - n_0)]\mathrm{cn}(\omega t, m), \quad |n - n_0| < \pi/2q \tag{4-101}$$

其他情况 $u_n(t) = 0$, 空间宽度为 $W_0 = \pi/q$。

当 $K_4 < 0, C < 0$ 时,

$$u_n = (-1)^n G_0 \cos[q(n - n_0)], \quad |n - n_0| < \pi/2q \tag{4-102}$$

其他情况 $u_n(t) = 0$, 空间宽度为 $W_0 = \pi/q$。

当 $\beta < 0$ 时, 相当于软在位势, 则

$$2\cos^3 q + 3\cos^2 q - 1 - |\beta|/4K_4 = 0 \tag{4-103}$$

式中 $K_4 > 0$。

这个方程中 q 有实数解要求 $K_4 > |\beta|/16$, 即 q 由 K_4 来决定。

当 $\beta > 0$ 时, 相当于硬在位势, 则

$$2\cos^3 q + 3\cos^2 q - 1 + |\beta|/4K_4 = 0 \tag{4-104}$$

式中 $K_4 > 0$。

这个方程中 q 有实数解要求 $K_4 > |\beta|/4$, 即 q 由 K_4 来决定。对于 $K_4 < 0$ 时情况正好相反。

式(4-103)和式(4-104)中 K_4 和 q 的函数关系如图 4-23 所示。

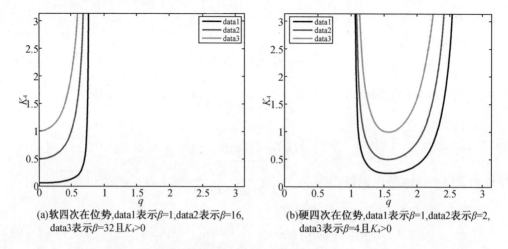

(a)软四次在位势,data1表示$\beta=1$,data2表示$\beta=16$,
data3表示$\beta=32$且$K_4>0$

(b)硬四次在位势,data1表示$\beta=1$,data2表示$\beta=2$,
data3表示$\beta=4$且$K_4>0$

图 4 – 23　K_4 和 q 的函数关系

式(4 – 101)和式(4 – 102)的形状如图 4 – 24 所示。

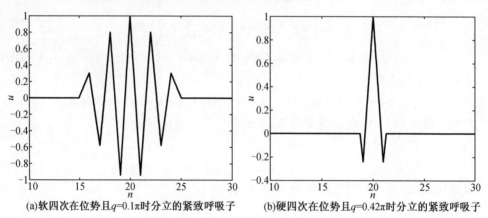

(a)软四次在位势且$q=0.1\pi$时分立的紧致呼吸子　　(b)硬四次在位势且$q=0.42\pi$时分立的紧致呼吸子

图 4 – 24　式(4 – 101)和式(4 – 102)的形状

如果对式(4 – 101)和式(4 – 102)取消限制,即
当 $K_4>0,C>0$ 时

$$u_n = G_0\cos\left[\,q(n-n_0)\,\right]\mathrm{cn}(\omega t,m) \tag{4-105}$$

当 $K_4<0,C<0$ 时

$$u_n = G_0\cos\left[\,q(n-n_0)\,\right]\mathrm{sn}(\omega t,m) \tag{4-106}$$

式(4 – 105)和式(4 – 106)的形状如图 4 – 25 所示。

由图 4 – 25 可知分立的一维非线性单原子 quartic-Klein-Gordon 晶格振动中存在呼吸子晶格。

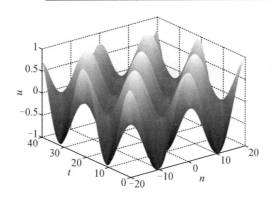

图 4 – 25　式（4 – 105）和式（4 – 106）的形状

下面仍根据 Aubry 的理论引入变换 $u_n(t) \rightarrow u_n(t) + \varepsilon_n(t)$，式（4 – 103）的线性化方程为

$$\ddot{\varepsilon}_n = (-\omega_0^2 - 3\beta u_n^2)\varepsilon_n + 3K_4 \big[(u_{n+1} - u_n)^2 (\varepsilon_{n+1} - \varepsilon_n)^2 (\varepsilon_{n+1} - \varepsilon_n) -$$
$$(u_n - u_{n-1})^2 (\varepsilon_n - \varepsilon_{n-1}) \big] \tag{4 – 107}$$

设式（4 – 107）的解具有如下形式：

$$\varepsilon_n(t) = a_n \mathrm{e}^{\mathrm{i}\omega_\lambda t} \tag{4 – 108}$$

特征频率 ω_λ 和特征模 a_n 由下式决定：

$$(\omega_0^2 + 3\beta u_n^2)a_n - 3K_4 \big[(u_{n+1} - u_n)^2 (a_{n+1} - a_n) - (u_n - u_{n-1})^2 (a_n - a_{n-1}) \big] = \omega_\lambda^2 a_n$$
$$\tag{4 – 109}$$

如果 $\omega_\lambda \mathrm{i}$ 是 a_n 的特征值，那么 ω_λ^* 一定是 a_n^* 的特征值。因此线性稳定性要求式（4 – 109）的所有特征值必为实数。所以，对于 N 个原子的晶格，对应其线性稳定解有 $2N$ 个实特征值 ω_λ。特征方程式（4 – 109）通过引入波矢 k 来求解，设

$$a_n = \mathrm{e}^{\mathrm{i}kn} \tag{4 – 110}$$

代入式（4 – 109）有

$$\omega_\lambda^2 = \omega_0^2 + 3\beta \big[G_0 \cos q(n - n_0) \big]^2 - 6K_4 G_0^2 \big[\cos^2 q(n - n_0)(\cos q - 1)^2 \times$$
$$(\cos k - 1) + \sin^2(n - n_0)\sin^2 q(\cos k - 1) - 2\mathrm{i}\cos q(n - n_0)\sin q \times$$
$$(n - n_0)(\cos q - 1)\sin q \sin k \big] \tag{4 – 111}$$

如果 ω_λ 为实数，$\cos q(n - n_0)\sin q(n - n_0)(\cos q - 1)\sin q \sin k$ 必为零，由此得到如下结论。

（1）$k = 2s\pi, s = 0, 1, 2, \cdots$，式（4 – 111）变为

$$\omega_\lambda^2 = \omega_0^2 + 3\beta \big[G_0 \cos q(n - n_0) \big]^2 \tag{4 – 112}$$

当 $\beta > 0$（硬四次在位势）时，ω_λ 一直为实数，分立的紧致呼吸子和呼吸子晶格是线性稳定的。

当 $\beta < 0$（软四次在位势）时，ω_λ 为实数——分立的紧致呼吸子和呼吸子晶格是线性稳定的的条件是 β 满足

$$|\beta| \leqslant \frac{\omega_0^2}{3[\,G_0\cos\,q\,(n-n_0)\,]^2} \tag{4-113}$$

（2）$k=(2s+1)\pi,s=0,1,2,\cdots,$ 式（4-111）变为

$$\omega_\lambda^2 = \omega_0^2 + 3\beta[\,G_0\cos\,q\,(n-n_0)\,]^2 + 12K_4G_0^2[\,\cos^2 q\,(n-n_0)\,(\cos\,q-1)^2 +$$
$$\sin^2(n-n_0)\sin^2 q\,] \tag{4-114}$$

当 $\beta>0$（硬四次在位势）和 $K_4>0$ 时，ω_λ 一直为实数，分立的紧致呼吸子和呼吸子晶格是线性稳定的。

当 $\beta>0$（硬四次在位势）和 $K_4<0$ 时，ω_λ 为实数——分立的紧致呼吸子和呼吸子晶格是线性稳定的条件是 β 满足

$$|K_4| \leqslant \frac{\omega_0^2 + 3\beta[\,G_0\cos\,q\,(n-n_0)\,]^2}{12G_0^2[\,\cos^2 q\,(n-n_0)\,(\cos\,q-1)^2 + \sin^2(n-n_0)\sin^2 q\,]} \tag{4-115}$$

当 $\beta<0$（软四次在位势）和 $K_4>0$ 时，ω_λ 为实数——分立的紧致呼吸子和呼吸子晶格是线性稳定的的条件是 β 和 K_4 满足

$$|K_4| \geqslant \frac{3\beta[\,G_0\cos\,q\,(n-n_0)\,]^2 - \omega_0^2}{12G_0^2[\,\cos^2 q\,(n-n_0)\,(\cos\,q-1)^2 + \sin^2(n-n_0)\sin^2 q\,]} \tag{4-116}$$

当 $\beta<0$（软四次在位势）和 $K_4<0$ 时，ω_λ 为实数——分立的紧致呼吸子和呼吸子晶格是线性稳定的的条件是 β 和 K_4 满足

$$|K_4| \leqslant \frac{\omega_0^2 - 3\beta[\,G_0\cos\,q\,(n-n_0)\,]^2}{12G_0^2[\,\cos^2 q\,(n-n_0)\,(\cos\,q-1)^2 + \sin^2(n-n_0)\sin^2 q\,]} \tag{4-117}$$

通过上面的讨论可知，在分立的一维非线性单原子 quartic-Klein-Gordon 晶格振动中确实存在分立的紧致呼吸子和呼吸子晶格，且当 β 和 K_4 满足一定条件时两种模是线性稳定的。

4. 分立的一维非线性单原子 quartic-Klein-Gordon 晶格振动中的二维分立紧致呼吸子及其线性稳定性

该系统的哈密顿函数为

$$H = \sum \left[\frac{1}{2}\dot{u}_n^2 + V(u_n) + \frac{K_2}{2}(u_{n+1}-u_n)^2 + \frac{K_3}{3}(u_{n+1}-u_n)^3 + \frac{K_4}{4}(u_{n+1}-u_n)^4\right] \tag{4-118}$$

式中，u_n 为第 n 个原子离开平衡位置的位移；K_2，K_3 和 K_4 分别为控制线性和非线性耦合强度的参数；$V(u_n)$ 为在位势。

$$V(u_n) = \frac{1}{2}\omega_0^2 u_n^2 + \frac{1}{3}\alpha u_n^3 + \frac{1}{4}\beta u_n^4 \tag{4-119}$$

则系统的振动方程为

$$\ddot{u}_n = -\omega_0^2 u_n - \alpha u_n^2 - \beta u_n^3 + K_2(u_{n+1}+u_{n-1}-2u_n) +$$
$$K_3[\,(u_{n+1}-u_n)^2 - (u_n-u_{n-1})^2\,] +$$
$$K_4[\,(u_{n+1}-u_n)^3 - (u_n-u_{n-1})^3\,] \tag{4-120}$$

设式(4-120)有如下形式的解：

$$u_n(t) = (-1)^n \Phi_n G(t) \tag{4-121}$$

式中，Φ_n 相当于解的空间部分；$G(t)$ 描述解的时间演化。

则式(4-120)变为

$$(\ddot{G} + \omega_0^2 G)\Phi_n = -\alpha G^2 \Phi_n^2 - \beta G^3 \Phi_n^3 - K_2(\Phi_{n+1} + \Phi_{n-1} + 2\Phi_n)G +$$
$$K_3[(\Phi_{n+1} + \Phi_n)^2 - (\Phi_n + \Phi_{n-1})^2]G^2 -$$
$$K_4[(\Phi_{n+1} + \Phi_n)^3 + (\Phi_n + \Phi_{n-1})^3]G^3 \tag{4-122}$$

式(4-122)可以分成下面两个方程：

$$(\ddot{G} + \omega_0^2 G)/G^2 = \{-\alpha \Phi_n^2 + K_3[(\Phi_{n+1} + \Phi_n)^2 - (\Phi_n + \Phi_{n-1})^2]\}/\Phi_n \tag{4-123a}$$

$$(\ddot{G} + \omega_0^2 G)/G^3 = \{-\beta \Phi_n^3 - K_4[(\Phi_{n+1} + \Phi_n)^3 - (\Phi_n + \Phi_{n-1})^3]\}/\Phi_n \tag{4-123b}$$

进而有

$$\ddot{G} + \omega_0^2 G + CG^3 = 0 \tag{4-124a}$$

$$K_4[(\Phi_{n+1} + \Phi_n)^3 + (\Phi_n + \Phi_{n-1})^3] + \beta \Phi_n^3 - C\Phi_n = 0 \tag{4-124b}$$

设式(4-124b)有如下解的形式：

$$\Phi_n = \cos[q(n - n_{01})] + \cos[q(n - n_{02})], \quad |n - n_{0i}| < \pi/2q \tag{4-125}$$

其他情况 $\Phi_n = 0$，这个解相当于二维分立紧致呼吸子，编码为 $\sigma = \{0, \cdots, 0, 1, 1, 0, \cdots, 0\}$，代入式(4-124b)可得

$$12K_4(\cos q + 1)[1 + \cos(n_{20} - n_{10})]\sin^2 q +$$
$$\Phi_n^2[2K_4(7\cos^3 q + 9\cos^2 q - 3\cos q - 5) + \beta] - C = 0 \tag{4-126}$$

因此有

$$(7\cos^3 q + 9\cos^2 q - 3\cos q - 5) + \frac{\beta}{2K_4} = 0 \tag{4-127a}$$

$$C = 12K_4(\cos q + 1)[1 + \cos(n_{02} - n_{01})]\sin^2 q \tag{4-127b}$$

当 $C > 0$ 时，

$$G = G_0 \operatorname{cn}(\omega t, k) \tag{4-128}$$

式中，cn 为 Jacobian 椭圆函数；模量 $k^2 = CG_0^2/2(\omega_0^2 + CG_0^2)$；频率 $\omega = \sqrt{\omega_0^2 + CG_0^2}$。

在原子的初速度为零时式(4-120)的解具有以下形式：

$$u_n(t) = (-1)^n G_0\{\cos[q(n - n_{01})] + \cos[q(n - n_{02})]\}\operatorname{cn}(\omega t, k), \quad |n - n_0| < \pi/2q \tag{4-129}$$

其他情况 $u_n(t) = 0$，空间宽度为 $W_0 = \pi/q$。编码为 $\sigma = \{0, \cdots, 0, 1, 1, 0, \cdots, 0\}$ 的二维分立紧致呼吸子及其随时间在空间的演化如图 4-26 所示。

如果式(4-125)写成

$$\Phi_n = \cos[q(n - n_{01})] - \cos[q(n - n_{02})], \quad |n - n_{0i}| < \pi/2q \tag{4-130}$$

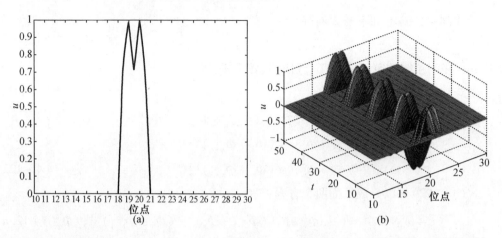

图 4-26 编码为 $\sigma = \{0,\cdots,0,1,1,0,\cdots,0\}$ 的二维分立紧致呼吸子及其随时间在空间的演化

其他情况 $\Phi_n = 0$，这个解相当于二维分立紧致呼吸子，编码为 $\sigma = \{0,\cdots,0,1,-1,0,\cdots,0\}$，代入式（4-124b）可得

$$12K_4(\cos q-1)[1-\cos(n_{20}-n_{10})]\sin^2 q +$$
$$\Phi_n^2[2K_4(7\cos^3 q+9\cos^2 q-3\cos q+5)+\beta]-C=0 \qquad (4-131)$$

因此有

$$(7\cos^3 q+9\cos^2 q-3\cos q+5)+\frac{\beta}{2K_4}=0 \qquad (4-132a)$$

$$C=12K_4(\cos q-1)[1-\cos(n_{02}-n_{01})]\sin^2 q \qquad (4-132b)$$

当 $C<0$ 时，

$$G=G_0 \mathrm{sn}(\omega t,k) \qquad (4-133)$$

式中，sn 为 Jacobian 椭圆函数；模量 $k^2=-CG_0^2/2(\omega_0^2+CG_0^2)$；频率 $\omega=\sqrt{\omega_0^2+CG_0^2/2}$。

在原子的初速度为零时式（4-120）的解具有以下形式：

$$u_n(t)=(-1)^n G_0\{\cos[q(n-n_{01})]-\cos[q(n-n_{02})]\}\mathrm{sn}(\omega t,k),\ |n-n_{0i}|<\pi/2q$$
$$(4-134)$$

其他情况 $u_n(t)=0$，空间宽度为 $W_0=\pi/2q$。编码为 $\sigma=\{0,\cdots,0,1,-1,0,\cdots,0\}$ 的二维分立紧致呼吸子及其随时间在空间的演化如图 4-27 所示。

当 $\alpha=0,\beta=+1$ 时，式（4-119）相当于四次硬在位势，式（4-127a）变为

$$(7\cos^3 q+9\cos^2 q-3\cos q-5)+\frac{1}{2K_4}=0 \qquad (4-135)$$

q 有实数解的条件是 $K_4>1/10$，q 由 K_4 来决定。

当 $\alpha=0,\beta=-1$ 时，式（4-119）相当于四次软在位势，式（4-127a）变为

$$(7\cos^3 q+9\cos^2 q-3\cos q-5)-\frac{1}{2K_4}=0 \qquad (4-136)$$

q 有实数解的条件是 $K_4>1/16$，q 由 K_4 来决定。

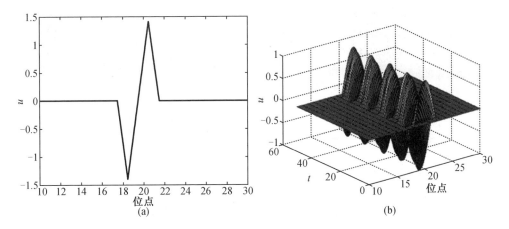

图 4 – 27　编码为 $\sigma = \{0,\cdots,0,1,-1,0,\cdots,0\}$ 的二维分立紧致呼吸子及其随时间在空间的演化

对于硬的四次在位势,式(4 – 132a) 变为

$$(7\cos^3 q + 9\cos^2 q - 3\cos q + 5) + \frac{1}{2K_4} = 0 \qquad (4 – 137)$$

对于任何 K_4, q 没有实数解。

对于软的四次在位势,式(4 – 132a) 变为

$$(7\cos^3 q + 9\cos^2 q - 3\cos q + 5) - \frac{1}{2K_4} = 0 \qquad (4 – 138)$$

q 有实数解的条件是 $0.027\ 8 < K_4 < 0.104\ 7$, q 由 K_4 来决定。

二维分立紧致呼吸子的线性稳定性应从两个方面来讨论。一方面,从呼吸子结构来讨论, 二维分立紧致呼吸子由两个部分构成,一部分是二维分立紧致呼吸子核,另一部分是"零"尾巴。如果二维分立紧致呼吸子的核尺度小于两个单位,二维分立紧致呼吸子核将消失。同时,二维分立紧致呼吸子核与 q 密切相关,而 q 又与 $K_4\beta$ 紧密联系,两者的关系函数如图 4 – 28 所示。所以二维分立紧致呼吸子核由 K_4 和 β 决定,即二维分立紧致呼吸子核的稳定性与 K_4 和 β 密切相关。另外,二维分立紧致呼吸子核和零尾巴覆盖整个晶格,所以二维分立紧致呼吸子的尺度等于整个晶格的尺度。因此,二维分立紧致呼吸子的稳定需要稳定的边界条件。所以,二维分立紧致呼吸子必要的稳定性条件是 K_4 和 β 的值必须满足 $q \leqslant \pi/2$ 和稳定的边界条件。Archilla 讨论了在低耦合情况下多位呼吸子的稳定性问题, 得到的二维分立呼吸子的稳定条件为:(1)编码为 $\sigma = \{0,\cdots,0,1,1,0,\cdots,0\}$ 二维分立呼吸子软在位势不稳定,硬在位势稳定;(2)编码为 $\sigma = \{0,\cdots,0,1,-1,0,\cdots,0\}$, 二维分立呼吸子软在位势稳定,硬在位势不稳定;(3)如果耦合是排斥的($K_4 < 0$),结论正好相反,这与前面的结果正好吻合。

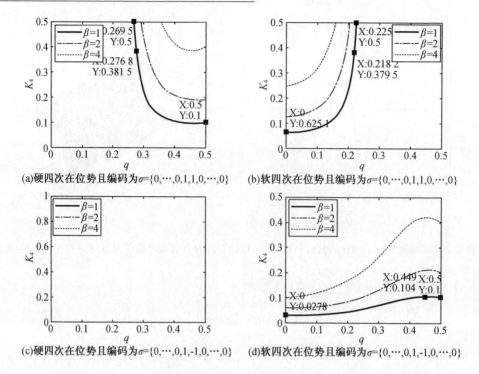

(a)硬四次在位势且编码为$\sigma=\{0,\cdots,0,1,1,0,\cdots,0\}$ (b)软四次在位势且编码为$\sigma=\{0,\cdots,0,1,1,0,\cdots,0\}$

(c)硬四次在位势且编码为$\sigma=\{0,\cdots,0,1,-1,0,\cdots,0\}$ (d)软四次在位势且编码为$\sigma=\{0,\cdots,0,1,-1,0,\cdots,0\}$

图 4 – 28 q 和 $K_4\beta$ 的关系函数

4.3.2   分立的一维非线性双原子 Klein-Gordon 晶格振动中局域模的行为

分立的一维非线性双原子 quartic-Klein-Gordon 晶格振动中的禁带分立呼吸子及其线稳定性。

该系统的哈密顿函数为

$$H = \sum_n \left[\frac{1}{2}M_1\dot{u}_{2n-1}^2 + \frac{1}{2}M_2\dot{u}_{2n}^2 + V_1(u_{2n-1}) + V_2(u_{2n}) + \right.$$

$$\left. \frac{1}{2}\lambda(u_{2n} - u_{2m-1,2n-1})^2 + \frac{1}{2}\lambda(u_{2n+1} - u_{2n})^2 \right] \qquad (4-139)$$

式(4-139)中各量含义同前。这里在位势取如下形式：

$$V_1(u_{2n-1}) = \frac{1}{2}\alpha u_{2n-1}^2 + \frac{1}{4}\beta u_{2n-1}^4 \qquad (4-140a)$$

$$V_2(u_{2n}) = \frac{1}{2}\alpha u_{2n}^2 + \frac{1}{4}\beta u_{2n}^4 \qquad (4-140b)$$

系统的振动方程为

$$M_1\ddot{u}_{2n-1} = -\alpha u_{2n-1} - \beta u_{2n-1}^3 + \lambda(u_{2n} + u_{2n-2} - 2u_{2n-1}) \qquad (4-141a)$$

$$M_2\ddot{u}_{2n} = -\alpha u_{2n} - \beta u_{2n}^3 + \lambda(u_{2n+1} + u_{2n-1} - 2u_{2n}) \qquad (4-141a)$$

线性色散关系如下：

$$\omega^2 = \frac{1}{2} \left[\left(\omega_1^2 + \omega_2^2 \right) \pm \sqrt{\left(\omega_1^2 - \omega_2^2 \right)^2 + \omega_{01}^2 \omega_{02}^2 \cos^2 q a_0} \right] \tag{4-142}$$

式中,

$$\omega_1 = \sqrt{(2\lambda + \alpha)/M_1} \tag{4-143a}$$

$$\omega_2 = \sqrt{(2\lambda + \alpha)/M_2} \tag{4-143b}$$

$$\omega_{01} = \sqrt{2\lambda/M_1} \tag{4-143c}$$

$$\omega_{02} = \sqrt{2\lambda/M_2} \tag{4-143d}$$

则

$$\begin{cases} \omega_0 = \sqrt{\frac{1}{2} \left[\left(\omega_1^2 + \omega_2^2 \right) - \sqrt{\left(\omega_1^2 - \omega_2^2 \right)^2 + \omega_{01}^2 \omega_{02}^2} \right]}, (q \to 0) \\[2mm] \omega_1 = \sqrt{(2\lambda + \alpha)/M_1}, \left(q = \pm \frac{\pi}{2a_0} \right) \\[2mm] \omega_2 = \sqrt{(2\lambda + \alpha)/M_2}, \left(q = \pm \frac{\pi}{2a_0} \right) \\[2mm] \omega_3 = \sqrt{\frac{1}{2} \left[\left(\omega_1^2 + \omega_2^2 \right) + \sqrt{\left(\omega_1^2 - \omega_2^2 \right)^2 + \omega_{01}^2 \omega_{02}^2} \right]}, (q \to 0) \end{cases} \tag{4-144}$$

声子色散关系如图 4-29 所示。

由图 4-29 可知禁带宽度 $(\omega_2 - \omega_1)$ 随着耦合参数 λ 和质量比例增加而加宽。为了寻找分立的禁带呼吸子,根据旋转波近似设式(4-141)有如下的解:

$$u_{2n-1}(t) = u_{2n-1}^0 \cos \omega_b t \tag{4-145a}$$

$$u_{2n}(t) = u_{2n}^0 \cos \omega_b t \tag{4-145b}$$

式中, $\omega_b = 2\pi/t_b$。

将其代入系统的振动方程有

$$\frac{\omega_b^2 - \omega_1^2}{\omega_{01}^2} u_{2n-1}^0 + \left(u_{2n}^0 + u_{2n-2}^0 \right) - \frac{\beta}{2\lambda} u_{2n-1}^{03} = 0 \tag{4-146a}$$

$$\frac{\omega_b^2 - \omega_2^2}{\omega_{02}^2} u_{2n}^0 + \left(u_{2n+1}^0 + u_{2n-1}^0 \right) - \frac{\beta}{2\lambda} u_{2n}^{03} = 0 \tag{4-146b}$$

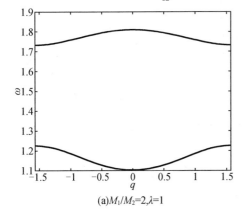

(a) $M_1/M_2 = 2, \lambda = 1$

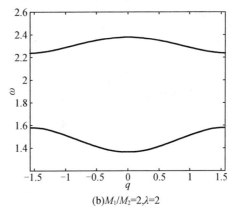

(b) $M_1/M_2 = 2, \lambda = 2$

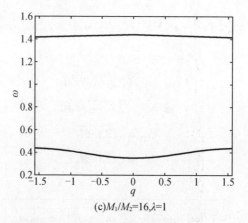

(c)$M_1/M_2=16,\lambda=1$

图4-29 声子色散关系($\alpha=1$)

式(4-146)的数值结果如图4-30所示。

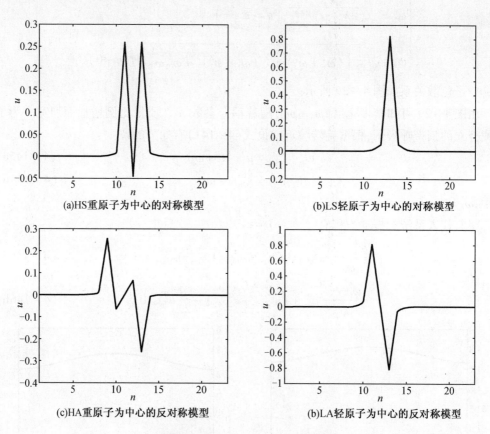

(a)HS重原子为中心的对称模型 (b)LS轻原子为中心的对称模型

(c)HA重原子为中心的反对称模型 (b)LA轻原子为中心的反对称模型

图4-30 式(4-146)的数值结果

4.3.3 分立的二维非线性单原子 Klein-Gordon 晶格振动中局域模的行为

由图 4 – 30 可知分立的一维非线性双原子 quartic-Klein-Gordon 晶格振动中确实存在分立禁带呼吸子,并有 HS、LS、HA 和 LA 四种类型。关于其稳定性 Gorbach 等人进行了详细的讨论,其结论如下。

(1)在耦合参数比较小的时候,对称的禁带呼吸子是线性稳定的,反对称禁带呼吸子是不稳定的。

(2)禁带呼吸子有六种类型的不稳定性,其中两种有实特征值,其他四种具有复特征值的振动类型不稳定性。

(3)对称和反对称分立禁带呼吸子都具有实特征值不稳定性,而且有非常接近的能量,与没有任何明显能量辐射的呼吸子情况吻合,这样的振动出现在反对称禁带呼吸子的动力学中。

1. 分立的二维非线性单原子 cubic-Klein-Gordon 晶格振动中的周期、准周期和混沌呼吸子及其稳定性

该系统哈密顿函数为

$$H = \sum \left[\frac{1}{2}\dot{u}_{m,n}^2 + \frac{1}{2}\sigma u_{m,n}^2 + \frac{1}{3}\alpha u_{m,n}^3 + \frac{1}{3}K(u_{m+1,n} - u_{m,n})^3 + \right.$$

$$\left. \frac{1}{3}K(u_{m,n+1} - u_{m,n})^3 \right] \tag{4 – 147}$$

式中,σ,α 和 K 为常数。

则其振动方程为

$$\ddot{u}_{m,n} = -\sigma u_{m,n} - \alpha u_{m,n}^2 + K[(u_{m+1,n} - u_{m,n})^2 + (u_{m-1,n} - u_{m,n})^2 + \\ (u_{m,n+1} - u_{m,n})^2 + (u_{m,n-1} - u_{m,n})^2] \tag{4 – 148}$$

式(4 – 148)的解可以采用分立变量法写成空间部分和时间部分乘积的形式:

$$u_{m,n} = \psi_{m,n} G(t) \tag{4 – 149}$$

则式(4 – 148)变成两个方程:

$$\ddot{G} + \sigma G(t) = -CG(t)^2 \tag{4 – 150}$$

和

$$C\psi_{m,n} - \alpha\psi_{m,n}^2 + K[(\psi_{m+1,n} - \psi_{m,n})^2 - (\psi_{m-1,n} - \psi_{m,n})^2 + (\psi_{m,n+1} - \psi_{m,n})^2 - \\ (\psi_{m,n-1} - \psi_{m,n})^2] = 0 \tag{4 – 151}$$

$\alpha > 0$ 对应硬在位势,$\alpha < 0$ 对应软在位势。呼吸子空间形状如图 4 – 31 所示。

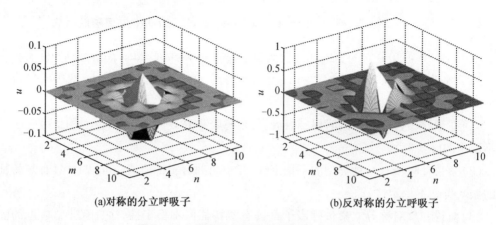

(a)对称的分立呼吸子   (b)反对称的分立呼吸子

图 4 - 31　分立呼吸子空间形状($C = 1, \alpha = 1$)

如图 4 - 31 所示为分立呼吸子的空间形状。式(4 - 150)的数值结果如图 4 - 32 所示。

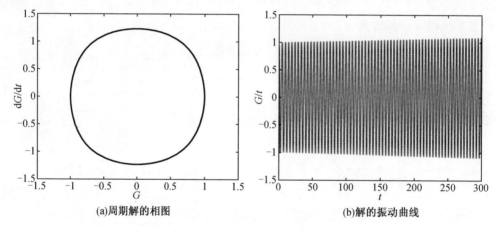

(a)周期解的相图   (b)解的振动曲线

图 4 - 32　式(4 - 150)的数值结果($\alpha = 1, C = 1$)

由图 4 - 32 可知式(4 - 150)有周期解,这个周期解可以稳定地存在很长的时间。因此分立的二维呼吸子可以稳定地存在于分立的二维非线性 Klein-Gordon 晶格的硬在位势的情况。软在位势的情况没有稳定的分立呼吸子存在。

为了获得周期、准周期和混沌分立呼吸子,在在位势的线性项引入一个周期驱动参数,则式(4 - 148)变为

$$\ddot{u}_{m,n} = -\sigma [1 - \lambda\cos(\omega_d t)] u_{m,n} - \alpha u_{m,n}^2 + K [(u_{m+1,n} - u_{m,n})^2 + (u_{m-1,n} - u_{m,n})^2 +$$
$$(u_{m,n+1} - u_{m,n})^2 + (u_{m,n-1} - u_{m,n})^2] \tag{4 - 152}$$

式中,λ 和 ω_d 分别为驱动振幅和频率。

这个参数驱动可以在实验中实现,并不影响空间代数方程。时间微分方程式(4 - 150)变为

$$\ddot{G}(t) + \sigma[1 - \lambda\cos(\omega_d t)]G(t) = -CG(t)^2 \tag{4-153}$$

图 4-33 为周期、准周期和混沌分立呼吸子在不同驱动振幅下的相图。

由图 4-33 可以知道分立呼吸子的行为随着驱动参量 λ 而改变,其动力学过程分四个阶段。

(1)$\lambda = 0$,稳定的周期分立呼吸子。

(2)$\lambda = 0.7$,模型进入一组类呼吸子结构,即稳定的准周期分立呼吸子。

(3)$\lambda = 1.5$,这些结构结合进入大的不稳定结构,称为混沌分立呼吸子,单个大的混沌分立呼吸子接近一个稳定的呼吸子。

(4)最后这个阶段是一个很漫长的阶段,当 $\lambda = 2.0$,解完全进入混沌分立呼吸子行为。

所以,可以通过改变参数的振幅来控制这种晶格系统的动力学特征。

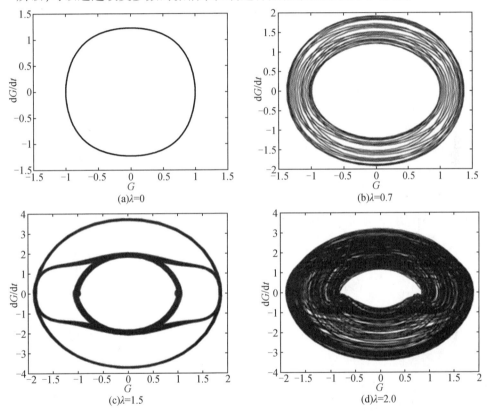

图 4-33　周期分立呼吸子、准周期分立呼吸子和混沌分立呼吸子在不同驱动振幅下的相图($\omega_d = 2.489$)

2. 分立的二维非线性单原子 quartic-Klein-Gordon 晶格振动中的周期、准周期和混沌呼吸子及其稳定性

该系统哈密顿函数为

$$H = \sum\left[\frac{1}{2}\dot{u}_{m,n}^2 + \frac{1}{2}\sigma u_{m,n}^2 + \frac{1}{4}\beta u_{m,n}^4 + \frac{1}{4}K(u_{m+1,n} - u_{m,n})^4 + \right.$$

$$\frac{1}{4}K(u_{m,n+1}-u_{m,n})^4] \tag{4-154}$$

式中，σ,β 和 K 为常数。

则其振动方程为

$$\ddot{u}_{m,n}=-\alpha u_{m,n}-\beta_{m,n}^3+K[(u_{m+1,n}-u_{m,n})^3+(u_{m-1,n}-u_{m,n})^3+(u_{m,n+1}-u_{m,n})^3+$$
$$(u_{m,n-1}-u_{m,n})^3] \tag{4-155}$$

式(4-155)的解可以采用分立变量法写成空间部分和时间部分乘积的形式：

$$u_{m,n}=\psi_{m,n}G(t) \tag{4-156}$$

则式(4-155)变成两个方程：

$$\ddot{G}(t)+\alpha G(t)=-CG(t)^3 \tag{4-157}$$

和

$$C\psi_{m,n}-\beta\psi_{m,n}^3+K[(\psi_{m+1,n}-\psi_{m,n})^3+(\psi_{m-1,n}-\psi_{m,n})^3+(\psi_{m,n+1}-\psi_{m,n})^3+$$
$$(\psi_{m,n-1}-\psi_{m,n})^3]=0 \tag{4-158}$$

$\beta>0$ 对应硬在位势，$\beta<0$ 对应软在位势。上面的代数方程数值结果与图4-31所示类似，图4-31也表示二维 quartic-Klein-Gordon 晶格在硬在位势情况下的对称的和反对称的分立呼吸子的空间形状。方程(4-157)的数值结果也如图4-32所示.

由图4-31可知式(4-157)有周期解，这个周期解可以稳定地存在很长的时间。因此分立的二维呼吸子可以稳定地存在于分立的二维非线性 quartic-Klein-Gordon 晶格的硬在位势的情况。软在位势的情况没有稳定的分立呼吸子存在。

为了获得周期、准周期和混沌分立呼吸子，在在位势的线性项引入一个周期驱动参数，则式(4-155)变为

$$\ddot{u}_{m,n}=-\alpha[1-\lambda\cos(\omega_d t)]u_{m,n}-\beta u_{m,n}^3+K[(u_{m+1,n}-u_{m,n})^3+(u_{m-1,n}-u_{m,n})^3+$$
$$(u_{m,n+1}-u_{m,n})^3+(u_{m,n-1}-u_{m,n})^3] \tag{4-159}$$

式中，λ 和 ω_d 分别为驱动振幅和频率。

这个参数驱动可以在实验中实现，并不影响空间代数方程。时间微分方程式(4-157)变为

$$\ddot{G}(t)+\alpha[1-\lambda\cos(\omega_d t)]G(t)=-CG(t)^3 \tag{4-160}$$

其数值结果也如图4-33所示，由图4-33可知呼吸子解的行为随着驱动参量 λ 而改变，其动力学过程分四个阶段：

(1)$\lambda=0$，稳定的周期分立呼吸子。

(2)$\lambda=0.7$，模型进入一组类呼吸子结构，即稳定的准周期分立呼吸子。

(3)$\lambda=1.5$，这些结构结合进入大的不稳定结构，称为混沌分立呼吸子，单个大的混沌分立呼吸子接近一个稳定的呼吸子。

(4)最后这个阶段是一个很漫长的阶段，当 $\lambda=2.0$，解完全进入混沌分立呼吸子行为。

所以,可以通过改变参数的振幅来控制这种晶格系统的动力学特征。

4.3.4　分立的二维非线性双原子 Klein-Gordon 晶格振动中局域模的行为

1. 分立的二维非线性双原子 Klein-Gordon 晶格振动中二维分立的禁带呼吸子及其稳定性

将注意力集中到分立的二维非线性双原子 Klein-Gordon 晶格模型,下面只讨论在线性波谱中一个具有两个带的简单晶格:二维面心四方晶格,由重原子(M_1)和轻原子(M_2)交替构成,在只考虑最近邻相互作用时系统的哈密顿函数为

$$H = \sum_{m,n} \left[\frac{1}{2}M_1\dot{u}_{2m-1,2n-1}^2 + \frac{1}{2}M_2\dot{u}_{2m,2n}^2 + V_1(u_{2m-1,2n-1}) + V_2(u_{2m,2n}) + \right.$$
$$\left. \frac{1}{2}\lambda(u_{2m,2n} - u_{2m-1,2n-1})^2 + \frac{1}{2}\lambda(u_{2m+1,2n+1} - u_{2m,2n})^2 \right] \tag{4-161}$$

式中, $u_{2m-1,2n-1}$ 和 $u_{2m,2n}$ 分别为第 $(2m,2n)$ 个原子和第 $(2m-1,2n-1)$ 个原子离开平衡位置的位移;λ 为耦合常数;$V_1(u_{2m-1,2n-1})$ 和 $V_2(u_{2m,2n})$ 为在位势,只采用如下的形式:

$$V_1(u_{2m-1,2n-1}) = \frac{1}{2}\alpha u_{2m-1,2n-1}^2 + \frac{1}{4}\beta u_{2m-1,2n-1}^4 \tag{4-162a}$$

$$V_2(u_{2m,2n}) = \frac{1}{2}\alpha u_{2m,2n}^2 + \frac{1}{4}\beta u_{2m,2n}^4 \tag{4-162b}$$

式中,α 和 β 为常数, $\beta>0$ 和 $\beta<0$ 分别对应所谓的硬非线性和软非线性。

因此运动方程为

$$M_1\ddot{u}_{2m-1,2n-1} = -\alpha u_{2m-1,2n-1} - \beta u_{2m-1,2n-1}^3 + \lambda(u_{2m,2n} + u_{2m-2,2n-2} + u_{2m-2,2n} +$$
$$u_{2m,2n-2} - 4u_{2m-1,2n-1}) \tag{4-163a}$$

$$M_2\ddot{u}_{2m,2n} = -\alpha u_{2m,2n} - \beta u_{2m,2n}^3 + \lambda(u_{2m+1,2n+1} + u_{2m-1,2n-1} + u_{2m-1,2n+1} +$$
$$u_{2m+1,2n-1} - 4u_{2m,2n}) \tag{4-163b}$$

声子色散关系图如图 4-33 所示,其数学描述如下:

$$\omega^2 = \frac{1}{2}\left[(\omega_1^2 + \omega_2^2) \pm \sqrt{(\omega_1^2 - \omega_2^2)^2 + \omega_{01}^2\omega_{02}^2\cos^2 2qa_0} \right] \tag{4-164}$$

式中,

$$\omega_1 = \sqrt{(2\lambda + \alpha)/M_1} \tag{4-165a}$$

$$\omega_2 = \sqrt{(2\lambda + \alpha)/M_2} \tag{4-165b}$$

$$\omega_{01} = \sqrt{2\lambda/M_1} \tag{4-165c}$$

$$\omega_{02} = \sqrt{2\lambda/M_2} \tag{4-165d}$$

q 为波数,a_0 为晶格常数,符号 $-$($+$)表示声学(光学)带,则

$$\begin{cases} \omega_0 = \sqrt{\dfrac{1}{2}\left[(\omega_1^2+\omega_2^2)-\sqrt{(\omega_1^2-\omega_2^2)^2+\omega_{01}^2\omega_{02}^2}\right]}\,,\,(q{\rightarrow}0) \\[4mm] \omega_1 = \sqrt{(2\lambda+\alpha)/M_1}\,,\,\left(q=\pm\dfrac{\pi}{2a_0}\right) \\[4mm] \omega_2 = \sqrt{(2\lambda+\alpha)/M_2}\,,\,\left(q=\pm\dfrac{\pi}{2a_0}\right) \\[4mm] \omega_3 = \sqrt{\dfrac{1}{2}\left[(\omega_1^2+\omega_2^2)+\sqrt{(\omega_1^2-\omega_2^2)^2+\omega_{01}^2\omega_{02}^2}\right]}\,,\,(q{\rightarrow}0) \end{cases} \qquad (4-166)$$

频率位于 ω_0 和 ω_1 之间的为声学带,频率位于 ω_2 和 ω_3 之间为光学带。ω_1 和 ω_2 分别为禁带的下边缘和上边缘。

由图 4-34 可知禁带宽度($\omega_2-\omega_1$)随着耦合常数 λ 和质量比例的增加而加宽。

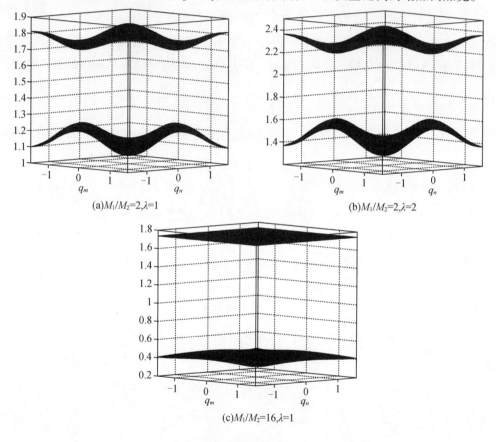

(a)$M_1/M_2=2,\lambda=1$ (b)$M_1/M_2=2,\lambda=2$

(c)$M_1/M_2=16,\lambda=1$

图 4-34　声子色散关系图

众所周知呼吸子存在的一个必要的条件就是避免与声子发生共振,也就是说呼吸子的频率必须位于声子带之外。频率可以位于禁带或高于光学带,这里只考虑位于禁带的情况。因为分立呼吸子的动力学性质与缺陷模型类似,所以引入局域非简谐近似,这里在最近邻耦合的非线性包含一个呼吸子空间形状的中心一个原子(对称模),或四个原子

（双对称模），或两个原子（单个反对称模），而晶格中的其他原子则可假定是小振幅的简谐振动。同时引入旋转波近似，假定二维分立的禁带呼吸子具有如下解的形式：

$$u_{2m-1,2n-1}(t) = u_{2m-1,2n-1}^0 \cos \omega_b t \qquad (4-167a)$$

$$u_{2m,2n}(t) = u_{2m,2n}^0 \cos \omega_b t \qquad (4-167b)$$

式中，$\omega_b = 2\pi/t_b$。

将式（4-167a）和（4-167b）分别代入式（4-163a）和（4-163b），可以得到

$$\frac{\omega_b^2 - \omega_1^2}{\omega_{01}^2} u_{2m-1,2n-1}^0 + \frac{1}{2}(u_{2m,2n}^0 + u_{2m-2,2n-2}^0 + u_{2m-2,2n}^0 + u_{2m,2n-2}^0 - 2u_{2m-1,2n-1}^0) -$$

$$\frac{\beta}{4\lambda} u_{2m-1,2n-1}^{03} = 0 \qquad (4-168a)$$

$$\frac{\omega_b^2 - \omega_2^2}{\omega_{02}^2} u_{2m,2n}^0 + \frac{1}{2}(u_{2m+1,2n+1}^0 + u_{2m-1,2n-1}^0 + u_{2m+1,2n-1}^0 + u_{2m-1,2n+1}^0 - 2u_{2m,2n}^0) -$$

$$\frac{\beta}{4\lambda} u_{2m,2n}^{03} = 0 \qquad (4-168b)$$

上面的描写空间的代数方程可以用数值方法求解，其结果如图4-35所示：

根据数值结果，二维分立禁带呼吸子存在于具有四次硬在位势的二维非线性双原子Klein-Gordon面心四方晶格中是可能的。因此，二维分立禁带呼吸子有下列六种对称的形式。

（1）以轻原子为中心对称空间的二维分立禁带呼吸子，称为轻原子对称模（LS模）；

（2）以轻原子为中心双对称空间的二维分立禁带呼吸子，称为轻原子双对称模（LTA模）；

（3）以轻原子为中心单反对称空间的二维分立禁带呼吸子，称为轻原子单反对称模（LSA模）；

（4）以重原子为中心对称空间的二维分立禁带呼吸子，称为重原子对称模（HS模）；

（5）以重原子为中心双对称空间的二维分立禁带呼吸子，称为重原子双对称模（HTA模）；

（6）以重原子为中心单反对称空间的二维分立禁带呼吸子，称为重原子单反对称模（HSA模）。

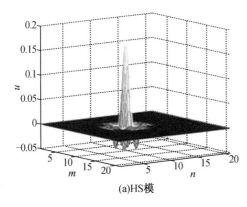

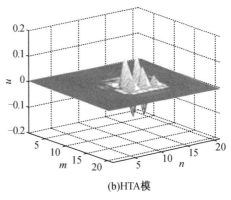

(a)HS模　　　　　　　　　　　　　　(b)HTA模

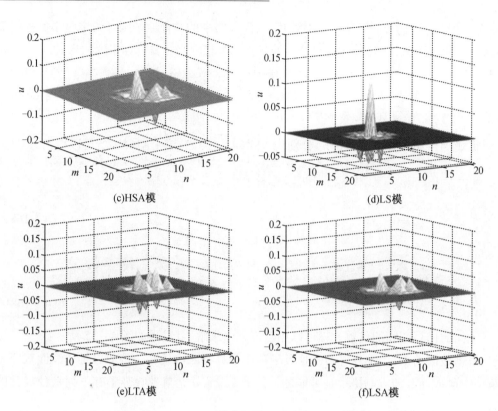

(c)HSA模　　　　　　　　　　　　(d)LS模

(e)LTA模　　　　　　　　　　　　(f)LSA模

图 4 - 35　二维分立双原子 Klein-Gordon 晶格中二维分立禁带呼吸子的空间形状（$\lambda = 1$，$M_1/M_2 = 2$，呼吸子频率 $\omega_b = 1.25, \beta = +1$）

LS，LSA，HS 和 HSA 模在分立的一维非线性双原子晶格中已经被发现，但是 LTA 和 HTA 模只能在二维非线性双原子晶格中存在。同时，二维系统中的 LS 和 HS 模比在一维系统中的对称性要强。即每一个反对称模在晶格的其他方程都存在对称性。这主要是由二维双原子面心四方晶格的结构决定的。二维晶格的对称性比一维晶格的对称性要强。在讨论二维分立禁带呼吸子空间形状与质量比例关系时得到：对于 LSA，LTA 和 HS 模，随着质量比例增大，振幅变大，局域性变强；而对于 HSA，HTA 和 LS 模则正好相反。因为当质量比例增加，重原子对轻原子运动的干扰增强。而轻原子对重原子的情况也正好相反。实际上 LSA，LTA 和 HS 模描述的是重原子的运动，而 HSA，HTA 和 LS 模描述的是轻原子的运动。

接下来利用线性稳定性分析原理来分析上述呼吸子对称模的稳定性。首先引入变换 $u_{2m-1,2n-1}(t) \rightarrow u_{2m-1,2n-1}(t) + \varepsilon_{2m-1,2n-1}(t)$，式（4 - 163）的线性化方程为

$$M_1 \ddot{\varepsilon}_{2m-1,2n-1} + (\omega_0^2 + 3\beta u_{2m-1,2n-1}^2)\varepsilon_{2m-1,2n-1} -$$

$$\lambda(\varepsilon_{2m,2n} + \varepsilon_{2m-2,2n-2} + \varepsilon_{2m-2,2n} + \varepsilon_{2m,2n-2} - 4\varepsilon_{2m-1,2n-1}) = E\varepsilon_{2m-1,2n-1} \quad (4-169\text{a})$$

$$M_2 \ddot{\varepsilon}_{2m,2n} + (\omega_0^2 + 3\beta u_{2m,2n}^2)\varepsilon_{2m,2n} -$$

$$\lambda(\varepsilon_{2m+1,2n+1} + \varepsilon_{2m-1,2n-1} + \varepsilon_{2m-1,2n+1} + \varepsilon_{2m+1,2n-1} - 4\varepsilon_{2m,2n}) = E\varepsilon_{2m,2n} \quad (4-169\text{b})$$

这里 $\varepsilon_{2m,2n}$ 表示动力学方程解的一个小的微扰。

式(4-163)的解如果是线性稳定的,则式(4-169)没有按时间显著增加的实数解。这一性质揭示对于动力学系统(4-161),这个微扰并不是在整个时间内保持很小,而是这个微扰不随时间按指数增加。这样的轨道的物理寿命比那些线性不稳定的要长很多。

从 Floquet 特征值谱分析和解释不稳定性和分岔的带分析技术在相关文献中有详细描述,这里只给出一个简要的概述用来分析分立的禁带呼吸子的线性稳定性。线性化方程式(4-169)可以表示成下面特征方程的形式:

$$M_1\ddot{\varepsilon}_{2m-1,2n-1} + (\omega_0^2 + 3\beta u_{2m-1,2n-1}^2)\varepsilon_{2m-1,2n-1} -$$

$$\lambda(\varepsilon_{2m,2n} + \varepsilon_{2m-2,2n-2} + \varepsilon_{2m-2,2n} + \varepsilon_{2m,2n-2} - 4\varepsilon_{2m-1,2n-1}) = E\varepsilon_{2m-1,2n-1} \qquad (4-170a)$$

$$M_2\ddot{\varepsilon}_{2m,2n} + (\omega_0^2 + 3\beta u_{2m,2n}^2)\varepsilon_{2m,2n} -$$

$$\lambda(\varepsilon_{2m+1,2n+1} + \varepsilon_{2m-1,2n-1} + \varepsilon_{2m-1,2n+1} + \varepsilon_{2m+1,2n-1} - 4\varepsilon_{2m,2n}) = E\varepsilon_{2m,2n} \qquad (4-170b)$$

对于特殊的特征值 $E=0$,式(4-170)的特征矢量对于具有周期 t_b 的 $u_{2m,2n}$ 满足布洛赫条件 $\varepsilon_{2m,2n}(\theta,t_b) = e^{i\theta}\varepsilon_{2m,2n}(\theta,0)$,相当于特征值 $E_v(\theta)$ 是 θ 的 2π 周期连续函数,对于每一 v,就有一个带通过色散曲线 $E_v(\theta)$。带与 $E=0$ 轴的交点产生一个 Floquet 指数 θ_v,因此线性稳定性要求对于有 N 振子的系统,在带 $E_v(\theta)$ 和 $E=0$ 轴之间有 $2N$ 交点(包括重合点)。当 λ 增加,带出现演化,当带失去了与 $E=0$ 轴的交点时不稳定性出现。但有一个带一直与 $E=0$ 轴相切于 $\theta=0$ 点,相当于"相模"解,当 $E=0$ 时,$\varepsilon_{2m,2n}(0,t) = \dot{u}_{2m,2n}(t)$,与解 $u_{2m,2n}$ 的能量 H 相关的曲率表示频率 ω_b。

$$\left.\frac{d^2 E}{d\theta^2}\right|_{\theta=0} = -\frac{\omega_b^2}{\pi}\frac{dH}{d\omega_b} \qquad (4-171)$$

二维分立禁带呼吸子的带谱如图 4-36 所示。

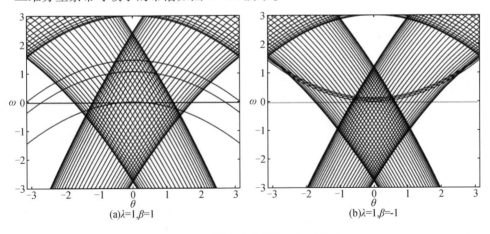

图 4-36　二维分立禁带呼吸子的带谱

图 4-36(a)揭示了在硬在位势和吸引相互作用势作用下的二维分立禁带呼吸子的带结构,可知当 $0<\lambda<1.3$ 和 $\beta=1$ 时, LS 模的禁带分立呼吸子是稳定的,当 $\lambda>1.3$ 时,

激发带升到 $E=0$ 轴之上,简谐分岔产生,因此分立的禁带呼吸子变得不稳定。图 4-36 (b)揭示了在软在位势和吸引相互作用势作用下的二维分立禁带呼吸子的带结构,可知 LS 模的禁带分立呼吸子对于所有的 λ 是不稳定的。LTA,LSA,HS,HTA 和 HAS 模禁分立带呼吸子有类似的结论,只是对应的 λ 值不同。讨论四次软在位势和相互排斥势的情况时,得到如下结论:分立的禁带呼吸子的各种模都存在稳定区域。而四次硬在位势和相互排斥势对于所有模式的分立禁带呼吸子都是不稳定的。

通过上述的讨论可以得出如下结论:

(1)在分立的二维非线性双原子 Klein-Gordon 晶格振动中存在六种对称模式的分立禁带呼吸子,它们分别是:LS,LTA,LSA,HS,HTA 和 HSA。

(2)对于四次硬在位势,如果相互作用势是吸引的,所有模式的禁带呼吸子都存在稳定区域,当 λ 增加到一定值的时候出现分岔,简谐不稳定产生;如果相互作用势是排斥的,则对于所有 λ 值,所有模式的分立禁带呼吸子都是不稳定的。

(3)对于四次软在位势情况与四次硬在位势的情况正好相反。

(4)二维分立禁带呼吸子的空间形状与质量比例的大小密切相关:对于 LSA,LTA 和 HS 模随着质量比例增大,振幅变大,局域性变强;而对于 HSA,HTA 和 LS 模则正好相反。因为当质量比例增加,重原子对轻原子运动的干扰增强。而轻原子对重原子的情况也正好相反。

(5)二维分立禁带呼吸子的稳定性比一维的强,主要是因为二维晶格的对称性比一维的强。

2. 参数驱动的二维分立的非线性双原子 Klein-Gordon 晶格振动中的周期、准周期和混沌呼吸子

系统的哈密顿函数为

$$H = \sum_{m,n} \left[\frac{1}{2} M \dot{u}_{2m-1,2n-1}^2 + \frac{1}{2} M \dot{u}_{2m,2n}^2 + V_1(u_{2m-1,2n-1}) + V_2(u_{2m,2n}) + \right.$$
$$\left. \frac{1}{4} \lambda (u_{2m,2n} - u_{2m-1,2n-1})^4 + \frac{1}{4} \lambda (u_{2m+1,2n+1} - u_{2m,2n})^4 \right] \qquad (4-172)$$

式(4-172)中的各量含义同前,在位势取下面形式:

$$V_1(u_{2m-1,2n-1}) = \frac{1}{2} \alpha u_{2m-1,2n-1}^2 + \frac{1}{4} \beta u_{2m-1,2n-1}^4 \qquad (4-173a)$$

$$V_2(u_{2m,2n}) = \frac{1}{2} \alpha u_{2m,2n}^2 + \frac{1}{4} \beta u_{2m,2n}^4 \qquad (4-173b)$$

则式(4-172)的对应运动方程为

$$m\ddot{u}_{2m-1,2n-1} = -\alpha u_{2m-1,2n-1} - \beta u_{2m-1,2n-1}^3 + \lambda \left[(u_{2m,2n} - u_{2m-1,2n-1})^3 + \right.$$
$$(u_{2m-2,2n-2} - u_{2m-1,2n-1})^3 + (u_{2m,2n-2} - u_{2m-1,2n-1})^3 +$$
$$\left. (u_{2m-2,2n} - u_{2m-1,2n-1})^3 \right] \qquad (4-174a)$$

$$M\ddot{u}_{2m,2n} = -\alpha u_{2m,2n} - \beta u_{2m,2n}^3 + \lambda \left[(u_{2m+1,2n+1} - u_{2m,2n})^3 + (u_{2m-1,2n-1} - u_{2m,2n})^3 + \right.$$

$$(u_{2m+1,2n-1} - u_{2m,2n})^3 + (u_{2m-1,2n+1} - u_{2m,2n})^3] \qquad (4-174b)$$

按分立变量设式(4-174)有如下形式的解:

$$u_{2m-1,2n-1} = \psi_{2m-1,2n-1} G(t) \qquad (4-175a)$$

$$u_{2m,2n} = \psi_{2m,2n} G(t) \qquad (4-175b)$$

则式(4-174)可以写成如下两组方程:

$$m\ddot{G}(t) + \alpha G(t) = -CG(t)^3 \qquad (4-176a)$$

$$M\ddot{G}(t) + \alpha G(t) = -CG(t)^3 \qquad (4-176b)$$

和

$$C\psi_{2m-1,2n-1} - \beta\psi_{2m-1,2n-1}^3 + \lambda \big[(\psi_{2m,2n} - \psi_{2m-1,2n-1})^3 + (\psi_{2m-2,2n-2} - \psi_{2m-1,2n-1})^3 +$$

$$(\psi_{2m,2n-2} - \psi_{2m-1,2n-1})^3 + (\psi_{2m-2,2n} - \psi_{2m-1,2n-1})^3 \big] = 0 \qquad (4-177a)$$

$$C\psi_{2m,2n} - \beta\psi_{2m,2n}^3 + \lambda \big[(\psi_{2m+1,2n+1} - \psi_{2m,2n})^3 + (\psi_{2m-1,2n-1} - \psi_{2m,2n})^3 +$$

$$(\psi_{2m+1,2n-1} - \psi_{2m,2n})^3 + (\psi_{2m-1,2n+1} - \psi_{2m,2n})^3 \big] = 0 \qquad (4-177b)$$

式(4-177b)的数值结果如图4-37所示。

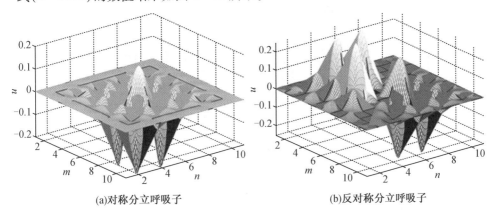

(a)对称分立呼吸子　　　　　　　　　(b)反对称分立呼吸子

图 4-37　式(4-177b)的数值结果($C=1,\beta=1,\lambda=0.1$)

图4-37揭示了二维分立的非线性双原子 Klein-Gordon 晶格振动在硬在位势时对称和反对称分立呼吸子的空间形状。精确的呼吸子解随后通过计算方程(4-176)的周期解与这些空间轮廓的乘积来得到。当 $C=1$ 时式(4-176)对于初始条件 $G(0)$ 和 $\dot{G}(0)$ 有周期解,且周期解的频率 $\omega_b > \omega_0 = V''(0) = \alpha(\alpha=1)$。式(4-176)的数值结果如图4-38所示。

从图4-38(a)得到式(4-176)具有周期解,且这个周期解可以稳定地存在较长的时间。因此,二维分立呼吸子可以稳定地存在于硬在位势情况的二维分立的非线性双原子 Klein-Gordon 晶格当中。对于软在位势的情况没有稳定的分立呼吸子。通过比较图4-38(b)和图4-38(c)可知以重原子为中心的具有对称轮廓的分立呼吸子比以轻原子为中心的要更为稳定。这主要因为以重原子为中心的分立呼吸子的频率比以轻原子为中心的要低。具有反对称轮廓的分立呼吸子的情况与之相同。

为了获得从分立呼吸子到准周期分立呼吸子再到混沌分立呼吸子的演化,在线性在位势项引入周期驱动参数,式(4－174)可写为:

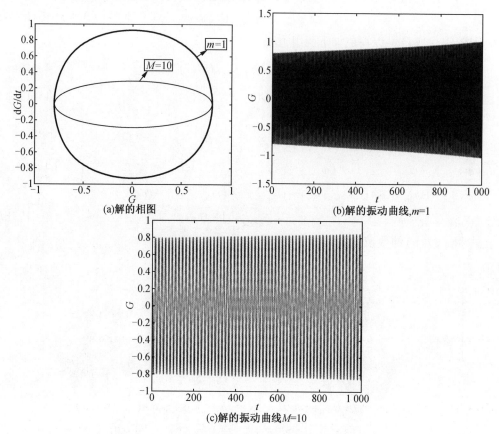

(a)解的相图

(b)解的振动曲线,$m=1$

(c)解的振动曲线$M=10$

图4－38　方程(4－176)的数值解结果($\alpha=1, C=1$)

$$m\ddot{u}_{2m-1,2n-1} = -\alpha[1-\varepsilon\cos(\omega_d t)]u_{2m-1,2n-1} - \beta u_{2m-1,2n-1}^3 +$$
$$\lambda[(u_{2m,2n}-u_{2m-1,2n-1})^3 + (u_{2m-2,2n-2}-u_{2m-1,2n-1})^3 +$$
$$(u_{2m,2n-2}-u_{2m-1,2n-1})^3 + (u_{2m-2,2n}-u_{2m-1,2n-1})^3] \tag{4-178a}$$

$$M\ddot{u}_{2m,2n} = -\alpha[1-\varepsilon\cos(\omega_d t)]u_{2m,2n} - \beta u_{2m,2n}^3 + \lambda[(u_{2m+1,2n+1}-u_{2m,2n})^3 +$$
$$(u_{2m-1,2n-1}-u_{2m,2n})^3 + (u_{2m+1,2n-1}-u_{2m,2n})^3 + (u_{2m-1,2n+1}-u_{2m,2n})^3] \tag{4-178b}$$

式中,ε 和 ω_d 为驱动振幅和频率。相应描写时间的微分方程变为

$$m\ddot{G}(t) + \alpha[1-\varepsilon\cos(\omega_d t)]G(t) = -CG(t)^3 \tag{4-179a}$$

$$M\ddot{G}(t) + \alpha[1-\varepsilon\cos(\omega_d t)]G(t) = -CG(t)^3 \tag{4-179b}$$

式(4－179)的数值结果如图4－39所示。

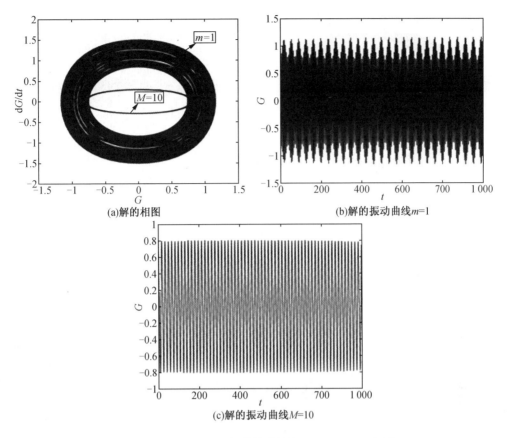

(a)解的相图　　　　　　(b)解的振动曲线$m=1$

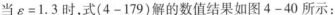

(c)解的振动曲线$M=10$

图 4 - 39　式(4 - 179)解数值结果($\alpha = 1, C = 1, \varepsilon = 0.2$)

由图 4 - 39 可知以轻原子为中心的为准周期分立呼吸子稳定存在很长时间,而以重原子为中心的局域模仍是周期呼吸子,这也说明以重原子为中心的分立呼吸子比以轻原子为中心的分立呼吸子要稳定。

当 $\varepsilon = 1.3$ 时,式(4 - 179)解的数值结果如图 4 - 40 所示:

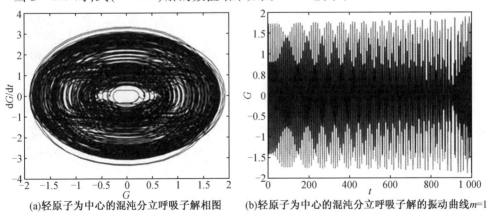

(a)轻原子为中心的混沌分立呼吸子解相图　　(b)轻原子为中心的混沌分立呼吸子解的振动曲线$m=1$

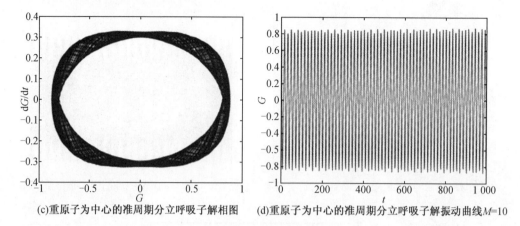

(c)重原子为中心的准周期分立呼吸子解相图　　(d)重原子为中心的准周期分立呼吸子解振动曲线$M=10$

图4-40　式(4-179)解的数值结果($\alpha=1,C=1,\varepsilon=1.3$)

由图4-40可知当ε增加到$\varepsilon=1.3$时以重原子为中心的分立呼吸子变为分立的准周期呼吸子;而以轻原子为中心的分立的准周期呼吸子变为分立的混沌呼吸子。进一步增加驱动振幅结果如图4-41所示。

图4-41说明当$\varepsilon=2.2$,以轻原子为中心的局域模已经变为完全的分立的混沌呼吸子,而以重原子为中心的局域模仍为分立的准周期呼吸子。

通过上面的讨论可以得出如下结论。

(1)在分立的二维双原子 Klein-Gordon 晶格振动中存在分立周期、准周期和混沌呼吸子,可以在实验中通过在线性在位势项加周期驱动参数来控制。

(2)以重原子为中心的周期性局域模(分立周期呼吸子和分立准周期呼吸子)比以轻原子为中心周期性局域模要稳定,质量比例越大越稳定,这主要是由于以重原子为中心的周期性局域模的频率比较低,其能量随相互作用增加比较慢。

(3)无论以重原子为中心还是以轻原子为中心的局域模在驱动振幅增加时都趋于不稳定。

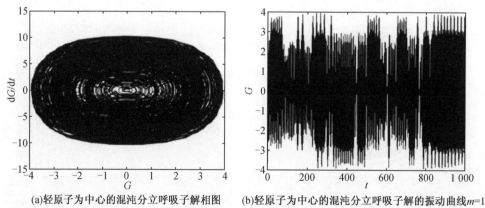

(a)轻原子为中心的混沌分立呼吸子解相图　　(b)轻原子为中心的混沌分立呼吸子解的振动曲线$m=1$

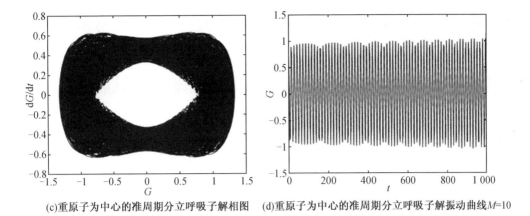

(c)重原子为中心的准周期分立呼吸子解相图　　(d)重原子为中心的准周期分立呼吸子解振动曲线$M=10$

图 4 – 41　式(4 – 179)解的数值结果$(\alpha=1,C=1,\varepsilon=2.2)$

(4)该系统稳定性比较好的另一个主要因素是该系统不包含线性色散项,所以,分立呼吸子和分立准周期呼吸子与简正模之间没有共振,因为当分立呼吸子和分立准周期呼吸子的频率进入到声带之中,共振可能导致能量从它们的核心向外辐射能量,整个过程将导致分立呼吸子和分立准周期呼吸子退化,然而在大多数情况下,这种退化足够弱,因此,这种方法是可行的。

4.4　非线性分子晶格中局域自陷行为

第 2 章和第 3 章利用了连续极限近似和准分立近似讨论了非线性分子晶格振动中激子和声子相互作用的行为,得到了相互作用对于分子声子晶格来说相当于非线性作用,就是所谓的外部非线性,并得到了局域自陷的存在。本节在完全分立情况下利用数值方法在局域非简谐近似和旋转波近似下讨论分子晶格在考虑激子与声子相互作用时的自陷。

4.4.1　一维非线性分子晶格中声子与激子相互作用的局域自陷行为

1. 一维简谐非线性分子晶格中声子与激子相互作用的局域自陷行为

一维简谐非线性分子晶格中声子与激子相互作用的总哈密顿函数,在考虑最近邻相互作用近似下为

$$H = J \sum_n \left[2|\psi_n|^2 - \psi_n^*(\psi_{n+1} + \psi_{n-1}) \right] + \sum_n \left[\frac{p_n^2}{2m} + \frac{1}{2}k(u_{n+1} - u_n)^2 \right] +$$

$$\chi \sum_n \left[|\psi_n|^2(u_{n+1} - u_{n-1}) \right] \tag{4 – 180}$$

式中,ψ_n 为格点 n 处激子的波函数;J 为激子在相邻格点间传输的矩阵元;m,u_n,p_n 分别为分子的质量、位移和动量;k 为 Hook 系数;哈密顿函数中最后一项是声子与激子之间的相互作用;χ 为描写声子与激子相互作用强度的参量。

利用 $\dot{p}_n = \ddot{u}_n = -\partial H/\partial u_n$ 和 $i\dot{B} = \partial H/\partial B^*$，这里的 $V(u_i - u_j)$ 是 FPU 势，则分子振动位移 u_n 和激子波函数 ψ_n 的振动方程为

$$\begin{cases} m\ddot{u}_n = k(u_{n+1} + u_{n-1} - 2u_n) + \chi(|\psi_{n+1}|^2 - |\psi_{n-1}|^2) \\ i\dot{\psi}_n = -J(\psi_{n+1} + \psi_{n-1} - 2\psi_n) + \chi(u_{n+1} - u_{n-1})\psi_n \end{cases} \quad (4-181)$$

设式(4-181)具有如下解：

$$\begin{cases} u_n(t) = u_n^{(0)} + u_n^{(1)} e^{-i\omega t} \\ \psi_n(t) = \psi_n^{(1)} e^{-i\omega t} \end{cases} \quad (4-182)$$

将式(4-182)代入式(4-181)，考虑局域非简谐近似和旋转波近似，式(4-181)可以写成如下形式：

$$\begin{cases} u_n^{(1)} + k(u_{n+1}^{(1)} + u_{n-1}^{(1)} - 2u_n^{(1)}) = 0 \\ k(u_{n+1}^{(0)} + u_{n-1}^{(0)} - 2u_n^{(0)}) + \chi(\psi_{n+1}^{(1)2} - \psi_{n-1}^{(1)2}) = 0 \\ \psi_n^{(1)} - J(\psi_{n+1}^{(1)} + \psi_{n-1}^{(1)} - 2\psi_n^1) - \chi(u_{n+1}^{(0)} - u_{n-1}^{(0)})\psi_n^{(1)} = 0 \end{cases} \quad (4-183)$$

式(4-183)解的数值结果如图4-42所示。

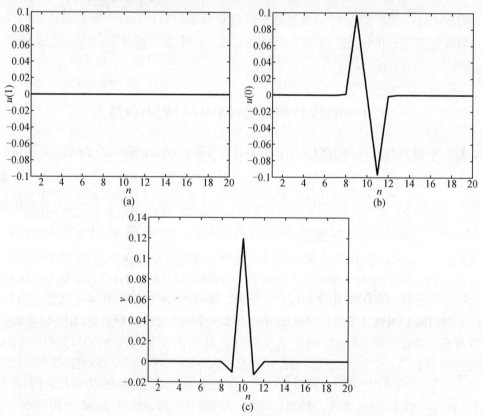

图4-42　式(4-183)解的数值结果

由图4-42可知，对于一维简谐非线性分子晶格当考虑激子与声子相互作用时，分子晶格将产生扭曲(反对称孤子)，而这个扭曲通过声子耦合作用捕捉能量并抑制它弥

散,而激子则为呼吸子行为。这就是局域自陷。

2. 一维三次非线性分子晶格中声子与激子相互作用的局域自陷行为

下面进一步考虑一维分子链中晶格振动势函数的三次非简谐项引起的效应,这时声子系统的哈密顿函数为

$$H_{ph} = \frac{1}{2} \sum \left[\frac{p_n^2}{m} + k(u_{n+1} - u_n)^2 + \frac{1}{3}\alpha k(u_{n+1} - u_n)^3 \right] \qquad (4-184)$$

这时系统的哈密顿函数为

$$H = J \sum_n \left[2|\psi_n|^2 - \psi_n^*(\psi_{n+1} + \psi_{n-1}) \right] + \sum_n \left[\frac{p_n^2}{2m} + \frac{1}{2}k(u_{n+1} - u_n)^2 + \frac{1}{3}\alpha k(u_{n+1} - u_n)^3 \right] +$$

$$\chi \sum_n \left[|\psi_n|^2 (u_{n+1} - u_{n-1}) \right] \qquad (4-185)$$

则分子振动位移 u_n 和激子波函数 ψ_n 的振动方程为

$$\begin{cases} m\ddot{u}_n = k(u_{n+1} + u_{n-1} - 2u_n)(1 + \alpha(u_{n+1} - u_{n-1})) + \chi(|\psi_{n+1}|^2 - |\psi_{n-1}|^2) \\ i\dot{\psi}_n = -J(\psi_{n+1} + \psi_{n-1} - 2\psi_n) + \chi(u_{n+1} - u_{n-1})\psi_n \end{cases}$$

$$(4-186)$$

设式(4-186)具有如下解:

$$\begin{cases} u_n(t) = u_n^{(0)} + u_n^{(1)} e^{-i\omega t} \\ \psi_n(t) = \psi_n^{(1)} e^{-i\omega t} \end{cases} \qquad (4-187)$$

将式(4-187)代入式(4-186),考虑局域非简谐近似和旋转波近似,式(4-186)可以写成

$$\begin{cases} u_n^{(1)} + k(u_{n+1}^{(1)} + u_{n-1}^{(1)} - 2u_n^{(1)}) + k\alpha(u_{n+1}^{(0)} + u_{n-1}^{(0)} - 2u_n^{(0)})(u_{n+1}^{(1)} - u_{n-1}^{(1)}) + \\ k\alpha(u_{n+1}^{(1)} + u_{n-1}^{(1)} - 2u_n^{(1)})(u_{n+1}^{(0)} - u_{n-1}^{(0)}) = 0 \\ k(u_{n+1}^{(0)} + u_{n-1}^{(0)} - 2u_n^{(0)}) + k\alpha(u_{n+1}^{(0)} + u_{n-1}^{(0)} - 2u_n^{(0)})(u_{n+1}^{(0)} - u_{n-1}^{(0)}) + \chi(\psi_{n+1}^{(1)2} - \psi_{n-1}^{(1)2}) = 0 \\ \psi_n^{(1)} - J(\psi_{n+1}^{(1)} + \psi_{n-1}^{(1)} - 2\psi_n^1) - \chi(u_{n+1}^{(0)} - u_{n-1}^{(0)})\psi_n^{(1)} = 0 \end{cases}$$

$$(4-188)$$

通过数值计算式(4-188)解也如图4-42所示,这说明一维三次非线性分子晶格在考虑激子与声子相互作用时与一维简谐分子晶格具有类似的性质,即具有局域自陷行为。

3. 一维四次非线性分子晶格中声子与激子相互作用的局域自陷行为

下面进一步考虑一维分子链中晶格振动势函数的四次非简谐项引起的效应,这时声子系统的哈密顿函数为

$$H_{ph} = \frac{1}{2} \sum \left[\frac{p_n^2}{m} + k(u_{n+1} - u_n)^2 + \frac{1}{4}\beta k(u_{n+1} - u_n)^4 \right] \qquad (4-189)$$

这时系统的哈密顿函数为

$$H = J\sum_n \left[2|\psi_n|^2 - \psi_n^*(\psi_{n+1} + \psi_{n-1}) \right] + \sum_n \left[\frac{p_n^2}{2m} + \frac{1}{2}k(u_{n+1} - u_n)^2 + \frac{1}{4}\beta k(u_{n+1} - u_n)^4 \right] +$$

$$\chi \sum_n \left[|\psi_n|^2(u_{n+1} - u_{n-1}) \right] \tag{4-190}$$

则分子振动位移 u_n 和激子波函数 ψ_n 的振动方程为

$$\begin{cases} m\ddot{u}_n = k(u_{n+1} + u_{n-1} - 2u_n) + \beta\left[(u_{n+1} - u_n)^3 + (u_{n-1} - u_n)^3 \right] + \chi(|\psi_{n+1}|^2 - |\psi_{n-1}|^2) \\ i\dot{\psi}_n = -J(\psi_{n+1} - \psi_{n-1} - 2\psi_n) + \chi(u_{n+1} - u_{n-1})\psi_n \end{cases}$$

$$\tag{4-191}$$

设方程组(4-191)具有如下解:

$$\begin{cases} u_n(t) = u_n^{(0)} + u_n^{(1)}e^{-i\omega t} \\ \psi_n(t) = \psi_n^{(1)}e^{-i\omega t} \end{cases} \tag{4-192}$$

将式(4-192)代入式(4-191),考虑局域非简谐近似和旋转波近似,式(4-191)可以写成

$$\begin{cases} u_n^{(1)} + k(u_{n+1}^{(1)} + u_{n-1}^{(1)} - 2u_n^{(1)}) + 2\beta(u_{n+1}^{(0)} + u_{n-1}^{(0)} - 2u_n^{(0)})(u_{n+1}^{(0)} - u_n^{(0)})(u_{n+1}^{(1)} - u_n^{(1)}) + \\ 2\beta(u_{n+1}^{(0)} + u_{n-1}^{(0)} - 2u_n^{(0)})(u_{n-1}^{(0)} - u_n^{(0)})(u_{n-1}^{(1)} - u_n^{(1)}) - \beta(u_{n+1}^{(0)} + u_{n-1}^{(0)} - 2u_n^{(0)}) \cdot \\ \left[(u_{n+1}^{(0)} - u_n^{(0)})(u_{n-1}^{(1)} - u_n^{(1)}) + (u_{n-1}^{(0)} - u_n^{(0)})(u_{n+1}^{(1)} - u_n^{(1)}) \right] + \beta(u_{n+1}^{(0)} + u_{n-1}^{(0)} - 2u_n^{(0)}) \cdot \\ \left[(u_{n+1}^{(0)} - u_n^{(0)}) + (u_{n+1}^{(0)} - u_n^{(0)})(u_{n-1}^{(0)} - u_n^{(0)}) + (u_{n-1}^{(0)} - u_n^{(1)}) \right] = 0 \\ k(u_{n+1}^{(0)} + u_{n-1}^{(0)} - 2u_n^{(0)})\left[(u_{n+1}^{(0)} - u_n^{(0)})^2 + (u_{n+1}^{(0)} - u_n^{(0)})(u_{n-1}^{(0)} - u_n^{(0)}) + \\ (u_{n-1}^{(0)} - u_n^{(0)})^2 \right] + \chi(\psi_{n+1}^{(1)2} - \psi_{n-1}^{(1)2}) = 0 \\ \psi_n^{(1)} - J(\psi_{n-1}^{(1)} - 2\psi_{n-1}^{(1)} - 2\psi_n^1) - \chi(u_{n+1}^{(0)} - u_{n-1}^{(0)})\psi_n^{(1)} = 0 \end{cases} \tag{4-193}$$

通过数值计算式(4-193)解也如图4-42所示,这说明一维四次非线性分子晶格在考虑激子与声子相互作用时与一维简谐分子晶格具有类似的性质,即具有局域自陷行为。

4. 一维三、四次非线性分子晶格中声子与激子相互作用的局域自陷行为

类似地,考虑局域非简谐近似和旋转波近似,一维三、四次非线性分子晶格的振动位移代数方程组可以写成

$$\begin{cases} u_n^{(1)} + k(u_{n+1}^{(1)} + u_{n-1}^{(1)} - 2u_n^{(1)}) + k\alpha(u_{n+1}^{(0)} + u_{n-1}^{(0)} - 2u_n^{(0)})(u_{n+1}^{(0)} - u_{n-1}^{(0)}) + \\ k\alpha(u_{n+1}^{(1)} + u_{n-1}^{(1)} - 2u_n^{(1)})(u_{n+1}^{(0)} - u_{n-1}^{(0)}) + 2\beta(u_{n+1}^{(0)} + u_{n-1}^{(0)} - 2u_n^{(0)}) \cdot \\ (u_{n+1}^{(0)} - u_n^{(0)})(u_{n+1}^{(1)} - u_n^{(1)}) + 2\beta(u_{n+1}^{(0)} + u_{n-1}^{(0)} - 2u_n^{(0)})(u_{n-1}^{(0)} - u_n^{(0)}) \cdot \\ (u_{n-1}^{(0)} - u_n^{(0)}) - \beta(u_{n+1}^{(0)} + u_{n-1}^{(0)} - 2u_n^{(0)})\left[(u_{n+1}^{(0)} - u_n^{(0)})(u_{n-1}^{(1)} - u_n^{(1)}) + \\ (u_{n-1}^{(0)} - u_n^{(0)})(u_{n+1}^{(1)} - u_n^{(1)}) \right] + \beta(u_{n+1}^{(0)} + u_{n-1}^{(1)} - 2u_n^{(1)})\left[(u_{n+1}^{(0)} - u_n^{(0)})^2 + \\ (u_{n+1}^{(0)} - u_n^{(0)})(u_{n-1}^{(0)} - u_n^{(0)}) + (u_{n-1}^{(0)} - u_n^{(0)})^2 \right] = 0 \\ k(u_{n+1}^{(0)} + u_{n-1}^{(0)} - 2u_n^{(0)})\left[(u_{n+1}^{(0)} - u_n^{(0)})^2 + (u_{n+1}^{(0)} - u_n^{(0)})(u_{n-1}^{(0)} - u_n^{(0)}) + \\ (u_{n-1}^{(0)} - u_n^{(0)})^2 \right] + k\alpha(u_{n+1}^{(0)} + u_{n-1}^{(0)} - 2u_n^{(0)})(u_{n+1}^{(0)} - u_{n-1}^{(0)}) + \chi(\psi_{n+1}^{(1)2} - \psi_{n-1}^{(1)2}) = 0 \\ \psi_n^{(1)} - J(\psi_{n+1}^{(1)} + \psi_{n-1}^{(1)} - 2\psi_n^1) - \chi(u_{n+1}^{(0)} - u_{n-1}^{(0)})\psi_n^{(1)} = 0 \end{cases} \tag{4-194}$$

通过数值计算方程组(4-194)解也如图 4-42 所示,这说明一维三、四次非线性分子晶格在考虑激子与声子相互作用时与一维简谐分子晶格具有类似的性质,即具有局域自陷行为。

4.4.2　二维非线性分子晶格中声子与激子相互作用的局域自陷行为

1. 二维简谐分子晶格中声子与激子相互作用的局域自陷行为

二维简谐分子晶格中声子与激子相互作用的总哈密顿函数,在最近邻相互作用近似下为

$$
\begin{aligned}
H &= H_{ex} + H_{ph} + H_{ex-ph} \\
&= J\sum_{l,m}\left[2\,|\psi_{l,m}|^2 - \psi_{l,m}^*(\psi_{l+1,m} + \psi_{l-1,m})\right] + J\sum_{l,m}\left[2\,|\psi_{l,m}|^2 - \right. \\
&\quad \left. \psi_{l,m}^*(\psi_{l,m+1} + \psi_{l,m-1})\right] + \sum_{l,m}\left[\frac{p_{l,m}^2}{2M} + \frac{1}{2}k(u_{l+1,m} + u_{l-1,m} - u_{l,m})^2\right] + \\
&\quad \sum_{l,m}\left[\frac{1}{2}k(u_{l,m+1} + u_{l,m-1} - u_{l,m})^2\right] + \chi\sum_{l,m}\left[\,|\psi_{l,m}|^2(u^{l+1,m} - u_{l-1,m})\right] + \\
&\quad \chi\sum_{l,m}\left[\,|\psi_{l,m}|^2(u^{l,m+1} - u_{l,m-1})\right]
\end{aligned}
\tag{4-195}
$$

式中,$\psi_{l,m}$为格点(l,m)处激子的波函数;J为激子在相邻格点间传输的矩阵元;$M,u_{l,m}$,$p_{l,m}$分别为分子的质量、位移和动量;k为耦合系数;哈密顿函数中最后一项是声子与激子之间的相互作用;χ为描写声子与激子相互作用强度的参量。

利用$\dot{p}_{l,m} = \ddot{u}_{l,m} = -\partial H/\partial u_{l,m}$和$i\dot{B} = \partial H/\partial B^*$,可以得出关于分子振动位移$u_{l,m}$和激子波函数$\psi_{l,m}$的振动方程为

$$
\begin{cases}
M\ddot{u}_{l,m} = k(u_{l+1,m} + u_{l-1,m} + u_{l,m+1} + u_{l,m-1} - 4u_{l,m}) + \\
\qquad \chi(|\psi_{l+1,m}|^2 - |\psi_{l-1,m}|^2 + |\psi_{l,m+1}|^2 - |\psi_{l,m-1}|^2) \\
i\dot{\psi}_{l,m} = -J(\psi_{l+1,m} + \psi_{l-1,m} + \psi_{l,m+1} + \psi_{l,m-1} - 4\psi_{l,m}) + \\
\qquad \chi(u_{l+1,m} - u_{l-1,m} + u_{l,m+1} - u_{l,m-1})\psi_{l,m}
\end{cases}
\tag{4-196}
$$

设方程组(4-196)具有如下解:

$$
\begin{cases}
u_{l,m}(t) = u_{l,m}^{(0)} + u_{l,m}^{(1)}e^{-i\omega t} \\
\psi_{l,m}(t) = \psi_{l,m}^{(1)}e^{-i\omega t}
\end{cases}
\tag{4-197}
$$

将式(4-197)代入式(4-196),考虑局域非简谐近似和旋转波近似,方程组(4-197)可以写成

$$
\begin{cases}
u_{l,m}^{(1)} + k(u_{l+1,m}^{(1)} + u_{l-1,m}^{(1)} + u_{l,m+1}^{(1)} + u_{l,m-1}^{(1)} - 4u_{l,m}^{(1)}) = 0 \\
k(u_{l+1,m}^{(0)} + u_{l-1,m}^{(0)} + u_{l,m+1}^{(0)} + u_{l,m-1}^{(0)} - 4u_{l,m}^{(0)}) + \chi(\psi_{l+1,m}^{(0)2} - \psi_{l-1,m}^{(1)2} + \psi_{l,m+1}^{(1)2} - \psi_{l,m-1}^{(1)2}) = 0 \\
\psi_{l,m}^{(1)} - J(\psi_{l+1,m}^{(1)} + \psi_{l-1,m}^{(1)} + \psi_{l,m+1}^{(1)} + \psi_{l,m-1}^{1} - 4\psi_{l,m}^{1}) - \\
\chi(u_{l+1,m}^{(0)} - u_{l-1,m}^{(0)} + u_{l,m+1}^{(0)} - u_{l,m-1}^{(0)})\psi_{l,m}^{(1)} = 0
\end{cases}
$$

$$
\tag{4-198}
$$

式(4 –198)解的数值结果如图4 –43 所示。

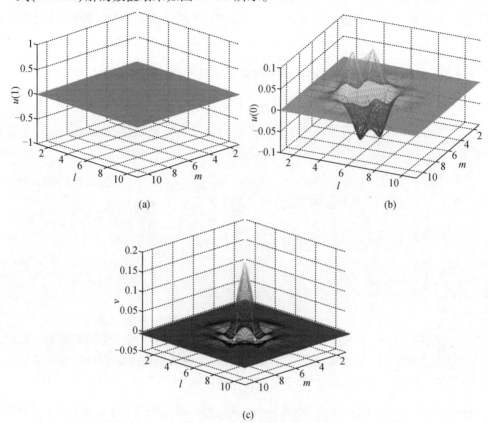

(a)　　　　　　　　　　　　　　(b)

(c)

图4 –43　式(4 –198)解的数值结果

由图4 –43 可知,对于二维简谐分子晶格当考虑激子与声子相互作用时,分子晶格将产生扭曲(反对称孤子),而这个扭曲通过声子耦合作用捕捉能量并抑制它弥散,而激子则为呼吸子行为。这就是局域自陷。

2. 二维三次非线性分子晶格中声子与激子相互作用的局域自陷行为

该系统的振动方程组为

$$
\begin{cases}
M\ddot{u}_{l,m} = k(u_{l+1,m} + u_{l-1,m} + u_{l,m+1} + u_{l,m-1} - 4u_{l,m}) + \\
\quad \alpha[(u_{l+1,m} - u_{l,m})^2 - (u_{l-1,m} - u_{l,m})^2 + (u_{l,m+1} - u_{l,m})^2 - (u_{l,m-1} - u_{l,m})^2] + \\
\quad \chi_l(|\psi_{l+1,m}|^2 + |\psi_{l-1,m}|^2 + |\psi_{l,m+1}|^2 - |\psi_{l,m-1}|^2) \\
i\dot{\psi}_{l,m} = -J(\psi_{l+1,m} + \psi_{l-1,m} + \psi_{l,m+1} + \psi_{l,m-1} - 4\psi_{l,m}) + \\
\quad \chi(u_{l+1,m} - u_{l-1,m} + u_{l,m+1} - u_{l,m-1})\psi_{l,m}
\end{cases}
$$

$$(4 –199)$$

类似地设式(4 –199)具有如下解:

$$\begin{cases} u_{l,m}(t) = u_{l,m}^{(0)} + u_{l,m}^{(1)} \mathrm{e}^{-\mathrm{i}\omega t} \\ \psi_{l,m}(t) = \psi_{l,m}^{(1)} \mathrm{e}^{-\mathrm{i}\omega t} \end{cases} \qquad (4-200)$$

将式（4-200）代入式（4-199）在考虑局域非简谐近似和旋转波近似，方程组（4-199）可以写成有如下形式：

$$\begin{cases} u_{l,m}^{(1)} + k(u_{l+1,m}^{(1)} + u_{l-1,m}^{(1)} + u_{l,m+1}^{(1)} + u_{l,m-1}^{(1)} - 4u_{l,m}^{(1)}) + \\ \alpha(u_{l+1,m}^{(0)} + u_{l-1,m}^{(0)} + u_{l,m+1}^{(0)} + u_{l,m-1}^{(0)} - 4u_{l,m}^{(0)}) \cdot (u_{l+1,m}^{(1)} - u_{l-1,m}^{(1)} + u_{l,m+1}^{(1)} - u_{l,m-1}^{(1)}) + \\ \alpha(u_{l+1,m}^{(1)} + u_{l-1,m}^{(1)} + u_{l,m+1}^{(1)} + u_{l,m-1}^{(1)} - 4u_{l,m}^{(1)})(u_{l+1,m}^{(0)} - u_{l-1,m}^{(0)} + u_{l,m+1}^{(0)} - u_{l,m-1}^{(0)} = 0 \\ k(u_{l+1,m}^{(0)} + u_{l-1,m}^{(0)} + u_{l,m+1}^{(0)} + u_{l,m-1}^{(0)} - 4u_{l,m}^{(0)}) + \alpha(u_{l+1,m}^{(0)} + u_{l-1,m}^{(0)} + u_{l,m+1}^{(0)} + u_{l,m-1}^{(0)} - 4u_{l,m}^{(0)}) \cdot \\ (u_{l+1,m}^{(1)} - u_{l-1,m}^{(1)} + u_{l,m+1}^{(1)} - u_{l,m-1}^{(1)}) + \chi(\psi_{l+1,m}^{(1)2} - \psi_{l-1,m}^{(1)2} + \psi_{l,m+1}^{(1)2} - \psi_{l,m-1}^{(1)2}) = 0 \\ \psi_{l,m}^{(1)} - J(\psi_{l+1,m}^{(1)} + \psi_{l-1,m}^{(1)} + \psi_{l,m+1}^{(1)} + \psi_{l,m+1}^{(1)} - 4\psi_{l,m}^{1}) - \\ \chi(u_{l+1,m}^{(0)} - u_{l-1,m}^{(0)} + u_{l,m+1}^{(0)} - u_{l,m-1}^{(0)})\psi_{l,m}^{(1)} = 0 \end{cases}$$

$$(4-201)$$

通过数值计算式（4-201）解也如图 4-43 所示，这说明对于二维三次非线性分子晶格当考虑激子与声子相互作用时，分子晶格同二维简谐分子晶格类似也将产生扭曲（反对称孤子），而这个扭曲通过声子耦合作用捕捉能量并抑制它弥散，而激子则为呼吸子行为。这就是局域自陷。

3. 二维四次非线性分子晶格中声子与激子相互作用的局域自陷行为

该系统的振动方程组为

$$\begin{cases} M\ddot{u}_{l,m} = k(u_{l+1,m} + u_{l-1,m} + u_{l,m+1} + u_{l,m-1} - 4u_{l,m}) + \\ \qquad \beta[(u_{l+1,m} - u_{l,m})^3 + (u_{l-1,m} - u_{l,m})^3 + (u_{l,m+1} - u_{l,m})^3 + (u_{l,m-1} - u_{l,m})^3] + \\ \qquad \chi(|\psi_{l+1,m}|^2 - |\psi_{l-1,m}|^2 + |\psi_{l,m+1}|^2 - |\psi_{l,m-1}|^2) \\ \mathrm{i}\psi_{l,m} = -J(\psi_{l+1,m} + \psi_{l-1,m} + \psi_{l,m+1} + \psi_{l,m-1} - 4\psi_{l,m}) + \chi(u_{l+1,m} - u_{l-1,m}) + u_{l,m+1} - u_{l,m-1}\psi_{l,m} \end{cases}$$

$$(4-202)$$

类似地采用多重尺度方法设式（4-202）具有如下解：

$$\begin{cases} u_{l,m}(t) = u_{l,m}^{(0)} + u_{l,m}^{(1)} \mathrm{e}^{-\mathrm{i}\omega t} \\ \psi_{l,m}(t) = \psi_{l,m}^{(1)} \mathrm{e}^{-\mathrm{i}\omega t} \end{cases} \qquad (4-203)$$

将式（4-203）代入式（4-202），考虑局域非简谐近似和旋转波近似，方程组（4-202）可以写成

$$\begin{cases}
u_{l,m}^{(1)} + k(u_{l+1,m}^{(1)} + u_{l-1,m}^{(1)} + u_{l,m+1}^{(1)} + u_{l,m-1}^{(1)} - 4u_{l,m}^{(1)}) + \\
2\beta(u_{l+1,m}^{(0)} + u_{l-1,m}^{(0)} + u_{l,m+1}^{(0)} + u_{l,m-1}^{(0)} - 4u_{l,m}^{(0)}) \cdot \\
(u_{l+1,m}^{(0)} - u_{l,m}^{(0)} + u_{l,m+1}^{(0)} - u_{l,m}^{(0)})(u_{l+1,m}^{(1)} - u_{l,m}^{(1)} + u_{l,m+1}^{(1)} - u_{l,m}^{(1)}) + \\
2\beta(u_{l+1,m}^{(0)} + u_{l-1,m}^{(0)} + u_{l,m+1}^{(0)} + u_{l,m-1}^{(0)} - 4u_{l,m}^{(0)}) \cdot \\
(u_{l+1,m}^{(0)} - u_{l,m}^{(0)} + u_{l,m+1}^{(0)} - u_{l,m}^{(0)})(u_{l+1,m}^{(1)} - u_{l,m}^{(1)} + u_{l,m+1}^{(1)} - u_{l,m}^{(1)}) - \\
\beta(u_{l+1,m}^{(0)} + u_{l-1,m}^{(0)} + u_{l,m+1}^{(0)} + u_{l,m-1}^{(0)} - 4u_{l,m}^{(0)}) \cdot \\
[(u_{l+1,m}^{(0)} - u_{l,m}^{(0)} + u_{l,m+1}^{(0)} - u_{l,m}^{(0)})(u_{l-1,m}^{(1)} - u_{l,m}^{(1)} + u_{l,m-1}^{(1)} - u_{l,m}^{(1)}) + \\
(u_{l-1,m}^{(0)} - u_{l,m}^{(0)} + u_{l,m-1}^{(0)} - u_{l,m}^{(0)})(u_{l+1,m}^{(1)} - u_{l,m}^{(1)} + u_{l,m+1}^{(1)} - u_{l,m}^{(1)})] + \\
\beta(u_{l+1,m}^{(1)} + u_{l-1,m}^{(1)} + u_{l,m+1}^{(1)} + u_{l,m-1}^{(1)} - 4u_{l,m}^{(1)})[(u_{l+1,m}^{(0)} - u_{l,m}^{(0)} + u_{l,m+1}^{(0)} - u_{l,m}^{(0)}) + \\
(u_{l-1,m}^{(0)} - u_{l,m}^{(0)} + u_{l,m-1}^{(0)} - u_{l,m}^{(0)})(u_{l+1,m}^{(0)} - u_{l,m}^{(0)} + u_{l,m+1}^{(0)} - u_{l,m}^{(0)}) + \\
(u_{l-1,m}^{(0)} - u_{l,m}^{(0)} + u_{l,m+1}^{(0)} - u_{l,m}^{(0)})^2] = 0 \\
k(u_{l+1,m}^{(0)} + u_{l-1,m}^{(0)} + u_{l,m+1}^{(0)} + u_{l,m-1}^{(0)} - 4u_{l,m}^{(0)}) + \\
\beta(u_{l+1,m}^{(0)} + u_{l-1,m}^{(0)} + u_{l,m+1}^{(0)} + u_{l,m-1}^{(0)} - 4u_{l,m}^{(0)}) \cdot \\
[(u_{l+1,m}^{(0)} + u_{l,m}^{(0)} + u_{l,m+1}^{(0)} + u_{l,m}^{(0)})^2 + (u_{l-1,m}^{(0)} - u_{l,m}^{(0)} + u_{l,m-1}^{(0)} - u_{l,m}^{(0)}) \cdot \\
(u_{l+1,m}^{(0)} - u_{l,m}^{(0)} + u_{l,m+1}^{(0)} - u_{l,m}^{(0)}) + (u_{l-1,m}^{(0)} - u_{l,m}^{(0)} + u_{l,m-1}^{(0)} - u_{l,m}^{(0)})^2] + \\
\chi(\psi_{l+1,m}^{(1)2} - \psi_{l-1,m}^{(1)2} + \psi_{l,m-1}^{(1)2} - \psi_{l,m-1}^{(1)2}) = 0 \\
\psi_{l,m}^{(1)} - J(\psi_{l+1,m}^{(1)} + \psi_{l-1,m}^{(1)} + \psi_{l,m+1}^{(1)} + \psi_{l,m-1}^{(1)} - 4\psi_{l,m}^{(1)}) - \\
\chi(u_{l+1,m}^{(0)} - u_{l-1,m}^{(0)} + u_{l,m+1}^{(0)} - u_{l,m-1}^{(0)})\psi_{l,m}^{(1)} = 0
\end{cases} \quad (4-204)$$

通过数值计算方程组(4-204)解也如图4-43所示,这说明对于二维四次非线性分子晶格当考虑激子与声子相互作用时,分子晶格同二维简谐分子晶格类似也将产生扭曲(反对称孤子),而这个扭曲通过声子耦合作用捕捉能量并抑制它弥散,而激子则为呼吸子行为。这就是局域自陷。

4.二维三、四次非线性分子晶格中声子与激子相互作用的局域自陷行为

该系统的振动方程组为

$$\begin{cases}
M\ddot{u}_{l,m} = k(u_{l+1,m} + u_{l-1,m} + u_{l,m-1} - 4u_{l,m}) + \\
\quad \alpha[(u_{l+1,m} - u_{l,m})^2 + (u_{l-1,m} - u_{l,m})^2 + (u_{l,m+1} - u_{l,m})^2 + (u_{l,m-1} - u_{l,m})^2] + \\
\quad \beta[(u_{l+1,m} - u_{l,m})^3 + (u_{l-1,m} - u_{l,m})^3 + (u_{l,m+1} - u_{l,m})^3 + (u_{l,m-1} - u_{l,m})^3] + \\
\quad \chi(|\psi_{l+1,m}|^2 - |\psi_{l-1,m}|^2 + |\psi_{l,m+1}|^2 - |\psi_{l,m-1}|^2) \\
i\dot{\psi} = -J(\psi_{l+1,m} + \psi_{l-1,m} + \psi_{l,m+1} + \psi_{l,m-1} - 4\psi_{l,m}) + \\
\quad \chi(u_{l+1,m} - u_{l-1,m} + u_{l,m+1} - u_{l,m-1})\psi_{l,m}
\end{cases}$$

$$(4-205)$$

类似地设式(4-205)具有如下解:

$$\begin{cases}
u_{l,m}(t) = u_{l,m}^{(0)} + u_{l,m}^{(1)} e^{-i\omega t} \\
\psi_{l,m}(t) = \psi_{l,m}^{(1)} e^{-i\omega t}
\end{cases} \quad (4-206)$$

将式(4-206)代入式(4-205)在考虑局域非简谐近似和旋转波近似,式(4-205)可以写成

$$
\begin{cases}
u_{l,m}^{(1)} + k(u_{l+1,m}^{(1)} + u_{l-1,m}^{(1)} + u_{l,m+1}^{(1)} + u_{l,m-1}^{(1)} - 4u_{l,m}^{(1)}) + \\
\alpha(u_{l+1,m}^{(0)} + u_{l-1,m}^{(0)} + u_{l,m+1}^{(0)} + u_{l,m-1}^{(0)} - 4u_{l,m}^{(0)})(u_{l+1,m}^{(0)} - u_{l,m}^{(0)} + u_{l,m+1}^{(0)} - u_{l,m-1}^{(0)}) + \\
\alpha(u_{l+1,m}^{(1)} + u_{l-1,m}^{(1)} + u_{l,m+1}^{(1)} + u_{l,m-1}^{(1)} - 4u_{l,m}^{(1)})(u_{l+1,m}^{(0)} - u_{l-1,m}^{(0)} + u_{l,m+1}^{(0)} - u_{l,m-1}^{(0)}) + \\
2\beta(u_{l+1,m}^{(0)} + u_{l-1,m}^{(0)} + u_{l,m+1}^{(0)} + u_{l,m-1}^{(0)} - 4u_{l,m}^{(0)})(u_{l+1,m}^{(0)} - u_{l,m}^{(0)} + u_{l,m+1}^{(0)} - u_{l,m}^{(0)}) \cdot \\
(u_{l+1,m}^{(1)} - u_{l,m}^{(1)} + u_{l,m+1}^{(1)} - u_{l,m}^{(1)}) + 2\beta(u_{l+1,m}^{(0)} + u_{l-1,m}^{(0)} + u_{l,m-1}^{(0)} + u_{l,m-1}^{(0)} - 4u_{l,m}^{(0)}) \cdot \\
(u_{l-1,m}^{(0)} - u_{l,m}^{(0)} + u_{l,m-1}^{(0)} - u_{l,m}^{(0)}) \cdot (u_{l-1,m}^{(1)} - u_{l,m}^{(1)} + u_{l,m-1}^{(1)} - u_{l,m}^{(1)}) - \\
\beta(u_{l+1,m}^{(0)} + u_{l-1,m}^{(0)} + u_{l,m+1}^{(0)} + u_{l,m-1}^{(0)} - 4u_{l,m}^{(0)})[(u_{l+1,m}^{(0)} - u_{l,m}^{(0)} + u_{l,m+1}^{(0)} - u_{l,m}^{(0)}) \cdot \\
(u_{l-1,m}^{(1)} - u_{l,m}^{(1)} + u_{l,m-1}^{(1)} - u_{l,m}^{(1)}) + (u_{l-1,m}^{(0)} - u_{l,m}^{(0)} + u_{l,m-1}^{(0)} - u_{l,m}^{(0)}) \cdot \\
(u_{l+1,m}^{(1)} - u_{l,m}^{(1)} + u_{l,m+1}^{(1)} - u_{l,m}^{(1)})] + \beta(u_{l+1,m}^{(1)} + u_{l-1,m}^{(1)} + u_{l,m+1}^{(1)} + u_{l,m-1}^{(1)} - 4u_{l,m}^{(1)}) \cdot \\
[(u_{l+1,m}^{(0)} - u_{l,m}^{(0)} + u_{l,m+1}^{(0)} - u_{l,m}^{(0)})^2 + (u_{l-1,m}^{(0)} - u_{l,m}^{(0)} + u_{l,m-1}^{(0)} - u_{l,m}^{(0)}) \cdot \\
(u_{l+1,m}^{(0)} - u_{l,m}^{(0)} + u_{l,m-1}^{(0)} - u_{l,m}^{(0)}) + (u_{l-1,m}^{(0)} - u_{l,m}^{(0)} + u_{l,m-1}^{(0)} - u_{l,m}^{(0)})] = 0 \\
k(u_{l+1,m}^{(0)} + u_{l-1,m}^{(0)} + u_{l,m+1}^{(0)} + u_{l,m-1}^{(0)} - 4u_{l,m}^{(0)}) + \alpha(u_{l+1,m}^{(0)} + u_{l-1,m}^{(0)} + u_{l,m+1}^{(0)} + u_{l,m-1}^{(0)} - 4u_{l,m}^{(0)}) \cdot \\
(u_{l+1,m}^{(0)} - u_{l-1,m}^{(0)} + u_{l,m+1}^{(0)} - u_{l,m-1}^{(0)}) + \beta(u_{l+1,m}^{(0)} - u_{l,m}^{(0)} + u_{l,m+1}^{(0)} - u_{l,m-1}^{(0)} - 4u_{l,m}^{(0)}) \cdot \\
[(u_{l+1,m}^{(0)} + u_{l,m}^{(0)} + u_{l,m+1}^{(0)} + u_{l,m}^{(0)})^2 + (u_{l-1,m}^{(0)} - u_{l,m}^{(0)} + u_{l,m-1}^{(0)} - u_{l,m}^{(0)}) \cdot \\
(u_{l+1,m}^{(0)} - u_{l,m}^{(0)} + u_{l,m-1}^{(0)} - u_{l,m}^{(0)}) + (u_{l-1,m}^{(0)} - u_{l,m}^{(0)} - u_{l,m-1}^{(0)} - u_{l,m}^{(0)})^2] + \\
\chi(\psi_{l+1,m}^{(1)2} - \psi_{l-1,m}^{(1)2} + \psi_{l,m-1}^{(1)2} - \psi_{l,m-1}^{(1)2}) = 0 \\
\psi_{l,m}^{(1)} - J(\psi_{l+1,m}^{(1)} + \psi_{l-1,m}^{(1)} + \psi_{l,m+1}^{(1)} + \psi_{l,m-1}^{(1)} - 4\psi_{l,m}^{1}) - \\
\chi(u_{l+1,m}^{(0)} - u_{l-1,m}^{(0)} + u_{l,m+1}^{(0)} - u_{l,m-1}^{(0)})\psi_{l,m}^{(1)} = 0
\end{cases}
$$

$$(4-207)$$

通过数值计算方程组(4-207)解也如图 4-43 所示,这说明对于二维三、四次非线性分子晶格当考虑激子与声子相互作用时,分子晶格同二维简谐分子晶格类似也将产生扭曲(反对称孤子),而这个扭曲通过声子耦合作用捕捉能量并抑制它弥散,而激子则为呼吸子行为。这就是局域自陷。

§4.5　本章小结

通过本章上述的讨论我们可以得出如下结论:

1. 对于 FPU 晶格

(1)一维单原子 α-FPU 晶格、β-FPU 晶格以及 α&β-FPU 晶格在局域非简谐近似及旋转波近似下具有对称的和反对称的两种呼吸子,两种内部局域激发都存在稳定的范围。

(2)对于一维双原子 FPU 模型,在禁带中存在 LS、HS、LA 和 HA 四种对称模呼吸子,除了 HA 对称模呼吸子在整个禁带中都不稳定,其他三种均存在稳定的区域。同时呼吸子的局域性随着质量比和 β 增大而增强。这主要是因为非线性作用主要是使振动空间局域化,所以非线性耦合参数增加局域化增强,质量比增大相互作用增强,局域化增强。

(3)二维单原子 α–FPU 晶格、β–FPU 晶格以及 α&β–FPU 晶格在局域非简谐近似及旋转波近似下具有对称的、镜面对称和反对称的三种呼吸子,三种内部局域激发都存在稳定的范围。两外 β–FPU 晶格还存在稳定的紧致呼吸子和呼吸子晶格解。

(4)对于二维双原子 FPU 模型,在禁带中存在 LS、HS、LMS、HMS、LA 和 HA 六种对称模呼吸子,除了 HA 对称模呼吸子在整个禁带中都不稳定,其他五种均存在稳定的区域。同时呼吸子的局域性随着质量比和 β 增大而增强。这主要是因为非线性作用主要是使振动空间局域化,所以非线性耦合参数增加局域化增强,质量比增大相互作用增强,局域化增强。

2. 对于 Klein-Gordon 晶格

(1)在一维非线性单原子 Klein-Gordon 晶格中存在分立亮呼吸子、准周期暗呼吸子和混沌呼吸子。并可以通过在线性在位势项加上周期参数来控制其稳定性以及获得准周期呼吸子和混沌呼吸子。同时在四次非线性 Klein-Gordon 晶格中还存在紧致分立呼吸子、多位紧致分立呼吸子及呼吸子晶格解。

(2)一维非线性双原子 Klein-Gordon 晶格中确实存在分立禁带呼吸子,并有 HS、LS、HA 和 LA 四种类型。关于其稳定性 Gorbach 等人[197]对此问题进行了详细的讨论,其结论如下:

①在耦合参数比较小的时候,对称的禁带呼吸子是线性稳定的,反对称禁带呼吸子是不稳定的。

②指出了禁带呼吸子的六种类型不稳定性,其中两种是有实特征值,其他四种是具有复特征值的振动类型不稳定性。

③对称和反对称分立禁带呼吸子都具有实特征值不稳定性,而且有非常接近的能量,与没有任何明显能量辐射的呼吸子情况吻合,这样的运动出现在反对称禁带呼吸子的动力学中。

(3)二维非线性单原子 Klein-Gordon 晶格中存在分立亮呼吸子、准周期暗呼吸子和混沌呼吸子。并可以通过在线性在位势项加上周期参数来控制其稳定性以及获得准周期呼吸子和混沌呼吸子。同时在四次非线性 Klein-Gordon 晶格中还存在紧致分立呼吸子、多位紧致分立呼吸子及呼吸子晶格解。

(4)二维非线性双原子 Klein-Gordon 晶格中在禁带中存在 LS、HS、LMS、HMS、LA 和 HA 六种对称模呼吸子,与 FPU 晶格不同的是,六种模式的呼吸子在一定条件下都存在稳定模。同时二维非线性双原子 Klein-Gordon 晶格中存在分立周期的、准周期的和混沌呼吸子,通单原子模型一样可以在实验中通过在线性在位势项加周期驱动参数来控制。与单原子不同的是对于重原子为中心的模稳定性比轻原子为中心的模的稳定性要好得多。

3. 对于非线性分子晶格

(1)通过上面的讨论我们可以知道,对于一维分子晶格在考虑激子与声子相互作用时,其线性晶格、三次、四次及混合非线性分子晶格都具有反对称孤子的局域行为。而 Davydov 孤子(激子)则在一定条件下仍为 Davydov 孤子,其他条件则为激子呼吸子。即出现局域自陷。

(2)对于二维分子晶格在考虑激子与声子相互作用时,其线性晶格、三次、四次及混合非线性分子晶格都具有反对称孤子的局域行为。而 Davydov 孤子(激子)则在一定条件下仍为 Davydov 孤子,其他条件则为激子呼吸子。即出现局域自陷。

综合上述我们可以得出:

1. 在分立情况下,由于本专著都是采用局域非简谐近似和旋转波近似以及分立变量方法,所以,局域模只是各类分立呼吸子。

2. 对于同一模型的一维、二维各向同性晶格的非线性振动具有非常类似的局域行为。这主要是二维各向同性晶格由于其各向同性性质所决定的。

3. Klein-Gordon 晶格由于其在位势的特点,所以,其局域模比 FPU 晶格的容易激发,因此在 Klein-Gordon 晶格中很容易得到周期呼吸子、准周期呼吸子和混沌呼吸子。

4. 分子晶格由于考虑了激子与声子的相互作用,这个作用相当于非线性,所以在考虑这个相互作用时,分子简谐晶格也具有局域模,所以这个相互作用被称为外部非线性,而晶格自身的非线性称为内部非线性。这也就是说对于简谐分子晶格和非简谐分子晶格的分立模型,在考虑激子与声子相互作用时同样存在自陷态。

5. 由于在完全分立情况下,其分立性呈现完全显性,所以,非线性分立晶格的分立特性在结果中完全得到体现,其局域模都为完全分立的。

附录 耦合逻辑斯惕克映射的
反可积分极限

我们选择一个耦合逻辑斯惕克(logistic)映射 $\boldsymbol{u}_i = T(\boldsymbol{u}_{i-1})$ 的模型,其系统在时间 i 处的坐标为 $\boldsymbol{u}_i = \{u_i^{(n)}\} \in R^N$,是系统在时间 $i-1$ 处坐标 $\boldsymbol{u}_{i-1} = \{u_{i-1}^{(n)}\} \in R^N$ 的函数,即

$$u_{i+1}^{(n)} = ku_i^{(n)}(1 - u_i^{(n)}) - C(u_i^{(n+1)} + u_i^{(n-1)} - 2u_i^{(n)}) \qquad (\text{附}1)$$

这个动力系统的极限 $k \to \infty$ 可以由 $\lambda = 1/k (k \to \infty)$ 来定义,其解为 $\boldsymbol{u} = \{u_i^{(n)}\}$,对于所有的 i 和 n 服从等价的隐含方程组:

$$F_i^{(n)}(\boldsymbol{u}, \lambda) = u_i^{(n)}(1 - u_i^{(n)}) - \lambda u_{i+1}^{(n)} - C\lambda(u_i^{(n+1)} + u_i^{(n-1)} - 2u_i^{(n)}) = 0 \qquad (\text{附}2)$$

在极限 $\lambda = 0$ 时,称为反可积分极限,方程组

$$u_i^{(n)}(1 - u_i^{(n)}) = 0 \qquad (\text{附}3)$$

有平庸的解

$$u_i^{(n)} = \sigma_{i,n} = 0 \quad \text{或} \quad 1 \qquad (\text{附}4)$$

它们是同任意的伪自旋排列 $\{\sigma_{i,n}\}$ 一一对应的,因此可以被选作混沌的、周期的或是任何其他特殊的序列。

这些解轨道在 λ 变成非零时有很好的性质,即每个解,混沌的、非混沌的,都可以被继续当作决定性动力系统在 $|\lambda|$ 变化到某一非零值 λ_t 时的轨道。每一个这些延拓的解 $\{u_i^{(n)}(\lambda)\}$ 都保持着它们的特征。例如,如果 $\{\sigma_{i,n}\}$ 是对 i 或 n 或两者是周期的,则 $\{u_i^{(n)}(\lambda)\}$ 也是周期的,并且周期相同;如果 $\{\sigma_{i,n}\}$ 是具有一定拓扑熵的混沌的,则 $\{u_i^{(n)}(\lambda)\}$ 也是具有相同拓扑熵的混沌的;如果 $\{\sigma_{i,n}\}$ 是准周期的,则 $\{u_i^{(n)}(\lambda)\}$ 也是准周期的,等等。

这些性质是隐函数定理应用到 $\boldsymbol{F}(\boldsymbol{u}, \lambda)$ 的零点的结果。这个定理的应用要求对于 $\boldsymbol{F}(\boldsymbol{u}, 0)$ 的每个平庸零点 $\boldsymbol{u}$,其线性微分算子 $\partial_u \boldsymbol{F}(\boldsymbol{u}, 0)$ 是可逆的。这很容易被验证,因为在我们的例子中,这个算子是对角化的,而且其对角项是 ± 1。这个隐函数主张对于由 $\{\sigma_{i,n}\}$ 编码的每一个零点,方程(附3)存在唯一的解,就是由耦合映射(附2)所描述的决定性动力系统的轨道 $\boldsymbol{u} = \{u_i^{(n)}(\lambda)\}$,而且是 λ 变化到某一非零值的均匀延拓函数,并且有 $u_i^{(n)}(o) = \sigma_{i,n}$。

定理 耦合映射系统(附2)在反可积极限($\lambda = 0$)处的解 $\boldsymbol{u}(0) = \{u_i^{(n)}\}$,对于某个固定的 $n = n_0$,$u_i^{(n_0)}$ 关于时间 i 是 T 周期的(这里 T 是任意固定的正整数),且对于任意的时间 i,$n \neq n_0$ 有 $u_i^{(n)} = 0$,则 $\boldsymbol{u}(0) = \{u_i^{(n)}\}$ 可以唯一地被延拓,当 λ 变化到 $|\lambda < \lambda_t = 1/(12(1 + 4|C|))|$ 时,其为 λ 的均匀延拓函数 $\boldsymbol{u}(\lambda)$。

对于其存在呼吸子解的证明主要分成两步,首先证明反可积极限处的周期解可以唯

一地被延拓到反可积极限处的邻域,然后证明其在空间是指数衰减的。

首先,我们证明周期解的延拓性,在不失一般性的情况下,我们假定 $n_0 = 0$,并记一个巴拿赫(Banach)空间为:$B = \{z = \{z_i\} : z_i \in R^Z, z_{i+T} = z_i, i \in Z\}$,并赋以下列范数:

$$\|z\| = \sup\{|z_j| i \in Z\} \qquad (\text{附}5)$$

一个一维链可以定义为无穷多个巴拿赫空间 $B^{(n)} = B, n \in Z$ 的乘积,并赋以范数 $\|u\| = \sup\{|u^{(n)}| : n \in Z\}$。这里 $u = \{u^{(n)} \in B, n \in z\}$。这里我们先证明其线性微分算子 $\partial_u F(u, 0)$ 是可逆的,并求出 $\partial_u F^{-1}(u, 0)$。

设 $u(0) = \{u_i^{(n)}\} \in B, v = \{v_i^{(n)}\} \in B$,又 $\partial_u F(u, 0)$ 是线性微分算子,所以有

$$\partial_n F(u, \lambda)v = \{(\partial_u F(u, \lambda)v)_i^{(n)}\}$$
$$= \{(1 - 2u_i^{(n)})v_i^{(n)} - \lambda v_{i+1}^{(n)} - C\lambda(v_i^{(n=1)} + v_i^{(n-1)} - 2v_i^{(n)})\} \qquad (\text{附}6)$$

所以

$$\partial_u F(u(0), 0)v = \{(\partial_u F(u(0), 0)v)_i^{(n)}\} = \{(1 - 2u_i^{(n)})v_i^{(n)}\} = \{b_i^{(n)}v_i^{(n)}\} \qquad (\text{附}7)$$

这里 $b_i^{(n)} = 1, n \neq 0, b_i^{(0)} = \begin{cases} 1 & u_i^{(0)} = 0 \\ -1 & u_i^{(0)} = 1 \end{cases}$,我们能从(附7)式推出线性微分算子 $\partial_u F(u, 0)$ 是可逆的,并且

$$\partial_u F(u(0), 0)v = \left\{\frac{1}{b_i^{(n)}}v_i^{(n)}\right\} \qquad (\text{附}8)$$

$$\partial_u F^{-1}(u(0), 0) = \sup_{\|v\| \leqslant l}\|\partial_u F(u(0), 0)v\| = \| = \sup_{i,n}\left|\frac{1}{b_i^{(n)}}\right| = \max\{1, |-1|\} = 1$$
$$(\text{附}9)$$

根据隐函数定理及巴拿赫空间的性质,我们可以知道:假如 U, Λ, V 是巴拿赫空间,$F \in C^{-1}(U \times \Lambda, V)$,且满足 $F(u(0), 0) = 0, \partial_u F^{-1}(u(0), 0) \in L(V, U)$,$\|\partial_u F^{-1}(u(0), 0)\| = M$,并且 γ, δ 是满足下列条件的常数:

(1)当 $\|u(\lambda) - u(0)\| \leqslant \gamma, \|\lambda\| \leqslant \delta$ 时,有 $\|\partial_u F(u(\lambda), \lambda) - \partial_u F(u(0), \lambda)\| \leqslant \dfrac{1}{2M}$;

(2)当 $\|\lambda\| \leqslant \delta$ 时,有 $\|F(u(0), \lambda)\| < \dfrac{\gamma}{2M}$;

则存在一个函数 $u(\lambda) : B_\delta(0) = \{\lambda \in \Lambda \|\lambda\| < \delta\} \rightarrow B_\gamma(u(0)) = \{u \in U | \|u(\lambda) - u(0)\| < \gamma\}, u(\lambda)$,满足 $u(0) = \{\sigma_{i,n}\}, F(u(\lambda), \lambda) = 0$。

$$\|\partial_u F(u(\lambda), \lambda) - \partial_u F(u(0), \lambda)\|$$
$$= \sup_{\|v\| \leqslant 1}\|(\partial_u F(u(\lambda), \lambda) - \partial_u F(u(0), \lambda))v\|$$
$$= \sup_{i,n}|(1 - 2u_i^{(n)}(\lambda))v_i^{(n)} - \lambda v_{i+1}^{(n)} - C\lambda(v_i^{(n+1)} + v_i^{(n-1)} - 2v_i^{(n)}) -$$
$$(1 - 2u_i^{(n)}(0))v_i^{(n)} - \lambda v_{i+1}^{(n)} - C\lambda(v_i^{(n+1)} + v_i^{(n-1)} - 2v_i^{(n)})|$$
$$= \sup_{i,n}|2(u_i^{(n)}(\lambda) - u_i^{(n)}(0))v_i^{(n)}|$$
$$\leqslant 2\|u(\lambda) - u(0)\| \qquad (\text{附}10)$$

又

$$\|F(u(0),\lambda)\| = \sup_{i,n}\{|\lambda||u_{i+1}^{(n)}(0)| + |\lambda||C||u_i^{(n+1)}(0) - 2u_i^{(n)}(0)|\}$$
$$\leqslant |\lambda|(1 + 4|C|) \qquad\qquad (\text{附}11)$$

因此,当

$$\|u(\lambda) - u(0)\| < \gamma = \frac{1}{4\|\partial_u F^{-1}(u(0),0)\|} = \frac{1}{4}$$

及

$$|\lambda| \leqslant \frac{\gamma}{2(1+4|C|)\|\partial_u F^{-1}(u(0),0)\|} = \frac{1}{8(1+4|C|)} = \delta$$

时,得到

$$\|\partial_u F(u(\lambda),\lambda) - \partial_u F(u(0),\lambda)\| \leqslant \frac{1}{2\|\partial_u F^{-1}(u(0),0)\|} = \frac{1}{2M}$$

$$\|F(u(0),\lambda)\| < \frac{\gamma}{2\|\partial_u F^{-1}(u(0),0)\|} = \frac{\gamma}{2M}$$

所以方程(附 2)在反可积极限下的解 $u(0) \in B$,能被延拓到 $u(\lambda)$,$|\lambda| < \frac{1}{8(1+4|C|)}$。

下面剩下的就是要证明 $u(\lambda)$ 关于空间变量 n 对 $n = 0$ 是指数衰减的。

引理 当 $n \to \infty$, $n \in N$, $|u(\lambda)|_n = \sup_n |u^{(n)}(\lambda)z^n| \leqslant K, K \in R^+$ 有界,则 $u(\lambda)$ 必按 $n \to \infty$ 指数衰减。(证明,略)

设 $u(0) = \{u_i^{(n)}(0)\} = \{u^{(n)}(0)\}$,延拓后的解为 $u(\lambda) = \{u_i^{(n)}(\lambda)\} = \{u^{(n)}(\lambda)\}$,$0 < \lambda \leqslant \delta$,对方程(附2)两边关于 λ 求导得

$$\partial_u F(u(\lambda),\lambda)\frac{du(\lambda)}{d\lambda} + \frac{\partial F(u(\lambda),\lambda)}{\partial \lambda} = 0$$

即

$$\frac{du(\lambda)}{d\lambda} - \partial_u F^{-1}(u(\lambda),\lambda)\frac{\partial F(u(\lambda),\lambda)}{\partial \lambda} \qquad\qquad (\text{附}12)$$

$$\left[\frac{\partial F(u(\lambda),\lambda)}{\partial \lambda} = 0\right]_i^{(n)} = -u_{i+1}^{(n)} - C(u_i^{(n+1)} + u_i^{(n-1)} - 2u_i^{(n)})$$

$$= -Cu^{(n-1)} + (2C - L)u^{(n)} - Cu^{(n+1)} \qquad\qquad (\text{附}13)$$

其中 L 为 B 上的位移算子,即 $\forall u^{(n)} = \{u_i^{(n)}\}$, $(Lu^{(n)})_i = u_{i+1}^{(n)}$。则有:

$$\left|\left[\frac{\partial F(u(\lambda),\lambda)}{\partial \lambda} = 0\right]^{(n)}\right| \leqslant C|u^{(n-1)}| + (2C-1)|u^{(n)}| + C|u^{(n+1)}|$$

$$= C|u^{(n)}z^{n-1}|z^{-(n-1)} + (2C-1)|u^{(n)}z^n|z^{-n} +$$
$$C|u^{(n+1)}z^{n+1}|z^{-(n+1)}$$

$$\leqslant \left[Cz + (2C-1) + \frac{C}{z}\right]|u|_n z^{-n},$$

$$\left(\ |\boldsymbol{u}\ |_n = \sup_n = \sup_n |\boldsymbol{u}^{(n)}(\lambda) z^n\ | \right) \qquad (附14)$$

$$\left| \frac{\mathrm{d}\boldsymbol{u}(\lambda)}{\mathrm{d}\lambda} \right|_n = \sup_n \left| \frac{\mathrm{d}\boldsymbol{u}^{(n)}(\lambda)}{\mathrm{d}\lambda} z^n \right| \leqslant \|\partial_u \boldsymbol{F}^{-1}(\boldsymbol{u}(\lambda),\lambda)\| \left[Cz + (2C-1) + \frac{C}{z} \right] |\boldsymbol{u}|_n$$

$$(附15)$$

因为 $\|\partial_u \boldsymbol{F}^{-1}(\boldsymbol{u}(\lambda),\lambda)\| \leqslant \dfrac{1}{1-2\delta-(4\,|\,C\,|\,+1)\,|\,\lambda_c\,|}$，所以式（附15）化为

$$\left| \frac{\mathrm{d}\boldsymbol{u}(\lambda)}{\mathrm{d}\lambda} \right|_n = \sup_n \left| \frac{\mathrm{d}\boldsymbol{u}^{(n)}(\lambda)}{\mathrm{d}\lambda} z^n \right|$$

$$\leqslant \frac{1}{1-2\delta-(4\,|\,C\,|\,+1)\,|\,\lambda_c\,|} \left[Cz + (2C-1) + \frac{C}{z} \right] |\boldsymbol{u}|_n = \mu\,|\boldsymbol{u}|_n \qquad (附16)$$

这里 $\mu = \dfrac{1}{1-2\delta-(4\,|\,C\,|\,+1)\,|\,\lambda_c\,|} \left[Cz + (2C-1) + \dfrac{C}{z} \right]$ 是一常数，对上式关于 λ 积分得

$$|\,u(\lambda)\,|_n \leqslant |\,u(0)\,|_n \mathrm{e}^{\mu\lambda} \qquad (附17)$$

由于 $|\,\boldsymbol{u}(0)\,|_n = \sup_n |\,\boldsymbol{u}^{(n)}(0) z^n\,|$ 有界，$(\boldsymbol{u}^{(n)}(0)=0, n\neq 0)$，所以 $|\,\boldsymbol{u}(\lambda)\,|_n$ 有界，从而 $\boldsymbol{u}(\lambda)$ 随 $n\to\infty$ 按指数衰减。

参考文献

[1] BOUSSINESQ J. Theorie de l'intumescence liquide appelee onde solitaire ou de translation se propageant dans un canal rectangulare [J]. C. R. Acad. Sci. ,1871,72: 755 – 759.

[2] RAYLEIGH L. On waves[J]. Phil. Mag. ,1876,5(1):257 – 279.

[3] KORTEWEG D J, DE VRIES G. On the change of form of long waves advancing in a rectangular canal and a new type of long stationary waves[J]. Phil. Mag. ,1895,5(39): 442 – 443.

[4] DEBYE P. In Vortrage uber die kinetisohe theory der materie und Elektrizitat[M]. Berlin: Teubner,1914.

[5] PEIERLS R E. Quantum Theory of Solids[M]. New York:Wiley,1966.

[6] FORD J. Equipartition of energy for nonlinear systems [J]. Journal of Mathematical Physics,1961,2(3):387.

[7] ZABUSKY N J. Solitons and energy transport in nonlinear lattices[J]. Computer Physics Communications,1973,5(1):1 – 10.

[8] GARDNER C S, GREENE J M, KRUSKAL M D, et al. Method for solving the Korteweg-deVries equation[J]. Physical Review Letters,1967,19(19):1095 – 1097.

[9] LIGHTHILL M J. Contributions to the theory of waves in non-linear dispersive systems [J]. IMA Journal of Applied Mathematics,1965,1(3):269 – 306.

[10] BENJAMIN T B, FEIR J E. The disintegration of wave trains on deep water Part 1. Theory [J]. Journal of Fluid Mechanics Digital Archive,1967,27(3):417 – 430.

[11] PHILIPPS O M. Theoretical and experimental studies of gravity waves interactions[J]. Proceedings of the Royal Society A:Mathematical,Physical and Engineering Sciences, 1967,299(1456):104 – 119.

[12] ZAKHAROV V E. Stability of periodic waves of finite amplitude on the surface of a deep fluid[J]. Journal of Applied Mechanics and Technical Physics,1968,9(2):190 – 194.

[13] ZAKHAROV V E, SHABAT A B. Exact theory of two-dimensional self-focusing and one dimensional self-modulation of waves in nonlinear media [J]. Journal of Mathematical Physics,2015,34(7):62 – 69.

[14] BESPALOV V I, TALANOV V I. Filamentary structures of light beams in linear liquids [J]. Applied Physics Letters,1973,23(3):1.

［15］ MOLLENAUER L F, STOLEN R H, GORDON J P. Experimental observation of picosecond pulse narrowing and solitons in optical fibers［J］. IEEE Journal of Quantum Electronics,2003,17(12):2378 – 2378.

［16］ OVCHINNIKOV A A. Localized long-lived vibrational state in molecular crystals［J］. Journal of Experimental and Theoretical Physics,1969,30(1):147.

［17］ KOSEVICH A M, KOVALEV A S. Self-localization of vibrations in a one-dimensional anharmonic chain［J］. Soviet Journal of Experimental & Theoretical Physics, 1975, 40:891.

［18］ SIEVERS A J, TAKENO S. Intrinsic localized modes in anharmonic crystals［J］. Physical Review Letters,1988,61(8):970 – 973.

［19］ TAKENO S, SIEVERS A J. Anharmonic resonant modes in perfect crystal［J］. Solid State Commun,1988,67:1023-1928.

［20］ TAKENO S, KISODA K, SIEVERS A J. Intrinsic localized vibrational modes in anharmonic crystals［J］. Progress of Theoretical Physics Supplement,1988,94:242 – 269.

［21］ PAGE J B. Asymptotic solutions for localized vibrational modes in strongly anharmonic periodic systems［J］. Physical Review B,1990,41(11):7835 – 7838.

［22］ SANDUSKY K W, PAGE J B, SCHMIDT K E. Stability and motion of intrinsic localized modes in nonlinear periodic lattice［J］. Physical Review B,1992,46(10):6161 – 6168.

［23］ AUBRY S, CRETEGNY T. Mobility and reactivity of discrete breathers［J］. Physica D, 1998,119:34 – 36.

［24］ AUBRY S, FLACH S, KLADKO K, et al. Manifestation of classical bifurcation in the spectrum of the integrable quantum dimmer［J］. Physical Review Letters , 1996, 76:1607.

［25］ AUBRY S, KOPIDAKIS G, MORGANTE A M, et al. Analytic conditions for targeted energy transfer between nonlinear oscillators or discrete breathers［J］. Physica B,2001, 296:222 – 236.

［26］ BAESENS C, MACKAY R S. Exponential localization of linear response in networks with exponentially decaying coupling［J］. Nonlinearity,1996,9:433 – 457.

［27］ BISHOP A R, KALOSAKAS G, RASMUSSEN K O, et al. Localization in physical systems described by discrete nonlinear Schrodinger-type equations［J］. Chaos,2003,13:588 – 595.

［28］ CAMPBELL D K. Nonlinear physics:fresh breather［J］. Nature,2004,432,:455 – 456.

［29］ CAMPBELL D K, FLACH S, KIVSHAR Y S. Localizing energy through nonlinearity and discreteness［J］. Physical Today,2004,57(1):43 – 49.

［30］ TSIRONIS G P. If "discrete breathers" is the answer,what is the question? ［J］. Chaos, 2003,13:657 – 666.

［31］FLACH S,IVANCHENKO M V,KANAKOV O I. q-Breathers and the Fermi-Pasta-Ulam problem［J］. Physical Review Letters ,2005,95:064102.

［32］IVANCHENKO M V,KANAKOV O I,MISHAGIN K G,et al. q-Breathers in finite two- and three-dimensional nonlinear acoustic lattices［J］. Physical Review Letters ,2006,97: 025505.

［33］FLACH S, IVANCHENKO M V, KANAKOV O I. q-Breathers in Fermi-Pasta-Ulam chains:existence,localization,and stability［J］. Physical Review E,2006,73:036618.

［34］FLACH S,GORBACH A V. Discrete breathers-advances in theory and applications［J］. Physics Reports,2008,467:1 - 116.

［35］黄润生,黄浩. 混沌及其应用［M］2 版. 武汉:武汉大学出版社,2007.

［36］AUBRY S,ABRAMOVICI G. Chaotic trajectories in the standard map :the concept of anti-integrability［J］. Physica D,1990,43:199 - 219.

［37］AUBRY S. Anti-integrability in dynamical and variational problem［J］. Physica D,1995, 86:284 - 296.

［38］MACKAY R S, AUBRY S. Proof of existence of breathers for time-reversible or Hamiltonian network of weakly coupled oscillators ［J］. Nonlinearity, 1994, 7: 1623 - 1643.

［39］FORD G W,CONNELL R F O. Exact result for the force autocorrelation in the rotating-wave approximate［J］. Physical Review A,2000,61:022110.

［40］JOHANSSON M. Discrete nonlinear Schrodinger approximate of a mixed Klein-Gordon/ Fermi-Pasta-Ulam chain:modulational instability and a statistical condition for creation of thermodynamic breathers［J］. Physica D,2006,216:62.

［41］HENNIG D, RASMUSSEN K, TSIRONIS G P, et al. Breatherlike impurity modes in discrete nonlinear lattices［J］. Physical Review B,1995,52:R4628.

［42］BOESCH R,STANCIOFF P,WILLIS C R. Hamiltonian equations for multiple collective variable theories of nonlinear Klein-Gordon equations:a projection-operator approach ［J］. Physical Review B,1988,38:6713.

［43］BONA D, MAYER A P, SCHRIJDER U. Anharmonic localized surface vibrations in a scalar model［J］. Physical Review B,1995,51:13739.

［44］BONART D, MAYER A P, SCHRIJDER U. Intrinsic localized anharmonic modes at crystal edges［J］. Physical Review Letters ,1995,75:870.

［45］DRISCALL C F,O' NELL T M. Explanation of instabilities observed on a Fermi-Pasta-Ulam lattice［J］. Physical Review Letters ,1976,37:69 - 72.

［46］CURRIE J F,FRULLINGER S E,BISHOP A R,et al. Numerical simulation of sine-Gordon soliton dynamics in the presence of perturbations［J］. Physical Review B,1977,

15:5567 – 5580.

[47] HUBER D L. Particle kinetids on one-dimensional lattice with in equivalent site[J]. Physical Review B,1977,15:533 – 538.

[48] BUNDE A,DIEDERICHS. Systematic approach to the statics and dynamics of phonon systems with quartic anharmonicity[J]. Physical Review B,1979,19:4069 – 4090.

[49] WEISZ J F. Statics and dynamics of discrete nonlinear lattice structures[J]. Physical Review B,1982,25:436 – 439.

[50] THEODORAKOPOULOS N,MERTENS F G. Dynamics of the Toda lattice:a soliton-phonon phase-shift analysis[J]. Physical Review B,1983,28:3512 – 3519.

[51] MATTIS D C. Nonlinear lattice dynamics in two dimensions[J]. Physical Review B,1983,27:5158 – 5161.

[52] ROSENAU P. Dynamics of dense lattices[J]. Physical Review B,1987,36:5868 – 5876.

[53] MILLER P D,BANG O. Macroscopic dynamics in quadratic nonlinear lattices[J]. Physical Review E,1998,57:6038 – 6049.

[54] CALLAS J A C. The dynamics of complex-amplitude norm-preserving lattices of coupled oscillators[J]. Physica A,2004,338:537 – 543.

[55] SUGIYAMA M. A Dynamical theory of nonlinear lattice at finite temperatures[J]. Physica B,1996,220:405 – 407.

[56] POUGET J. Stability of nonlinear structures in a lattice model for phase transformations in alloys[J]. Physical Review B,1992,46:10554 – 10562.

[57] POUGET J. Lattice dynamics and stability of modulated-strain structures for elastic phase transition in alloys[J]. Physical Review B,1993,48:864 – 875.

[58] BICKHAM S R,RISELER S A,SIEVERS A J. Stationary and moving intrinsic localized modes in one-dimensional monatomic lattices with cubic and quartic anharmonicity[J]. Physical Review B,1993,47:14206 – 14211.

[59] SANDUSKY R W,PAGE J B. Interrelation between the stability of extended normal modes and the existence of intrinsic localized modes in nonlinear lattices with realistic potentials[J]. Physical Review B,1994,50:866 – 887.

[60] ARNOLD J M. Stability of solitary wave trains in Hamiltonian wave systems[J]. Physical Review E,1999(60):979 – 986.

[61] LEON J,MARRNA M. Discrete instability in nonlinear lattices[J]. Physical Review Letters,1999,83:2324 – 2327.

[62] FLYTZANIS N,MALEMED B A,NEUPER A. Resonances in driven dynamical lattice [J]. Physical Review B,1995,51:3498 – 3502.

[63] YOSHIMURA K,DOI Y. Moving discrete breathers in nonlinear lattice:resonance and

stability[J]. Wave Motion,2007,45:83 – 99.

[64] KEVREKIDIS P G, RASMUSSEN K O, BISHOP A R. Two-dimensional discrete breathers:construction,stability,and bifurcations[J]. Physical Review E,2000,61:2006 – 2009.

[65] MOZGANTE A M, TOHANSSON M, KOPIDAKIS G, et al. Oscillatory instabilities of standing waves in one-dimensional nonlinear lattices[J]. Physical Review Letters ,2000, 85:550 – 553.

[66] PAGE J B. Intrinsic localized modes and related stability properties in nonlinear periodic lattices[J]. Physica B,1996,219:383 – 386.

[67] ZOLOTARYUK Y,EILBECK J C,SAVIN A V. Bound states of lattice solitons and their bifucations[J]. Physica D,1997,108:81 – 91.

[68] BONACCINI R,POLITI A. Chaotic-like behavior in chains of stable nonlinear oscillators [J]. Physica D,1997,103:362 – 368.

[69] MORGANTE A M,JOHANSSON M,KOPIDAKIS G,et al. Standing wave instabilities in a chain of nonlinear coupled oscillators[J]. Physica D,2002,162:53 – 94.

[70] DORIGNAC J, FLACH S. Isochronism and tangent bifurcation of band edge modes in Hamiltonian lattices[J]. Physica D,2005,204:83 – 109.

[71] PELINOVSKY D E,KEVREKIDIS P G,FRANTZESKAKIS D J. Persistence and stability of discrete vortices in nonlinear Schrodinger lattices[J]. Physica D,2005,212:20 – 33.

[72] PELINOVSKY D E, KEVREKIDIS P G, FRANTZESKAKIS D J. Stability of discrete solitons in nonlinear Schrodinger lattices[J]. Physica D,2005,212:1 – 19.

[73] CHECHIN G M,REYABOV D S,ZHUKOV K G. Stability of low-dimensional bushes of vibrational modes in the Fermi-Pasta-Ulam chains[J]. Physica D,2005,203:121 – 166.

[74] JOHANSSON M. Discrete nonlinear Schrodinger approximation of a mixed Klein-Gordon/ Fermi-Pasta-Ulam chain:modulational instability and a statistical condition for creation of thermodynamic breathers[J]. Physica D,2006,216:62 – 70.

[75] HENNING D. Periodic,quasiperiodic,and chaotic localized solutions of a driven damped nonlinear lattice[J]. Physical Review E,1999,59:1637 – 1645.

[76] BONART D,PAGE J B. Intrinsic localized modes and chaos in damped driven rotator lattice[J]. Physical Review E,1999,60:R1134 – R1137.

[77] VANOSSI A,RASMUSSEN K O,BISHOP A R,et al. Spontaneous pattern formation in driven nonlinear lattice[J]. Physical Review E,2000,62:7353 – 7357.

[78] SUKHORUKOV A A,KIVSHAR Y S,BANG O,et al. Parametric localized modes in quadratic nonlinear photonic structures[J]. Physical Review E,2000,63:016615.

[79] KHASIN M, FRIEDLAND L. Multiphase control of a nonlinear lattice [J]. Physical

Review E,2003,68:066214.

[80] MARTINEZ P J, MEISTER M, FLORIA L M, et al. Dissipative discrete breathers: periodic,quasiperiodic,chaotic and mobile[J]. Chaos,2003,13:610.

[81] MANIADIS P, BOUNTIS T. Quasiperiodic and chaotic discrete breathers in a parametrically driven system without linear dispersion[J]. Physical Review E, 2006, 73:046211.

[82] SCHARF R,BISHOP A R. Properties of the nonlinear Schrodinger equation on a lattice [J]. Physical Review A,1991,43:6535 – 6544.

[83] KIVSHAR Y S,KROLIKOWSKI W,CHUBYKALO O. Dark solitons in discrete lattices [J]. Physical Review E,1994,50:5020 – 5032

[84] FITRAKIS E P,KEVREKIDIS P G,SUSANTO H,et al. Dark solitons in discrete lattices: saturable versus cubic nonlinearities[J]. Physical Review E,2007,75:066608.

[85] MALUCKOV A,HADZIEVSKI L,MALOMED B A. Dark solitons in dynamical lattices with the cubic-quintic nonlinearity[J]. Physical Review E,2007,76:046605.

[86] KIVSHAR Y S. Class of localized structures in nonlinear lattices[J]. Physical Review B, 1992,46:8652 – 8654.

[87] CAI D,SANCHEZ A,BISHOP A R,et al. Possible soliton motion in ac-driven damped nonlinear lattices[J]. Physical Review B,1994,50:9652 – 9655.

[88] PUSUEL S,MICHAUX P,REMOISSENET M. From kinks to compactonlike kinks[J]. Physical Review E,1998,57:2320 – 2326.

[89] FLACH S Z, KLADKO K. Moving lattice kinks and pulses: an inverse method[J]. Physical Review E,1999,59:6105 – 6115.

[90] KEVREKIDIS P G,WEINSTEIN M I. Dynamics of lattice kinks[J]. Physica D,2000, 142:113 – 152.

[91] SAVIN A V,ZOLOTARYUK Y,EILBACK J C. Moving kinks and nanopterous in the nonlinear Klein-Gordon lattice[J]. Physica D,2000,138:267 – 281.

[92] LOOSS G,PELINOVSKY D E. Normal form for traveling kinks in discrete Klein-Gordon lattices[J]. Physica D,2006,216:327 – 345.

[93] ABLOWITZ M J,MUSSLIMANI Z H. Methods for discrete solitons in nonlinear lattices [J]. Physical Review E,2002,65:026602.

[94] KEVREKIDIS P G,FRANTZESKAKIS D J,CONZALEZ R C,et al. Discrete solitons and vortices on anisotropic lattices[J]. Physical Review E,2005,72:046613.

[95] CUEVAS J,MALOMED B A,KEVREKIDIS P G. Two-dimensional discrete solitons in rotating lattices[J]. Physical Review E,2007,76:046608.

[96] LEDERER F,STEGEMAN G I,CHRISTODOULIDES D N,et al. Discrete solitons in

optics[J]. Physics Reports,2008,463(1):1 – 126.

[97] KOVALEV A S,ZHANG F,KIVSHAR Y S. Asymmetric impurity modes in nonlinear lattices[J]. Physical Review B,1995,51:3218 – 3221.

[98] MOLINA M C. Nonlinear impurity in a square lattice[J]. Physical Review B,1999,60: 2276 – 2280.

[99] HENNING D,RASMUSSEN K,TSIRONIS G P,et al. Breatherlike impurity modes in discrete nonlinear lattices[J]. Physical Review E,1995,52:R4628 – R4631.

[100] MOLINA M I. Nonlinear impurity in a lattice:dispersion effects[J]. Physical Review B, 2003,67:054202.

[101] KIVSHAR Y S. Nonlinear impurity modes in a lattice[J]. Physical Review B,1993,47: 11167 – 11170.

[102] KIVSHAR Y S,Zhang F,Kovalev A S. Stable nonlinear heavy-mass impurity modes [J]. Physical Review B,1997,55:14265 – 14269.

[103] KOSEVICH Y A. Nonlinear envelope-function equation and strongly localized vibrational modes in anharmonic lattices[J]. Physical Review B,1993,47:3138 – 3152.

[104] KONOTOP V V. Small-amplitude envelope solitons in nonlinear lattices[J]. Physical Review E,1996,53:2843 – 2858.

[105] XIAO Y,HAI W H. Dispersionless envelope lattice solitons on a D-dimensional nonlinear lattice[J]. Physical Letter A,1998,244:418 – 426.

[106] COCCO S,BARBI M,PEYRARD M. Vector nonlinear Klein-Gordon lattices:general derivation of small amplitude envelope soliton solutions[J]. Physical Letter A,1999, 253:161 – 167.

[107] YAGI D,KAWAHARA T. Strongly nonlinear envelope soliton in a lattice model for periodic structure[J]. Wave Motion,2001,34:97 – 107.

[108] FU Z T,LIU S D,LIU S K. Envelope breather solution and envelope breather lattice solutions to the NLS equation[J]. Physical Letter A,2007,368:238 – 241.

[109] DEY B,PARTHASARATHY S. Spatial chaos in a nonlinear monatomic chain[J]. Physical Review B,1990,42:6433 – 6437.

[110] PETTINI M,CASETTI L,SOLA M C,et al. Weak and strong chaos in Fermi-Pasta-Ulam models and beyond[J]. Chaos,2005,15:015106.

[111] HUANG G X,SHI Z P,XU Z X. Asymmetric intrinsic localized modes in a homogeneous lattice with cubic and quartic anharmonicity[J]. Physical Review B,1993,47:14561 – 14564.

[112] CLAUDE C,KIVSHAR Y S,KLUTH O,et al. Moving localized modes in nonlinear lattices[J]. Physical Review B,1993,47:14228 – 14232.

[113] KIVSHAR Y S. Creation of nonlinear localized modes in discrete lattices[J]. Physical Review E,1993,48:4132 – 4135.

[114] DAUXOIS T,PEYRARD M,WILLIS C R. Discreteness effects on the formation and propagation of breathers in nonlinear Klein-Gordon equations[J]. Physical Review E, 1993,48:4768 – 4778.

[115] DAUXOIS T, PEYRARD M. Energy localization in nonlinear lattices[J]. Physical Review Letters,1993,70:3935 – 3938.

[116] FLACH S. Conditions on the existence of localized excitations in nonlinear discrete systems[J]. Physical Review E,1994,50:3134 – 3142.

[117] FLACH S, KLADKO K, WILLIS C R. Localized excitations in two-dimensional Hamiltonian lattice[J]. Physical Review E,1994,50:2293 – 2303.

[118] FLACH S. Existence of localized excitations in nonlinear Hamiltonian lattices[J]. Physical Review E,1995,51:1503 – 1507.

[119] FLACH S. Obtaining breathers in nonlinear Hamiltonian lattices[J]. Physical Review E,1995,51:3579 – 3587.

[120] TAMGA J M, REMOISSENET M, POUGET J. Breathering solitary waves in a Sine-Gordon two-dimensional lattice[J]. Physical Review Letters,1995,75:357 – 361.

[121] HANSSON L C, EILBECK J C, MARIN J L, et al. Breathers in systems with intrinsic and extrinsic nonlinearities[J]. Physica D,2000,142:101 – 112.

[122] CAI D, BISHOP A R, JENSON N G. Spatially localized temporally quasiperiodic discrete nonlinear excitation[J]. Physical Review E,1995,52:R5784 – R5787.

[123] CHECKIN G M, DZHELAUHOVA G S, MEHONSHINA E A. Quasibreathers as a generalization of the concept of discrete breathers [J]. Physical Review E, 2006, 74:036608.

[124] JOHANSSON M, AUBRY S. Existence and stability of quasiperiodic breathers in the discrete nonlinear Schrodinger equation[J]. Nonlinearity,1997,10:1151.

[125] CHEMG K W, YUAN X P. Existence and stability of quasi-periodic breathers in networks of Ginzburg-Landau oscillators[J]. Physica D,2007,227:43 – 50.

[126] CRETEGNY T,DAUXIS T ,RUFFO S,et al. Localization and equipartition of energy in the (-FPU chain chaotic breathes[J]. Physica D,1998,121:109 – 126.

[127] KEDA K,DOI Y,BAO F F,et al. Chaotic breathers of two types in a two-dimensional Morse lattice with an on-site harmonic potential[J]. Physica D,2007,255:184 – 196.

[128] MIRNOV V V, LICHTENBERG A J, GUCHU H. Chaotic breather formation, coalescence,and evolution to energy equipartition in an oscillatory chain[J]. Physica D,2001,157:251 – 282.

[129] ULLMANN K,LICHTENBERG A J,CORSO G. Energy equipartition starting from high-frequency modes in the Fermi-Pasta-Ulam (oscillator chain[J]. Physical Review E , 2000,61:2471.

[130] ANTONOPOULOS C, BOUNTIS T. Stability of simple periodic orbits and chaos in a Fermi-Pasta-Ulam lattice[J]. Physical Review E,2006,73:056206.

[131] KIVSHAR Y S. Intrinsic localized modes as solitons with a compact support [J]. Physical Review E,1993,48:R43 – R45.

[132] DINDA P T, REMOISSENET M. Breather compactons in nonlinear Klein-Gordon systems[J]. Physical Review E,1999,60:6218.

[133] ELEFTHERIOU M, DEY B, TSIRONIS G P. Compactlike breathers: bridging the continuous with the anticontinuous limit[J]. Physical Review E, 2000, 62(5): 7540 – 7543.

[134] COMTE J C. Exact discrete breather compactons in nonlinear Klein-Gordon lattices[J]. Physical Review E ,2002,65(2):067601.

[135] COMTE J C. Exact discrete compactlike traveling kinks and pulses in f4 nonlinear lattices[J]. Physical Review E,2002,65:110 – 126.

[136] DEY B, ELEFTHERIOU M, FLACH S, et al. Shape profile of compactlike discrete breathers in nonlinear dispersive lattice system [J]. Physical Review E, 2001, 65 (1):017601.

[137] CHEN W Z. Experimental observation of solitons in a 1D nonlinear lattice[J]. Physical review B,1994,49(21):15063 – 15066.

[138] TRIAS E,MAZO J J. Discrete breathers in nonlinear lattices:experimental detection in a josephson array[J]. Physical Review Letters,2000,84(4):741 – 744.

[139] ALONSO L M. Soliton-radiation interaction in nonlinear integrable lattices[J]. Physical Review D,1987,36(2):426 – 431.

[140] LI Q,PREVMATIKOS S,ECONMON E N,et al. Lattice-soliton scattering in nonlinear atomic chains[J]. Physical review B,1988,37(7):3534 – 3541.

[141] FORINASH K, PEYRORD M, MALOMED B. Interaction of discrete breathers with impurity modes[J]. Physical Review E,1994,49(4):3400 – 3411.

[142] FLACH S, KLADKO K. Interaction of discrete breathers with electrons in nonlinear lattices[J]. Physical Review B,1997,66(2):11531 – 11534.

[143] MANIADIS P,TSIRONIS G P,BISHOP A R,et al. Soliton-breather reaction pathways [J]. Physical Review E,1999,60:7618.

[144] KONOTOP V V,CUNKA M D,CHRISTIANSEN P L,et al. Three-wave interaction in two-component quadratic nonlinear lattices[J]. Physical Review E,1999,60(5):6104

-6110.

[145] LIN H,CHEN W Z,LU L,et al. Interaction between impurities and breathers-pairs in a nonlinear lattice[J]. Physics Letters A,2003,316(1-2):65-71.

[146] IIZUKA T,AMIE H,HASEGAWA T,et al. Numerical studies on scattering for the NLS soliton due to an impurity[J]. Physics Letters A,1996,220(1-3):97-101.

[147] POTAPOV A Z,PAVLOV I S,GORSHKOV K A,et al. Nonlinear interactions of solitary waves in a 2D lattice[J]. Wave Motion,2001,34(1):83-96.

[148] SARKAR R, DEY B. Dynamics of a curved Fermi-Pasta-Ulam chain: effects of geometry,long-range interaction and nonlinear dispersion[J]. Physical Review E,2007, 76(1):016605.

[149] MILLS D L, TRULLINGER S E. Gap solitons in nonlinear periodic structures[J]. Physical Review B,1987,36(2):947.

[150] BARDAY D,REMOISSENET M. Josephson superlattices and low-amplitude gap solitons [J]. Physical review B,1990,41(15):10387-10397.

[151] BARDAY D,REMOISSENET M. Modulational instability and gap solitons in a finite Josephson transmission line[J]. Physical review B,1991,43(9):7297-7300.

[152] KIVSHAR Y S,FLYTZANIS N. Gap solitons in diatomic lattice[J]. Physical Review A, 1993,46(12):7972-7978.

[153] KIVSHAR Y S. Self-Induced gap solitons[J]. Physical Review Letters,1993,70(20): 3055-3058.

[154] CHUBYKALO O A,KIVSHAR Y S. Strongly localized gap solitons in diatomic lattices [J]. Physical Review E,1993,48(5):4128-4131.

[155] STERKE C M. Nonlinear lattices and gap solitons[J]. Physical Review E,1993,48 (5):4136-4137.

[156] BILBAULT J M,KAMGA C T,REMOISSENET M. Gap solitons and transmissicity of one-dimensional asymmetric system[J]. Physical Review B,1993(47):5748-5755.

[157] HUANG G X. Gap solitons in damped and parametrically driven nonlinear diatomic lattices[J]. Physical Review E,1994,49(6):5893-5896.

[158] ALFIMOV G,KONOTOP V V. On the existence of gap solitons[J]. Physica D,2000, 146(1-4):307-327.

[159] HUANG G X,HU B. Asymmetric gap soliton modes in diatomic lattices with cubic and quartic nonlinearity[J]. Physical Review B,1997,57(10):5746-5757.

[160] CHUBYKALO O A,KOVALEV A S,USATENKO O V. Dynamical solitons in a one-dimensional nonlinear diatomic chain[J]. Physical review B,1993,47(6):3153-3160.

[161] HU B,HUANG G X,VELARDE M G. Dynamics of coupled gap solitons in diatomic lattices with cubic and quartic nonlinearities[J]. Physical Review E,2000,62(2):2827 –2839.

[162] KONOTOP V V,TSIRONIS G P. Dynamics of coupled gap solitons[J]. Physical Review E,1996,53(5):5393 – 5398.

[163] BARASHENKOV I V, PELINOVSKY D E, ZEMLYANAYA E V. Vibrations and oscillatory instabilities of gap solitons[J]. Physical Review Letters ,1998,80(23):5117 –5120.

[164] SCHOLLMANN J,MAYER A P. Stability analysis for extended modes of gap solitary waves[J]. Physical Review E,2000,61(5):5830 – 5838.

[165] SCHOLLMANN J. On the stability of gap solitons[J]. Physica A ,2000,288(1 –4):218 –224.

[166] BARASHENKOV I V,ZOMLYANAYA E V. Oscillatory instabilities of gap solitons:a numerical study[J]. Computer Physics Communications,2000,126(1 –2):22 –27.

[167] CONTI C, TRILLO S. Bifurcation of gap solitons through catastrophe theory [J]. Physical Review E,2001,64(2):036617.

[168] PELINOVSKY D E,SUKHORUKOV A A,KIVSHAR Y S. Bifurcations and stability of gap solitons in periodic potentials[J]. Physical Review E,2004,70(2):036618.

[169] VALKERING T P,IRMAN A. Chaos near the gap soliton in a Kerr grating[J]. Physical Review E,2004,70:036610.

[170] SAKAGUCHI H,MALOMED B A. Gap solitons in quasiperiodic optical lattices[J]. Physical Review E,2006,74:026601.

[171] MANIADIS P,ZOLOTARYUK A V,TSIRONIS G P. Existence and stability of discrete gap breathers in a diatomic (Fermi-Pasta-Ulam chain[J]. Physical Review E,2003,67(2):046612.

[172] GORBACK A V,JOHANSSON M. Discrete gap breathers in a diatomic Klein-Gordon chain:stability and mobility[J]. Physical Review E,2003,67(6):066608.

[173] SHELKAN A, HIZHNYAKOV V, KLOPOV M. Self-consistent potential of intrinsic localized modes: application of diatomic chain [J]. Physical Review B, 2007 (75):134304.

[174] DAVYDOV A S. The theory of contraction of proteins under their excitation[J]. Journal of Theoretical Biology,1973,38(3):559 – 569.

[175] DAVYDOV A S. Biology and Quantum mechanics[M]. New York:Pergamon,1982.

[176] DAVYDOV A S. Solitons in molecular system[M]. Dordrecht:Reidel,1985.

[177] DAVYDOV A S. Solitons in molecular system[M]. 2nd ed. Dordrecht:Reidel,1991.

[178] DAVYDOV A S. Solitons and energy transfer along protein molecules[J]. Journal of Theoretical Biology,1977,66(2):379 −387.

[179] DAVYDOV A S. Solitons,bioenergetics,and the mechanism of muscle contraction[J]. International Journal of Quantum Chemistry,1979,16(1):5 −17.

[180] DAVYDOV A S. Solitons in molecular systems[J]. Physica Scripta, 1979, 20 (3 −4):387.

[181] FR? HLICH H. Interaction of electrons with lattice vibrations[J]. Proceedings of the Royal Society of London,1952,215(1122):291 −298.

[182] GERLACH S,LOWEN H. Analytical properties of polaron systems:do polaronic phase transitions exist or not? [J]. Reviews of Modern Physics,1991,63(1):63 −90.

[183] SCOTT A C. Davydov's soliton[J]. Physics Reports,1992,217(1):1 −67.

[184] KALOSAKAS G, AUBRY S. Polaronbreathers in a generalized Holstein model[J]. Physica D,1998,113(2 −4):228 −232.

[185] KALOSAKAS G, AUBRY S, TSIRONIS G P. Polaron solutions and normal-mode analysis in the semiclassical Holstein mode[J]. Physical Review B,1998,58(6):3094 −3104.

[186] MANIADIS P, KALOSAKAS G, RASMUSSEN K, et al. Polaron normal mode in the Peyrard-Bishop-Holstein mode[J]. Physical Review B,2003,68(17):174304.

[187] FUENTES M A, MANIADIS P, KALOSAKAS G, et al. Multipeaked polarons in soft potential[J]. Physical Review E,2004,70(2):025601.

[188] CUEVAS J,KEVREKIDIS P G,FRANTZESKAKIS D J,et al. Existence of bound states of a polaron with a breather in soft potentials [J]. Physical Review B, 2006, 74 (6):064304.

[189] TODA M. Studies of a nonlinear lattice[J]. Physics Reports,1975,18(1):1 −123.

[190] HENNING D, TSIRONIS G P. Wave transmission in nonlinear lattices [J]. Physics Reports,1999,307(5 −6):333 −432.

[191] XU Q, TIAN Q. The kink-soliton and antikink-soliton in quasi-one-dimensional nonlinear monatomic lattice[J]. Science China Physics,Mechanics & Astronomy,2005, 48(2):150 −157.

[192] FEYNMAN R P. Space-Time approach to quantum electrodynamic [J]. Physical Review,1949,76(6):769 −789.

[193] CALLAWAY J. Klein-Gordon and Dirac equations in general relativity[J]. Physical Review,1958,112(1):290.

[194] KAZAMA Y, GOLDHABER A S. Klein-Gordon equation with discontinuous mass:an instructive nonlinear classical field theory [J]. Physical Review D, 1975, 12:3872

−3879.

[195] MIELKE E W. Note on localized solutions of a nonlinear Klein-Gordon equation related to Riemannian geometry[J]. Physical Review D,1978,18(12):4525−4528.

[196] DELEONARDIS R M,TRULLINGER S E. Exact kink-gas phenomenology at low temperatures[J]. Physical Review B,1980,22(10):4558−4561.

[197] JOSEPH K B,BABY B V. Composite mapping method for generation of kinks and solitons in the Klein-Gordon family[J]. Physical Review A,1984,29(5):2899−2901.

[198] BUTTIKER M,THOMAS H. Propagation and stability of kinks in driven and damped nonlinear Klein-Gordon chains [J]. Journal of Statistical Physics, 1989, 54 (5−6):1427.

[199] TSURUI A. Wave modulations in anharmonic lattice [J]. Progress of Theoretical Physics,1972,48(4):1196−1203.

[200] REMOISSENET M. Low-amplitude breather and envelope solitons in quasi-one-dimensional physical models[J]. Physical Review B,1986,33(4):2386−2392.

[201] Huang G X,Li H F,Dai X X. Soliton and soliton-pair as the intrinsic phonon localized modes in an anharmonic monatomic chains[J]. Chinese Physics Letters,1992,9(3):151−154.

[202] BICKHAM S R,KISELEV S A,SIEVERS A J. Stationary and moving intrinsic localized modes in one-dimensional monatomic lattices with cubic and quartic anharmonicity[J]. Physical Review B,1993,47(21):14206−14211.

[203] HUANG G X,Soliton excitation in one-dimensional diatomic lattices [J]. Physical Review B,1995,51(18):12347−12360.

[204] HUANG G X, KONOTOP V V, TAM H W, et al. Nonlinear modulation of multidimensional lattice waves[J]. Physical Review E,2001,64(5):056619.

[205] HUANG G X,SHI Z P,DAI X X. Soliton excitations in the alternating ferromagnetic Heisenberg chain[J]. Physical Review B,1991,43(13):11197−11206.

[206] BENDER C M, BETTENCOURT L M A. Multiple-scale analysis of the quantum anharmonic oscillator[J]. Physical Review Letters,1996,77(20):4114−4117.

[207] BENDER C M,BETTENCOURT L M A. Multiple-scale analysis of quantum system[J] Physical Review D,1996,54(12):7710−7723.

[208] FEMANDEZ F M. Multiple-scale technique and the frequency operator for anharmonic oscillators[J]. Physical Review A,2002,66(4):044104.

[209] XU Q. The nonpropagable breathers and solitons of vibration in one-dimensional nonlinear monatomic discrete lattice[J]. Journal of Jiamusi University,2004,22(3):354−357.

[210] XU Q. TANG F Y,TIAN Q. Existences and stabilities of bright and dark breathers in a general one-dimensional discrete monatomic chain[J]. Chinese Physics B,2008,17(4):1331 – 1340.

[211] XU Q,TIAN Q. On some classes of two-dimensional local models in discrete two-dimensional monatomic FPU lattice with cubic and quartic potential[J]. Chinese Physics B,2009,18(1):259 – 268.

[212] 徐权,田强. 二维分立单原子晶格非线性振动的特性[J]. 科学通报,2005,50(1):6 – 11.

[213] 刘式适,刘式达. 物理学中的非线性方程[M]. 北京:北京大学出版社,2001:214 – 218.

[214] SáNCHEZ-REY B,JAMES G,CUEVAS J,et al. Bright and dark breathers in Fermi-Pasta-Ulam lattices[J]. Physical Review B,2004,70(1):014301.

[215] SEN S,HONG J,BANG J,et al. Solitary waves in the granular chain[J] Physics Reports,2008,462(2):21 – 66.

[216] LEDERER F,STEGEMAN G I,CHRISTODOULIDES D N,et al. Discrete solitons in optics[J]. Physics Reports,2008,463(1):1 – 126.

[217] SCOTT A C. Dynamics of Davydov solitons[J]. Physical Review A,1982,26:578 – 595.

[218] KENKRE V M, RAGHAVAN S, CRUZEIRO-HANSSON L. Thermal stability of extended nonlinear structeres related to the Davydov soliton[J]. Physical review B,1994,49(14):9511 – 9522.

[219] CRUZEIRO-HANSSON L. Two reasons why the Davydov soliton may be thermally stable after all[J]. Physical Review Letters,1994,73(21):2927.

[220] PANG X F. Improvement of the Davydov theory of bioenergy transport in protein molecular systems[J]. Physical Review E,2000,66(1):6989.

[221] CHEN W Z,HU B B,ZHANG H. Interactions between impurities and nonlinear waves in a driven nonlinear pendulum chain[J]. Physical Review B,2002,65(13):134302.

[222] BRUNHUBER C, MERTENS F G, GAIDIDEI Y. Thermal diffusion of solitons on anharmonic chains with long-range coupling[J] Physical Review E,2007(75):036615.

[223] KEVREKIDIS P G,KHARE A,SAXENA A,et al. On some classes of mKdV periodic solutions[J]. Journal of Physics A:Mathematical and General,2004,37(45):10959 – 10965.

[224] FU Z T,LIU S D,LIU S K. A systematical way to find breather lattice solutions to the positive mKdV equation[J]. Journal of Physics A:Mathematical and Theoretical,2007,40(18):4739 – 4750.

[225] KUNDU K. A study of a new class of discrete nonlinear Schr? dinger equations[J]. Journal of Physics A: Mathematical and Theoretical, 2002, 35: 8109 – 8155.

[226] BUTT I A, WATTIS J A D. Discrete breathers in a two-dimensional hexagonal Fermi-Pasta-Ulam lattice[J]. Journal of Physics A Mathematical & Theoretical, 2012, 40(6): 1239 – 1264.

[227] KALOCSAI A G, HUAS J W. Nonlinear Schr? dinger equation for optical media with quadratic nonlinearity[J] Physical Review A, 1994, 49(1): 574 – 585.

[228] KALOCSAI A G, HUAS J W. Asymptotic wave-wave processes beyond cascading in quadratic nonlinear optical materials [J]. Physical review E, 1995, 52(3): 3166 – 3183.

[229] BHAT N A, SIPE J E. Optical pulse propagation in nonlinear photonic crystals[J]. Physical Review E, 2001, 64(5): 056604.

[230] RODRIGUEZ R F, REYES J A, ESPINOSA-CERóN A, et al. Standard and embedded solitons in nematic optical fibers[J]. Physical Review E, 2003, 68(3): 036606.

[231] BLUDOV Y V, SANTHANAM J, KENKRE V M, et al. Matter waves of Bose-Fermi mixtures in one-dimensional optical lattices [J]. Physical Review A, 2006, 74(4): 043620.

[232] HUANG G X, LI X Q, SZEFTEL J. Second-harmonic generation of Bogoliubov excitations in a two-component Bose-Einstein condensate[J]. Physical Review A, 2004, 69(6): 065601.

[233] HUANG G X. DENG L, HUANG C. Davey-Stewartson description of two-dimensional nonlinear excitations in Bose-Einstein condensates [J]. Physical Review E, 2005, 72(2): 036621.

[234] SIVAN Y, FIBICH G, WEINSTEIN M I. Waves in nonlinear lattices: ultrashort optical pulses and Bose-Einstein condensates [J]. Physical Review Letters, 2006, 97(19): 193902.

[235] PORTER M A, CHUGUNOVA M, PELINOVSKY D E. Feshbach resonance management of Bose-Einstein condensates in optical lattices [J]. Physical Review E, 2006, 74: 036610.

[236] BEGUN V V, GORENSTEIN M I. Bose-Einstein condensation in the relativistic pion gas: thermodynamic limit and finite size effects [J]. Physical Review C, 2008, 77(6): 064903.

[237] WANG D L, YAN X H, LIU W M. Localized gap-soliton trains of Bose-Einstein condensates in an optical lattice[J]. Physical Review E, 2008, 78(2): 026606.

[238] WEN W, HUANG G X. Dynamics of dark solitons in superfluid Fermi gases in the BCS-

BEC crossover[J]. Physical Review A,2009,79(2):023605.

[239] CAMPA A,GIANSANTI A,TENENBAUM A,et al. Quasisolitons on a diatomic chain at room temperature[J]. Physical Review B,1993,48(14):10168-10182.

[240] SATARIC M V,TUSZYNSKI A. Impact of regulatory proteins on the nonlinear dynamics of DNA[J]. Physical Review E,2002,65(1):051901.

[241] COUTSIAS E A,ADHIKARI M H,MCLVER J K. Delay-induced destabilization of entrainment of nerve impulses on ephaptically coupled nerve fibers[J]. Physical Review E,2009,79(1):011910.

[242] XU QUAN,TIAN QANG. Two-dimensional breather lattice solutions and compact-like discrete breathers and their stability in discrete two-dimensional monatomic β-FPU lattice[J]. Communications in Theoretical Physics,2009,51(1):153 – 156.

[243] XU QUAN,TIAN QANG. Multi-site compact-like discrete breathers in discrete one-dimensional monatomic chains [J]. Chinese Physics Letters , 2007, 24 (12): 3351 – 3354.

[244] XU QUAN,TIAN QANG. Compact-like discrete breather and its stability in a discrete monatomic Klein-Gordon chain[J]. Chinese Physics B,2008,17(12):4614 – 4618.

[245] XU QUAN,TIAN QANG. Periodic,quasiperiodic and chaotic discrete breathers in a parametrical driven two-dimensional discrete Klein-Gordon lattice[J]. Chinese Physics Letters,2009,26(4):040501.

[246] XU QUAN,TIAN QANG. Periodic,quasiperiodic and chaotic discrete breathers in a parametrical driven two-dimensional discrete diatomic Klein-Gordon lattice[J]. Chinese Physics B,2009(6):2469 – 2474.

[247] XU QUAN,TIAN QANG. Two-dimensional discrete gap breathers in a two-dimensional discrete diatomic Klein-Gordon lattice[J]. Chinese Physics Letters,2009,26(7):47 – 50.

[248] XU QUAN, TIAN QANG. Localized self-trapping in the two-dimensional discrete molecular lattice with the interaction between Frenkel excitons and phonons [J]. Chinese Physics B,2009,18(9):3940 – 3951.